中等职业教育数字艺术类规划教材

边做边学 Photoshop CS4 数码照片后期处理

■ 周华春　白世安　主　编
■ 石京学　王莹　王霞　副主编

人民邮电出版社
北　京

图书在版编目（CIP）数据

Photoshop CS4数码照片后期处理 / 周华春，白世安主编. -- 北京 : 人民邮电出版社，2012.5(2024.1重印)
（边做边学）
中等职业教育数字艺术类规划教材
ISBN 978-7-115-27709-1

Ⅰ. ①P… Ⅱ. ①周… ②白… Ⅲ. ①图象处理软件，Photoshop CS4－中等专业学校－教材 Ⅳ. ①TP391.41

中国版本图书馆CIP数据核字(2012)第046928号

内容提要

本书全面细致地讲解了使用 Photoshop CS4 对数码照片进行处理的方法和技巧，包括初识 Photoshop CS4、照片的管理、照片的基本处理技巧、照片的色彩调整技巧、人物照片的美化、风光照片的精修、照片的艺术特效、影楼后期艺术处理等内容。

本书根据中职学校教师和学生的实际需求，首先讲解数码照片的基础知识和管理方法，然后以数码照片处理的典型应用为主线，通过多个精彩实用的案例，使学生能够在掌握软件功能和制作技巧的基础上，深度剖析数码照片的艺术设计思路、制作方法和表现技巧。本书配套光盘中包含了书中所有案例的素材及效果文件，以利于教师授课、学生练习。

本书可作为中等职业学校数码摄影、影楼照片处理、平面设计等相关专业的教材，也可以作为 Photoshop 初学者的参考用书，同时可作为相关社会培训班的培训用书。

◆ 主　　编　周华春　白世安
副 主 编　石京学　王　莹　王　霞
责任编辑　王　平
◆ 人民邮电出版社出版发行　　北京市丰台区成寿寺路 11 号
邮编　100164　　电子邮件　315@ptpress.com.cn
网址　http://www.ptpress.com.cn
三河市君旺印务有限公司印刷
◆ 开本：787×1092　1/16
印张：15.5　　2012 年 5 月第 1 版
字数：402 千字　　2024 年 1 月河北第10次印刷

ISBN 978-7-115-27709-1

定价：36.00 元（附光盘）

读者服务热线：(010)81055256　印装质量热线：(010)81055316
反盗版热线：(010)81055315
广告经营许可证：京东市监广登字 20170147 号

前　言

Photoshop 是由 Adobe 公司开发的图形图像处理和编辑软件，它功能强大、易学易用，已经成为数码照片处理领域最流行的软件之一。目前，我国很多中等职业学校的数字艺术类专业都将 Photoshop 列为一门重要的专业课程。为了帮助中等职业学校的教师全面、系统地讲授这门课程，使学生能够熟练地使用 Photoshop 来进行数码照片的处理，我们几位长期在中等职业学校从事 Photoshop 教学的教师与专业平面设计公司经验丰富的设计师合作，共同编写了本书。

根据现代中等职业学校的教学方向和教学特色，我们对本书的编写体系做了精心的设计。全书根据数码照片的处理、修饰和艺术设计为主线，通过多个精彩实用的案例，使学生快速熟悉软件的相关功能，并能够灵活、快捷地应用 Photoshop 进行照片的修饰与艺术处理，更能启发设计灵感，开拓设计思路，增强设计经验，更好地为实际工作服务。

在内容编写方面，我们力求细致全面、重点突出；在文字叙述方面，我们注意言简意赅、通俗易懂；在案例选取方面，我们强调案例的针对性和实用性。

本书配套光盘中包含了书中所有案例的素材及效果文件。另外，为方便教师教学，本书还配备了详尽的课堂实战演练和课后综合演练的操作步骤文稿、PPT 课件、教学大纲、商业实训案例文件等丰富的教学资源，任课教师可登录人民邮电出版社教学服务与资源网（www.ptpedu.com.cn）免费下载使用。本书的参考学时为 40 学时，各章的参考学时参见下面的学时分配表。

章　节	课 程 内 容	学 时 分 配
第 1 章	初识 Photoshop CS4	4
第 2 章	照片的管理	4
第 3 章	照片的基本处理技巧	4
第 4 章	照片的色彩调整技巧	4
第 5 章	人物照片的美化	4
第 6 章	风光照片的精修	4
第 7 章	照片的艺术特效	6
第 8 章	影楼后期艺术处理	10
学 时 总 计		40

本书由周华春、白世安任主编，石京学、王莹、王霞任副主编，参与本书编写工作的还有周建国、马丹、王世宏、谢立群、葛润平、张敏娜、张文达、张丽丽、张旭、吕娜、程静、贾楠、房婷婷、黄小龙、周亚宁、崔桂青等。

由于时间仓促，加之编者水平有限，书中难免存在错误和不妥之处，敬请广大读者批评指正。

编　者

2012 年 2 月

目　录

第 8 章 影楼后期艺术处理

第1章 初识 Photoshop CS4

本章主要讲解的是 Photoshop 软件的基础知识和基本操作方法。通过本章的学习可以快速地掌握软件的基本功能，为处理好数码照片打下良好的基础。

1.1 工作界面的介绍

1.1.1 菜单栏及其快捷方式

熟悉工作界面是学习 Photoshop CS4 的基础，熟练掌握工作界面的内容，有助于初学者日后得心应手地驾驭 Photoshop CS4。Photoshop CS4 的工作界面主要由标题栏、菜单栏、属性栏、工具箱、控制面板和状态栏组成，如图 1-1 所示。

图 1–1

菜单栏：菜单栏中共包含 11 个菜单命令。利用菜单命令可以完成对图像的编辑、调整色彩、添加滤镜效果等操作。

工具箱：工具箱中包含了多个工具，利用不同的工具可以完成对图像的绘制、观察、填充、测量等操作。

属性栏：属性栏是工具箱中各个工具的功能扩展，通过在属性栏中设置不同的选项，可以快速地完成多样化的操作。

控制面板：控制面板是 Photoshop CS4 的重要组成部分，通过不同的功能面板，可以完成图像中填充颜色、设置图层、添加样式等操作。

状态栏：状态栏可以提供当前文件的显示比例、文档大小、当前工具、暂存盘大小等提示信息。

◎ 菜单分类

Photoshop CS4 的菜单栏依次分为“文件”菜单、“编辑”菜单、“图像”菜单、“图层”菜单、“选择”菜单、“滤镜”菜单、“分析”菜单、“3D”菜单、“视图”菜单、“窗口”菜单及“帮助”菜单，如图 1-2 所示。

图 1–2

“文件”菜单包含了各种文件操作命令；“编辑”菜单包含了各种编辑文件的操作命令；“图像”菜单包含了各种改变图像的大小、颜色等的操作命令；“图层”菜单包含了各种调整图像中图层的操作命令；“选择”菜单包含了各种关于选区的操作命令；“滤镜”菜单包含了各种添加滤镜效果的操作命令；“分析”菜单包含了各种测量图像、分析数据的操作命令；“3D”菜单包含了新的 3D 绘制与合成命令；“视图”菜单包含了各种对视图进行设置的操作命令；“窗口”菜单包含了各种显示或隐藏控制面板的命令；“帮助”菜单包含了各种帮助信息。

◎ 菜单命令的不同状态

子菜单命令：有些菜单命令中包含了更多相关的菜单命令，包含子菜单的菜单命令，其右侧会显示黑色的三角形按钮▸，单击带三角形按钮的菜单命令，就会显示出其子菜单，如图 1-3 所示。

不可执行的菜单命令：当菜单命令不符合运行的条件时，就会显示为灰色，即不可执行状态。例如，在 CMYK 模式下，“滤镜”菜单中的部分菜单命令将变为灰色，不能使用。

可弹出对话框的菜单命令：当菜单命令后面有省略号“…”时，如图 1-4 所示，表示单击此菜单，可以弹出相应的对话框，可以在对话框中进行相应的设置。

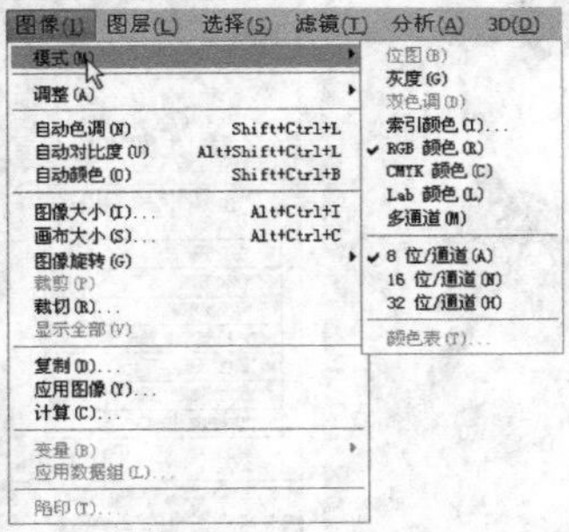

图 1–3

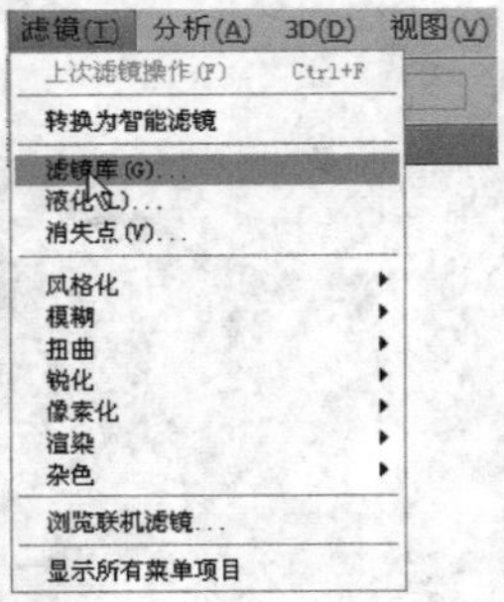

图 1–4

◎ **按操作习惯存储或显示菜单**

在 Photoshop CS4 中，可以根据操作习惯存储自定义的工作区。设置好工作区后，选择“窗口 > 工作区 > 存储工作区”命令，即可将工作区存储。

可以根据不同的工作类型突出显示菜单中的命令。选择“窗口 > 工作区 > 绘画”命令，在打开的软件右侧会弹出绘画操作需要的相关面板，应用命令前后的显示对比如图 1-5 和图 1-6 所示。

◎ **显示或隐藏菜单命令**

可以根据操作需要隐藏或显示指定的菜单命令。不经常使用的菜单命令可以暂时隐藏。选择“编辑 > 菜单”命令，弹出“键盘快捷键和菜单”对话框，如图 1-7 所示。

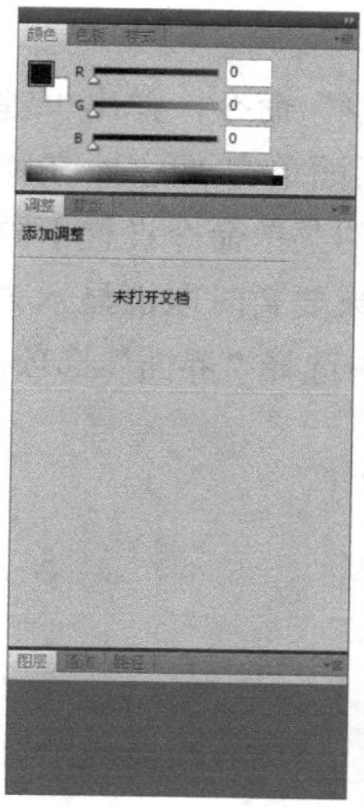

图 1-5

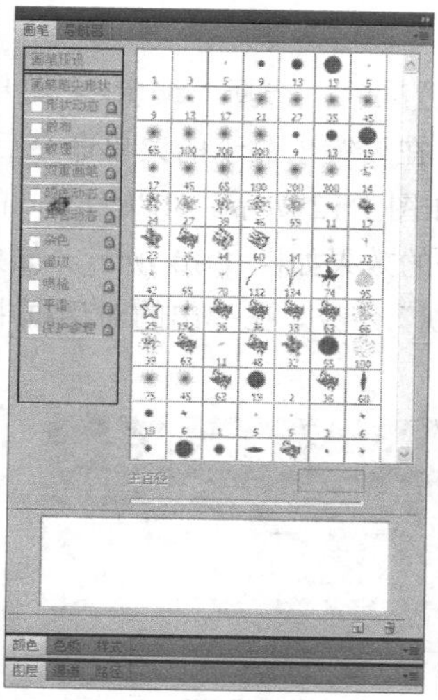

图 1-6

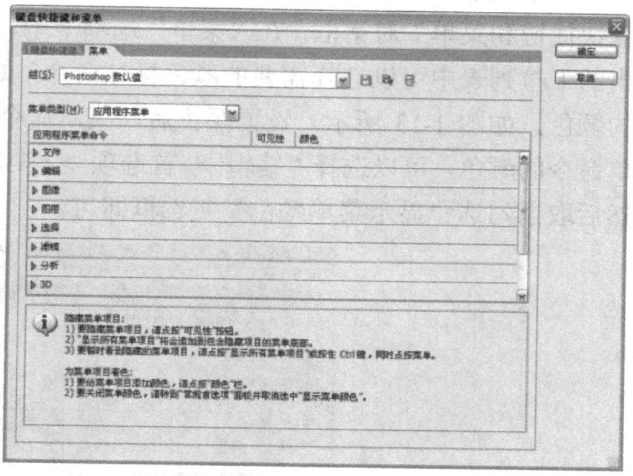

图 1-7

在“菜单”选项卡中，单击“应用程序菜单命令”栏中命令左侧的三角形按钮▶，将展开详细的菜单命令，如图 1-8 所示。单击“可见性”选项下方的眼睛图标，将其相对应的菜单命令进行隐藏，如图 1-9 所示。

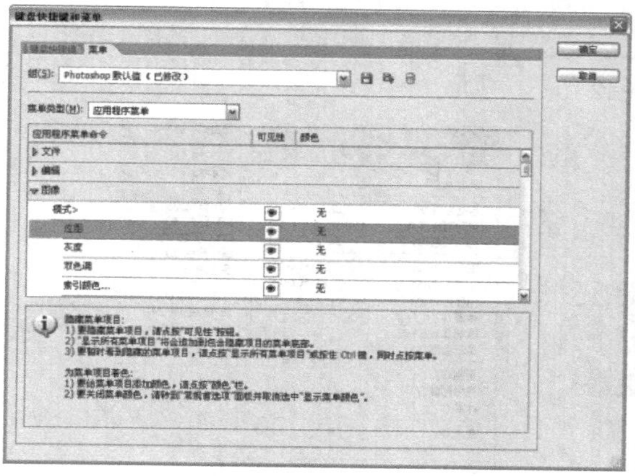

图 1-8

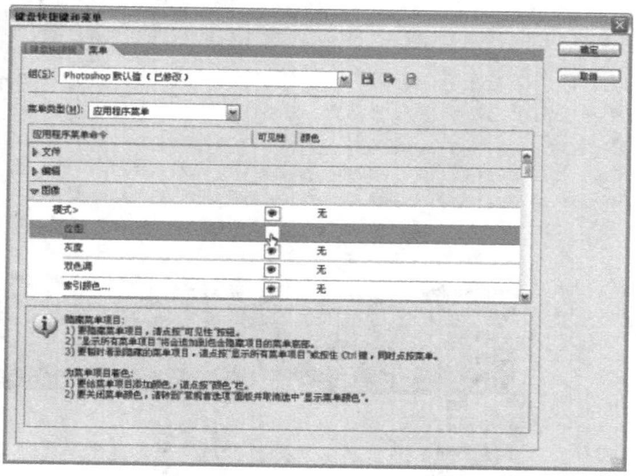

图 1-9

设置完成后，单击“存储对当前菜单组的所有更改”按钮，保存当前的设置。也可单击“根据当前菜单组创建一个新组”按钮，将当前的修改创建为一个新组。隐藏应用程序菜单命令前后的菜单效果如图 1-10 和图 1-11 所示。

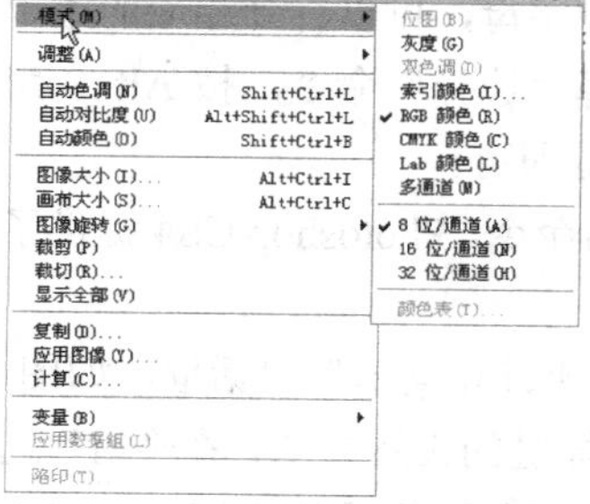

图 1-10

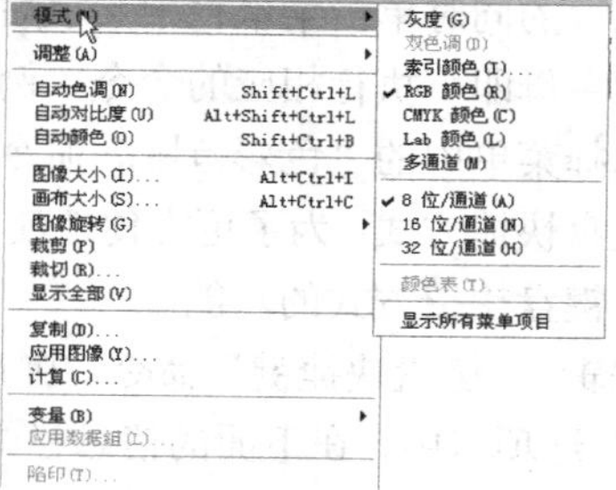

图 1-11

◎ **突出显示菜单命令**

为了突出显示需要的菜单命令，可以为其设置颜色。选择“编辑 > 菜单”命令，弹出“键盘快捷键和菜单”对话框，在“菜单”选项卡中，在要突出显示的菜单命令后面单击“无”，在弹出的下拉列表中可以选择需要的颜色标注命令，如图 1-12 所示。可以为不同的菜单命令设置不同的颜色，如图 1-13 所示。设置颜色后，菜单命令的效果如图 1-14 所示。如果要暂时取消显示菜单命令的颜色，可以选择“编辑 > 首选项 > 常规”命令，在弹出的对话框中选择“界面”选项，然后取消勾选“显示菜单颜色”复选框即可。

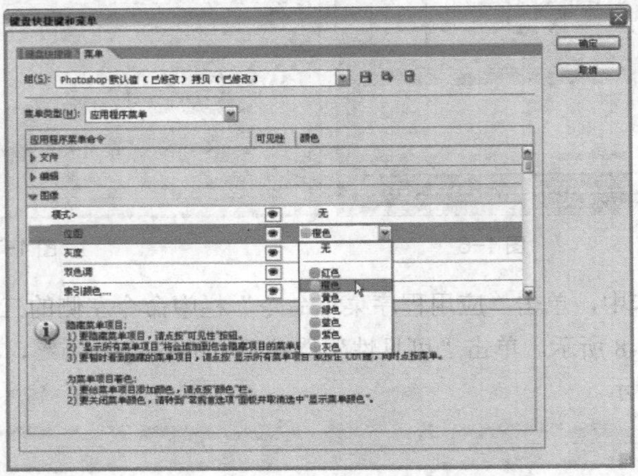

图 1-12

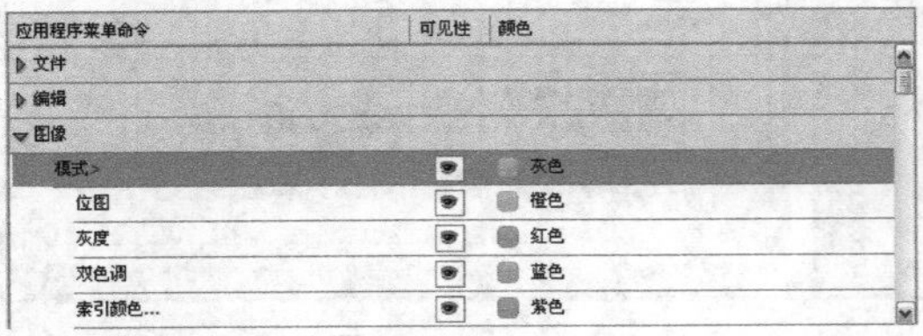

图 1-13

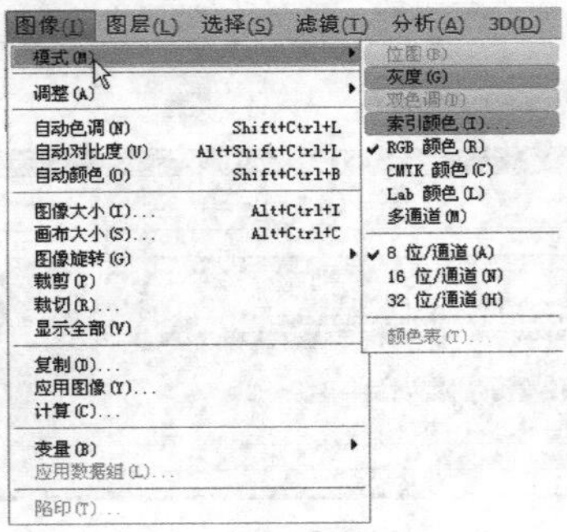

图 1-14

◎ **键盘快捷方式**

使用键盘快捷方式：当要选择菜单命令时，可以使用菜单命令旁标注的快捷键。例如，要选择“文件 > 打开”命令，直接按 Ctrl+O 组合键即可。

按住 Alt 键的同时单击菜单栏中文字后面带括号的字母，可以打开相应的菜单，再按菜单命令中带括号的字母即可执行相应的命令。例如，要选择“选择”命令，按 Alt+S 组合键即可弹出菜单，要想选择菜单中的“色彩范围”命令，再按 C 键即可。

自定义键盘快捷方式：为了更方便地使用最常用的命令，Photoshop CS4 提供了自定义键盘快捷方式和保存键盘快捷方式的功能。

选择“编辑 > 键盘快捷键”命令，弹出“键盘快捷键和菜单”对话框，如图 1-15 所示。在“键盘快捷键”选项卡中，在下面的信息栏中说明了快捷键的设置方法，在“组”选项中可以选择要设置快捷键的组合，在“快捷键用于”选项中可以选择需要设置快捷键的菜单或工具，在下面的选项窗口中选择需要设置的命令或工具进行设置，如图 1-16 所示。

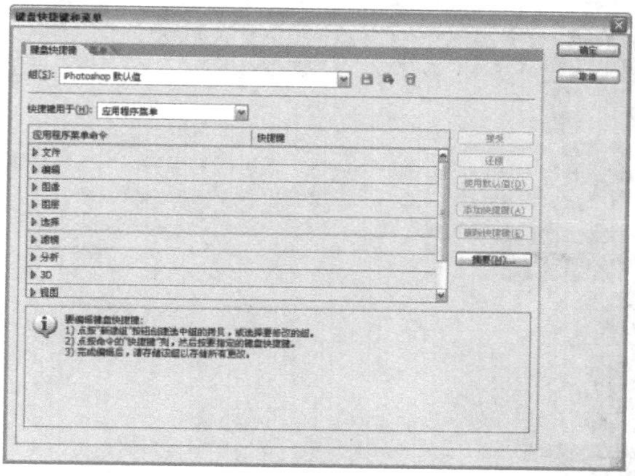

图 1-15

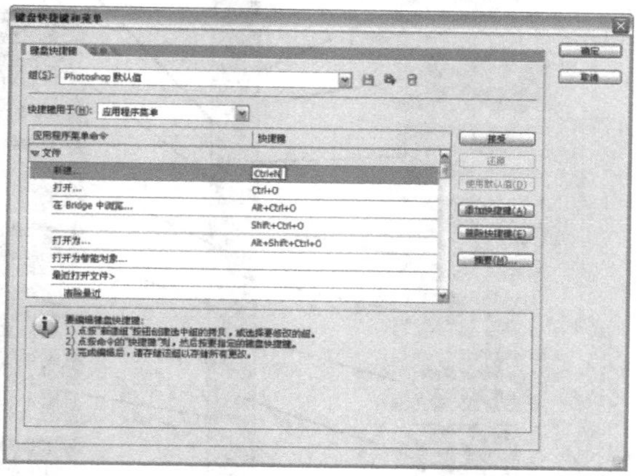

图 1-16

设置新的快捷键后，单击对话框右上方的“根据当前的快捷键组创建一组新的快捷键”按钮，弹出“存储”对话框，在“文件名”文本框中输入名称，如图 1-17 所示，单击“保存”按钮则存储新的快捷键设置。这时，在“组”选项中即可选择新的快捷键设置，如图 1-18 所示。

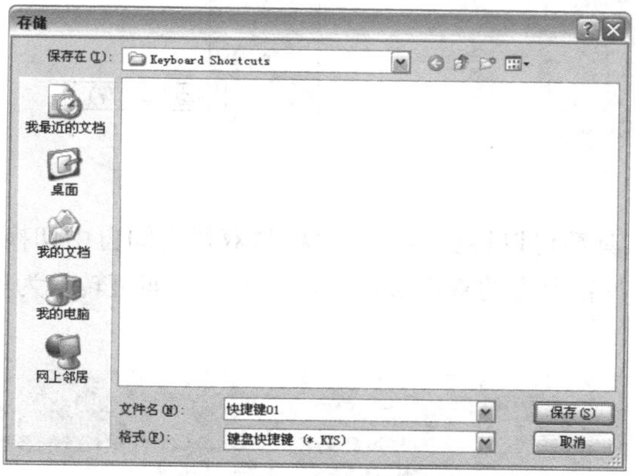

图 1-17

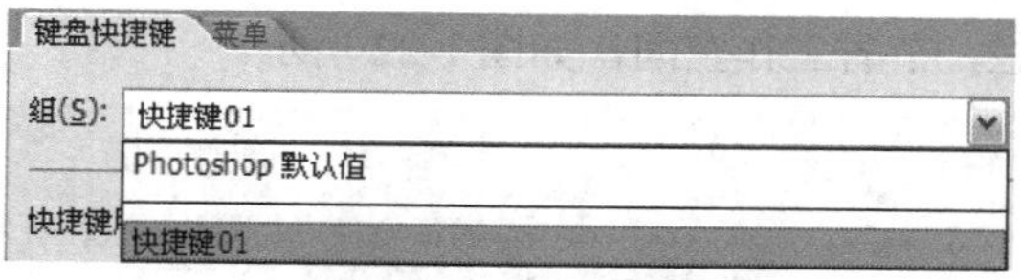

图 1-18

更改快捷键设置后，需要单击“存储对当前快捷键组的所有更改”按钮对设置进行存储，单击“确定”按钮，应用更改的快捷键设置。要将快捷键的设置删除，可以在对话框中单击“删除当前的快捷键组合”按钮，将快捷键的设置删除，Photoshop CS4 会自动还原为默认设置。在为控制面板或应用程序菜单中的命令定义快捷键时，这些快捷键必须包括 Ctrl 键或一个功能键。在为工具箱中的工具定义快捷键时，必须使用 A～Z 之间的字母。

1.1.2 工具箱

Photoshop CS4 的工具箱中包括选择工具、绘图工具、填充工具、编辑工具、颜色选择工具、屏幕视图工具、快速蒙版工具等，如图 1-19 所示。要了解每个工具的具体名称，可以将鼠标指针放置在具体工具的上方，此时会出现一个黄色的图标，上面会显示该工具的具体名称，如图 1-20 所示。工具名称后面括号中的字母代表选择此工具的快捷键，只要在键盘上按该字母，就可以快速切换到相应的工具上。

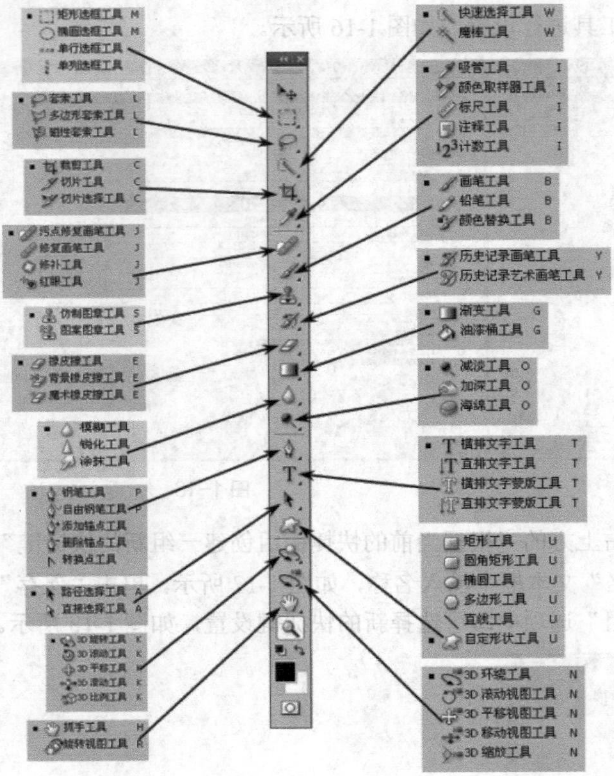

图 1-19

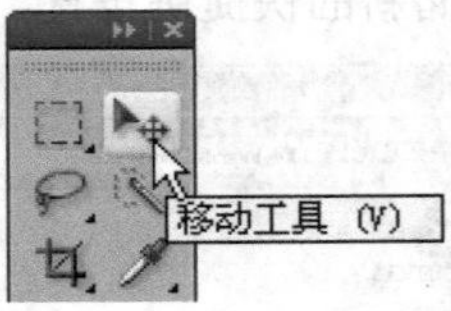

图 1-20

切换工具箱的显示状态：Photoshop CS4 的工具箱可以根据需要在单栏与双栏之间自由切换。当工具箱显示为双栏时，如图 1-21 所示，单击工具箱上方的双箭头图标，工具箱即可转换为单栏，节省工作空间，如图 1-22 所示。

图 1-21

图 1-22

显示隐藏工具箱：在工具箱中，部分工具图标的右下方有一个黑色的三角形按钮，表示在该工具下还有隐藏的工具。用鼠标在工具箱中的三角形按钮上单击并按住鼠标不放，弹出隐藏工具选项，如图 1-23 所示，将鼠标指针移动到需要的工具按钮上，即可选择该工具。

恢复工具箱的默认设置：要想恢复工具默认的设置，可以选择该工具，在相应的工具属性栏中，用鼠标右键单击工具图标；在弹出的快捷菜单中选择“复位工具”命令，如图 1-24 所示。

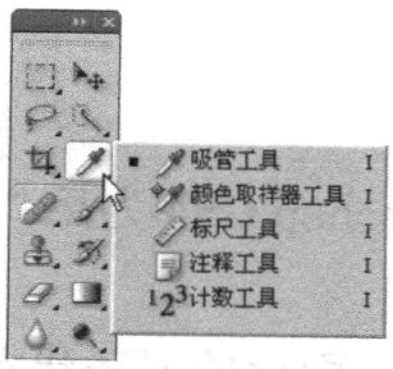

图 1-23

图 1-24

指针的显示状态：当选择工具箱中的工具后，图像中的指针就变为工具图标。例如，选择“裁剪”工具，图像窗口中的指针也随之显示为裁剪工具的图标，如图 1-25 所示；选择“画笔”工具，指针显示为画笔工具的对应图标，如图 1-26 所示，按 Caps Lock 键，指针转换为精确的十字形图标，如图 1-27 所示。

图 1-25

图 1-26

图 1-27

1.1.3 属性栏

当选择某个工具后，会出现相应的工具属性栏，可以通过属性栏对工具进行进一步的设置。例如，当选择“魔棒”工具时，工作界面的上方会出现相应的“魔棒”工具属性栏，可以应用属性栏中的各个命令对工具做进一步的设置，如图 1-28 所示。

图 1-28

1.1.4 状态栏

打开一幅图像时，图像的下方会出现该图像的状态栏，如图 1-29 所示。

图 1-29

状态栏的左侧显示当前图像缩放显示的百分数。在显示区的文本框中输入数值可以改变图像窗口的显示比例。

在状态栏的中间部分显示当前图像的文件信息，单击三角形按钮，在弹出的菜单中单击“显示”菜单，在弹出的子菜单中可以选择当前图像的相关信息，如图 1-30 所示。

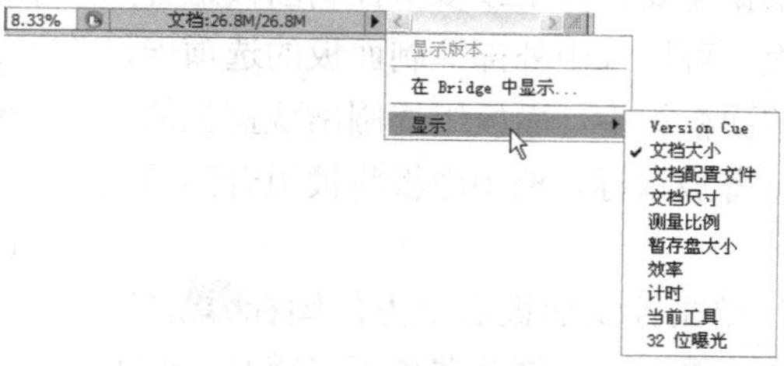

图 1-30

1.1.5 控制面板

控制面板是处理图像时另一个不可或缺的部分。Photoshop CS4 为用户提供了多个控制面板组。

收缩与扩展控制面板：控制面板可以根据需要进行伸缩。面板的展开状态如图 1-31 所示。单击控制面板上方的双箭头图标，可以将控制面板收缩，如图 1-32 所示。如果要展开某个控制面板，可以直接单击其选项卡，相应的控制面板会自动弹出，如图 1-33 所示。

图 1-31

图 1-32

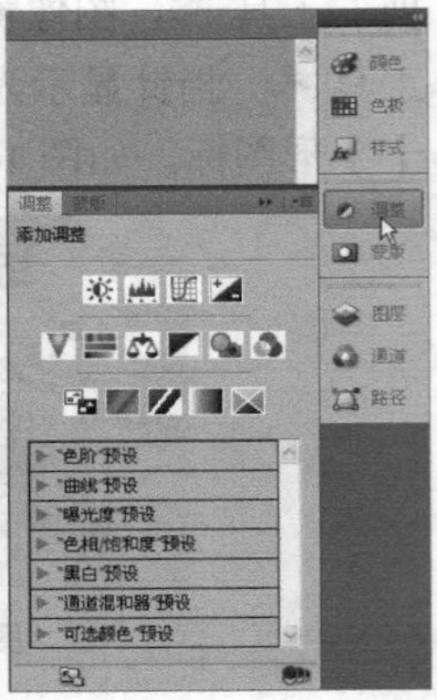

图 1-33

拆分控制面板：若需单独拆分出某个控制面板，可用鼠标选中该控制面板的选项卡并向工作区拖曳，如图 1-34 所示，选中的控制面板将被单独地拆分出来，如图 1-35 所示。

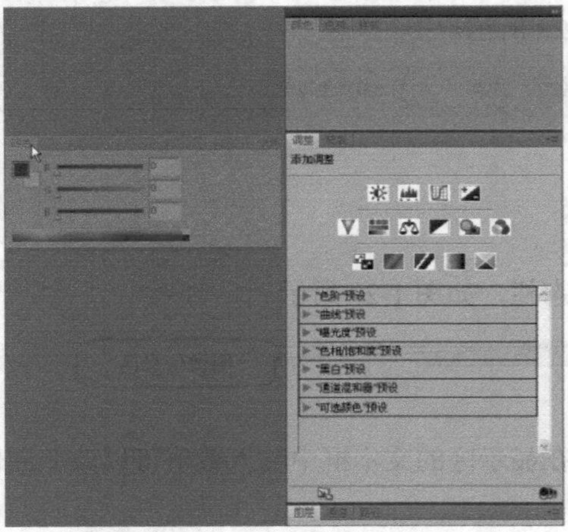

图 1-34

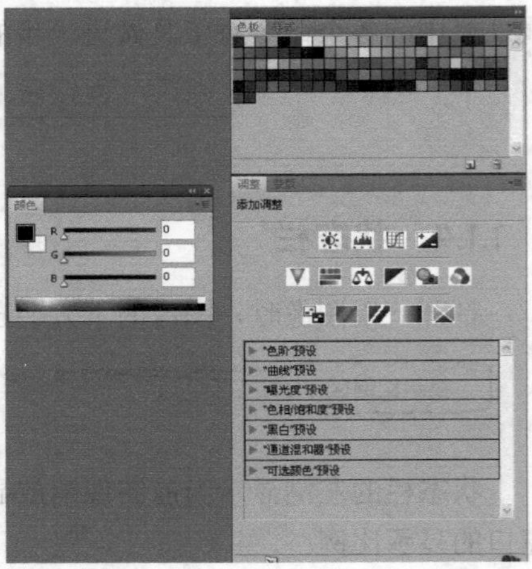

图 1-35

组合控制面板：可以根据需要将两个或多个控制面板组合到一个面板组中，这样可以节省操作的空间。要组合控制面板，可以选中外部控制面板的选项卡，用鼠标将其拖曳到要组合的面板组中，面板组周围出现蓝色的边框，如图 1-36 所示，此时，释放鼠标，控制面板将被组合到面板组中，如图 1-37 所示。

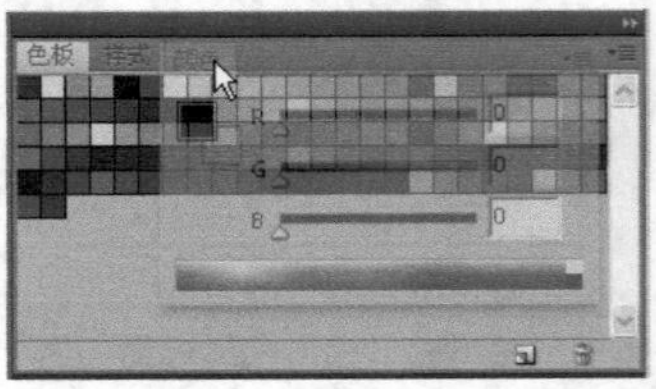

图 1-36

控制面板弹出式菜单：单击控制面板右上方的图标，可以弹出控制面板的相关命令菜单，应用这些菜单可以提高控制面板的功能性，如图 1-38 所示。

隐藏与显示控制面板：按 Tab 键，可以隐藏工具箱和控制面板，再次按 Tab 键，可显示出隐藏的部分。按 Shift+Tab 键，可以隐藏控制面板，再次按 Shift+Tab 键，可显示出隐藏的部分。按 F6 键，可显示或隐藏“颜色”控制面板。按 F7 键，可显示或隐藏“图层”控制面板。按 F8 键，可显示或隐藏“信息”控制面板。

可以依据操作习惯自定义工作区、存储控制面板及设置工具的排列方式，设计出个性化的 Photoshop CS4 界面。

设置工作区后，选择“窗口 > 工作区 > 存储工作区”命令，弹出“存储工作区”对话框，输入工作区名称，如图 1-39 所示，单击“存储”按钮，即可将自定义的工作区进行存储。

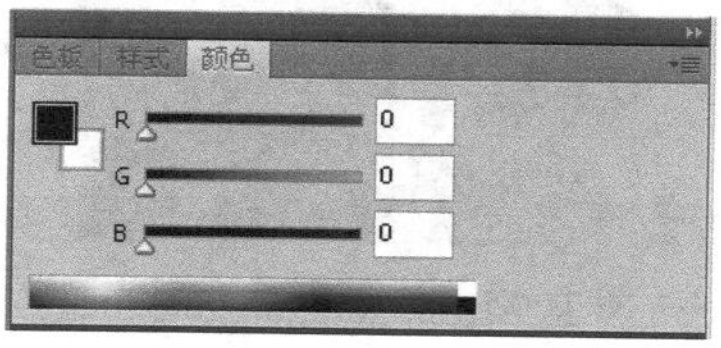

图 1-37

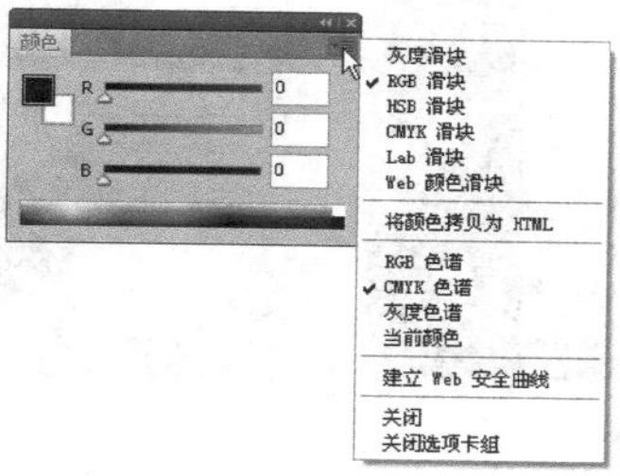

图 1-38

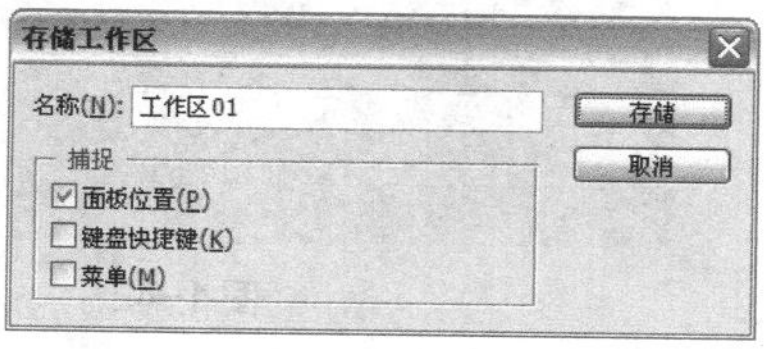

图 1-39

使用自定义工作区时，在“窗口 > 工作区”的子菜单中选择新保存的工作区名称。如果要再恢复使用 Photoshop CS4 默认的工作区状态，可以选择“窗口 > 工作区 > 默认工作区”命令进行恢复。选择“窗口 > 工作区 > 删除工作区”命令，可以删除自定义的工作区。

1.2 照片文件的基本操作

1.2.1 打开照片

选择“文件 > 打开”命令，或按 Ctrl+O 组合键，弹出“打开”对话框，在对话框中搜索路径和文件，确认文件类型和名称，通过 Photoshop CS4 提供的预览略图选择文件，如图 1-40 所示，然后单击“打开”按钮，或直接双击文件，即可打开所指定的图像文件，如图 1-41 所示。

在“打开”对话框中，按住 Ctrl 键的同时用鼠标单击，可以选择不连续的文件；按住 Shift 键的同时用鼠标单击，可以选择连续的文件。

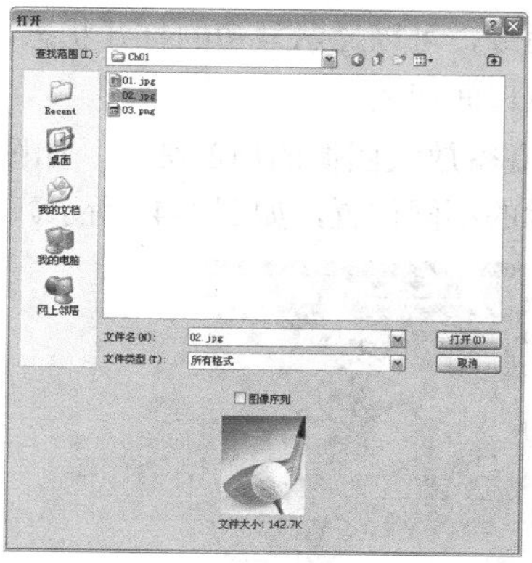
图 1-40

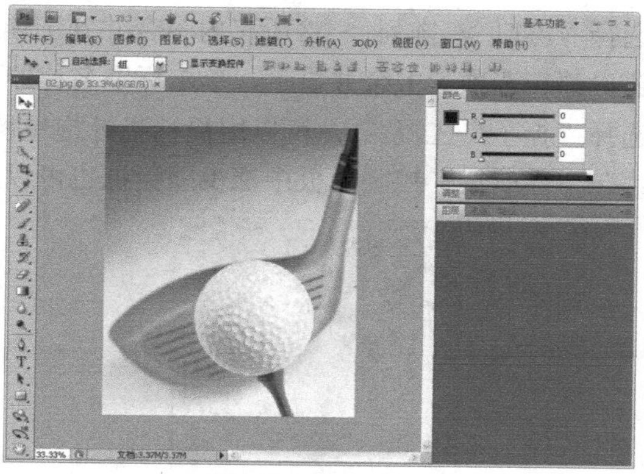
图 1-41

1.2.2 查看照片

在图像窗口中打开多个文件，选择“窗口”菜单下方的文件名称，可将相应的文件放置在图像窗口的最前方显示，如图 1-42 所示。选择“窗口 > 排列 > 平铺”命令，可以将多个文件在图像窗口中平铺显示，如图 1-43 所示。

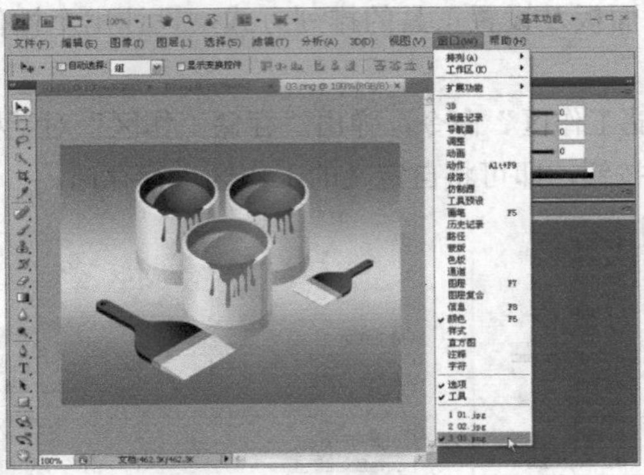

图 1-42

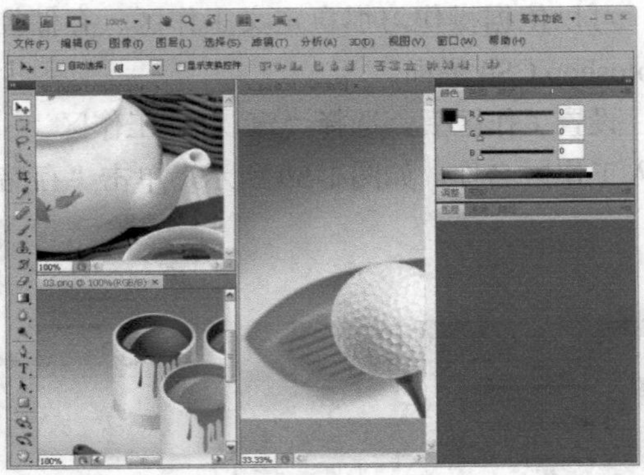

图 1-43

选择“窗口 > 排列 > 在窗口中浮动”命令，可以将最前方的窗口浮动显示，如图 1-44 所示。选择“窗口 > 排列 > 将所有内容在窗口中浮动”命令，可以将所有的窗口在图像窗口中层叠显示，如图 1-45 所示。此时，“窗口 > 排列 > 层叠”命令显示为可用状态。

图 1-44

图 1-45

选择“窗口 > 排列 > 将所有内容合并到选项卡中”命令，可以显示最初的打开状态，将所有的窗口都在选项卡中合并显示，单击标题名称即可在各窗口间切换。

选择“抓手”工具，可以用鼠标指针拖曳图像，来观察放大图像的局部细节，如图 1-46 所示。在“导航器”控制面板中拖曳缩览框也可以查看图片的不同位置，如图 1-47 所示。

图 1-46

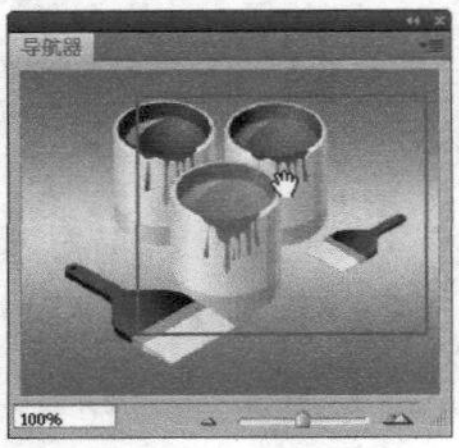

图 1-47

选择“图像 > 图像大小”命令，弹出“图像大小”对话框，在对话框中可以查看图像的尺寸和分辨率，如图 1-48 所示。

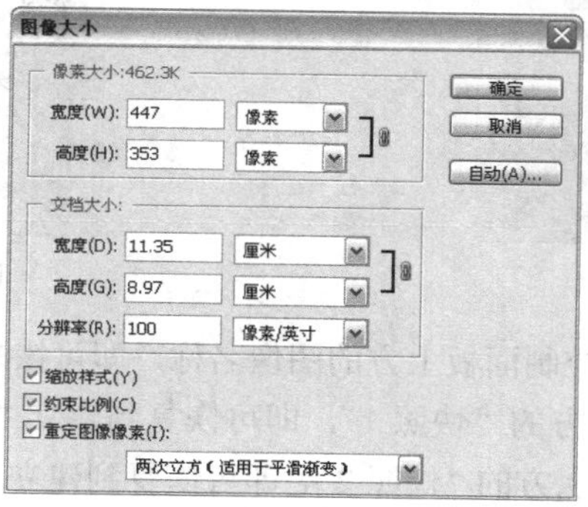

图 1-48

1.2.3 重做与恢复操作

在绘制和编辑图像的过程中，经常会错误地执行一个步骤或对制作的一系列效果不满意，当希望恢复到前一步或原来的图像效果时，可以使用恢复操作命令。

在编辑图像的过程中可以随时将操作返回到上一步，也可以还原图像到恢复前的效果。选择“编辑 > 还原”命令，或按 Ctrl+Z 组合键，可以恢复到图像的上一步操作。如果想还原图像到恢复前的效果，再按 Ctrl+Z 组合键即可。

应用“历史记录”控制面板可以将进行过多次处理操作的图像恢复到任一步操作时的状态，即所谓的“多次恢复功能”。选择“窗口 > 历史记录”命令，弹出“历史记录”控制面板，在控制面板中单击任意一个操作步骤，如图 1-49 所示，图像窗口即可恢复到当时的操作画面。

单击控制面板上方的图像名称，如图 1-50 所示，即可恢复到图像打开时的初始状态。

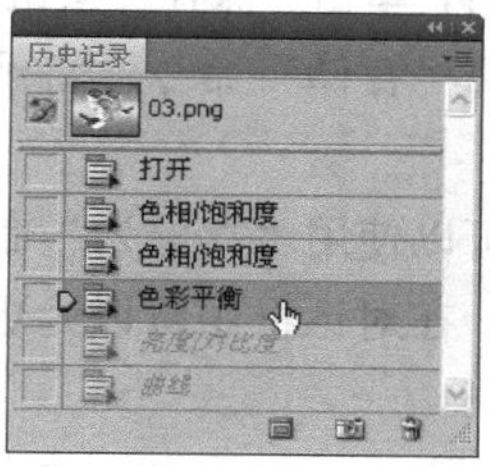

图 1-49

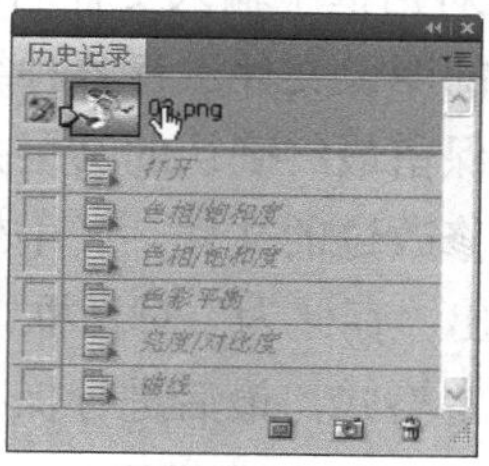

图 1-50

1.2.4 使用快照

“历史记录”控制面板的多次恢复功能无疑为广大用户的自由操作提供了较大的回旋余地，而快照的建立进一步清除了用户的后顾之忧，它可以在“历史记录”控制面板中恢复被清除的历史记录。

打开一幅图像，对图像进行编辑后，单击“历史记录”控制面板下方的“创建新快照”按钮，可以为当前的编辑效果创建一个新的快照，如图 1-51 所示。继续编辑图像后，再次单击“创建新快照”按钮，创建“快照 2”，如图 1-52 所示。

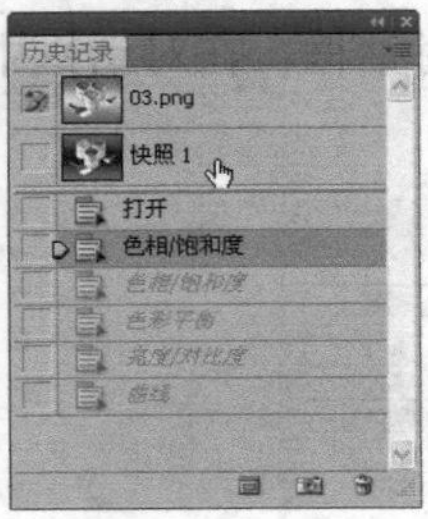

图 1-51

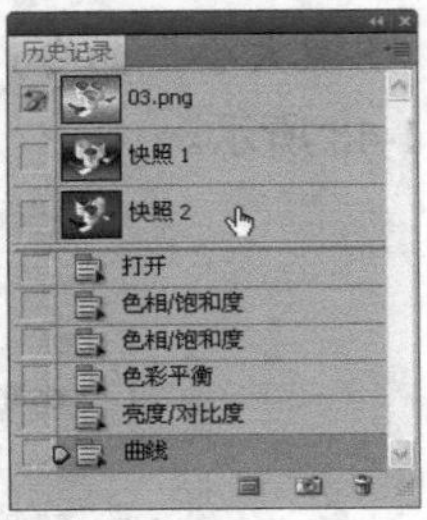

图 1-52

此时，单击“历史记录”控制面板上方的图像名称，即可恢复到图像打开时的初始状态，如图 1-53 所示；单击控制面板上方的“快照 1”，即可恢复到建立“快照 1”时图像所编辑的效果，如图 1-54 所示；单击控制面板上方的“快照 2”，即可恢复到建立“快照 2”时图像所编辑的效果，如图 1-55 所示。

图 1-53

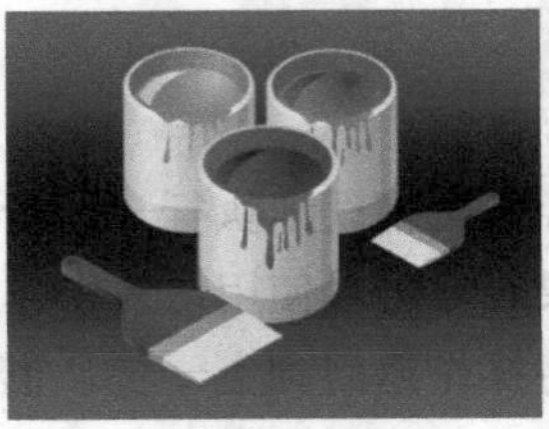

图 1-54

图 1-55

1.2.5 存储照片

编辑和制作完成图像后，就需要将图像进行保存。选择“文件 > 存储”命令，可以存储文件。当设计好的作品进行第一次存储时，选择“文件 > 存储”命令，将弹出“存储为”对话框，如图 1-56 所示，在对话框中输入文件名、选择文件格式后，单击“保存”按钮，即可将图像保存。

当对已存储过的图像文件进行各种编辑操作后，选择“存储”命令，将不弹出“存储为”对话框，计算机直接保留最终确认的结果并覆盖原始文件。

如果既要保留修改过的文件，又不想放弃原文件，可以使用“存储为”命令。选择“文件 > 存储为”命令，弹出“存储为”对话框，如图 1-57 所示，在对话框中可以为更改过的文件重新命名、选择路径、设定格式，最后进行保存。

图 1-56

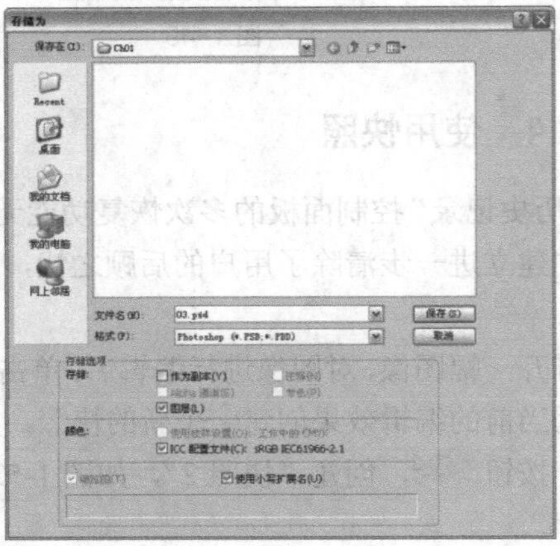

图 1-57

“作为副本”选项可将处理的文件存储成该文件的副本；“Alpha 通道”选项可存储带有 Alpha 通道的文件：“图层”选项可将图层和文件同时存储；“注释”选项可将带有注释的文件存储；“专色”选项可将带有专色通道的文件存储；“使用小写扩展名”选项使用小写的扩展名存储文件，该选项未被选取时，将使用大写的扩展名存储文件。

1.3 常用的图像格式

Photoshop 中有 20 多种文件格式可供选择，在这些文件格式中，既有 Photoshop 的专用格式，也有用于应用程序交换的文件格式，还有一些比较特殊的格式，常见的几种格式如下。

1.3.1 RAW 的文件格式

RAW 不是一种图片格式，而是一种记录照片的方式。这种记录方式生成的图片文件未经相机处理，而且能够记录下数码相机传感器的原始信息，例如 ISO 的设置、快门速度、光圈值、白平衡等，所以在后期处理中拥有很大的自由度，对于需要调整阴影或高光的照片来说十分适用。根据数码相机型号的不同，RAW 文件的格式也不同，例如 NEF、CRW、DCR 等，这些格式可以用 Photoshop 读取，也可以用数码相机厂商提供的其他软件读取。

1.3.2 PSD 格式和 PDD 格式

PSD 格式和 PDD 格式是 Photoshop 软件自身的专用文件格式，能够支持从线图到 CMYK 的所有图像类型，但由于在一些图形程序中没有得到很好的支持，因此其通用性不强。PSD 格式和 PDD 格式能够保存图像数据的细小部分，如图层、附加的遮膜通道等 Photoshop 对图像进行特殊处理的信息。在没有最终决定图像存储的格式前，最好先以这两种格式存储。另外，Photoshop 打开和存储这两种格式的文件较其他格式更快。但是这两种格式也有缺点，就是它们所存储的图像文件特别大，占用磁盘空间较多。

1.3.3 TIF 格式（TIFF）

TIF 是标签图像格式。TIF 格式对于色彩通道图像来说是最有用的格式，具有很强的可移植性，它可以用于 PC、Macintosh 以及 UNIX 工作站三大平台。用 TIF 格式存储图像时应考虑到文件的大小，因为 TIF 格式的结构要比其他格式更复杂。但 TIF 格式支持 24 个通道，能存储多于 4 个通道的文件格式。TIF 格式还允许使用 Photoshop 中的复杂工具和滤镜特效。TIF 格式非常适合于印刷和输出。

1.3.4 BMP 格式

BMP 格式可以用于绝大多数 Windows 下的应用程序。BMP 格式使用索引色彩，它的图像具有极其丰富的色彩，并可以使用 16MB 色彩渲染图像。BMP 格式能够存储黑白图、灰度图和 16MB 色彩的 RGB 图像等。此格式一般在多媒体演示、视频输出等情况下使用，但不能在 Macintosh 程序中使用。在存储 BMP 格式的图像文件时，还可以进行无损失压缩，能节省磁盘空间。

1.3.5 JPEG 格式

JPEG 格式既是 Photoshop 支持的一种文件格式，也是一种压缩方案。它是 Macintosh 上常用的一种存储类型。JPEG 格式与 TIF 文件格式采用的 LIW 无损失压缩相比，它的压缩比例更大，但它使用的有损失压缩会丢失部分数据。用户可以在存储前选择图像的最后质量，这样就能控制数据的损失程度。

1.4 照片的颜色模式

照片的颜色模式有很多种，例如 RGB、CMYK、灰度模式等。同一张图片在不同的色彩模式下的效果会出现一些差别，因此根据需要选择合适的颜色模式是非常重要的，以下是 Photoshop 中的 5 种颜色模式。

1.4.1 RGB 模式

RGB 颜色模式是显示器常用的一种颜色标准，是通过对红（R）、绿（G）、蓝（B）3 个颜色通道的变化以及它们相互之间的叠加来得到多种颜色，如图 1-58 所示。RGB 颜色模式几乎能够合成人类所能感知的所有颜色，是目前运用最广的颜色系统之一。

1.4.2 CMYK 模式

CMYK 也称作印刷色彩模式，由青色、品红色、黄色和黑色 4 种颜色混合而成，是一种依靠油墨反光的色彩模式，如图 1-59 所示。在 Photoshop 中，在准备用印刷颜色打印图像时，应使用 CMYK 模式，如以 RGB 模式输出图片直接打印，印刷品实际颜色将与 RGB 预览颜色有较大差异。

1.4.3 Lab 模式

Lab 颜色模式的色域非常宽阔，主要用来描述眼睛能够看到的颜色。它不仅包含了 RGB、CMYK 的所有色域，还能表现它们不能表现的色彩。如果想在数字图形的处理中保留尽量宽阔的色域和丰富的色彩，最好选择 Lab 颜色模式，如图 1-60 所示。

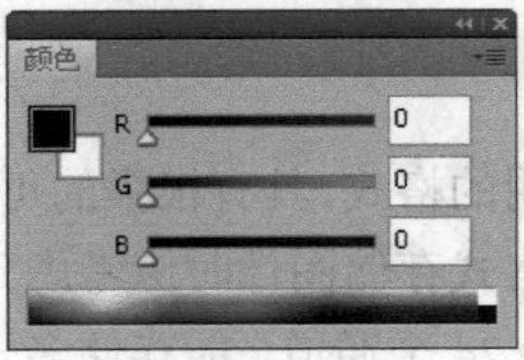

图 1-58

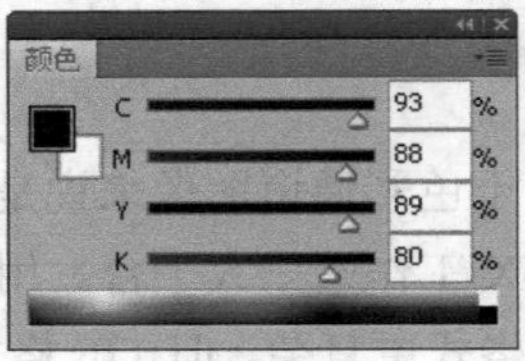

图 1-59

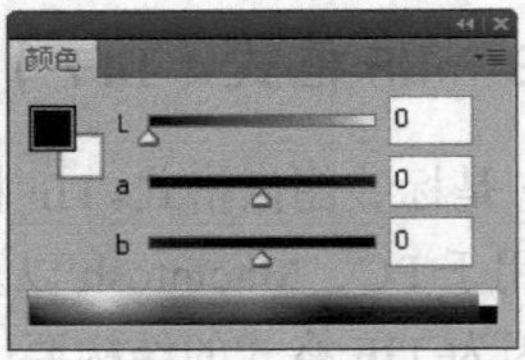

图 1-60

1.4.4 灰度模式

灰度模式只有黑、白和灰 3 种颜色，可以表现 256 阶的灰色调图像，灰度值可以用颜色调色板中的 K 值来表示，适合表现平滑自然的高品质黑白照片。

1.4.5 双色调模式

双色调模式采用 2~4 种彩色油墨混合来创建双色调（两种颜色）、三色调（3 种颜色）、四色调（4 种颜色）的图像。在将灰度图像转换为双色调模式的图像过程中，对色调进行编辑可以产生许多特殊的效果。双色调的重要用途之一是使用尽量少的颜色表现尽量多的颜色层次，可以降低印刷的成本。

1.5 文件夹批处理

批处理命令可以对包含多个文件和子文件夹的文件夹播放动作，也可以对多个图像文件执行同一个动作的操作。选择“文件 > 自动 > 批处理”命令，弹出“批处理”对话框，在“动作”选项的下拉列表中选择要重复应用的动作，单击“源”选项组中的“选择”按钮，在弹出的“浏览文件夹”对话框中选择要应用动作的文件夹，单击“确定”按钮。

在“目标”选项组的下拉列表中选择“文件夹”选项，单击其下方的“选择”按钮，在弹出的“浏览文件夹”对话框中选择应用动作后的文件所存放的位置，单击“确定”按钮。设置对话框中的其他选项，如图 1-61 所示，单击“确定”按钮，即可开始批处理图像。

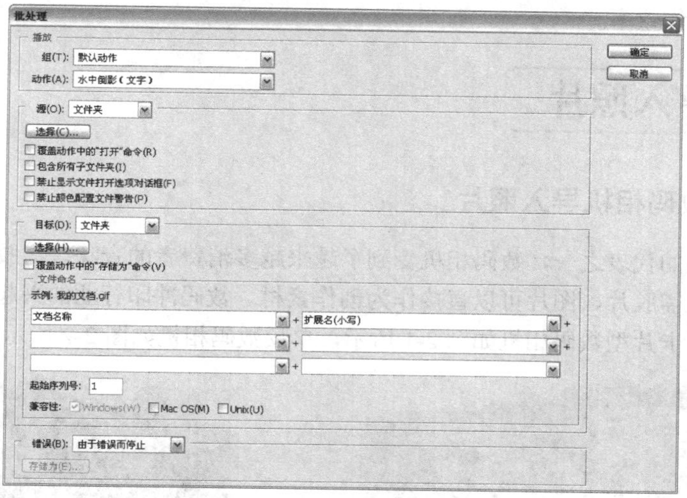

图 1-61

播放：在“组”选项的下拉列表中选择要应用的组名称，然后在“动作”选项的下拉列表中选择要应用的动作。

源：在其下拉列表中选择要处理的文件。勾选“覆盖动作中的‘打开’命令”复选框，在指定的动作中如果包含“打开”命令，批处理就会忽略此命令；勾选“包含所有子文件夹”复选框，将处理子文件夹中的文件；勾选“禁止显示文件打开选项对话框”复选框，可以隐藏文件打开选项对话框；勾选“禁止颜色配置文件警告”复选框，将关闭颜色方案信息的显示。

目标：在其下拉列表中选择处理文件的目标。勾选“覆盖动作中的‘存储为’命令”复选框，则可让动作中的“存储为”命令引用批处理的文件，而不是动作中指定的文件名和位置。如果要选择此命令，动作必须包含一个“存储为”命令，因为“批处理”命令不会自动存储源文件。

文件命名：可以设置目标文件生成的命名规则。

错误：在其下拉列表中选择“由于错误而停止”选项时，当发生错误时将停止进程，直到用户确认错误信息为止；在其下拉列表中选择“将错误记录到文件”选项时，当发生错误时，将每个错误记录在文件中而不停止进程。

第2章 照片的管理

本章主要讲解的是照片的输入与管理以及照片输出的相关知识。照片主要通过数码相机、扫描仪和储存卡输入到计算机中，并可以通过 Photoshop 软件自带的浏览器对大批量的照片进行统一的管理，提高工作效率。

2.1 导入照片

2.1.1 使用数码相机导入照片

作为数码产品的代表之一，数码相机受到了越来越多消费者的青睐。与胶片相机相比，数码相机成像清晰、无需胶片、图片可以直接作为创作素材。数码冲印行业的兴起，使数码相机正逐步替代胶片相机。卡片型数码相机如图 2-1 所示，单反数码相机如图 2-2 所示。

图 2-1

图 2-2

一款相机的电子影像传感器所能显示的像素多少是衡量一款相机质量和档次的重要标志，但不是定性的因素。对于业余摄影爱好者来说，200 万～300 万像素的相机即可输出 1 984×1 448 的图像。一般情况下，200 万像素的相机冲印 5 寸或 6 寸的照片是没有问题的，300 万像素的相机冲印 7 寸的照片没有问题。专业摄影人员就需要像素配置高一些的数码相机。

数码相机，一般都会附带数据线，将数据线与计算机连接后，数码相机会在计算机中以“可移动磁盘”的形式出现，双击进入可移动磁盘后，就可以将照片复制到计算机中。

2.1.2 使用扫描仪导入照片

扫描仪是用于将照片、幻灯片或手绘原稿转换为数码数据的仪器。它分为两大类：平台扫描仪和滚筒扫描仪，平台扫描仪上稿平台为平面，结构紧凑，采用 CCD（电荷耦合器件）作为感光组件，如图 2-3 所示；滚筒扫描仪上稿平台为柱形，结构复杂，采用 PMT（光电倍增管）作为感光组件，如图 2-4 所示。

图 2-3

图 2-4

扫描仪可以将图片、文本页面、图画和实物等输入计算机。启动扫描软件，出现软件启动界面，如图 2-5 所示。进入扫描面板，单击面板上方的“预览”按钮 预览 ，对扫描仪上的图片进行扫描预览，如图 2-6 所示。

图 2-5

在“设置”面板中设置扫描的图像类型、分辨率、缩放比、去网等，如图 2-7 所示。在预览窗口中拖曳红色虚线框，设置要扫描的范围，如图 2-8 所示。

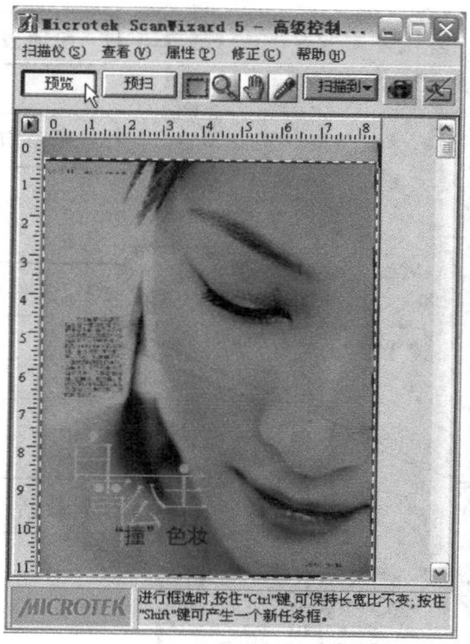

图 2-6

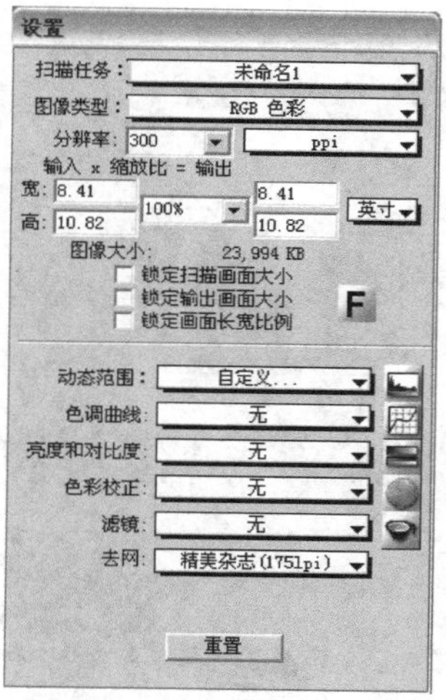

图 2-7

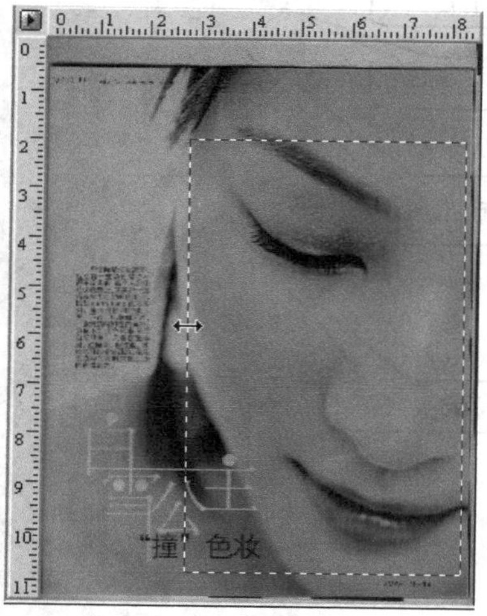

图 2-8

单击扫描面板上方的“扫描到”按钮 扫描到 ，弹出“另存为”对话框，在“保存在”选项中设置扫描图片要保存到计算机中的路径，在“文件名”选项中设置扫描图片的名称，如图 2-9 所示，单击“保存”按钮 保存(S) ，即可对图片进行扫描。

2.1.3 使用储存卡导入照片

储存卡以体积小、携带方便、读写速度快的特点受到了数码市场的青睐，如图 2-10 所示。目前许多数码相机、手机都用储存卡来存储照片。储存卡可以通过计算机上相应的插槽来传输数据，如果计算机没有储存卡插槽，则需要通过读卡器连接储存卡与计算机，如图 2-11 所示。储存卡与数码相机一样，在计算机中以“可移动磁盘”的形式出现，用户可以很方便地将照片复制到计算机中。

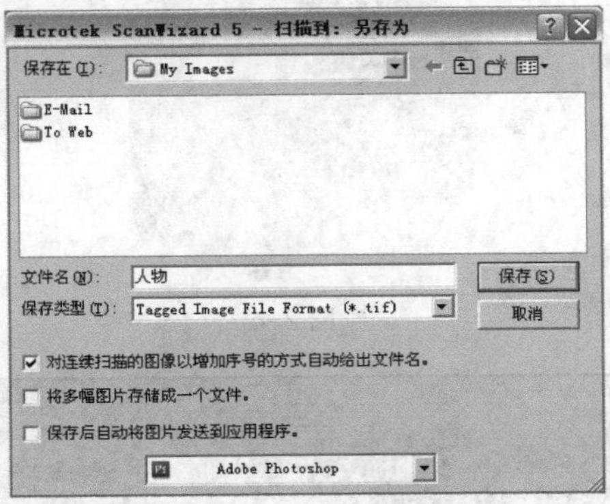

图 2-9

图 2-10

图 2-11

2.2 应用 Adobe Bridge CS4 管理照片

Adobe Bridge CS4 用于组织、浏览和寻找所需的照片资源。选择“文件 > 在 Bridge 中浏览”命令，或单击标题栏中的“启动 Bridge”按钮 Br，打开 Adobe Bridge 窗口，如图 2-12 所示。

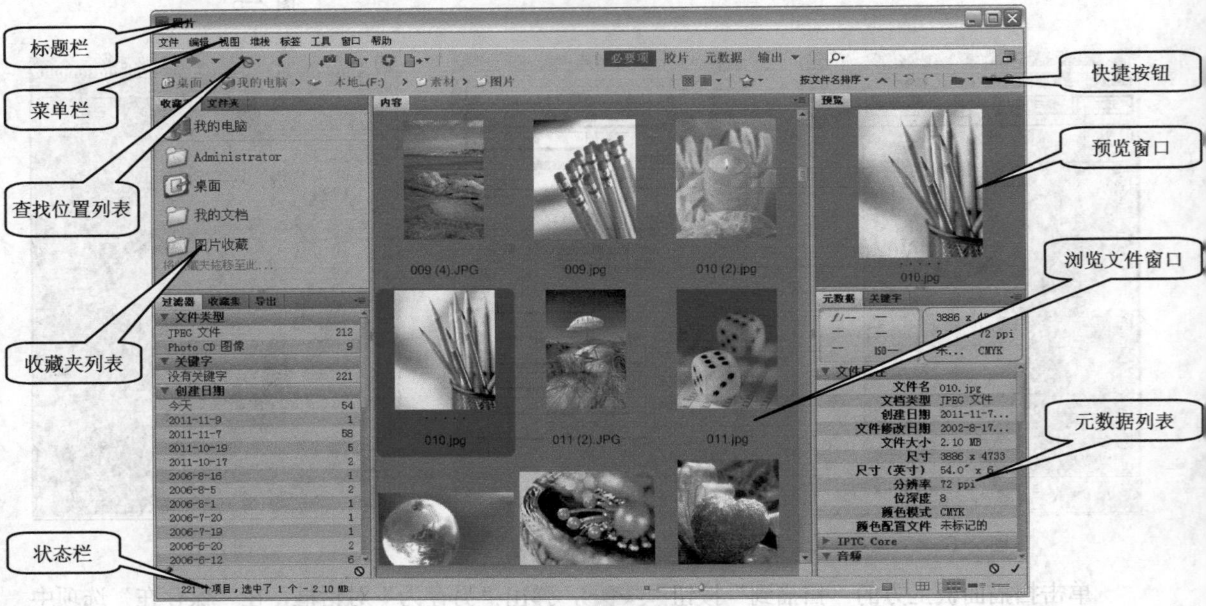

图 2-12

2.2.1 更改浏览文件的显示效果

在 Adobe Bridge 窗口下方拖动滑块，可以改变浏览文件的显示效果，将滑块向左拖曳，显示的文件效果比较小，但数量比较多，如图 2-13 所示；将滑块向右拖曳，显示的文件效果比较大，但数量比较少，如图 2-14 所示。

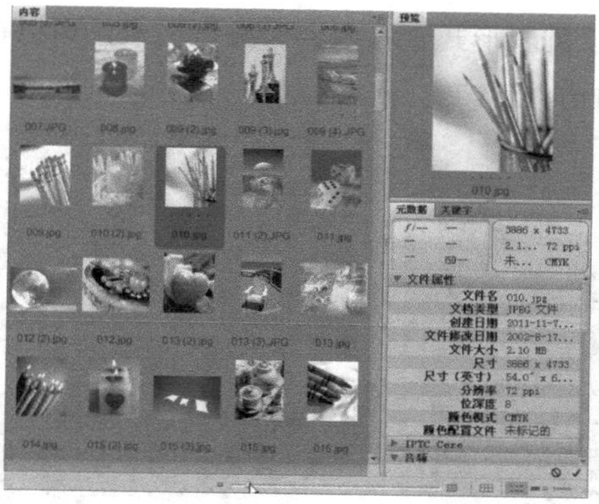

图 2-13

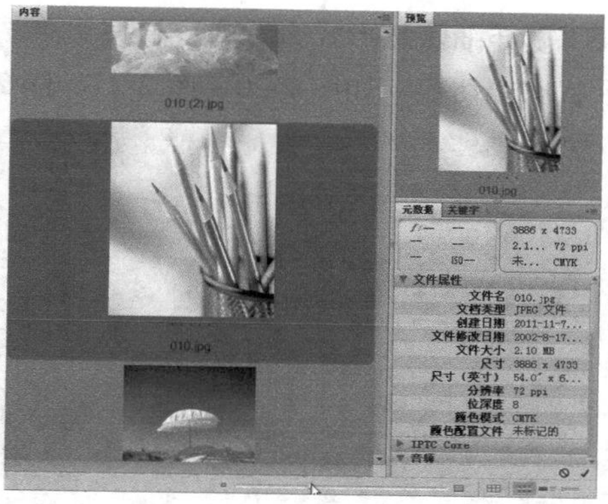

图 2-14

2.2.2 局部放大观察图像

在“预览”窗口中将鼠标指针放在图像上，指针变为放大镜图标，如图 2-15 所示，单击鼠标，图像上显示出放大观察窗口，可以通过移动观察窗口观察图像的局部放大效果，如图 2-16 所示。

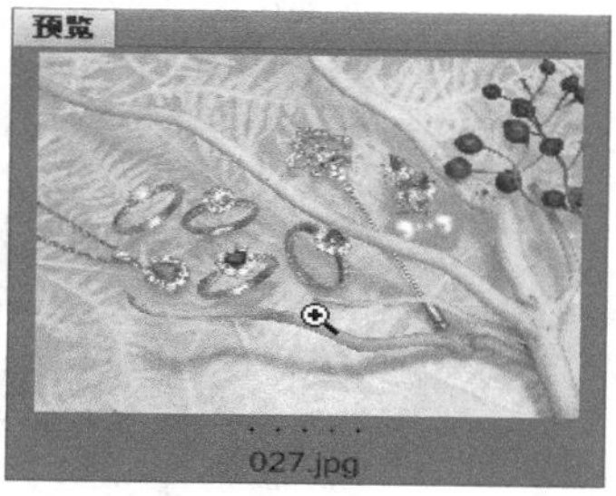

图 2-15

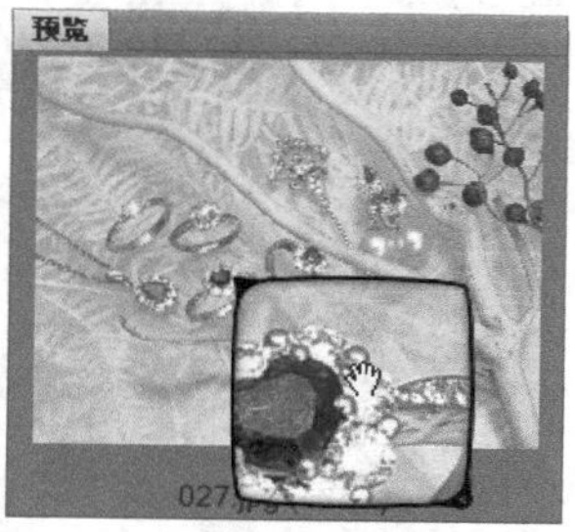

图 2-16

2.2.3 旋转图片

在 Adobe Bridge 窗口中可以对图像进行旋转操作。选中图像，如图 2-17 所示，单击“逆时针旋转 90° ”按钮，可以将图像逆时针旋转，如图 2-18 所示；单击“顺时针旋转 90° ”按钮，可以将图像顺时针旋转，如图 2-19 所示。

图 2-17

图 2-18

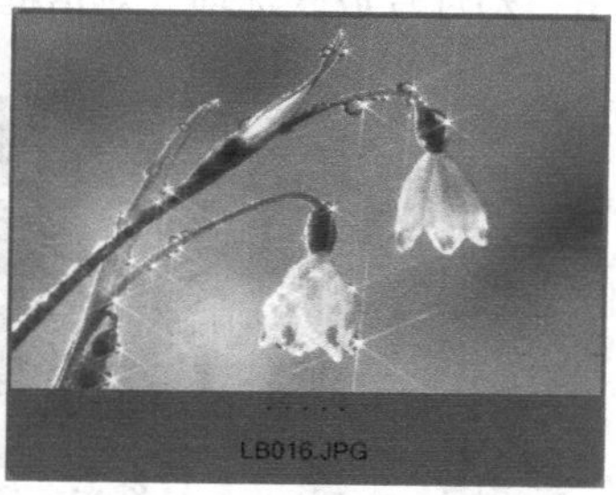

图 2-19

2.2.4 改变窗口显示状态

Adobe Bridge 提供了多种窗口显示方式。在窗口的右下方单击“以缩览图形式查看内容”按钮、“以详细信息形式查看内容”按钮或“以列表形式查看内容”按钮，可以在不同的显示状态中切换，如图 2-20、图 2-21、图 2-22 所示。

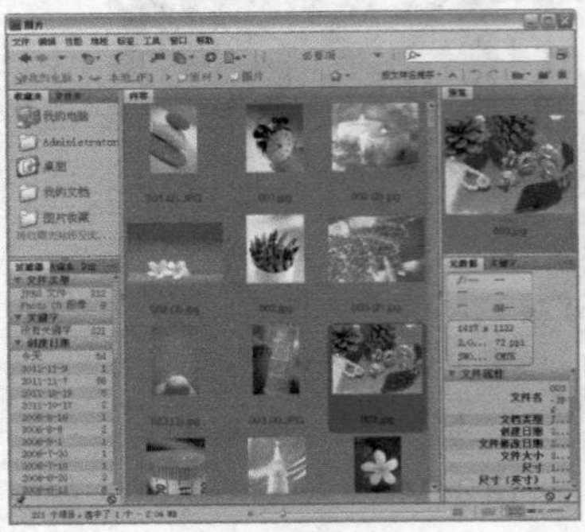
图 2-20

图 2-21

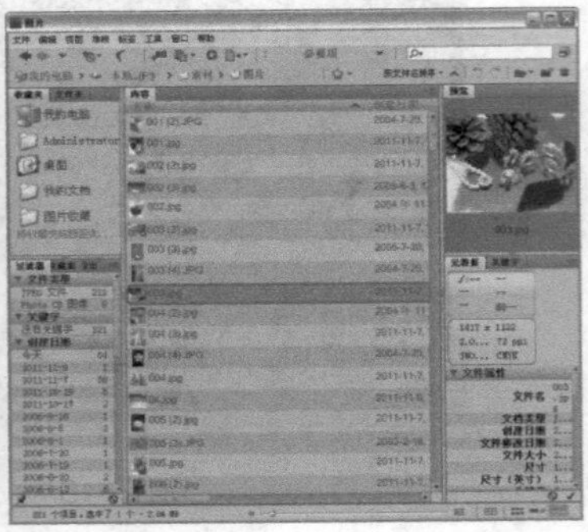
图 2-22

单击“锁定缩览图网格”按钮，或选择“视图 > 网格锁”命令，窗口中的内容以网格形式出现，如图 2-23 所示。选择“视图 > 紧凑模式”命令，可以将窗口显示为紧凑模式，如图 2-24 所示。

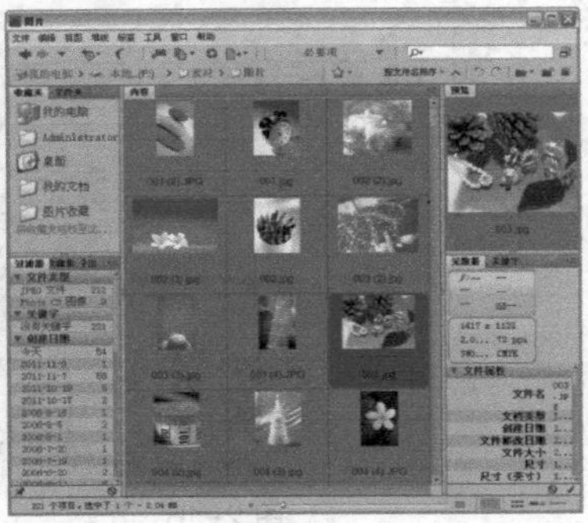
图 2-23

图 2-24

2.2.5 播放幻灯片

选择“视图 > 幻灯片放映”命令，可以将图片以幻灯片的形式播放，按 H 键，显示出提示信息，如图 2-25 所示；按 Esc 键，退出幻灯片显示状态。选择“视图 > 幻灯片放映选项”命令，弹出“幻灯片放映选项”对话框，如图 2-26 所示，可以在对话框中设置播放属性。

图 2-25

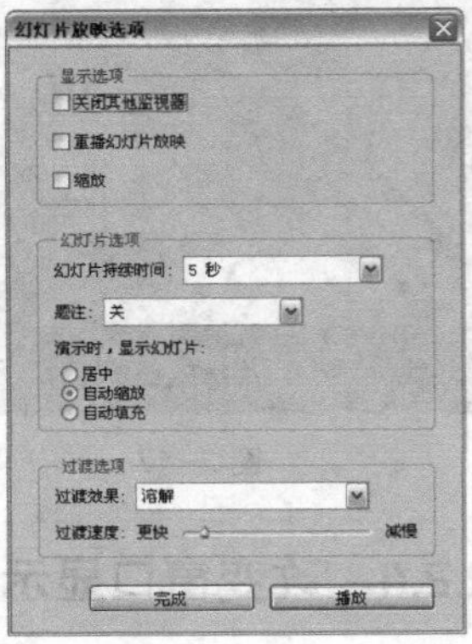

图 2-26

2.2.6 为文件做标记

可以将不同的文件标记上特定的颜色，从而进行区分。选中文件，选择“标签”命令，在弹出的子菜单中可以选择标签类型，如图 2-27 所示。选择不同的选项，文件下方会显示出不同的色带，如图 2-28 所示。

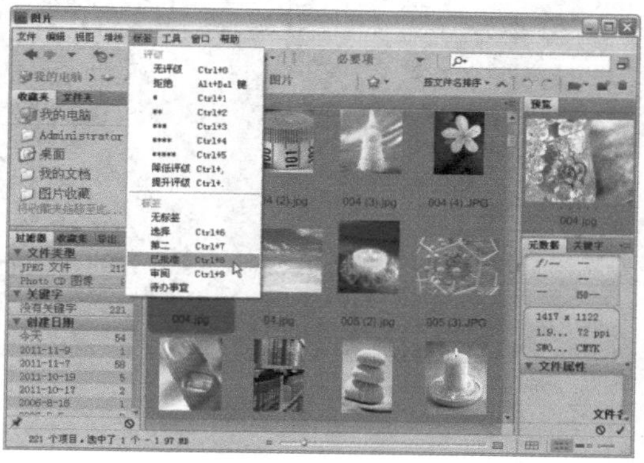

图 2-27

图 2-28

“选择”选项的代表颜色为红色；“第二”选项的代表颜色为黄色；“已批准”选项的代表颜色为绿色；“审阅”选项的代表颜色为蓝色；“待办事宜”选项的代表颜色为紫色。

文件标签的定义名称也可以根据需要更改。选择“编辑 > 首选项”命令，在弹出的“首选项”对话框的左侧选择“标签”选项，在弹出的相应对话框中可以重新设置标签的名称。

2.2.7 为文件设置星级

可以根据需要为文件设置不同的等级，Bridge 提供了从一星到五星 5 个等级。选择“标签”命令，在弹出的子菜单中可以选择星级，如图 2-29 所示，或用鼠标单击文件下方的黑色小圆点，点出相应的星级，如图 2-30 所示。

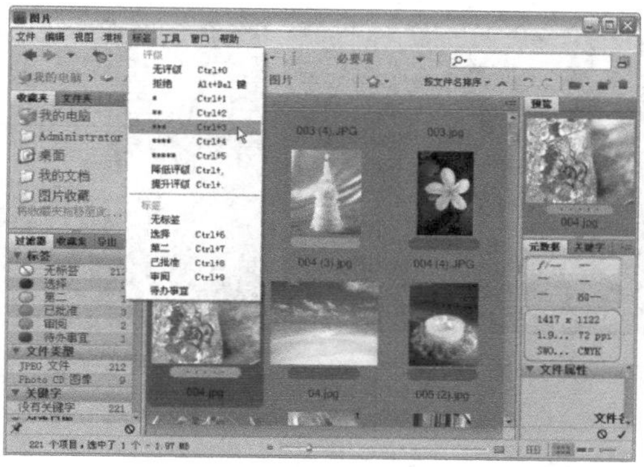

图 2-29

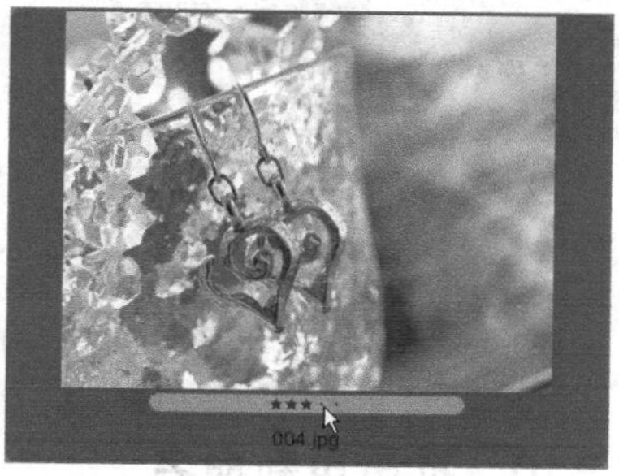

图 2-30

要增加文件的星级，可以选择“标签 > 提升评级”命令；要减少文件的星级，可以选择“标签 > 降低评级”命令。

2.2.8 筛选文件

对文件进行标记与设置星级后，可以通过“筛选器”控制面板对图像进行选择性显示。选择

“窗口 > 过滤器面板”命令，调出“过渡器”控制面板。在“标签”选项的列表中勾选“已批准”选项，在内容窗口中将只显示标记为“已批准”的文件，如图 2-31 所示。在“评级”选项的列表中勾选五星级图标，在内容窗口中将只显示标记为五星级的文件，如图 2-32 所示。

图 2-31

图 2-32

2.2.9 堆栈文件

堆栈文件命令可以将文件归组为一个缩览图，可以使用此功能堆叠任何类型的文件。选中要进行堆栈的多个文件，选择“堆栈 > 归组为堆栈”命令，或按 Ctrl+G 组合键，将选中的文件创建为一个堆栈，如图 2-33 所示。单击堆栈左上方的数字，可以展开或折叠堆栈。

如果一个堆栈中包含的图片多于 10 张，则可以通过预览的方式查看其中的图片，而不必将其展开。将鼠标指针放置在堆栈上，图片的上方显示出一个播放按钮及一个黑色小圆点，如图 2-34 所示，单击播放按钮或拖曳小圆点都可以预览图片，如图 2-35 所示。

图 2-33

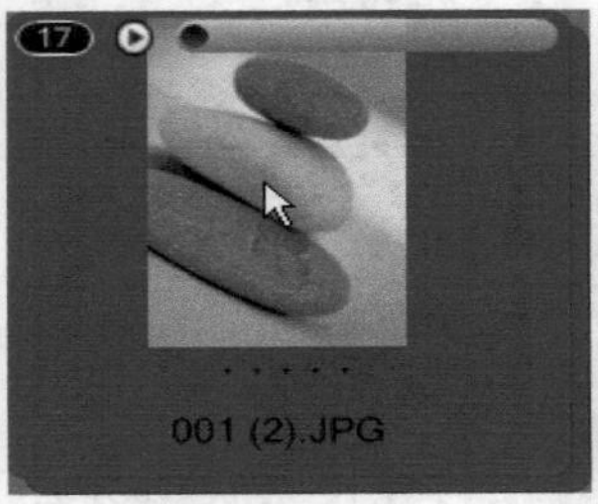

图 2-34

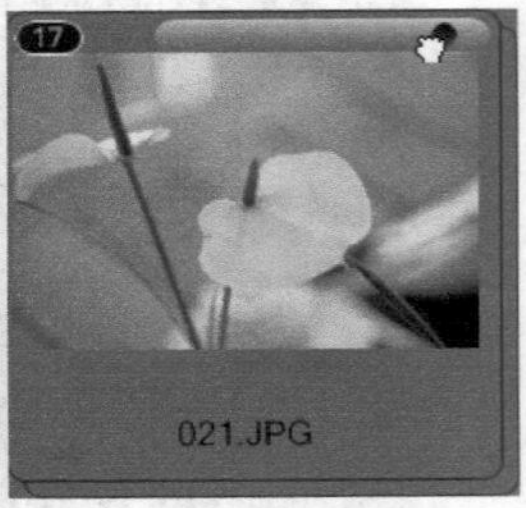

图 2-35

2.2.10 批量重新命名

使用批量重新命名功能可以一次性重新命名一批文件。选择“工具 > 批重命名”命令，弹出“批重命名”对话框，如图 2-36 所示。在“目标文件夹”选项组中可以选择是在同一个文件夹中进行重新命名，还是将重新命名的文件移动到其他文件夹中。在“新文件名”选项组中确定重命名后文件名命名的规则。如果规则项不够，可以单击“向文件名中添加更多文本”按钮[+]；反之，可以单击“从文件名中移去此文本”按钮[−]，减少规则项。

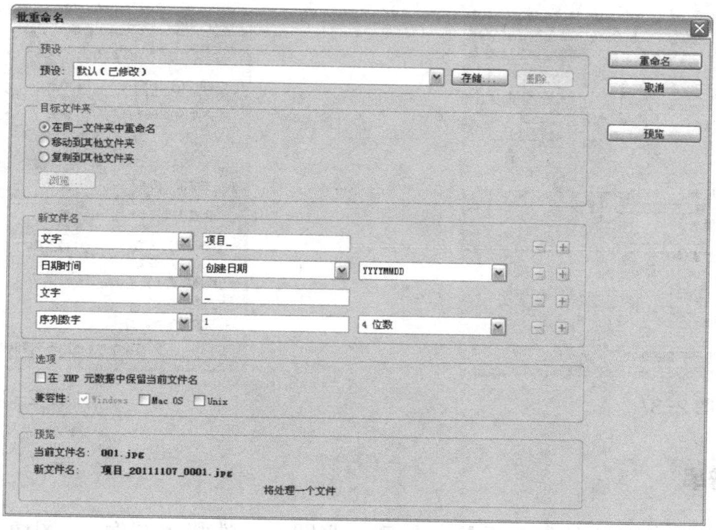

图 2-36

2.3 照片的输出

2.3.1 照片的像素与分辨率

像素是构成影像的最小单位，也是相机上 CCD/CMOS 光电感应器件的数量。感光器件经过感光产生光电信号，光电信号经过转换等步骤后，在输出的照片中形成颜色点，多个颜色点就构成了连续的色调。如果把图像放大数倍，会发现这些连续色调其实是由许多色彩相近的小方块所组成的，这些小方块就是像素。

分辨率就是屏幕图像的精密度，是指显示器所能显示的像素数量。分辨率的单位一般是像素/英寸，如果是 100，表示 1 英寸的距离有 100 个像素单位。一张图片的像素数=宽度尺寸×分辨率×高度尺寸×分辨率。像素数越多，画面就越精细。

一般来说，用于网页中的照片，分辨率设置为 75 像素/英寸即可，像素数越低，文件所占的空间就越小，可以很大程度上降低网页加载图片的时间，加快浏览速度。如果将照片用于喷墨打印，设置为 150 像素/英寸就能够得到很好的效果。当照片用于印刷时，则至少应设为 300 像素/英寸。

当图片的质量或尺寸不能够满足用户的需求时，需要对图片进行调整，调整的方法主要有改变像素数量和改变分辨率两种。

1. 改变像素数量

改变像素数量会影响照片的打印尺寸。打开一张图片，选择“图像 > 图像大小”命令，弹出“图像大小”对话框，如图 2-37 所示。改变宽度和高度的像素大小，会发现照片的尺寸发生了变化，如图 2-38 所示。

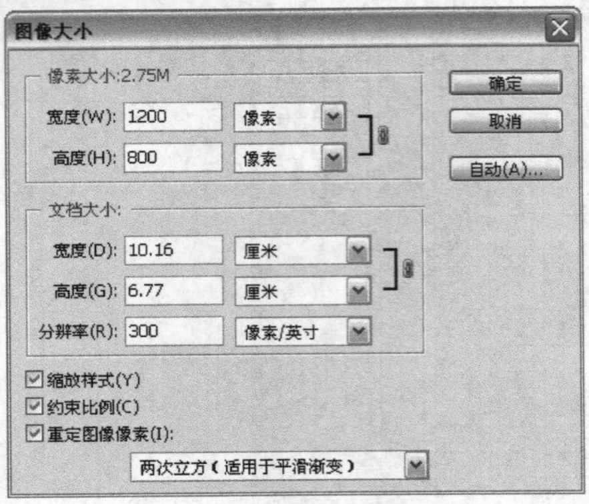

图 2-37

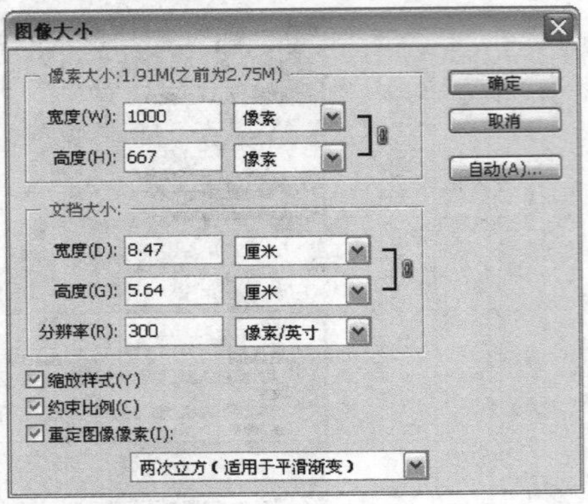

图 2-38

2. 改变分辨率

改变分辨率会影响照片的打印质量。打开一张图片，选择“图像 > 图像大小”命令，弹出“图像大小”对话框，如图 2-39 所示。改变分辨率，会发现照片的像素大小发生了变化，即照片的质量发生了变化，如图 2-40 所示。

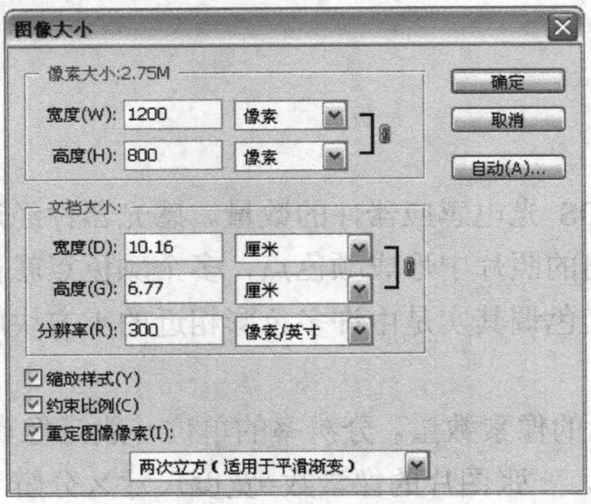

图 2-39

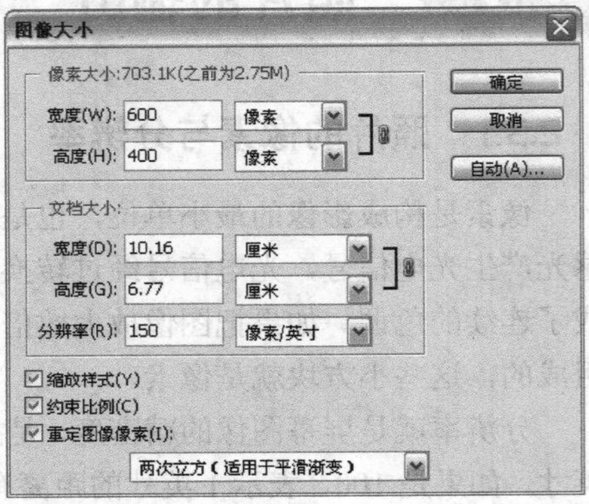

图 2-40

2.3.2 照片的输出格式

常用的输出格式有 TIFF、BMP、JPEG 3 种。TIFF 格式保留了照片的全部颜色信息，是一种无损格式，但是文件较大。BMP 格式也是一种无损格式，而且对图形处理软件的兼容性非常好，但是同 TIF 格式一样，文件较大。JPEG 格式对文件进行了高度压缩，文件体积较小，适用于在存储设备中存储大量的图片。JPEG 在压缩的过程中会损失一部分颜色信息，如果不希望图片的质量有大幅度下降，需要设定 Photoshop 中的“品质”不低于 10，如图 2-41 所示。

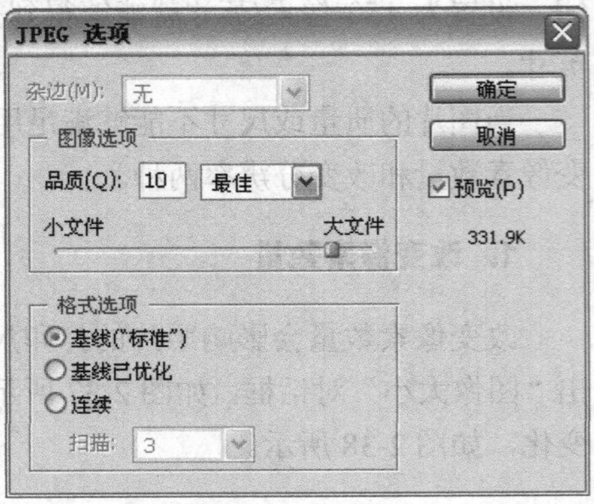

图 2-41

2.3.3 照片的尺寸

数码相机拍摄出来的照片长宽比是由相机的感光器件所决定的，有 3:2、4:3 和 16:9 三种形式，比较常见的长宽比为 4:3，例如 1 600 像素×1 200 像素。数码照片冲印店可以冲印多种尺寸的照片，例如 6 寸、10 寸等，因此会出现拍摄的照片尺寸与冲印尺寸不一致，这时就需要将照片进行裁剪。在剪裁照片时，一般将分辨率设置为 300 像素/英寸，此外还需注意照片的像素数量。表 2-1 为照片的尺寸与像素对照表。

表 2-1　照片尺寸与像素对照表

俗称	宽（英寸）	高（英寸）	宽（像素）@300 像素/英寸	高（像素）@300 像素/英寸
1 寸照片	1.50	1.00	450	300
2 寸照片	2.00	1.50	600	450
4 寸照片	4.00	3.00	1 200	900
5 寸照片	5.00	3.500	1 500	1 050
6 寸照片	6.00	4.00	1 800	1 200
7 寸照片	7.00	5.00	2 100	1 500
8 寸照片	8.00	6.00	2 400	1 800
10 寸照片	10.00	8.00	3 000	2 400
12 寸照片	12.00	10.00	3 600	3 000
14 寸照片	14.00	12.00	4 200	3 600
18 寸照片	16.00	12.00	4 800	3 600
20 寸照片	20.00	16.00	6 000	4 800
24 寸照片	24.00	20.00	7 200	6 000
30 寸照片	30.00	24.00	9 000	7 200
36 寸照片	36.00	24.00	10 800	7 200

第3章 照片的基本处理技巧

本章主要针对一些常见和基本的数码照片问题，通过快捷的方法进行快速的处理，本章应用多种命令讲解了更换照片的背景和对复杂边缘的照片进行抠出处理的方法和技巧。通过基本工具和功能的运用，轻松解决照片处理中常见的问题。

3.1 修复倾斜照片

知识要点		使用“裁剪”工具裁切图片；使用“添加图层样式”按钮添加图片的描边效果
	素材文件	Ch03 > 素材 > 修复倾斜照片 > 01、02、03
	最终效果	Ch03 > 效果 > 修复倾斜照片

1. 裁剪图片

步骤 1 按 Ctrl＋O 组合键，打开光盘中的“Ch03 > 素材 > 修复倾斜照片> 01、02”文件，效果如图 3-1 和图 3-2 所示。双击 01 素材的“背景”图层，弹出“新建图层”对话框，如图 3-3 所示，单击“确定”按钮，将“背景”图层解锁，效果如图 3-4 所示。

图 3-1

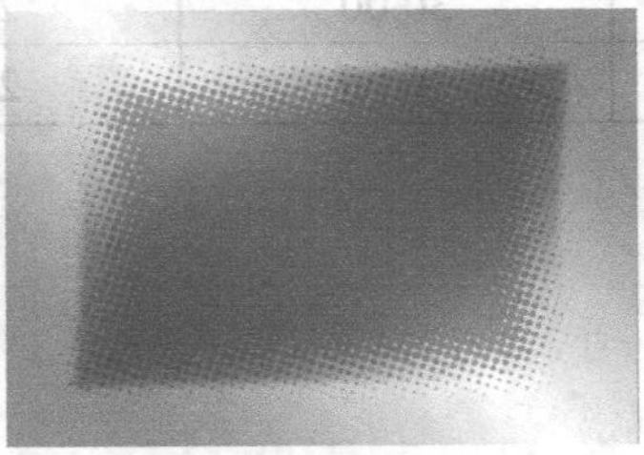

图 3-2

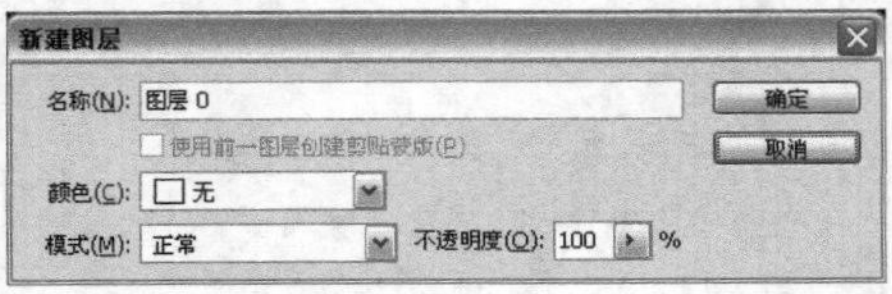

图 3-3

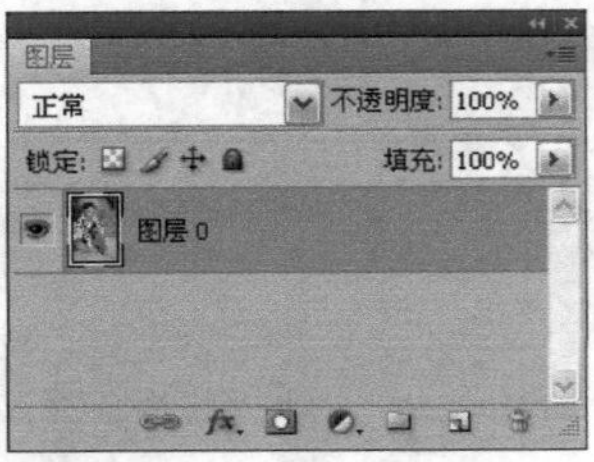

图 3-4

步骤 2 按 Ctrl+T 组合键，图像周围出现变换框，在变换框外拖曳鼠标指针，旋转图像到适当的角度，如图 3-5 所示，按 Enter 键确定操作。选择“裁剪”工具，在图像窗口中适当的位置拖曳一个裁切区域，如图 3-6 所示，按 Enter 键确定操作，图像效果如图 3-7 所示。

图 3-5

图 3-6

图 3-7

步骤 3 选择“移动”工具，拖曳 01 素材到 02 素材的图像窗口中，在“图层”控制面板中生成新的图层并将其命名为“人物图片”，如图 3-8 所示。按 Ctrl+T 组合键，图像周围出现控制手柄，拖曳控制手柄调整图像的大小，按 Enter 键确定操作，效果如图 3-9 所示。

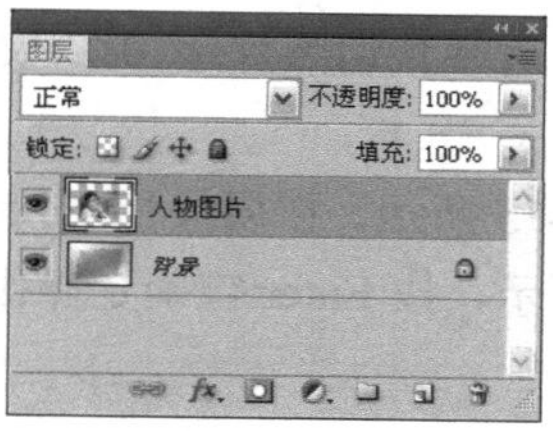

图 3-8

图 3-9

2. 添加图片描边效果

步骤 1 单击“图层”控制面板下方的“添加图层样式”按钮，在弹出的菜单中选择“描边”命令，弹出“图层样式”对话框，在“填充类型”选项下拉列表中选择“渐变”选项，单击“渐变”选项右侧的“点按可编辑渐变”按钮，弹出“渐变编辑器”对话框，在“位置”选项中分别输入 0、50、100 几个位置点，分别设置几个位置点颜色的 RGB 值为：0（255、255、255），50（204、204、204），100（255、255、255），如图 3-10 所示，单击“确定”按钮，返回到“图层样式”对话框，其他选项的设置如图 3-11 所示，单击“确定”按钮，效果如图 3-12 所示。

图 3-10

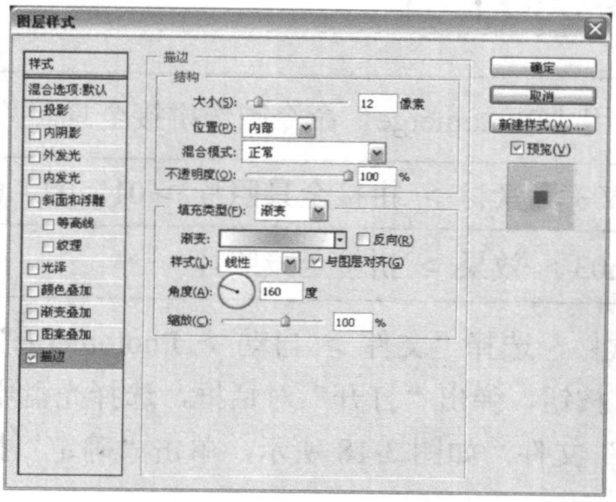

图 3-11

图 3-12

步骤 2 按 Ctrl+O 组合键，打开光盘中的“Ch03 > 素材 > 修复倾斜照片> 03”文件。选择“移动”工具，拖曳 03 图片到图像窗口的适当位置，效果如图 3-13 所示，在“图层”控制面板中生成新的图层并将其命名为“装饰图形”。修复倾斜照片制作完成。

图 3-13

3.2 透视裁切照片

知识要点		使用“裁剪”工具制作照片透视裁切效果；使用“透视”复选框调整裁切框的透视角度
	素材文件	Ch03 > 素材 > 透视裁切照片 > 01
	最终效果	Ch03 > 效果 > 透视裁切照片

步骤 1 按 Ctrl+O 组合键，打开光盘中的“Ch03 > 素材 > 透视裁切照片 > 01”文件，效果如图 3-14 所示。

步骤 2 选择“裁剪”工具，在窗口中绘制裁切框，如图 3-15 所示。在属性栏中勾选“透视”复选框，分别拖曳各个控制点到适当的位置，如图 3-16 所示，按 Enter 键确定操作，效果如图 3-17 所示。透视裁切照片制作完成。

图 3-14

图 3-15

图 3-16

图 3-17

3.3 拼接全景照片

知识要点		使用“Photomerge”命令制作拼接全景照片效果
	素材文件	Ch03 > 素材 > 拼接全景照片 > 01、02、03
	最终效果	Ch03 > 效果 > 拼接全景照片

步骤 1 打开 Photoshop 软件，选择“文件 > 自动 > Photomerge”命令，弹出“Photomerge”对话框，单击“浏览”按钮，弹出“打开”对话框，选择光盘中的“Ch03 > 素材 > 拼接全景照片 > 01、02、03”文件，如图 3-18 所示，单击“确定”按钮，返回“Photomerge”对话框，如图 3-19 所示。

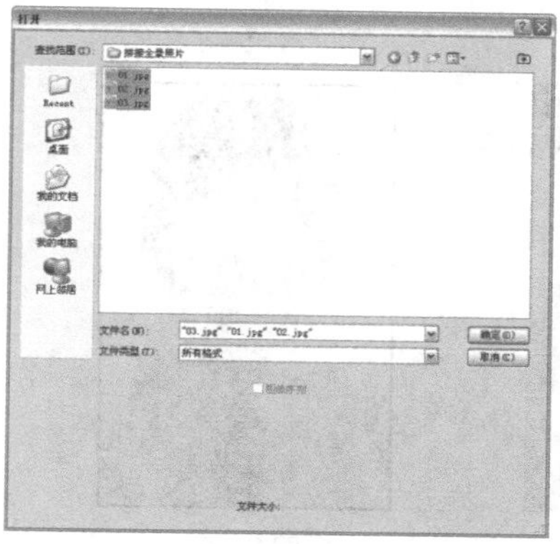

图 3-18

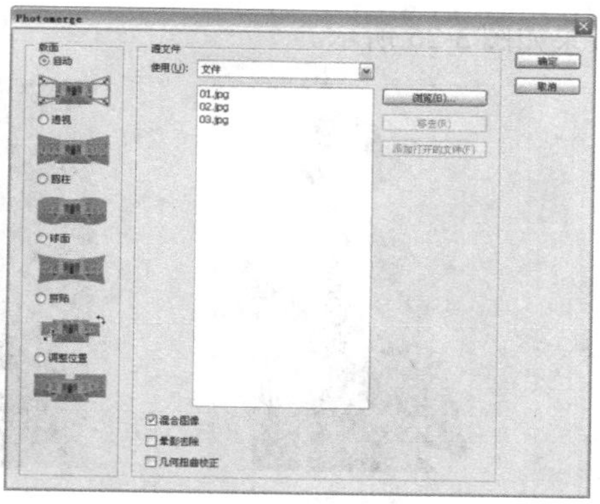

图 3-19

步骤 2 单击“确定”按钮，在图像窗口中显示自动拼接的过程，图片的拼接效果如图 3-20 所示。

步骤 3 选择“裁剪”工具，在图像上拖曳指针裁切图片，如图 3-21 所示，按 Enter 键确定，效果如图 3-22 所示。拼接全景照片制作完成。

图 3-20

图 3-21

图 3-22

3.4 制作证件照片

知识要点		使用“裁剪”工具裁切照片；使用“魔棒”工具绘制人物轮廓；使用“曲线”命令调整背景的色调；使用“定义图案”命令定义图案
	素材文件	Ch03 > 素材 > 制作证件照片 > 01
	最终效果	Ch03 > 效果 > 制作证件照片

1. 裁切照片并添加背景

步骤 1 按 Ctrl+O 组合键，打开光盘中的“Ch03 > 素材 > 制作证件照片 > 01”文件，效果如图 3-23 所示。

步骤 2 选择“裁剪”工具，在属性栏中将“宽度”选项设为 1 英寸，“高度”选项设为 1.5 英寸，设置分辨率为 300 像素/英寸，在窗口中绘制裁切框，如图 3-24 所示，按 Enter 键确定，效果如图 3-25 所示。

图 3-23

图 3-24

图 3-25

步骤 3 选择“魔棒”工具，在属性栏中将“容差”选项设为 2，在图像窗口中的白色区域单击鼠标生成选区，效果如图 3-26 所示。按住 Shift 键的同时在头发边缘单击，增加选区，如图 3-27 所示。按 Ctrl+Shift+I 组合键，将选区反选，如图 3-28 所示。

图 3-26

图 3-27

图 3-28

步骤 4 选择“选择 > 修改 > 收缩”命令，在弹出的对话框中进行设置，如图 3-29 所示，单击“确定”按钮。选择“选择 > 修改 > 羽化”命令，在弹出的对话框中进行设置，如图 3-30 所示，单击“确定”按钮，羽化选区，效果如图 3-31 所示。按 Ctrl+J 组合键，复制选区中的内容，在“图层”控制面板中生成新的图层并将其命名为“抠出人物”。

图 3-29

图 3-30

图 3-31

步骤 5 将前景色设为红色（其 R、G、B 值分别为 192、0、0）。新建图层并将其命名为“背景”。将“背景”图层拖曳到“抠出人物”图层的下方，按 Alt+Delete 组合键，用前景色填充“背景”图层，效果如图 3-32 所示。选取“抠出人物”图层，选择“图像 > 调整 > 曲线”命令，弹出“曲线”对话框，在曲线上单击鼠标添加控制点，将“输入”选项设为 137，“输出”选项设为 183，如图 3-33 所示，单击“确定”按钮，效果如图 3-34 所示。

图 3-32

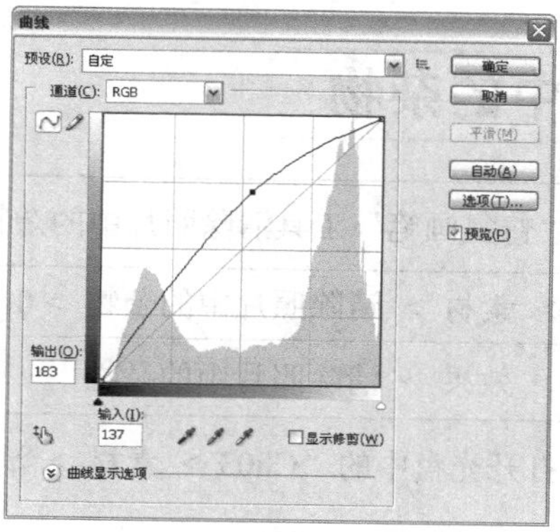

图 3-33

图 3-34

2. 定义证件照片

步骤 1 选择“图像 > 画布大小”命令，在弹出的对话框中进行设置，如图 3-35 所示，单击“确定”按钮。选择“编辑 > 定义图案”命令，在弹出的“图案名称”对话框中进行设置，如图 3-36 所示，单击“确定”按钮，定义图片。

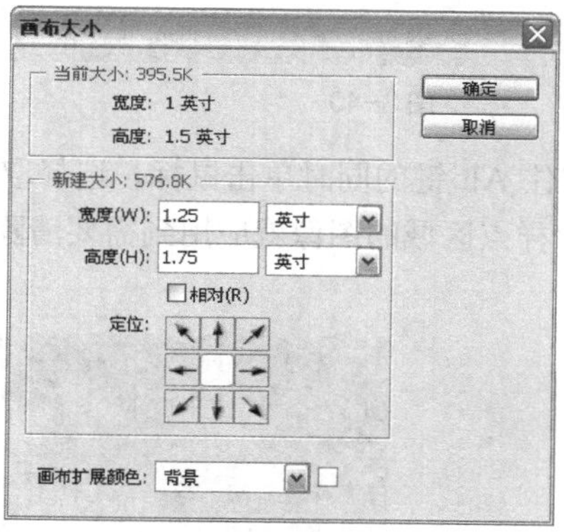

图 3-35

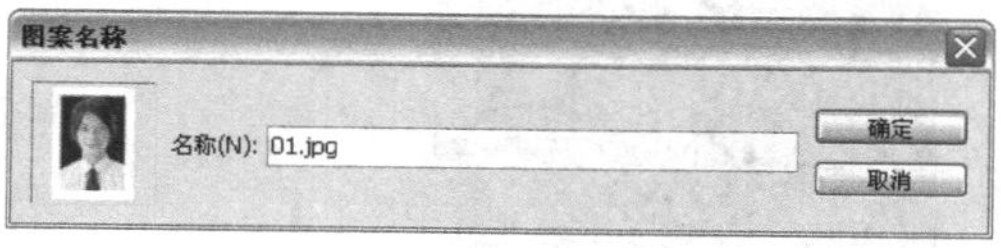

图 3-36

步骤 2 按 Ctrl+N 组合键，新建一个文件：宽度为 5 英寸，高度为 3.5 英寸，分辨率为 300 像素/英寸，颜色模式为 RGB，背景内容为白色，单击“确定”按钮。选择“编辑 > 填充”命令，弹出“填充”对话框，单击“使用”选项右侧的按钮，在弹出的下拉列表中选择“图案”，单击“自定图案”右侧的按钮，在弹出的面板中选择添加的证件照片图案，其他选项的设置如图 3-37 所示，单击“确定”按钮，效果如图 3-38 所示。制作证件照片完成。

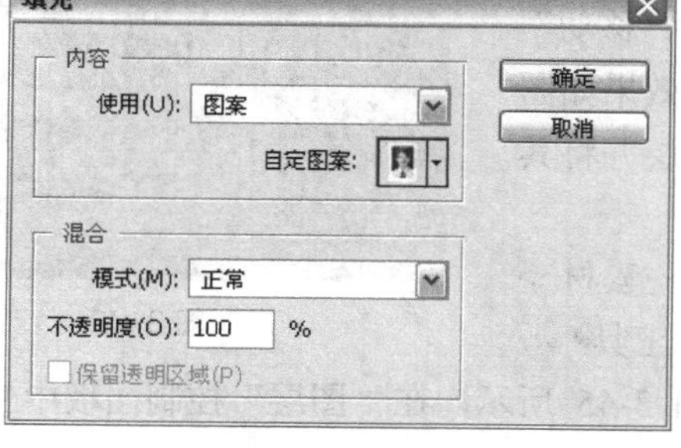

图 3-37

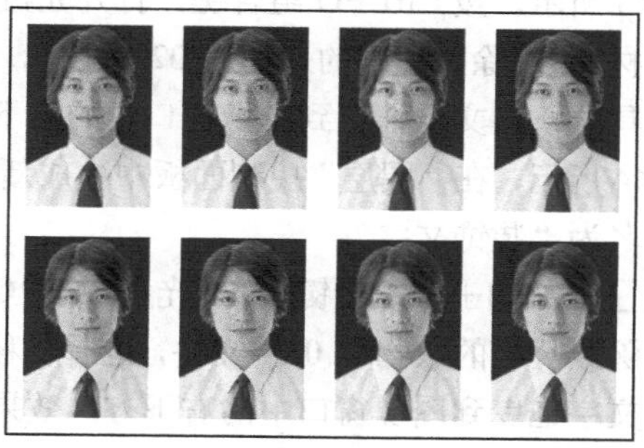

图 3-38

3.5 清除照片中的杂物

知识要点		使用“修复画笔”工具清除照片中的杂物
	素材文件	Ch03 > 素材 > 清除照片中的杂物 > 01、02、03
	最终效果	Ch03 > 效果 > 清除照片中的杂物

步骤 1 按 Ctrl+O 组合键，打开光盘中的“Ch03 > 素材 > 清除照片中的杂物 > 01”文件，效果如图 3-39 所示。

步骤 2 选择“修复画笔”工具，在属性栏中设置画笔大小，如图 3-40 所示。

图 3-39

图 3-40

步骤 3 将鼠标指针拖曳到图 3-41 所示的位置，按住 Alt 键的同时单击鼠标，选择取样点。将鼠标指针拖曳到需要清除的区域，单击鼠标，取样点区域的图像就应用到需要清除的区域，效果如图 3-42 所示。

图 3-41

图 3-42

步骤 4 使用相同的方法清除图像中的其他动物，效果如图 3-43 所示。按 Ctrl+O 组合键，打开光盘中的“Ch03 > 素材 > 清除照片中的杂物 > 02”文件，选择“移动”工具，将文字拖曳到图像窗口中的右下方，效果如图 3-44 所示，在“图层”控制面板中生成新的图层并将其命名为“装饰文字”。

图 3-43

步骤 5 按 Ctrl+O 组合键，打开光盘中的“Ch03 > 素材 > 清除照片中的杂物 > 03”文件，选择“移动”工具，将文字拖曳到图像窗口中的右下方，效果如图 3-45 所示，在“图层”控制面板中生成新的图层并将其命名为“说明文字”。清除照片中的杂物制作完成。

图 3-44

图 3-45

3.6 使用“魔棒”工具更换背景

知识要点		使用“魔棒”工具更换背景；使用“亮度/对比度”命令调整图片的亮度；使用“横排文字”工具添加文字
	素材文件	Ch03 > 素材 > 使用魔棒工具更换背景 > 01、02
	最终效果	Ch03 > 效果 > 使用魔棒工具更换背景

1. 添加图片并更换背景

步骤 1 按 Ctrl+O 组合键，打开光盘中的“Ch03 > 素材 > 使用魔棒工具更换背景 > 01、02”文件，效果如图 3-46 和图 3-47 所示。

步骤 2 双击 01 素材的“背景”图层，在弹出的“新建图层”对话框中进行设置，如图 3-48 所示，单击“确定”按钮。在“图层”控制面板中，“背景”图层转换为“楼图片”普通图层。

图 3-46

图 3-47

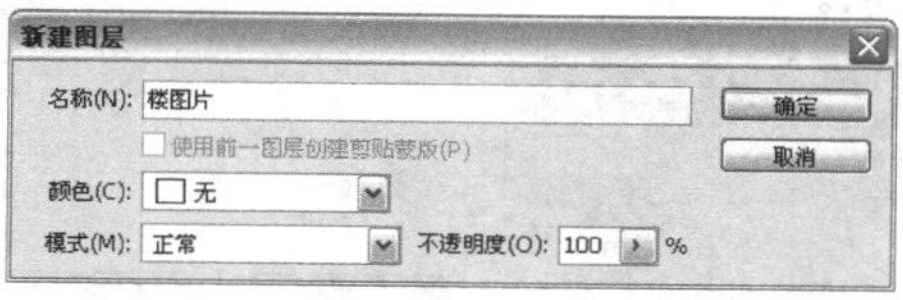

图 3-48

步骤 3 选择“魔棒”工具，在属性栏中将“容差”选项设为 25，在属性栏中勾选“消除锯齿”和“连续”复选框，在 01 素材图像窗口中的蓝色天空图像上单击鼠标，生成选区，效果如图 3-49 所示。按 Delete 键，删除选区中的图像，效果如图 3-50 所示。

图 3-49

图 3-50

步骤 4 使用相同方法将图片中的其他蓝色天空图像删除并取消选区，效果如图 3-51 所示。选择“移动”工具，将 02 素材拖曳到 01 素材图像窗口中的上方，在“图层”控制面板中生成新的图层，将其命名为“天空图片”并拖曳到“楼图片”图层的下方，如图 3-52 所示，图像效果如图 3-53 所示。

图 3-51

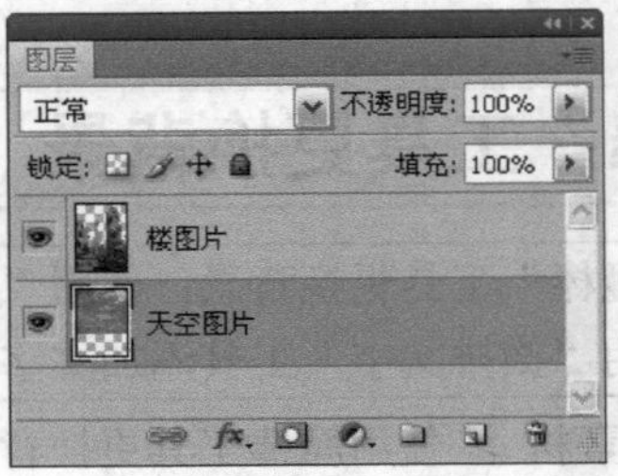

图 3-52

图 3-53

2. 调整图片亮度并添加文字

步骤 1 选中“楼图片”图层，单击“图层”控制面板下方的“创建新的填充或调整图层”按钮，在弹出的菜单中选择“亮度/对比度”命令，在“图层”控制面板中生成“亮度/对比度 1”图层，同时在弹出的“亮度/对比度”面板中进行设置，如图 3-54 所示，按 Enter 键确定，效果如图 3-55 所示。

步骤 2 选择“横排文字”工具，分别在属性栏中选择合适的字体并设置文字大小，输入需要的白色文字并选取文字，按 Alt+↓组合键，调整文字到适当的行距，如图 3-56 所示，在“图层”控制面板中生成新的文字图层。使用魔棒工具更换背景制作完成，效果如图 3-57 所示。

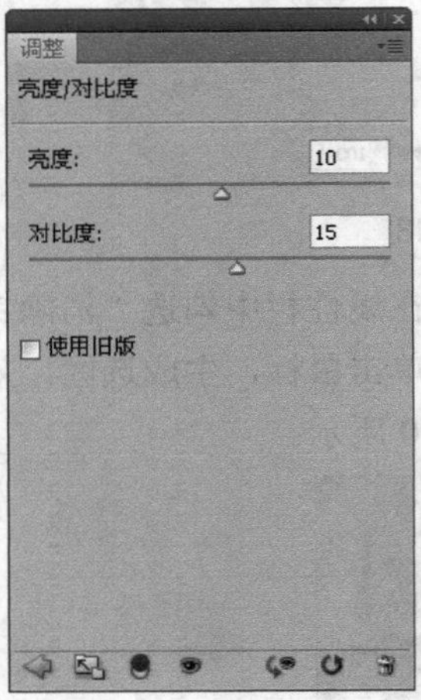

图 3-54

图 3-55

图 3-56

图 3-57

3.7 使用“钢笔”工具更换图像

知识要点		使用“矩形选框”工具、“添加图层样式”命令绘制背景底图；使用“创建剪贴蒙版”命令制作图片的剪贴蒙版效果
	素材文件	Ch03 > 素材 > 使用钢笔工具更换图像 > 01、02、03、04、05
	最终效果	Ch03 > 效果 > 使用钢笔工具更换图像

1. 添加背景图片并绘制底图

步骤 1 按 Ctrl＋O 组合键，打开光盘中的“Ch03 > 素材 > 使用钢笔工具更换图像 > 01”文件，效果如图 3-58 所示。

步骤 2 新建图层并将其命名为“白色矩形”。选择“矩形选框”工具，在图像窗口中的适当位置绘制一个矩形选区，如图 3-59 所示。将前景色设为白色，按 Alt+Delete 组合键，用前景色填充选区，按 Ctrl+D 组合键，取消选区，效果如图 3-60 所示。按 Ctrl+T 组合键，图形周围出现变换框，将鼠标指针放在变换框的控制手柄外边，指针变为旋转图标，拖曳鼠标指针将图形旋转，编辑状态如图 3-61 所示，旋转到适当的角度松开鼠标，按 Enter 键确定操作。

图 3-58

图 3-59

图 3-60

图 3-61

步骤 3 单击“图层”控制面板下方的“添加图层样式”按钮，在弹出的菜单中选择“投影”命令，弹出对话框，设置如图 3-62 所示；选择“描边”选项，弹出相应的面板，将描边颜色设为白色，其他选项的设置如图 3-63 所示，单击“确定”按钮，效果如图 3-64 所示。

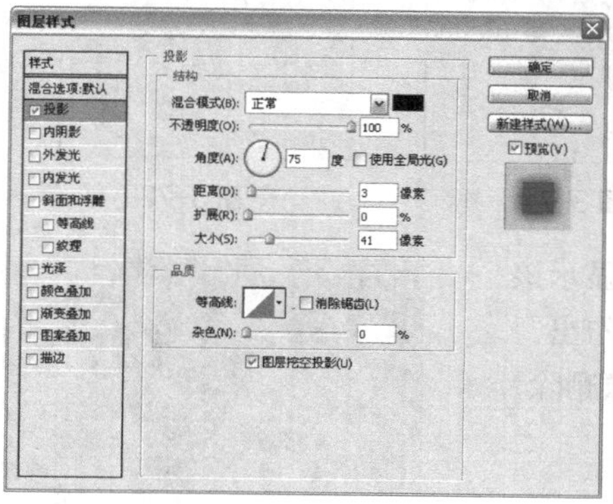

图 3-62

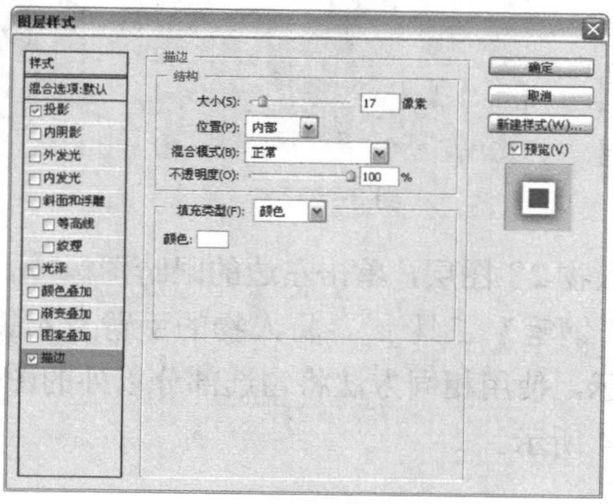

图 3-63

图 3-64

2. 添加并编辑底图图片

步骤 1 按 Ctrl+O 组合键，打开光盘中的“Ch03 > 素材 > 使用钢笔工具更换图像 > 02”文件，效果如图 3-65 所示。

步骤 2 选择“移动”工具，将图片拖曳到图像窗口中适当的位置，如图 3-66 所示，在“图层”控制面板中生成新的图层并将其命名为“图像”。按 Ctrl+Alt+G 组合键，为“图像”图层创建剪贴蒙版，如图 3-67 所示，图像效果如图 3-68 所示。

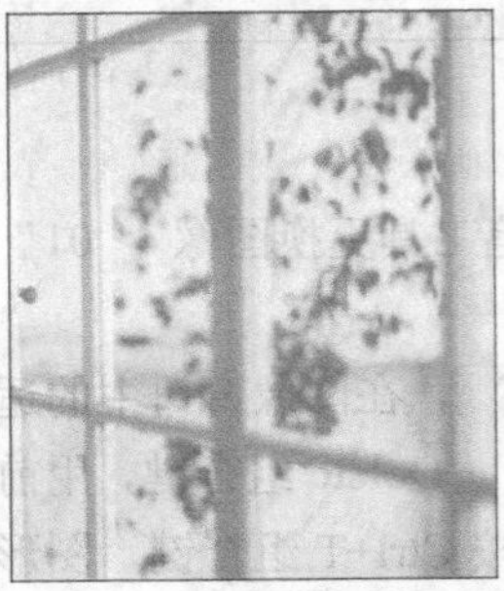

图 3-65

图 3-66

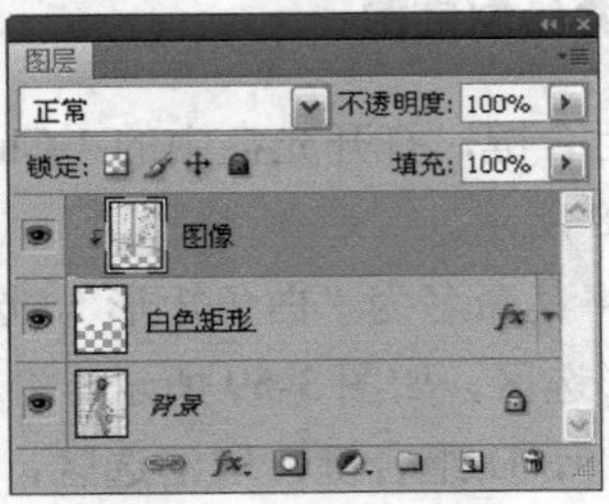

图 3-67

图 3-68

步骤 3 按 Ctrl+O 组合键，打开光盘中的“Ch03 > 素材 > 使用钢笔工具更换图像 > 03”文件，效果如图 3-69 所示。选择“移动”工具，拖曳图片到图像窗口中适当的位置，在“图层”控制面板中生成新的图层并将其命名为“人物”。将“人物”图层拖曳到“图层”控制面板下方的“创建新图层”按钮上进行复制，生成新的图层并将其命名为“人物 2”，隐藏“人物 2”图层。

步骤 4 选中“人物”图层，选择“钢笔”工具，选中属性栏中的“路径”按钮，在人物上半身绘制一个封闭路径，如图 3-70 所示。按 Ctrl+Enter 组合键，将路径转换为选区。按 Ctrl+Shift+I 组合键，将选区反向，如图 3-71 所示。按 Delete 键，删除选区中的内容，按 Ctrl+D 组合键，取消选区，效果如图 3-72 所示。

图 3-69

图 3-70

图 3-71

图 3-72

步骤 5 选中“人物 2”图层，单击左边的眼睛图标，显示该图层。选择“钢笔”工具，将人物的手臂及衣袋勾出，如图 3-73 所示，使用相同方法将勾选部分以外的图像删除，效果如图 3-74 所示。

图 3-73

3. 绘制照片底图并添加照片

步骤 1 新建图层并将其命名为“白色矩形 2”。选择“矩形”工具，选中属性栏中的“填充像素”按钮，在图像窗口中绘制白色矩形。按 Ctrl+T 组合键，图形周围出现变换框，旋转图形到适当的角度，按 Enter 键确定操作，效果如图 3-75 所示。

步骤 2 选中“白色矩形”图层，单击鼠标右键，在弹出的快捷菜单中选择“拷贝图层样式”命令；选中“白色矩形 2”图层，单击鼠标右键，在弹出的快捷菜单中选择“粘贴图层样式”命令，效果如图 3-76 所示。

步骤 3 按 Ctrl+O 组合键，打开光盘中的“Ch03 > 素材 > 使用钢笔工具更换图像 > 04”文件，效果如图 3-77 所示。

图 3-74

图 3-75

图 3-76

图 3-77

步骤 4 选择“移动”工具，拖曳图片到图像窗口中适当的位置，效果如图 3-78 所示，在“图层”控制面板中生成新的图层并将其命名为“人物 3”。使用相同方法为“人物 3”图层制作剪贴蒙版，效果如图 3-79 所示。

步骤 5 按 Ctrl+O 组合键，打开光盘中的“Ch03 > 素材 > 使用钢笔工具更换图像 > 05”文件，效果如图 3-80 所示。选择“移动”工具，将文字拖曳到图像窗口中的左上方，效果如图 3-81 所示，在“图层”控制面板中生成新的图层并将其命名为“如果爱”。使用“钢笔”工具更换图像制作完成。

图 3-78

图 3-79

图 3-80

图 3-81

3.8 使用快速蒙版更换背景

知识要点		使用“添加图层蒙版”按钮、“以快速蒙版模式编辑”按钮、“画笔”工具和“以标准模式编辑”按钮更改图片的背景
	素材文件	Ch03 > 素材 > 使用快速蒙版更换背景 > 01、02、03
	最终效果	Ch03 > 效果 > 使用快速蒙版更换背景

1. 更改图片背景

步骤 1 按 Ctrl+O 组合键，打开光盘中的“Ch03 > 素材 > 使用快速蒙版更换背景 > 01、02”文件，效果如图 3-82、图 3-83 所示。

步骤 2 选择“移动”工具，将人物图片拖曳到背景图像窗口中，效果如图 3-84 所示，在“图层”控制面板中生成新的图层并将其命名为“人物图片”。

图 3-82

图 3-83

图 3-84

步骤 3 单击“图层”控制面板下方的“添加图层蒙版”按钮，为“人物图片”添加蒙版，如图 3-85 所示。单击工具箱下方的“以快速蒙版模式编辑”按钮，进入快速蒙版编辑模式。将前景色设置为黑色，选择“画笔”工具，用鼠标在图像窗口中涂抹出两个人物，涂抹后的区域变为红色，如图 3-86 所示。

步骤 4 单击工具箱下方的“以标准模式编辑”按钮，返回标准编辑模式，红色区域以外的部分生成选区。将前景色设置为黑色，按 Alt+Delete 组合键，用前景色填充“人物图片”图层蒙版，效果如图 3-87 所示。按 Ctrl+D 组合键，取消选区。

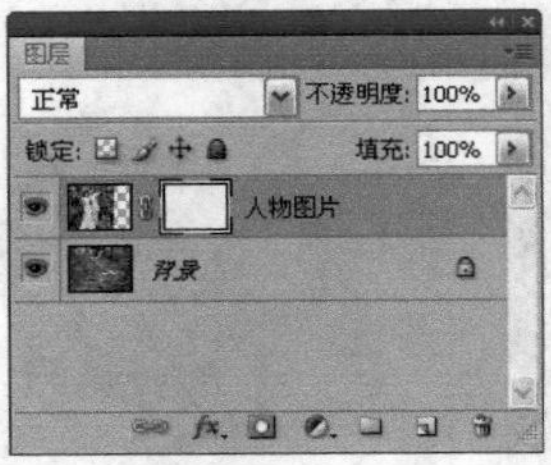

图 3-85

图 3-86

图 3-87

2. 添加文字及装饰图形

步骤 1 按 Ctrl+O 组合键，打开光盘中的“Ch03 > 素材 > 使用快速蒙版更换背景 > 03”文件，效果如图 3-88 所示。

步骤 2 选择“移动”工具，将图形拖曳到图像窗口中的右下方，效果如图 3-89 所示，在“图层”控制面板中生成新的图层并将其命名为“装饰图案”。使用快速蒙版更换背景制作完成。

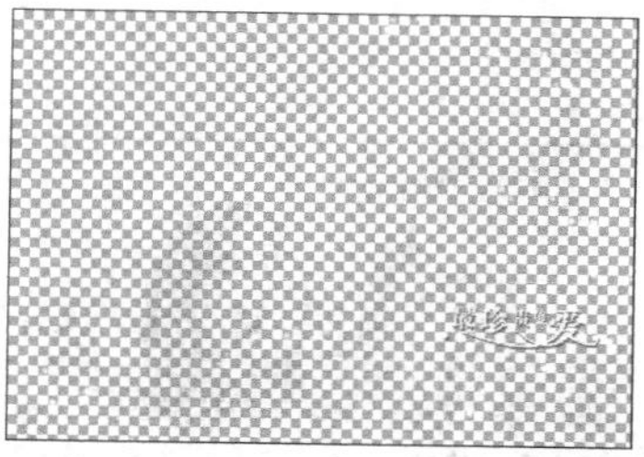

图 3-88

图 3-89

3.9 抠出整体人物

知识要点		使用“自由钢笔”工具抠出人物图像；使用“橡皮擦”工具擦除人物头发；使用“色相/饱和度”命令调整图片颜色
	素材文件	Ch03 > 素材 > 抠出整体人物 > 01、02、03
	最终效果	Ch03 > 效果 > 抠出整体人物

1. 抠出人物图像

步骤 1 按 Ctrl+O 组合键，打开光盘中的“Ch03 > 素材 > 抠出整体人物 > 01、02”文件，效果如图 3-90、图 3-91 所示。双击 02 素材“背景”图层，弹出“新建图层”对话框，设置如图 3-92 所示，单击“确定”按钮，将“背景”图层转换为普通图层，效果如图 3-93 所示。

图 3-90

图 3-91

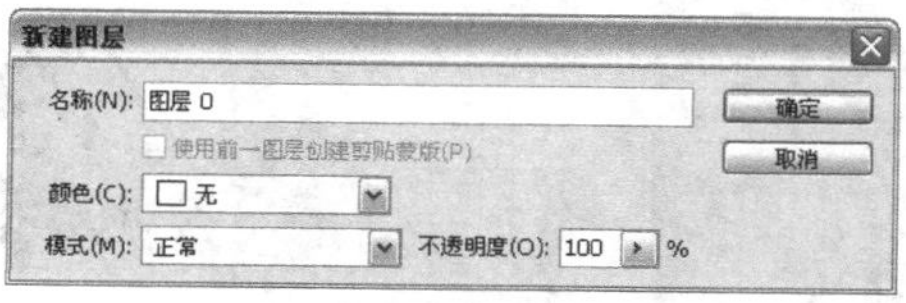

图 3-92

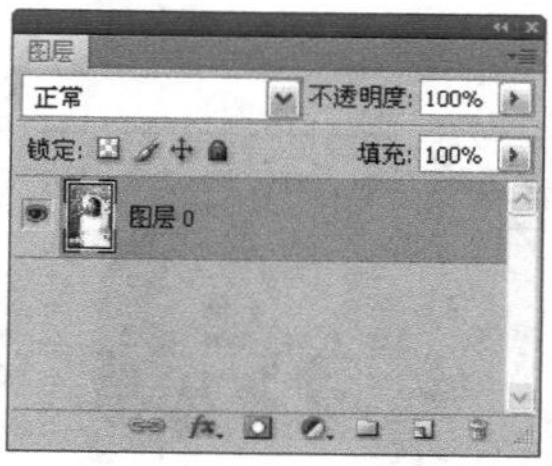

图 3-93

步骤 2 选择“自由钢笔”工具，在属性栏中勾选“磁性的”复选框，在图像窗口中勾出人物，如图 3-94 所示。按 Ctrl+Enter 组合键，将路径转换为选区，如图 3-95 所示。选择“移动”工具，拖曳选区中的人物到背景图像窗口中，在“图层”控制面板中生成新的图层并将其命名为“人物图片”。按 Ctrl+T 组合键，图像周围出现控制手柄，调整图像的大小，按 Enter 键确定操作，效果如图 3-96 所示。

图 3-94

图 3-95

图 3-96

2. 调整图片颜色

步骤 1 选择“橡皮擦”工具，在属性栏中单击“画笔”选项右侧的按钮，弹出画笔选择面板，在画笔选择面板中选择需要的画笔形状，如图 3-97 所示。在人物头发左下方的边缘进行涂抹，擦除人物头发，效果如图 3-98 所示。

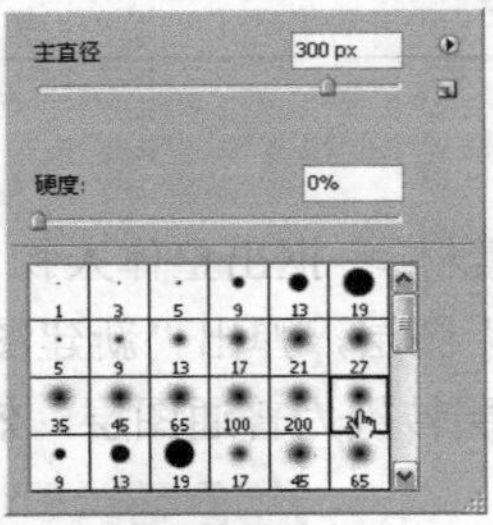

图 3-97

图 3-98

步骤 2 按 Ctrl＋O 组合键，打开光盘中的“Ch03 > 素材 > 抠出整体人物 > 03”文件，选择“移动”工具，拖曳文字到图像窗口中适当的位置，如图 3-99 所示，在“图层”控制面板中生成新的图层并将其命名为“文字”。单击“图层”控制面板下方的“创建新的填充或调整图层”按钮，在弹出的菜单中选择“色相/饱和度”命令，在“图层”控制面板中生成“色相/饱和度 1”图层，同时在弹出的“色相/饱和度”面板中进行设置，如图 3-100 所示，单击“确定”按钮，效果如图 3-101 所示。抠出整体人物制作完成。

图 3-99

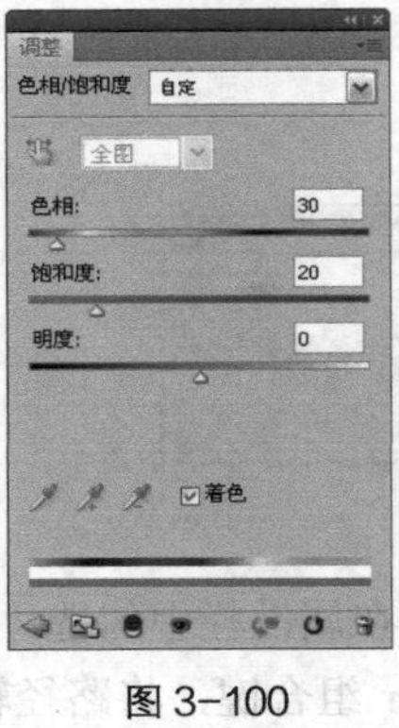

图 3-100

图 3-101

3.10 抠出透明婚纱

知识要点		使用“反相”命令对图像进行反相；使用“画笔”工具涂抹人物图像；使用“色阶”命令调整背景色
	素材文件	Ch03 > 素材 > 抠出透明婚纱 > 01、02
	最终效果	Ch03 > 效果 > 抠出透明婚纱

1. 添加人物图像

步骤 1 按 Ctrl+O 组合键，打开光盘中的“Ch03 > 素材 > 抠出透明婚纱 > 01”文件，效果如图 3-102 所示。

步骤 2 按 Ctrl+O 组合键，打开光盘中的“Ch03 > 素材 > 抠出透明婚纱 > 02”文件，将人物拖曳到背景图像窗口中的中心位置，在“图层”控制面板中生成新的图层并将其命名为“人物”。

步骤 3 按 Ctrl+T 组合键，图像周围出现控制手柄，调整图像的大小，按 Enter 键确定操作，效果如图 3-103 所示。

图 3-102

图 3-103

2. 抠出透明婚纱

步骤 1 选中“通道”控制面板，选择图像对比度效果最强的通道，本例中选中“蓝”通道，将其拖曳到控制面板下方的“创建新通道”按钮上进行复制，生成新的通道“蓝 副本”。

步骤 2 按 Ctrl+I 组合键，将“蓝 副本”通道的颜色进行反相，图像效果如图 3-104 所示。将前景色设为黑色。选择“画笔”工具，在属性栏中单击“画笔”选项右侧的按钮，弹出画笔选择面板，在画笔选择面板中选择需要的画笔形状，如图 3-105 所示。在图像窗口中人物图像上进行涂抹，效果如图 3-106 所示。

图 3-104

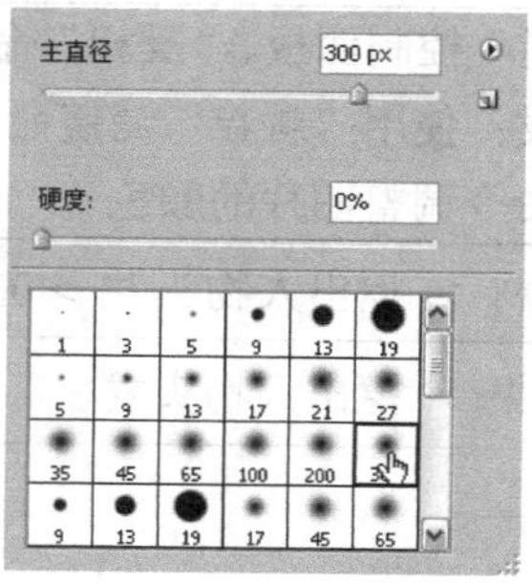

图 3-105

图 3-106

步骤 3 选择“图像 > 调整 > 色阶”命令，在弹出的对话框中进行设置，如图 3-107 所示，单击“确定”按钮，大部分背景区域被调整为白色。将前景色设为白色，选择“画笔”工具，适当调整画笔的大小，将背景完全涂抹为白色，图像效果如图 3-108 所示。

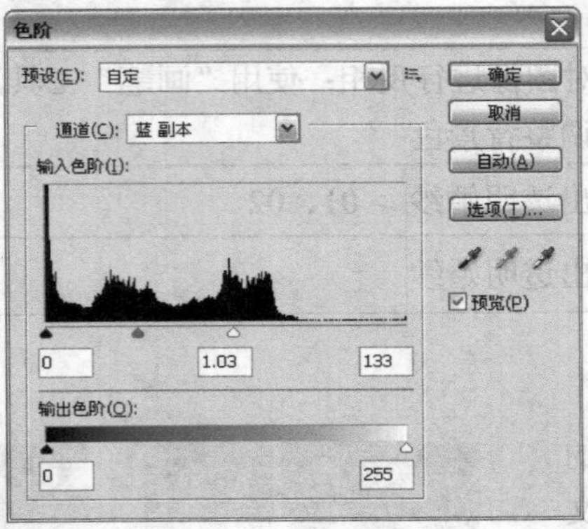

图 3-107

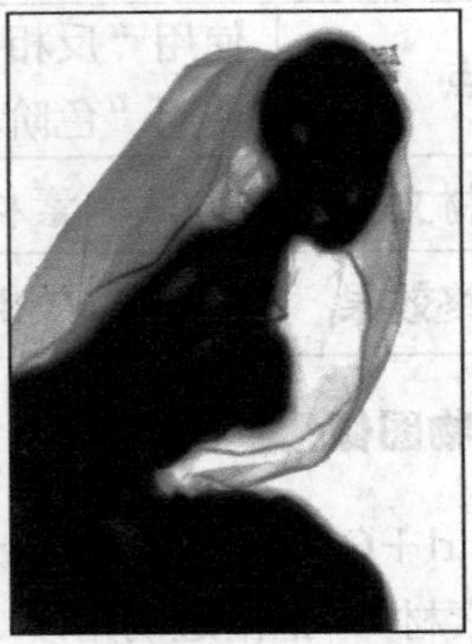

图 3-108

步骤 4 按住 Ctrl 键的同时在“通道”控制面板中单击“蓝 副本”通道的缩览图，图像周围出现选区。选择“图层”控制面板，选中“人物”图层，选区效果如图 3-109 所示，按 Delete 键，删除选区中的图像，按 Ctrl+D 组合键，取消选区，图像效果如图 3-110 所示。抠出透明婚纱制作完成。

图 3-109

图 3-110

3.11 抠出人物头发

知识要点		使用“通道”控制面板、“反相”命令、“画笔”工具、“魔棒”工具抠出人物头发；使用“颗粒”滤镜命令添加图片的颗粒效果；使用“渐变映射”命令调整图片的颜色
	素材文件	Ch03 > 素材 > 抠出人物头发 > 01、02
	最终效果	Ch03 > 效果 > 抠出人物头发

1. 抠出人物头发

步骤 1 按 Ctrl＋O 组合键，打开光盘中的“Ch03 > 素材 > 抠出人物头发 > 01、02”文件，效果如图 3-111、图 3-112 所示。

步骤 2 选择“通道”控制面板，选择人物图像对比度效果最强的通道，本例中选中“蓝”通道，将其拖曳到“通道”控制面板下方的“创建新通道”按钮上进行复制，生成新的通道“蓝副本”，如图 3-113 所示。按 Ctrl+I 组合键，将图像进行反相，效果如图 3-114 所示。

图 3-111

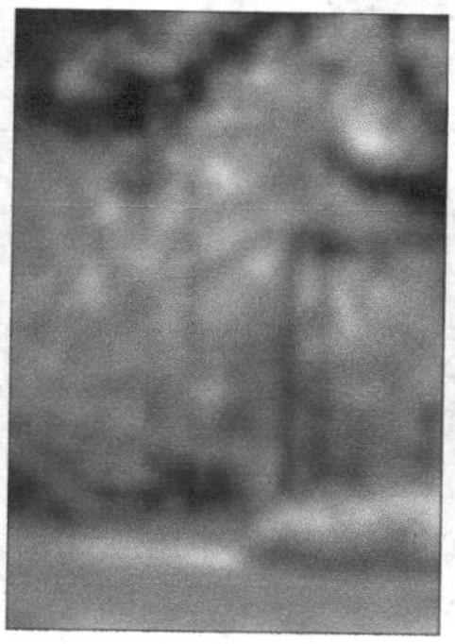
图 3-112

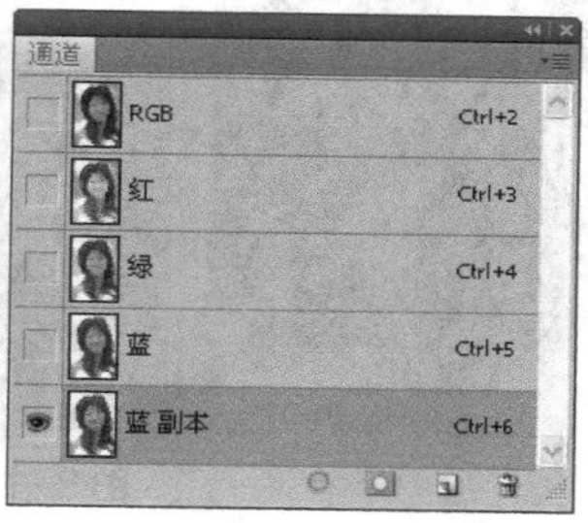

图 3-113

图 3-114

步骤 3 将前景色设置为白色。选择“画笔”工具，将人物部分涂抹为白色，效果如图 3-115 所示。将前景色设为黑色。选择“魔棒”工具，在属性栏中取消“连续”复选框的勾选，在图像窗口中的灰色背景上分别单击鼠标，生成选区。按 Alt+Delete 组合键，用前景色填充选区。按 Ctrl+D 组合键，取消选区，效果如图 3-116 所示。

步骤 4 按住 Ctrl 键的同时单击“蓝 副本”通道，白色图像周围生成选区。选中“RGB”通道，按 Ctrl+C 组合键，将选区中的内容复制；选择“图层”控制面板，按 Ctrl+V 组合键，将复制的内容粘贴，在“图层”控制面板中生成新的图层并将其命名为“人物图片”，如图 3-117 所示。

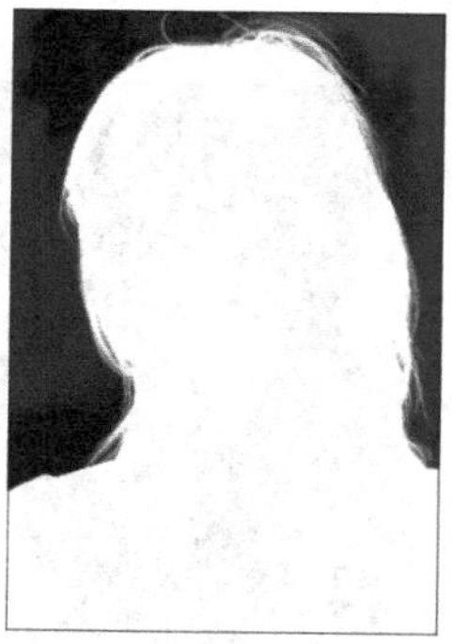
图 3-115

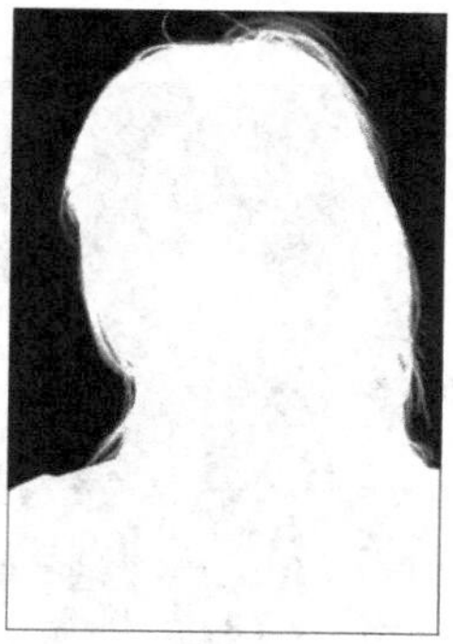
图 3-116

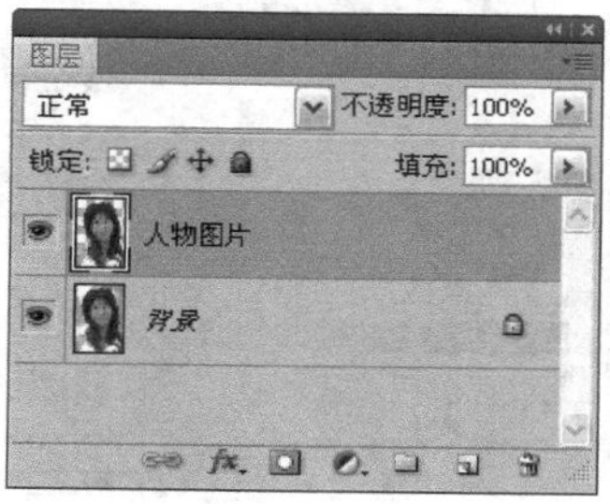

图 3-117

2. 添加并调整图片颜色

步骤 1 选中 02 图片，按 Ctrl+A 组合键，图像窗口中生成选区，按 Ctrl+C 组合键，复制选区中的内容。在 01 图像窗口中，按 Ctrl+V 组合键，将选区中的内容粘贴到图像窗口中，在“图层”控制面中生成新的图层，将其命名为“风景图片”并拖曳到“人物图片”图层的下方，图像效果如图 3-118 所示。

步骤 2 将“人物图片”图层拖曳到“图层”控制面板下方的“创建新图层”按钮上进行复制，生成新的图层“人物图片 副本”。选择“滤镜 > 纹理 > 颗粒”命令，在弹出的对话框中进行设置，如图 3-119 所示，单击“确定”按钮，效果如图 3-120 所示。

图 3-118

图 3-119

图 3-120

步骤 3 单击“图层”控制面板下方的“创建新的填充或调整图层”按钮，在弹出的菜单中选择“渐变映射”命令，在“图层”控制面板中生成“渐变映射 1”图层，弹出“渐变映射”面板，单击“点按可编辑渐变”按钮，弹出“渐变编辑器”对话框，在“位置”选项中分别输入 0、41、100 几个位置点，分别设置几个位置点颜色的 RGB 值为：0（12、6、102），41（233、150、5），100（248、234、195），如图 3-121 所示，单击“确定”按钮，效果如图 3-122 所示。

步骤 4 选择“横排文字”工具T，分别在属性栏中选择合适的字体并设置文字大小，分别输入需要的文字并选取需要的文字，调整文字适当的间距和行距，效果如图 3-123 所示，在“图层”控制面板中分别生成新的文字图层。抠出人物头发制作完成。

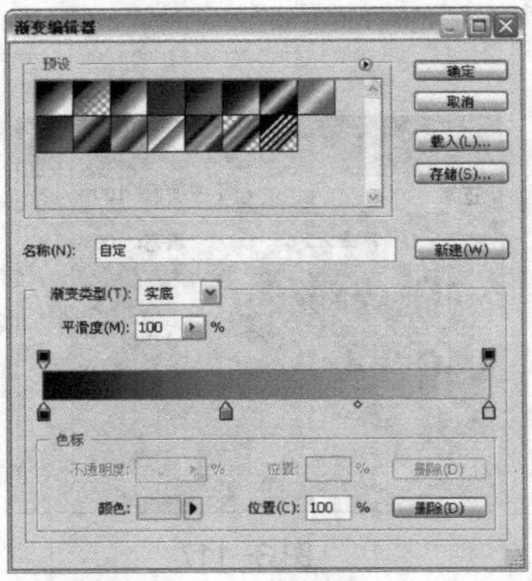

图 3-121

图 3-122

图 3-123

3.12 课后习题——抠出边缘复杂的物体

使用“添加图层蒙版”按钮、“画笔”工具抠出边缘复杂的物体。（最终效果参看光盘中的“Ch03 > 效果 > 抠出边缘复杂的物体”，如图 3-124 所示。）

图 3-124

3.13 课后习题——显示夜景中隐藏的物体

使用“色阶”命令调整图片的亮度。（最终效果参看光盘中的“Ch03 > 效果 > 显示夜景中隐藏的物体”，如图 3-125 所示。）

图 3-125

第4章 照片的色彩调整技巧

本章主要针对数码照片的色彩对照片进行调整和美化。在拍摄的数码照片中常会出现拍摄对象的颜色产生偏色或颜色失真的问题，影响了照片的美观。本章通过颜色的特殊调整和处理来美化照片，让暗淡无光的照片变得更加生动有趣。

4.1 曝光过度照片的处理

知识要点		使用“曲线”命令调整图片色调；使用“矩形选框”工具制作白边效果；使用“横排文字”工具添加文字；使用“外发光”命令添加文字发光效果
	素材文件	Ch04 > 素材 > 曝光过度照片的处理 > 01
	最终效果	Ch04 > 效果 > 曝光过度照片的处理

1. 添加并调整图片色调

步骤 1 按 Ctrl+O 组合键，打开光盘中的“Ch04 > 素材 > 曝光过度照片的处理 > 01”文件，效果如图 4-1 所示。

步骤 2 单击“图层”控制面板下方的“创建新的填充或调整图层”按钮 ，在弹出的菜单中选择“曲线”命令，在“图层”控制面板中生成“曲线 1”图层，同时弹出“曲线”面板，在曲线上单击鼠标添加控制点，将“输入”选项设为 82，“输出”选项设为 21；再次单击鼠标添加控制点，将“输入”选项设为 204，“输出”选项设为 152，如图 4-2 所示，效果如图 4-3 所示。

图 4-1

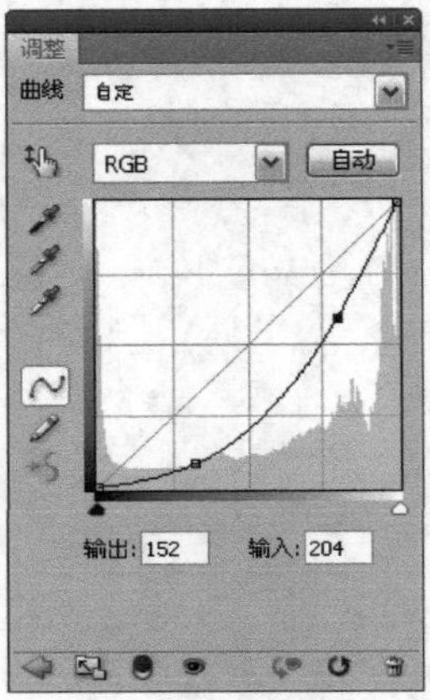

图 4-2

图 4-3

步骤 3 新建图层并将其命名为“白边”，如图 4-4 所示。将前景色设为白色，按 Alt+Delete 组合键，用前景色填充“白边”。选择“矩形选框”工具，在图像窗口中的适当位置绘制一个矩形选区，效果如图 4-5 所示。按 Delete 键，删除选区中的白色部分，按 Ctrl+D 组合键，取消选区，效果如图 4-6 所示。

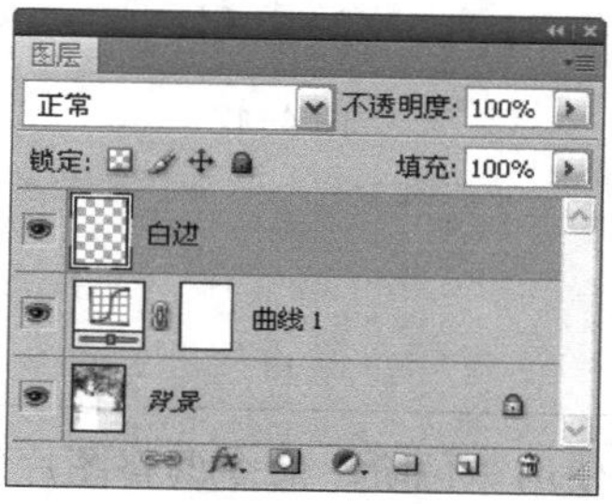

图 4-4

图 4-5

图 4-6

2. 添加并制作文字发光效果

步骤 1 选择“横排文字”工具，在属性栏中选择合适的字体并设置文字大小，在图像窗口中输入需要的白色文字，效果如图 4-7 所示，在“图层”控制面板中生成新的文字图层。

步骤 2 单击“图层”控制面板下方的“添加图层样式”按钮，在弹出的菜单中选择“外发光”命令，弹出“图层样式”对话框，将发光颜色设为白色，其他选项的设置如图 4-8 所示，单击“确定”按钮，效果如图 4-9 所示。

图 4-7

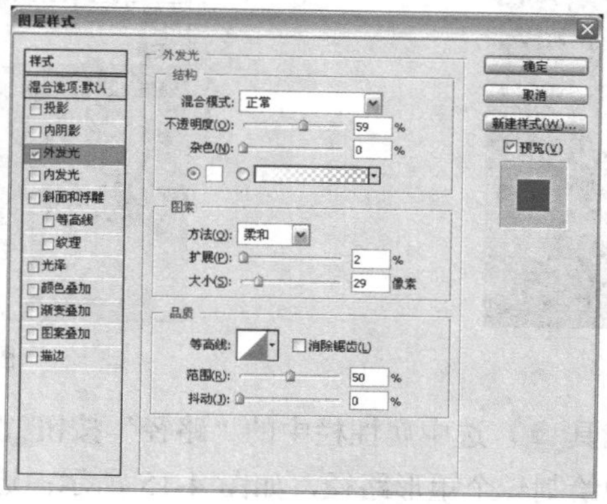

图 4-8

图 4-9

步骤 3 选择“横排文字”工具，在属性栏中选择合适的字体并设置文字大小，分别输入需要的白色文字，效果如图 4-10 所示，在“图层”控制面板中分别生成新的文字图层。选中“绿”文字图层，单击鼠标右键，在弹出的菜单中选择“拷贝图层样式”命令；选中“这季节”文字图层，单击鼠标右键，在弹出的菜单中选择“粘贴图层样式”命令，效果如图 4-11 所示。

步骤 4 选择“横排文字”工具，在属性栏中选择合适的字体并设置文字大小，输入需要的白色文字。使用相同方法制作文字图层效果。曝光过度照片的处理制作完成，效果如图 4-12 所示。

图 4-10

图 4-11

图 4-12

4.2 曝光不足照片的处理

知识要点		使用“矩形”工具绘制装饰图形；使用“色阶”命令调整图片色调
	素材文件	Ch04 > 素材 > 曝光不足照片的处理 > 01
	最终效果	Ch04 > 效果 > 曝光不足照片的处理

1. 添加图片并绘制装饰图形

步骤 1 按 Ctrl+O 组合键，打开光盘中的“Ch04 > 素材 > 曝光不足照片的处理 > 01”文件，效果如图 4-13 所示。新建图层并将其命名为“白色填充”，如图 4-14 所示。

图 4-13

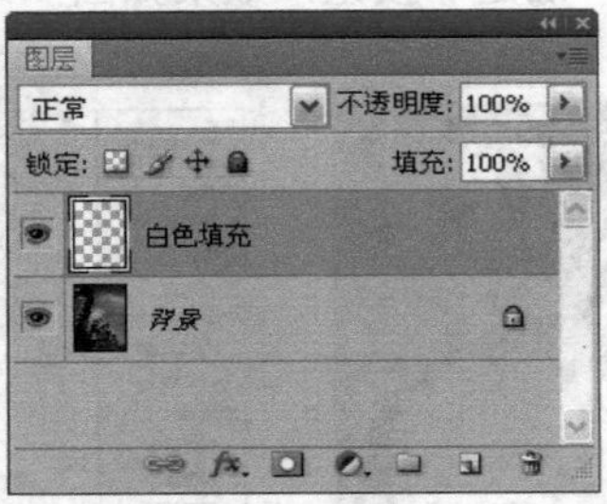

图 4-14

步骤 2 选择“矩形”工具，选中属性栏中的“路径”按钮和“添加到路径区域（+）”按钮，在图像窗口中绘制一个矩形路径，如图 4-15 所示；选中属性栏中的“从路径区域减去（−）”按钮，在图像窗口中绘制出另一个路径，如图 4-16 所示。选择“路径选择”工具，用圈选的方法将两个路径同时选取，单击属性栏中的“组合路径组件”按钮 组合 ，如图 4-17 所示。按 Ctrl+Enter 组合键，将路径转换为选区，效果如图 4-18 所示。

图 4-15

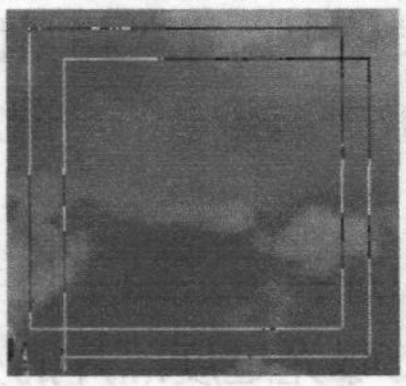

图 4-16

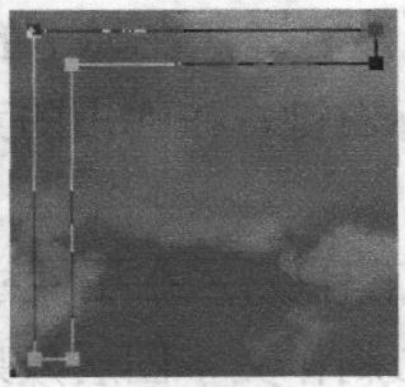

图 4-17

图 4-18

步骤 3 将前景色设为白色，按 Alt+Delete 组合键，用前景色填充选区，按 Ctrl+D 组合键，取消选区，效果如图 4-19 所示。按 Ctrl+T 组合键，图形周围出现控制手柄，按住 Shift+Alt 组合键的同时向内拖曳图形的控制手柄，编辑状态如图 4-20 所示，松开鼠标，按 Enter 键确定操作。选择“移动”工具，将图形拖曳到适当的位置，效果如图 4-21 所示。

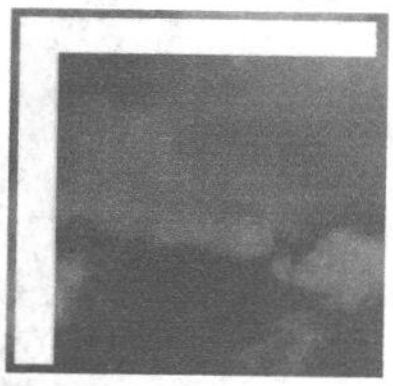

图 4-19

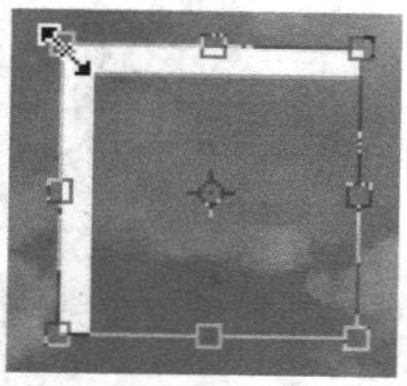

图 4-20

图 4-21

2. 复制图形并调整图片色调

步骤 1 将“白色填充”图层拖曳到“图层”控制面板下方的“创建新图层”按钮上进行复制，将其复制多次，图层效果如图 4-22 所示。分别拖曳复制的图形到适当的位置并旋转到适当的角度，效果如图 4-23 所示。

步骤 2 单击“图层”控制面板下方的“创建新的填充或调整图层”按钮，在弹出的菜单中选择“色阶”命令，在“图层”控制面板中生成“色阶 1”图层，同时在弹出的“色阶”面板中进行设置，如图 4-24 所示，效果如图 4-25 所示。曝光不足照片的处理制作完成。

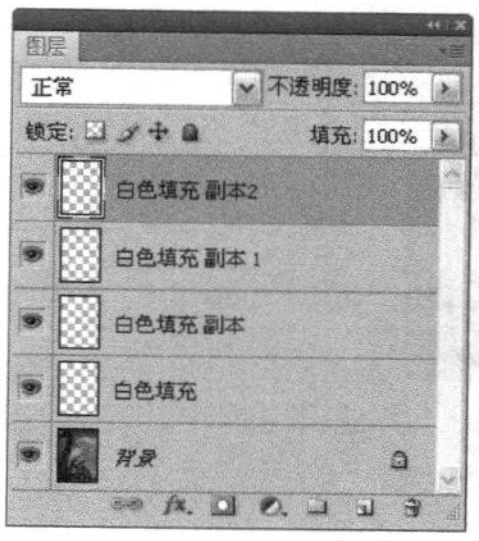

图 4-22

图 4-23

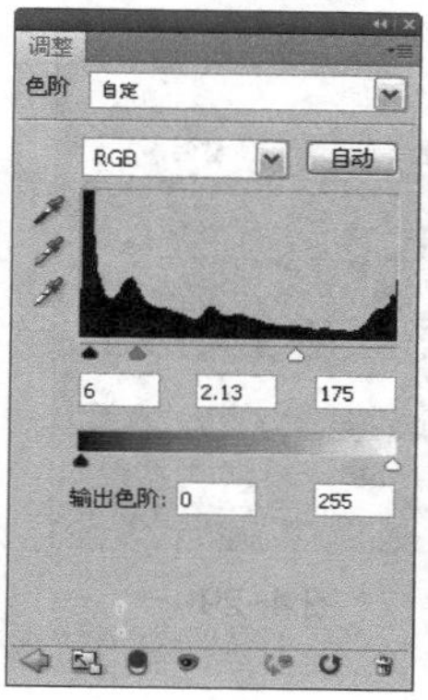

图 4-24

图 4-25

4.3 修复偏色的照片

知识要点		使用“矩形选框”工具绘制装饰线条；使用“色彩平衡”命令调整图像的颜色
	素材文件	Ch04 > 素材 > 修复偏色的照片 > 01
	最终效果	Ch04 > 效果 > 修复偏色的照片

步骤 1 按 Ctrl+O 组合键，打开光盘中的“Ch04 > 素材 > 修复偏色的照片 > 01”文件，如

图 4-26 所示。新建图层并将其命名为“矩形”。将前景色设为白色，选择“矩形选框”工具 ，按住 Shift 键的同时在图像窗口中绘制多个矩形选区，如图 4-27 所示。用前景色填充选区并取消选区。在“图层”控制面板上方，将“矩形”图层的“不透明度”选项设为 75%，效果如图 4-28 所示。

图 4-26

图 4-27

图 4-28

步骤 2 单击“图层”控制面板下方的“创建新的填充或调整图层”按钮 ，在弹出的菜单中选择“色彩平衡”命令，在“图层”控制面板中生成“色彩平衡 1”图层，同时弹出“色彩平衡”面板，在面板中进行设置，如图 4-29 所示，图像效果如图 4-30 所示。修复偏色的照片制作完成。

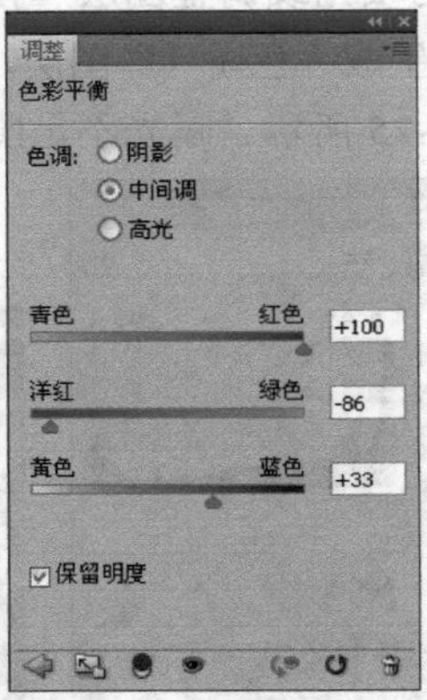

图 4-29

图 4-30

4.4 使雾景变清晰

知识要点		使用“亮度/对比度”命令和“色阶”命令制作清晰图像效果
	素材文件	Ch04 > 素材 > 使雾景变清晰 > 01、02
	最终效果	Ch04 > 效果 > 使雾景变清晰

步骤 1 按 Ctrl+O 组合键，打开光盘中的“Ch04 > 素材 > 使雾景变清晰 > 01”文件，如图 4-31 所示。选择“图像 > 调整 > 亮度/对比度”命令，在弹出的对话框中进行设置，如图 4-32 所示，单击“确定”按钮，效果如图 4-33 所示。

图 4-31

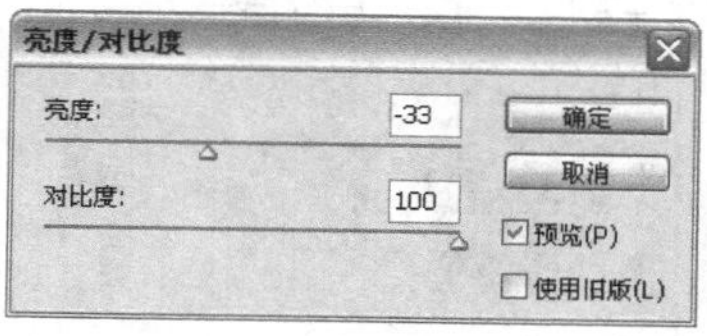

图 4-32

图 4-33

步骤 2 选择“图像 > 调整 > 色阶”命令，在弹出的对话框中进行设置，如图 4-34 所示，单击“确定”按钮，效果如图 4-35 所示。按 Ctrl+O 组合键，打开光盘中的“Ch04 > 素材 > 使雾景变清晰 > 02”文件，选择“移动”工具，拖曳文字到图像窗口中适当的位置，在“图层”控制面板中生成新的图层并将其命名为“文字”。使雾景变清晰制作完成，效果如图 4-36 所示。

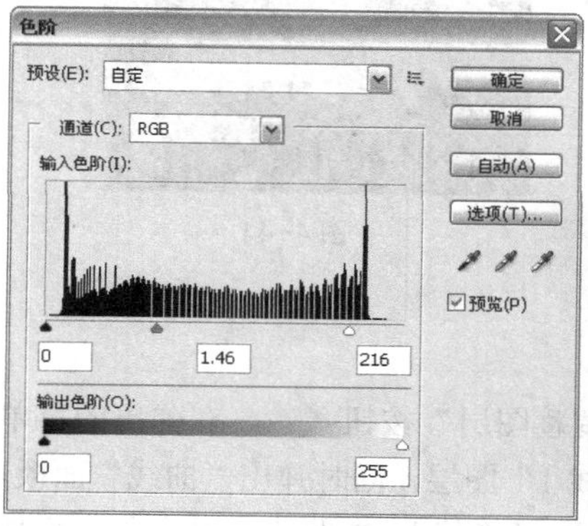

图 4-34

图 4-35

图 4-36

4.5 调整照片为单色

知识要点		使用“去色”命令调整图片的颜色；使用“亮度/对比度”命令调整图片的亮度；使用“曲线”命令制作图片的单色照片效果
	素材文件	Ch04 > 素材 > 调整照片为单色 > 01
	最终效果	Ch04 > 效果 > 调整照片为单色

1. 调整图片的颜色和亮度

步骤 1 按 Ctrl+O 组合键，打开光盘中的“Ch04 > 素材 > 调整照片为单色 > 01”文件，效果如图 4-37 所示。

步骤 2 将“背景”图层拖曳到“图层”控制面板下方的“创建新图层”按钮上进行复制，生成新的图层“背景 副本”，如图 4-38 所示。选择“图像 > 调整 > 去色”命令，效果如图 4-39 所示。

步骤 3 选择“图像 > 调整 > 亮度/对比度”命令，在弹出的“亮度/对比度”对话框中进行设置，如图 4-40 所示，单击“确定”按钮，效果如图 4-41 所示。

图 4-37

图 4-38

图 4-39

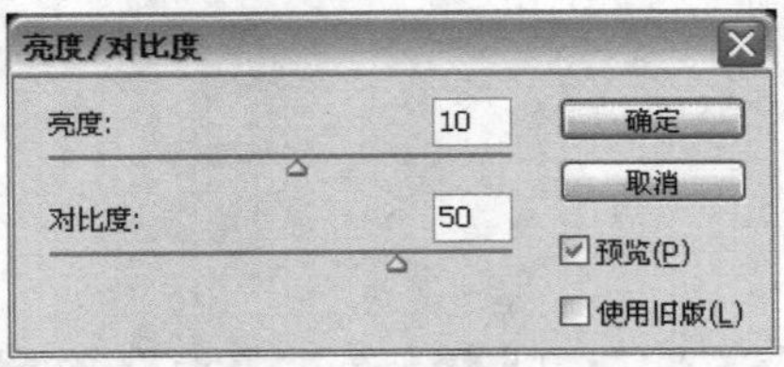

图 4-40

图 4-41

2. 制作单色照片效果

步骤 1 单击“图层”控制面板下方的“创建新的填充或调整图层”按钮，在弹出的菜单中选择“曲线”命令，在“图层”控制面板中生成“曲线 1”图层，同时弹出“曲线”面板，单击“通道”选项右侧的按钮，在弹出的下拉列表中选择“蓝”，在曲线上单击鼠标添加控制点，将“输入”选项设为 69，“输出”选项设为 141，如图 4-42 所示。单击“通道”选项右侧的按钮，在弹出的下拉列表中选择“绿”，在曲线上单击鼠标添加控制点，将“输入”选项设为 142，“输出”选项设为 182，如图 4-43 所示。

步骤 2 单击“通道”选项右侧的按钮，在弹出的下拉列表中选择“红”，在曲线上单击鼠标添加控制点，将“输入”选项设为 143，“输出”选项设为 224；再次单击鼠标添加控制点，将“输入”选项设为 54，“输出”选项设为 120，如图 4-44 所示，效果如图 4-45 所示。调整照片为单色制作完成。

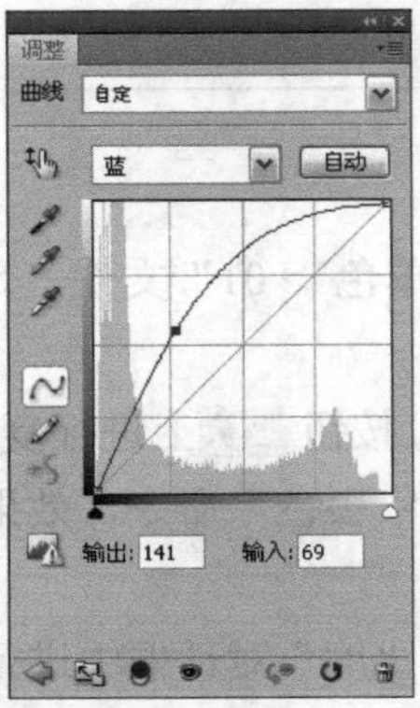

图 4-42

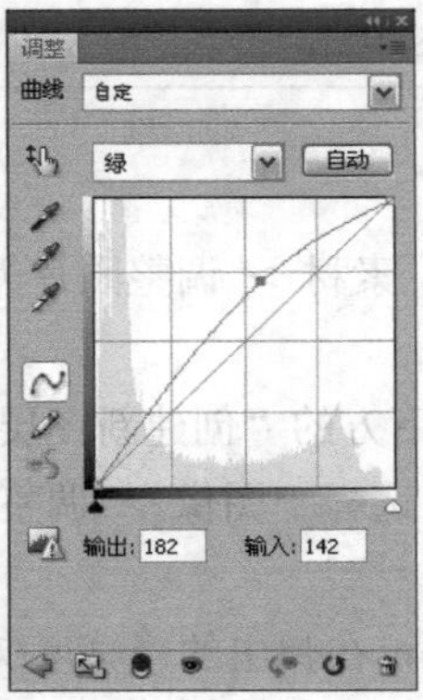

图 4-43

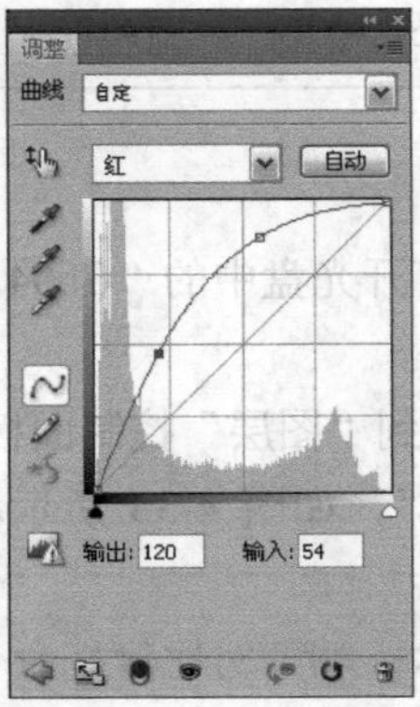

图 4-44

图 4-45

4.6 黑白照片翻新

知识要点		使用“色阶”命令调整图片色阶效果；使用“曲线”命令和“亮度/对比度”命令制作黑白照片翻新效果
	素材文件	Ch04 > 素材 > 黑白照片翻新 > 01
	最终效果	Ch04 > 效果 > 黑白照片翻新

1. 调整图片色调

步骤 1 按 Ctrl+O 组合键，打开光盘中的“Ch04 > 素材 > 黑白照片翻新 > 01”文件，效果如图 4-46 所示。

步骤 2 按 Ctrl+L 组合键，在弹出的“色阶”对话框中进行设置，如图 4-47 所示，单击“确定”按钮，效果如图 4-48 所示。

图 4-46

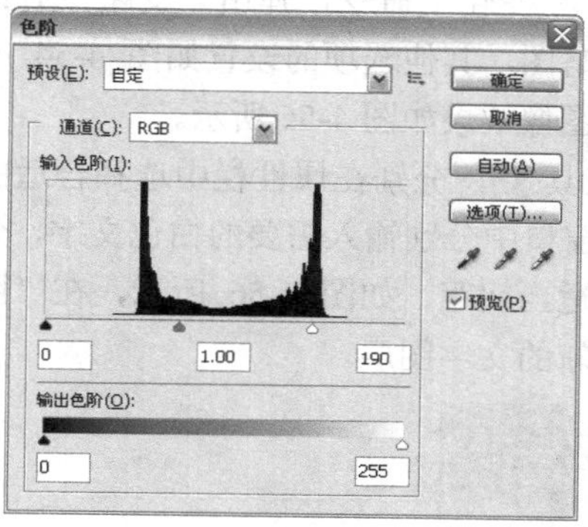

图 4-47

图 4-48

2. 调整图片亮度/对比度效果

步骤 1 按 Ctrl+M 组合键，弹出“曲线”对话框，在曲线上单击鼠标添加控制点，将“输入”选项设为 118，“输出”选项设为 169，如图 4-49 所示，单击“确定”按钮，效果如图 4-50 所示。

步骤 2 选择“图像 > 调整 > 亮度/对比度”命令，在弹出的对话框中进行设置，如图 4-51 所示，单击“确定”按钮，效果如图 4-52 所示。黑白照片翻新制作完成。

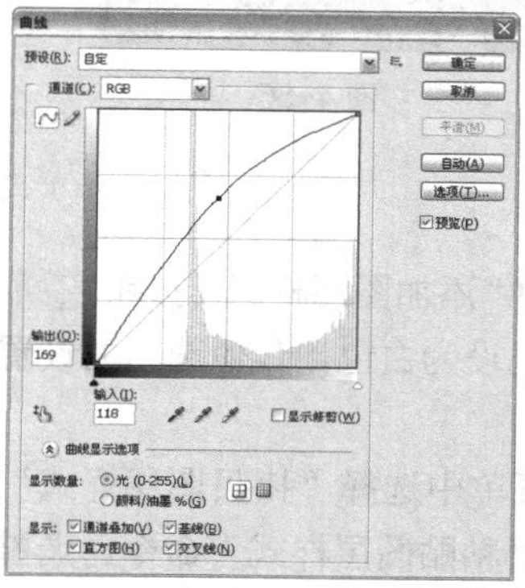

图 4-49

图 4-50

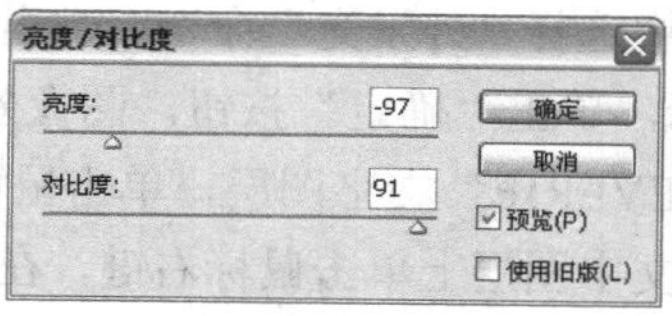

图 4-51

图 4-52

4.7 调整景物变化色彩

知识要点		使用“变化”命令调整图像颜色；使用“外发光”命令添加文字发光效果；使用“拷贝图层样式”命令和“粘贴图层样式”命令复制文字发光效果
	素材文件	Ch04 > 素材 > 调整景物变化色彩 > 01
	最终效果	Ch04 > 效果 > 调整景物变化色彩

1. 添加并调整图像颜色

步骤 1 按 Ctrl+O 组合键，打开光盘中的“Ch04 > 素材 > 调整景物变化色彩 > 01”文件，图像效果如图 4-53 所示。

步骤 2 选择“图像 > 调整 > 变化”命令，弹出“变化”对话框，单击“加深蓝色”缩略图，其他选项的设置如图 4-54 所示，单击“确定”按钮，图像效果如图 4-55 所示。

步骤 3 选择“横排文字”工具 T，分别在属性栏中选择合适的字体并设置大小，在图像窗口中分别输入需要的白色文字，分别选取文字并调整文字的适当间距，如图 4-56 所示，在“图层”控制面板中分别生成新的文字图层。

图 4-53

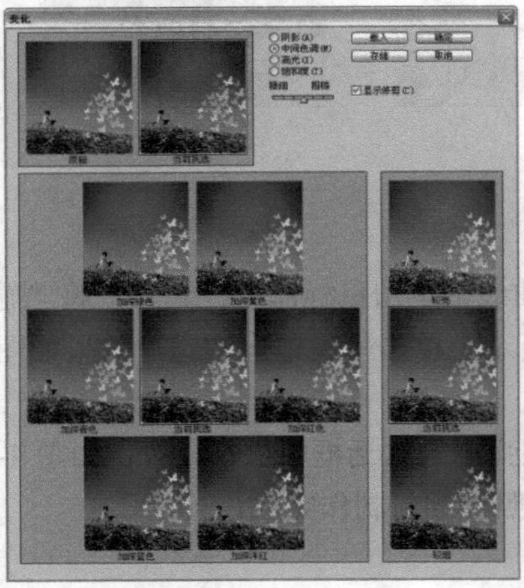

图 4-54

图 4-55

图 4-56

2. 为文字添加图层样式

步骤 1 选中“REVERIE”文字图层。单击“图层”控制面板下方的“添加图层样式”按钮 fx，在弹出的菜单中选择“外发光”命令，弹出对话框，将发光颜色设为白色，其他选项的设置如图 4-57 所示，单击“确定”按钮，图像效果如图 4-58 所示。

步骤 2 选中“REVERIE”文字图层，单击鼠标右键，在弹出的菜单中选择“拷贝图层样式”命令；在其他文字图层上单击鼠标右键，在弹出的菜单中选择“粘贴图层样式”命令。调整景物变化色彩制作完成，效果如图 4-59 所示。

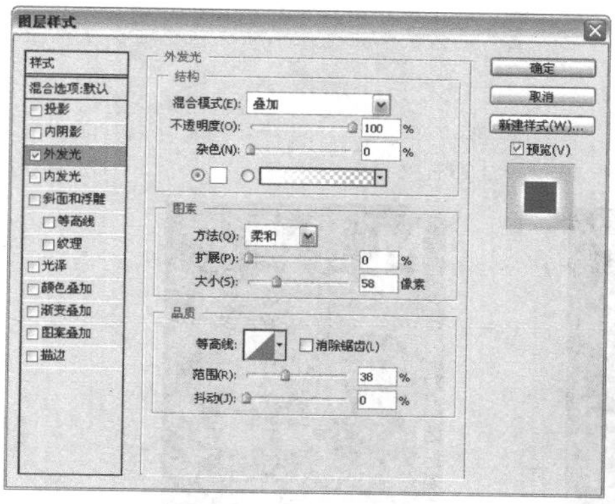

图 4-57

图 4-58

图 4-59

4.8 处理图片色彩

知识要点		使用“色相/饱和度”命令和“亮度/对比度”命令调整图像颜色
	素材文件	Ch04 > 素材 > 处理图片色彩 > 01、02
	最终效果	Ch04 > 效果 > 处理图片色彩

步骤 1 按 Ctrl+O 组合键，打开光盘中的“Ch04 > 素材 > 处理图片色彩 > 01”文件，如图 4-60 所示。

步骤 2 单击“图层”控制面板下方的“创建新的填充或调整图层”按钮，在弹出的菜单中选择“色相/饱和度”命令，在“图层”控制面板中生成“色相/饱和度 1”图层，同时在弹出的面板中进行设置，如图 4-61 所示，图像效果如图 4-62 所示。

图 4-60

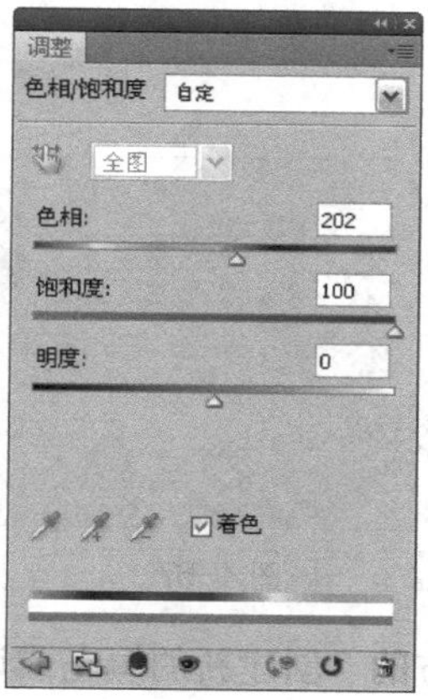

图 4-61

图 4-62

步骤 3 单击“图层”控制面板下方的“创建新的填充或调整图层”按钮，在弹出的菜单中选择“亮度/对比度”命令，在“图层”控制面板中生成“亮度/对比度 1”图层，同时在弹出的面板中进行设置，如图 4-63 所示，图像效果如图 4-64 所示。

步骤 4 按 Ctrl+O 组合键，打开光盘中的“Ch04 > 素材 > 处理图片色彩 > 02”文件，将文字拖曳到图像窗口中的左上方，效果如图 4-65 所示，在“图层”控制面板中生成新的图层并将其命名为“文字”。处理图片色彩制作完成。

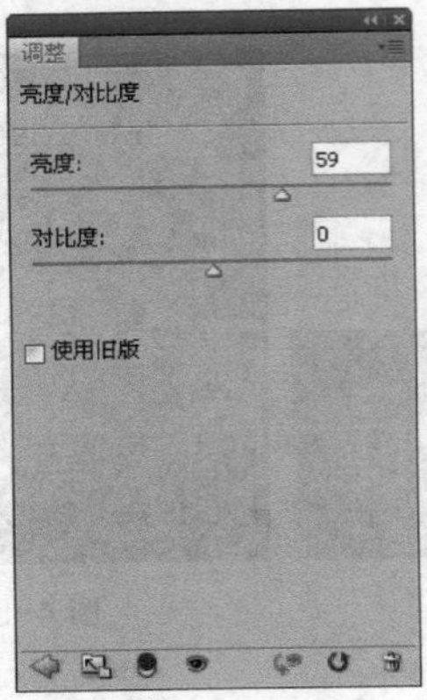

图 4-63

图 4-64

图 4-65

4.9 使用渐变填充调整色调

知识要点		使用“渐变”命令、“通道混合器”命令改变图像的颜色效果
	素材文件	Ch04 > 素材 > 使用渐变填充调整色调 > 01、02
	最终效果	Ch04 > 效果 > 使用渐变填充调整色调

步骤 1 按 Ctrl+O 组合键，打开光盘中的“Ch04 > 素材 > 使用渐变填充调整色调 > 01、02”文件，效果如图 4-66、图 4-67 所示。选择“移动”工具，拖曳文字到背景图像窗口的上方，效果如图 4-68 所示，在“图层”控制面板中生成新的图层并将其命名为“文字”。

图 4-66

图 4-67

图 4-68

步骤 2 单击“图层”控制面板下方的“创建新的填充或调整图层”按钮，在弹出的菜单中选择“渐变”命令，在“图层”控制面板中生成“渐变填充 1”图层，同时弹出“渐变填充”对话框，单击“渐变”选项右侧的“点按可编辑渐变”按钮，弹出“渐变编辑器”对话框，在“位置”选项中分别输入 0、30、100 几个位置点，分别设置几个位置点颜色的 RGB 值为：0（255、192、0），30（255、0、0），100（117、207、0），如图 4-69 所示，单击“确定”按钮，返回到“渐变填充”对话框，如图 4-70 所示，单击“确定”按钮，图像效果如图 4-71 所示。

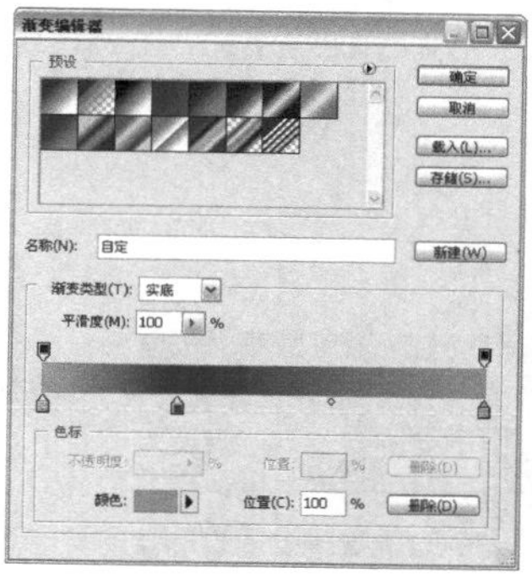

图 4-69

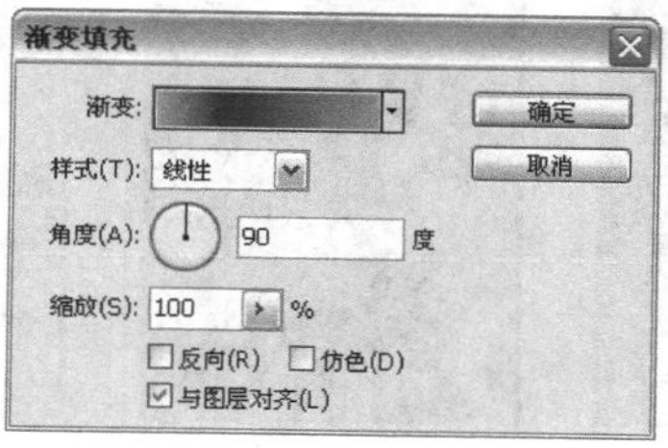

图 4-70

图 4-71

步骤 3 单击"图层"控制面板下方的"创建新的填充或调整图层"按钮 ，在弹出的菜单中选择"通道混合器"命令，在"图层"控制面板中生成"通道混合器 1"图层，同时在弹出的"通道混合器"面板中进行设置，如图 4-72 所示，图像效果如图 4-73 所示。使用渐变填充调整色调制作完成。

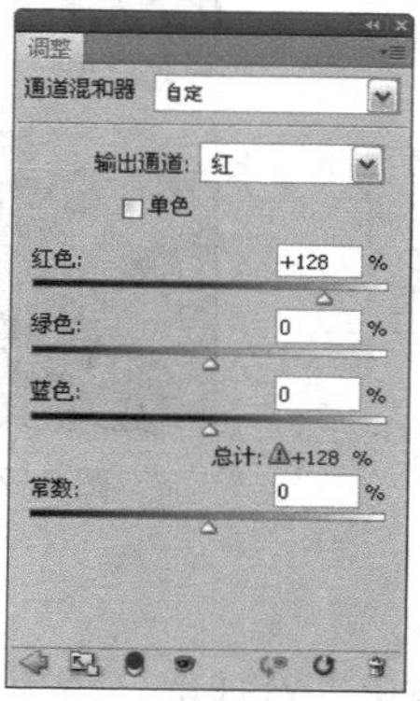

图 4-72

图 4-73

4.10 制作怀旧图像

知识要点		使用"去色"命令将图片变为黑白效果；使用"亮度/对比度"命令调整图片的亮度效果；使用"添加杂色"滤镜命令为图片添加杂色效果；使用"变化"命令、"云彩"滤镜命令、"纤维"滤镜命令制作怀旧色调效果；使用"画笔"工具绘制装饰图形
	素材文件	Ch04 > 素材 > 制作怀旧图像 > 01
	最终效果	Ch04 > 效果 > 制作怀旧图像

1. 调整图片颜色

步骤 1 按 Ctrl+O 组合键，打开光盘中的"Ch04 > 素材 >制作怀旧图像> 01"文件，效果如图 4-74 所示。

步骤 2 选择"图像 > 调整 > 去色"命令，将图像去色，效果如图 4-75 所示。选择"图像 > 调整 > 亮度/对比度"命令，在弹出的对话框中进行设置，如图 4-76 所示，单击"确定"按钮，效果如图 4-77 所示。

图 4-74

图 4-75

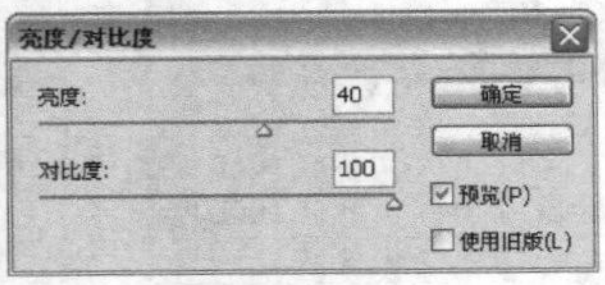

图 4-76

步骤 3 选择“滤镜 > 杂色 > 添加杂色”命令，在弹出的对话框中进行设置，如图 4-78 所示，单击“确定”按钮，效果如图 4-79 所示。

图 4-77

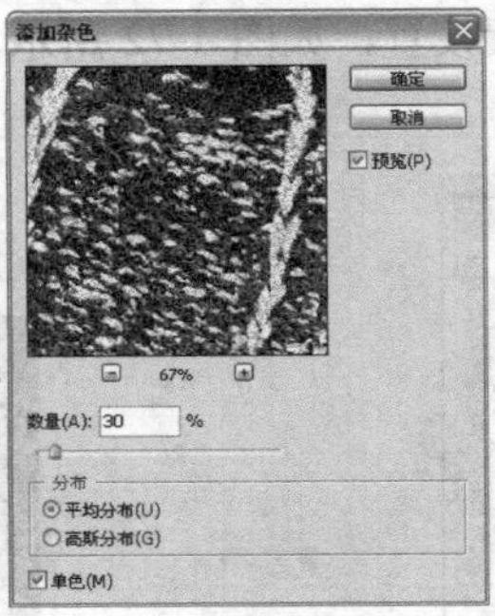

图 4-78

图 4-79

2. 制作怀旧颜色

步骤 1 选择“图像 > 调整 > 变化”命令，弹出“变化”对话框，单击两次“加深黄色”缩略图，如图 4-80 所示，单击“确定”按钮，图像效果如图 4-81 所示。

步骤 2 新建图层并将其命名为“杂色”。按 D 键，在工具箱中将前景色和背景色恢复成默认的黑白两色。选择“滤镜 > 渲染 > 云彩”命令，效果如图 4-82 所示。

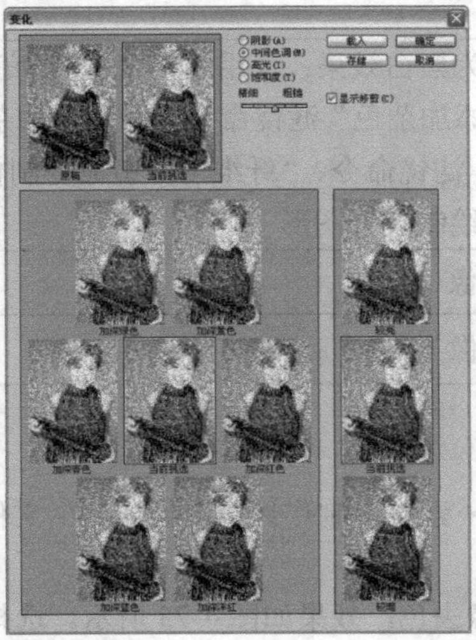

图 4-80

图 4-81

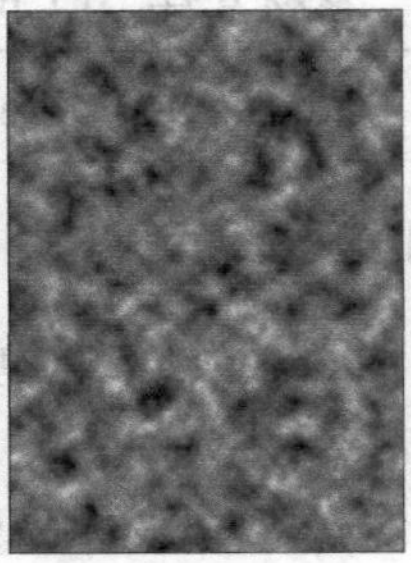
图 4-82

步骤 3 选择“滤镜 > 渲染 > 纤维”命令，在弹出的对话框中进行设置，如图 4-83 所示，单击“确定”按钮，效果如图 4-84 所示。在“图层”控制面板上方，将“杂色”图层的“混合模式”设为“颜色加深”，效果如图 4-85 所示。

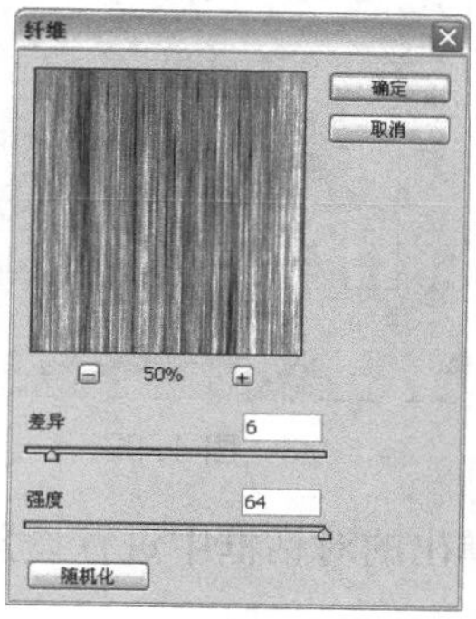

图 4-83

图 4-84

图 4-85

步骤 4 选中“背景”图层。选择“画笔”工具，在属性栏中单击“画笔”选项右侧的按钮，弹出画笔选择面板，单击面板右上方的按钮，在弹出的菜单中选择“复位画笔”选项，弹出提示对话框，单击“确定”按钮。在画笔选择面板中选择需要的画笔形状，其他选项的设置如图 4-86 所示。在图像窗口中多次单击鼠标，效果如图 4-87 所示。制作怀旧图像完成。

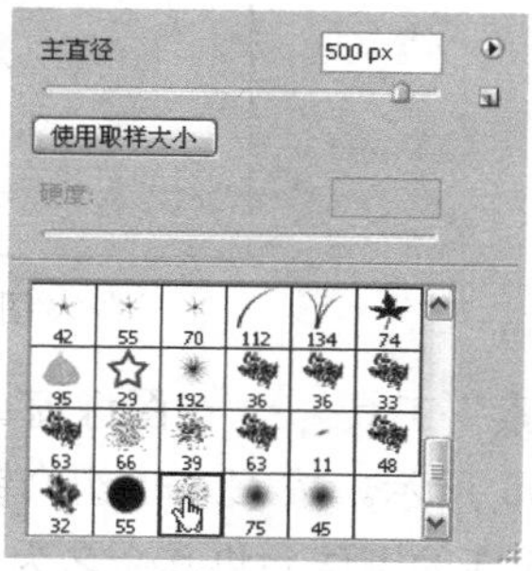

图 4-86

图 4-87

4.11 为黑白照片上色

知识要点		使用“色相/饱和度”命令改变包、衣服、眼镜的颜色；使用“色彩平衡”命令改变皮肤的颜色
	素材文件	Ch04 > 素材 > 为黑白照片上色 > 01
	最终效果	Ch04 > 效果 > 为黑白照片上色

1. 改变包的颜色

步骤 1 按 Ctrl+O 组合键，打开光盘中的“Ch04 > 素材 > 为黑白照片上色 > 01”文件，效果如图 4-88 所示。选择“多边形套索”工具，在图像窗口的左上方沿着包图形拖曳鼠标指针，在图像周围生成选区，如图 4-89 所示。

步骤 2 按 Ctrl+J 组合键，将选区中的内容复制到新的图层中，在“图层”控制面板中生成新的图层并将其命名为“粉色包”，如图 4-90 所示。

图 4-88

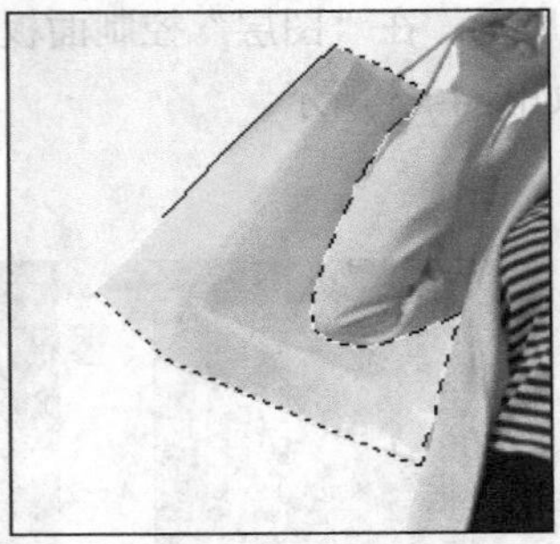

图 4-89

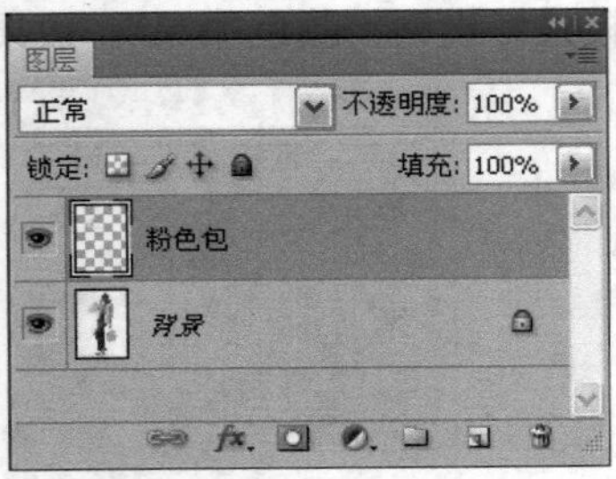

图 4-90

步骤 3 选择“图像 > 调整 > 色相/饱和度”命令，在弹出的对话框中进行设置，如图 4-91 所示，单击“确定”按钮，效果如图 4-92 所示。

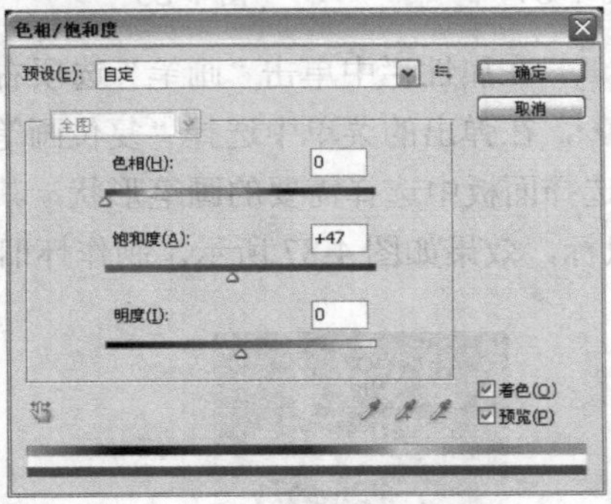

图 4-91

图 4-92

步骤 4 选择“背景”图层。选择“多边形套索”工具，在图像窗口右下方沿着包图形拖曳鼠标指针，在图像周围生成选区，如图 4-93 所示。按 Ctrl+J 组合键，将选区中的内容复制到新的图层中，在“图层”控制面板中生成新的图层并将其命名为“黄色包”。

步骤 5 按 Ctrl+U 组合键，在弹出的“色相/饱和度”对话框中进行设置，如图 4-94 所示，单击“确定”按钮，效果如图 4-95 所示。

图 4-93

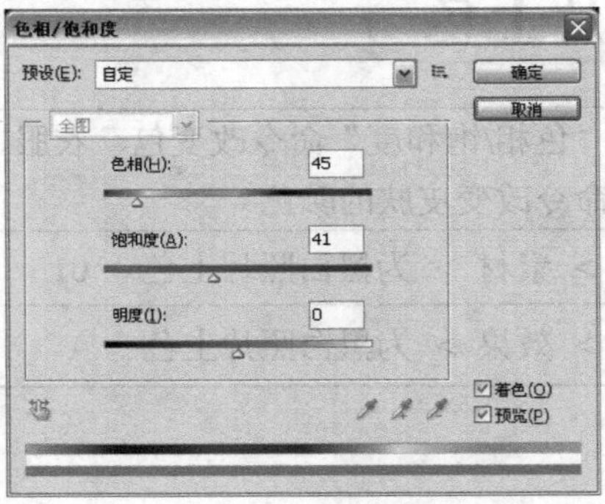

图 4-94

图 4-95

步骤 6 选择“背景”图层。选择“多边形套索”工具，在图像窗口右下方沿着包图形拖曳鼠标指针，在图像周围出现选区，如图 4-96 所示。按 Ctrl+J 组合键，将选区中的内容复制到新的图层中，在“图层”控制面板中生成新的图层并将其命名为“绿色包”。

步骤 7 按 Ctrl+U 组合键，在弹出的“色相/饱和度”对话框中进行设置，如图 4-97 所示，单击“确定”按钮，效果如图 4-98 所示。

图 4-96

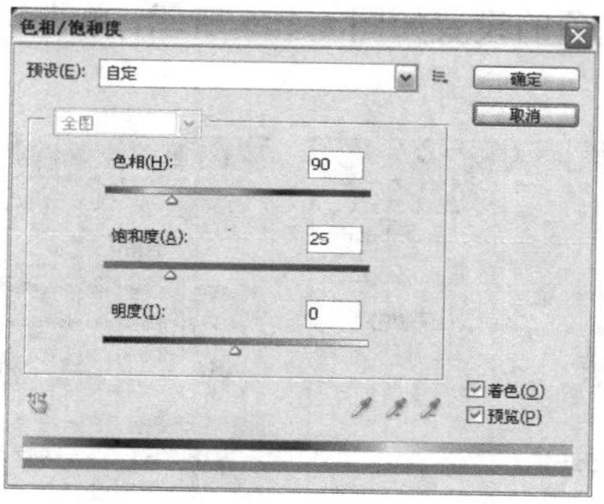

图 4-97

图 4-98

2. 改变衣服和皮肤的颜色

步骤 1 选择“背景”图层。选择“磁性套索”工具，选中属性栏中的“添加到选区”按钮，沿着人物的衣服拖曳鼠标指针，在衣服周围生成选区，如图 4-99 所示。按 Ctrl+J 组合键，将选区中的内容复制到新的图层中，在“图层”控制面板中生成新的图层并将其命名为“衣服”。按 Ctrl+U 组合键，在弹出的“色相/饱和度”对话框中进行设置，如图 4-100 所示，单击“确定”按钮，效果如图 4-101 所示。

图 4-99

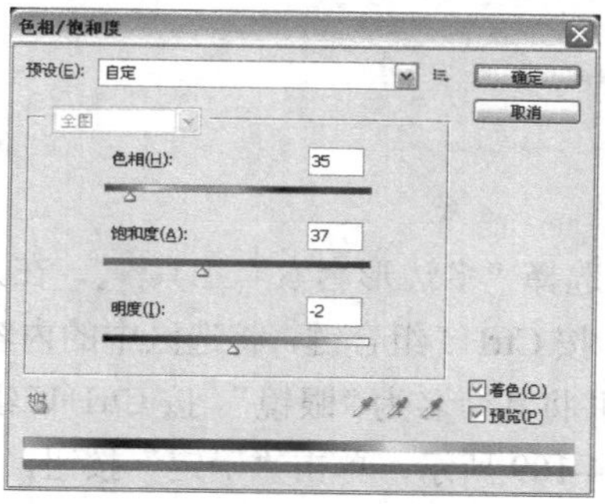

图 4-100

图 4-101

步骤 2 选中“背景”图层。选择“磁性套索”工具，在图像窗口中沿着人物的皮肤拖曳鼠标指针，在脸部、手部和脚部的皮肤周围生成选区，效果如图 4-102 所示。按 Ctrl+J 组合键，将选区中的内容复制到新的图层中，在“图层”控制面板中生成新的图层并将其命名为“人物皮肤”，如图 4-103 所示。

图 4-102

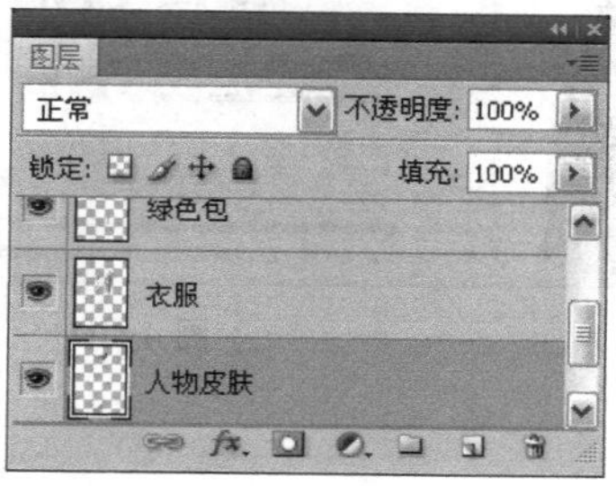

图 4-103

步骤 3 选择“图像 > 调整 > 色彩平衡”命令，在弹出的对话框中进行设置，如图 4-104 所示。选中“阴影”单选项，弹出相应的对话框，选项的设置如图 4-105 所示；选中“高光”单选项，弹出相应的对话框，选项的设置如图 4-106 所示，单击“确定”按钮，图像效果如图 4-107 所示。

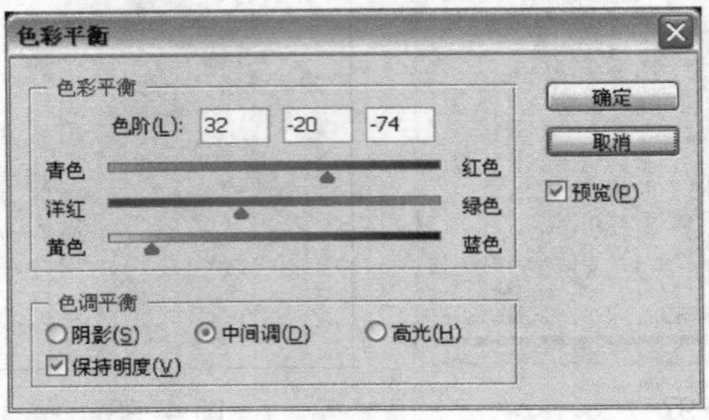

图 4-104

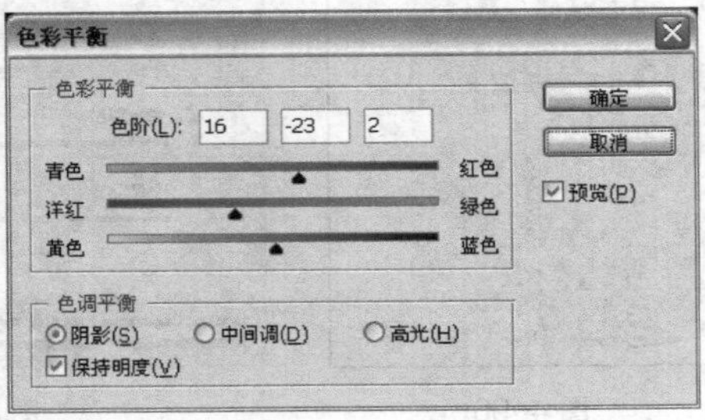

图 4-105

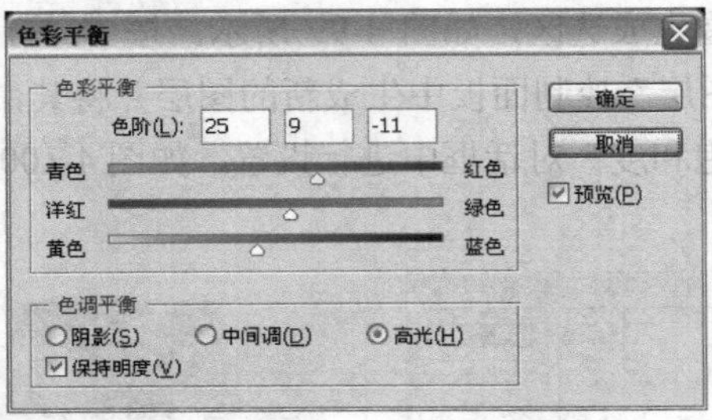

图 4-106

图 4-107

步骤 4 选中“背景”图层。选择“多边形套索”工具，在人物的眼镜部分拖曳鼠标指针生成选区，如图 4-108 所示。按 Ctrl+J 组合键，将选区中的内容复制到新的图层中，在“图层”控制面板中生成新的图层并将其命名为“眼镜”。按 Ctrl+U 组合键，在弹出的“色相/饱和度”对话框中进行设置，如图 4-109 所示，单击“确定”按钮，图像效果如图 4-110 所示。为黑白照片上色制作完成，效果如图 4-111 所示。

图 4-108

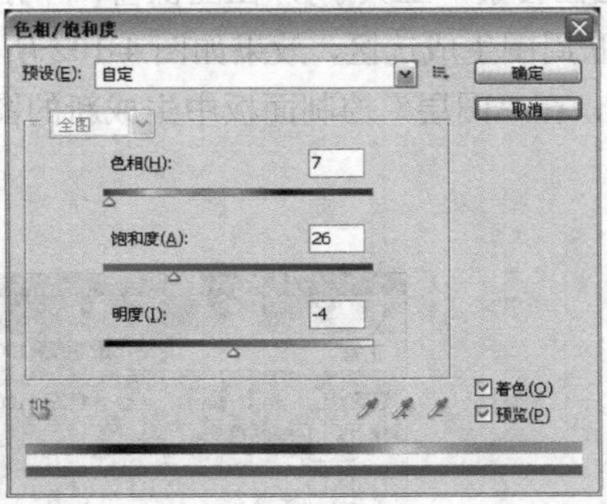

图 4-109

图 4-110

图 4-111

4.12 课后习题——删除通道创建灰度

使用“删除当前通道”按钮创建灰度图像。（最终效果参看光盘中的“Ch04 > 效果 > 删除通道创建灰度”，如图 4-112 所示。）

图 4-112

4.13 课后习题——为灰度增加微妙色调

使用“色彩平衡”命令为灰度增加微妙色调。（最终效果参看光盘中的“Ch04 > 效果 > 为灰度增加微妙色调”，如图 4-113 所示。）

图 4-113

第5章 人物照片的美化

本章主要对人物照片中一些常见的瑕疵和缺陷进行修复。在日常生活中，多以拍摄人物照片为主，有时会因为环境、光线的问题，使照片留有些许的遗憾，本章主要针对这些问题对照片进行修复，使拍摄出的人物形象更加完美。

5.1 美化眼睛

5.1.1 修复红眼

知识要点		使用“缩放”工具放大人物脸部；使用“颜色替换”工具制作修复红眼效果
	素材文件	Ch05 > 素材 > 修复红眼 > 01
	最终效果	Ch05 > 效果 > 修复红眼

步骤 1 按 Ctrl+O 组合键，打开光盘中的“Ch05 > 素材 > 修复红眼 > 01”文件，如图 5-1 所示。选择“缩放”工具，将图片放大到适当大小。将前景色设为粉色（其 R、G、B 的值分别为 221、213、215）。选择“颜色替换”工具，在属性栏中将“容差”选项设为 100%，在人物右眼的红眼部分单击鼠标，效果如图 5-2 所示。

步骤 2 连续几次单击鼠标，并使用相同方法修复另一只眼睛。修复红眼制作完成，效果如图 5-3 所示。

图 5-1

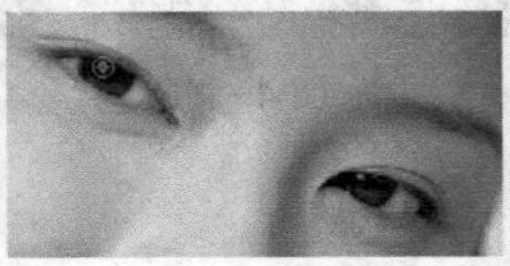

图 5-2

图 5-3

5.1.2 去除眼袋

知识要点		使用“缩放”工具放大人物脸部；使用“修复画笔”工具修复人物的眼袋
	素材文件	Ch05 > 素材 > 去除眼袋 > 01
	最终效果	Ch05 > 效果 > 去除眼袋

步骤 1 按 Ctrl+O 组合键，打开光盘中的“Ch05 > 素材 > 去除眼袋 > 01”文件，效果如图 5-4 所示。

步骤 2 选择“缩放”工具，将图片放大到适当大小。选择“修复画笔”工具，按住 Alt 键的同时在人物面部皮肤较好的地方单击鼠标，选择取样点，如图 5-5 所示。

图 5-4

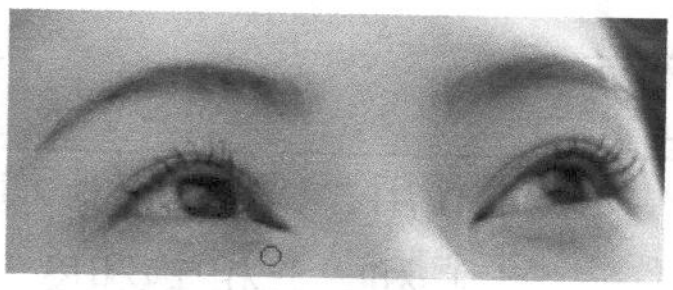

图 5-5

步骤 3 在要去除的眼袋上进行涂抹，将取样点区域的图像应用到涂抹的眼袋上，效果如图 5-6 所示。

步骤 4 用相同的方法将右眼的眼袋去除，效果如图 5-7 所示。去除眼袋制作完成，效果如图 5-8 所示。

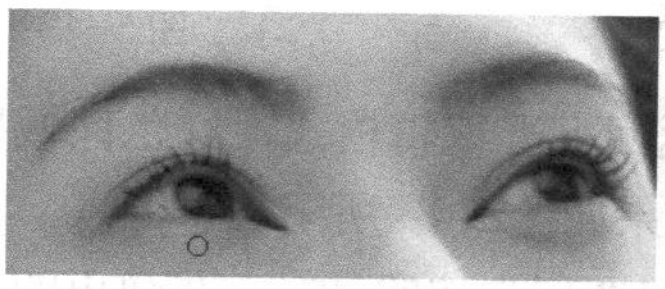

图 5-6

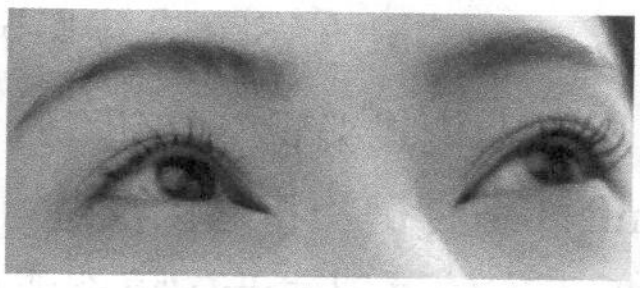

图 5-7

图 5-8

5.1.3 使眼睛更明亮

知识要点		使用“画笔”工具制作明亮眼睛效果
	素材文件	Ch05 > 素材 > 使眼睛更明亮 > 01
	最终效果	Ch05 > 效果 > 使眼睛更明亮

步骤 1 按 Ctrl+O 组合键，打开光盘中的“Ch05 > 素材 > 使眼睛更明亮 > 01”文件，效果如图 5-9 所示。

步骤 2 将前景色设为浅灰色（其 R、G、B 值分别为 215、215、209）。选择“画笔”工具，在属性栏中将画笔大小设为 60px，并将笔触设置为虚笔触，在人物图像左眼的瞳孔上单击鼠标，效果如图 5-10 所示。用相同的方法在右眼瞳孔单击鼠标，效果如图 5-11 所示。使眼睛更明亮制作完成。

图 5-9

图 5-10

图 5-11

5.1.4 眼睛变色

知识要点		使用“以快速蒙版模式编辑”按钮选中人物的眼睛，使用“画笔”工具和“色相/饱和度”命令调整人物眼睛的颜色
	素材文件	Ch05 > 素材 > 眼睛变色 > 01
	最终效果	Ch05 > 效果 > 眼睛变色

步骤 1 按 Ctrl+O 组合键，打开光盘中的“Ch05 > 素材 > 眼睛变色 > 01”文件，如图 5-12 所示。单击工具箱下方的“以快速蒙版模式编辑”按钮，进入快速蒙版编辑模式。选择“画笔”工具，用鼠标分别在人物的两个眼珠上涂抹，涂抹后的区域变为红色，效果如图 5-13 所示。

图 5-12

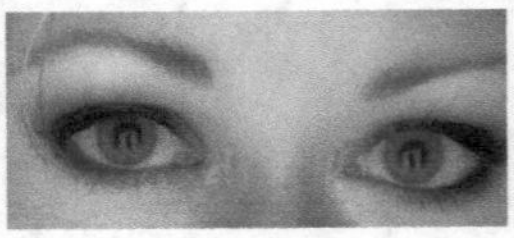
图 5-13

步骤 2 单击工具箱下方的“以标准模式编辑”按钮，返回标准编辑模式，红色区域以外的部分生成选区。按 Ctrl+Shift+I 组合键，将选区反选，效果如图 5-14 所示。

步骤 3 单击“图层”控制面板下方的“创建新的填充或调整图层”按钮，在弹出的菜单中选择“色相/饱和度”命令，在“图层”控制面板中生成“色相/饱和度 1”图层，同时在弹出的“色相/饱和度”控制面板中进行设置，如图 5-15 所示。按 Ctrl+D 组合键，取消选区，效果如图 5-16 所示。眼睛变色制作完成。

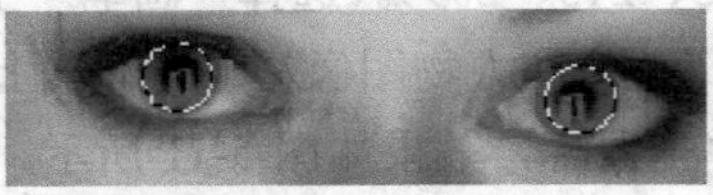
图 5-14

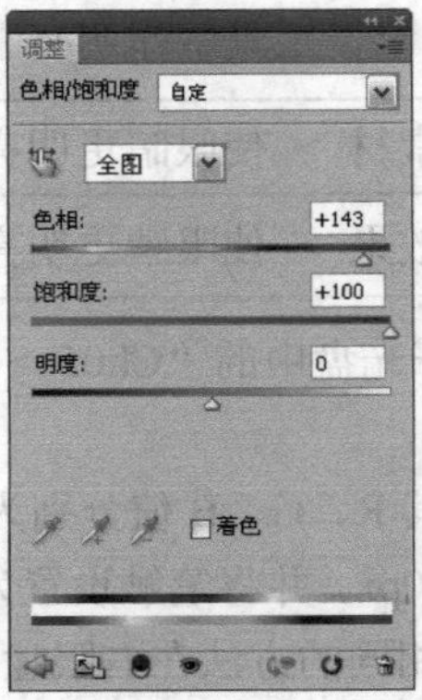

图 5-15

图 5-16

5.1.5 眼睛变大

知识要点		使用"套索"工具勾出人物眼部图像；使用"羽化"命令羽化选区；使用"自由变换"命令调整眼睛部分
	素材文件	Ch05 > 素材 > 眼睛变大 > 01
	最终效果	Ch05 > 效果 > 眼睛变大

1. 添加图片并勾出眼睛部分

步骤 1 按 Ctrl+O 组合键，打开光盘中的"Ch05 > 素材 > 眼睛变大 > 01"文件，如图 5-17 所示。

步骤 2 选择"缩放"工具，将眼睛部分放大。选择"套索"工具，在图像窗口中绘制一个不规则的选区，将人物右边的眼睛选中，如图 5-18 所示。

图 5-17

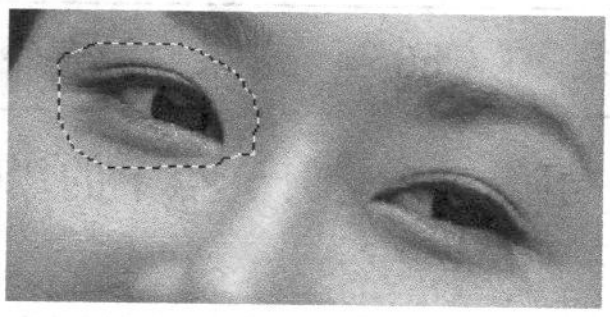

图 5-18

2. 复制图像并调整大小

步骤 1 选择"选择 > 修改 > 羽化"命令，在弹出的对话框中进行设置，如图 5-19 所示，单击"确定"按钮。

步骤 2 按 Ctrl+J 组合键，将选区中的内容复制，在"图层"控制面板中生成新的图层并将其命名为"左眼"，如图 5-20 所示。

步骤 3 按 Ctrl+T 组合键，图像周围出现控制手柄，将鼠标指针放在右上方的控制手柄上，当鼠标指针变为↗时，按住 Alt+Shift 组合键的同时向外拖曳鼠标，将图像沿中心等比例放大，效果如图 5-21 所示，放大到合适大小，松开鼠标，按 Enter 键确定操作。人物右边的眼睛变大了，效果如图 5-22 所示。

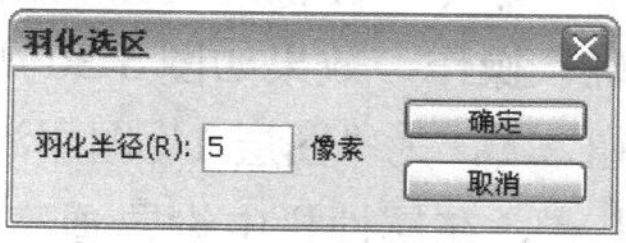

图 5-19

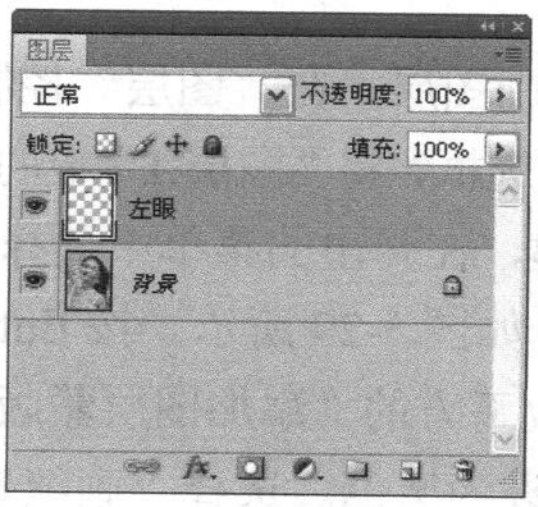

图 5-20

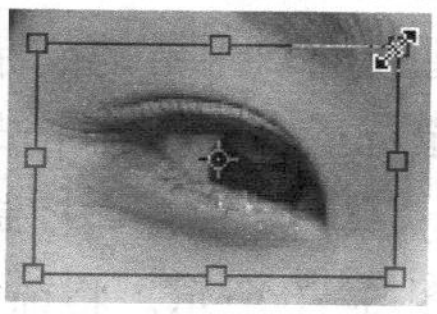

图 5-21

步骤 4 使用相同方法制作左眼效果，如图 5-23 所示。眼睛变大制作完成，效果如图 5-24 所示。

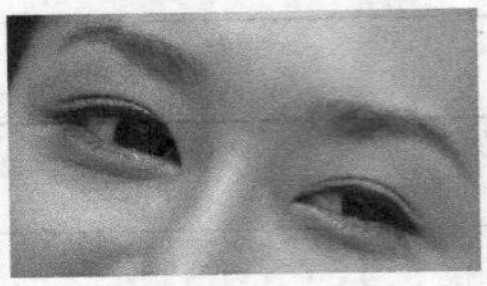
图 5-22

图 5-23

图 5-24

5.2 美化牙齿

5.2.1 修补牙齿

知识要点		使用“钢笔”工具绘制路径，使用“变形”命令制作修补牙齿效果
	素材文件	Ch05 > 素材 > 修补牙齿 > 01
	最终效果	Ch05 > 效果 > 修补牙齿

步骤 1 按 Ctrl+O 组合键，打开光盘中的“Ch05 > 素材 > 修补牙齿 > 01”文件，如图 5-25 所示。

步骤 2 选择“钢笔”工具，选中属性栏中的“路径”按钮，在图像窗口中绘制路径，如图 5-26 所示。按 Ctrl+Enter 组合键，将路径转换为选区，如图 5-27 所示。

图 5-25

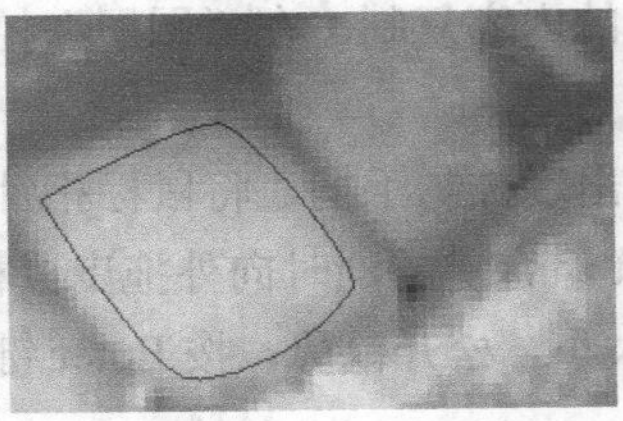
图 5-26

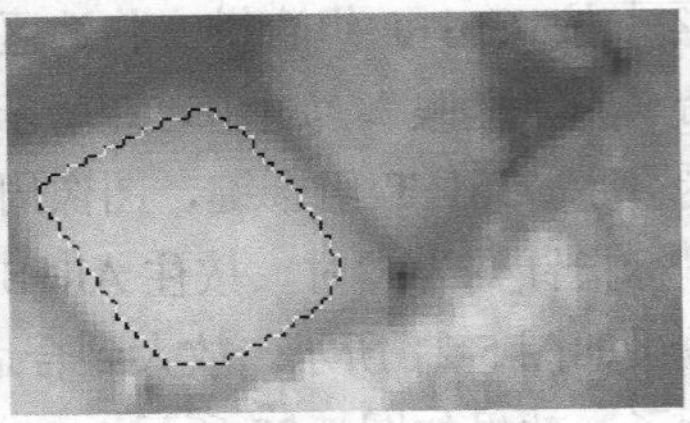
图 5-27

步骤 3 按 Ctrl+J 组合键，复制图层，在“图层”控制面板中生成“图层 1”图层。按 Ctrl+T 组合键，图像周围出现变换选框，将“图层 1”中的牙齿拖曳到适当的位置，如图 5-28 所示。在图像窗口中单击鼠标右键，在弹出的菜单中选择“变形”命令，图像周围出现变形网格，用鼠标适当调整各个节点，如图 5-29 所示。按 Enter 键确认操作，效果如图 5-30 所示。

步骤 4 单击“图层”控制面板下方的“添加图层蒙版”按钮，为“图层 1”图层添加蒙版，如图 5-31 所示。将前景色设为黑色。选择“画笔”工具，在属性栏中设置画笔的笔尖大小，在图像窗口中拖曳鼠标指针涂抹图像，将不需要的牙齿隐藏，效果如图 5-32 所示。修补牙齿制作完成。

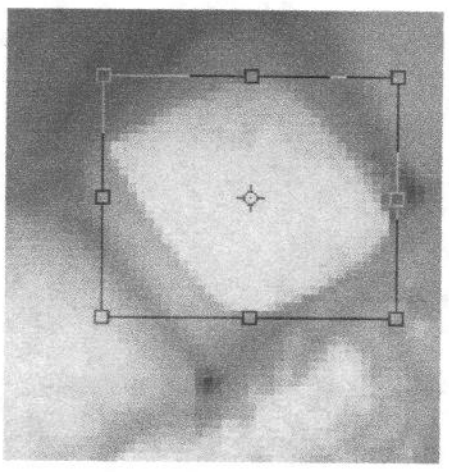

图 5-28

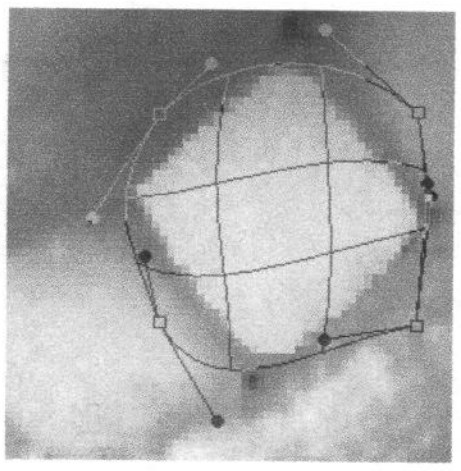

图 5-29

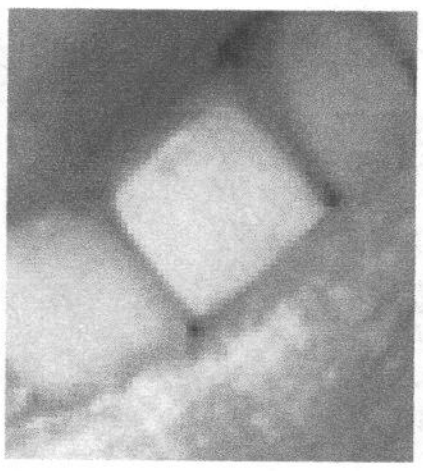

图 5-30

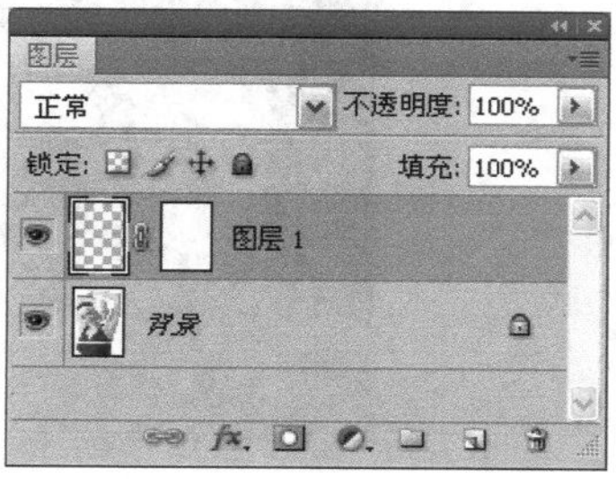

图 5-31

图 5-32

5.2.2 美白牙齿

知识要点		使用“钢笔”工具将人物牙齿勾出；使用“减淡”工具将人物牙齿美白
	素材文件	Ch05 > 素材 > 美白牙齿 > 01
	最终效果	Ch05 > 效果 > 美白牙齿

步骤 1 按 Ctrl+O 组合键，打开光盘中的“Ch05 > 素材 > 美白牙齿 >01”文件，如图 5-33 所示。选择“缩放”工具，将图片放大到合适大小。选择“钢笔”工具，选中属性栏中的“路径”按钮，在图像窗口中沿着人物的牙齿边缘绘制路径，如图 5-34 所示。

图 5-33

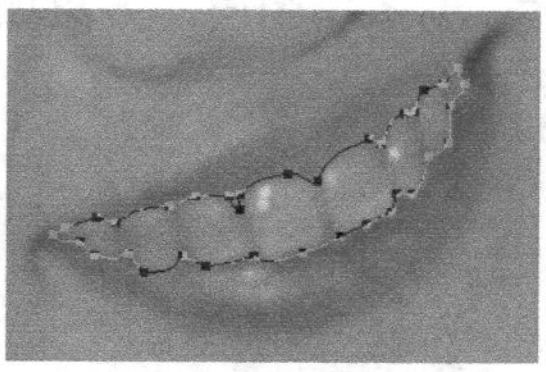

图 5-34

步骤 2 按 Ctrl+Enter 组合键，将路径转换为选区，如图 5-35 所示。选择“减淡”工具，在属性栏中将“画笔”选项设为 65，单击“范围”选项右侧的按钮，在弹出的下拉列表中选择“中间调”，将“曝光度”选项设为 50%，如图 5-36 所示。

步骤 3 用鼠标在选区中进行涂抹令牙齿的颜色变浅。按 Ctrl+D 组合键，取消选区，效果如图

5-37 所示。美白牙齿制作完成，效果如图 5-38 所示。

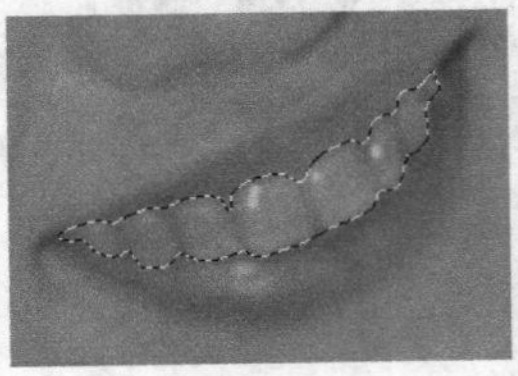

图 5-35

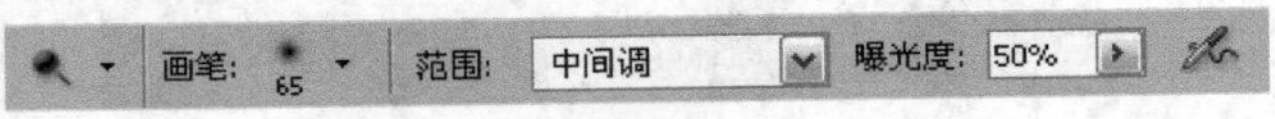

图 5-36

图 5-37

图 5-38

5.3 美化皮肤

5.3.1 去掉面部瑕疵

知识要点		使用“缩放”工具适当放大人物图片；使用“仿制图章”工具修复人物面部上的瑕疵
	素材文件	Ch05 > 素材 > 去掉面部瑕疵 > 01
	最终效果	Ch05 > 效果 > 去掉面部瑕疵

步骤 1 按 Ctrl+O 组合键，打开光盘中的“Ch05 > 素材 > 去掉面部瑕疵 > 01”文件，效果如图 5-39 所示。

步骤 2 将“背景”图层拖曳到“图层”控制面板下方的“创建新图层”按钮 上进行复制，生成新的“背景 副本”图层，效果如图 5-40 所示。

图 5-39

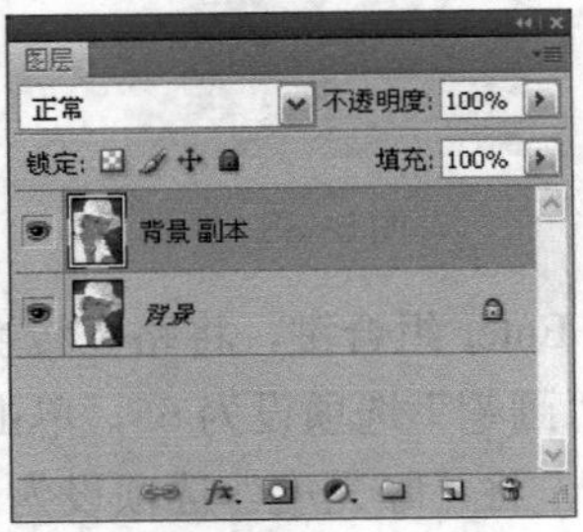

图 5-40

步骤 3 选择“缩放”工具，将人物面部适当放大。选择“仿制图章”工具，按住 Alt 键的同时在人物脸上离黑点最近的地方单击，选择取样点，如图 5-41 所示。在面部黑点的区域单击鼠标，取样点区域的图像就应用到面部黑点的区域，如图 5-42 所示。使用相同的方法将人物脸上的点去掉，效果如图 5-43 所示。去掉面部瑕疵制作完成。

图 5-41

图 5-42

图 5-43

5.3.2 去除斑纹

知识要点		使用“高斯模糊”滤镜命令为图片添加模糊效果；使用“色阶”命令调整图片的亮度
	素材文件	Ch05 > 素材 > 去除斑纹 > 01
	最终效果	Ch05 > 效果 > 去除斑纹

1. 制作图片模糊效果

步骤 1 按 Ctrl+O 组合键，打开光盘中的“Ch04 > 素材 > 去除斑纹 > 01”文件，效果如图 5-44 所示。

步骤 2 将“背景”图层拖曳到“图层”控制面板下方的“创建新图层”按钮上进行复制，生成新的“背景 副本”图层，如图 5-45 所示。

步骤 3 选中“背景”图层。选择“滤镜 > 模糊 > 高斯模糊”命令，在弹出的对话框中进行设置，如图 5-46 所示，单击“确定”按钮。

图 5-44

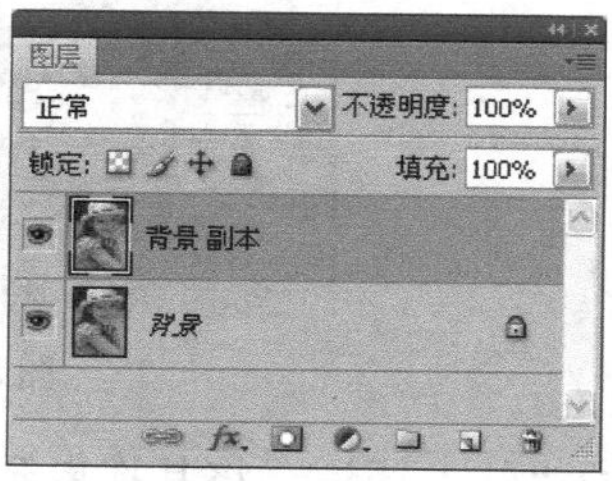

图 5-45

图 5-46

2. 擦除斑纹效果

步骤 1 选中“背景 副本”图层。选择“橡皮擦”工具，在属性栏中单击“画笔”选项右侧的按钮，弹出画笔选择面板，在面板中选择需要的画笔形状，如图 5-47 所示。在属性栏中将“不透明度”选项设为 85%，在图像窗口中擦除人物脸部图像，效果如图 5-48 所示。

步骤 2 单击“图层”控制面板下方的“创建新的填充或调整图层”按钮，在弹出的菜单中选择“色阶”命令，在“图层”控制面板中生成“色阶 1”图层，同时在弹出的“色阶”面板中进行设置，如图 5-49 所示；图像效果如图 5-50 所示。去除斑纹制作完成。

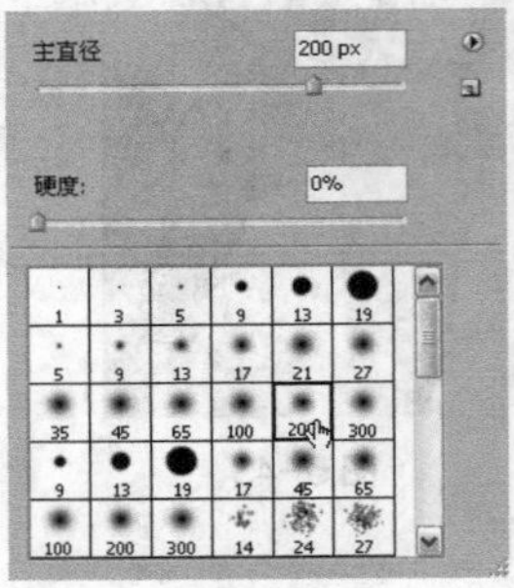

图 5-47

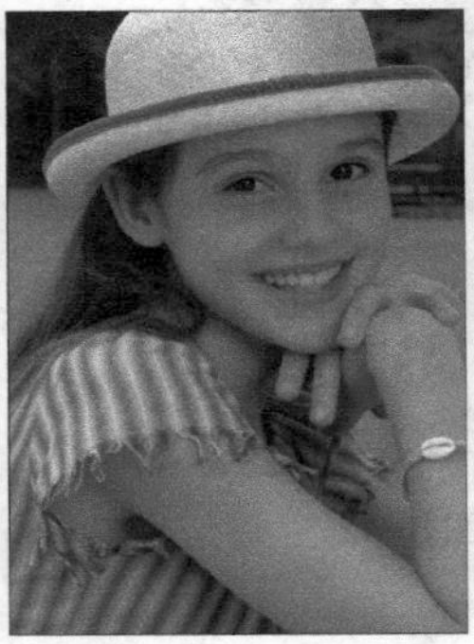

图 5-48

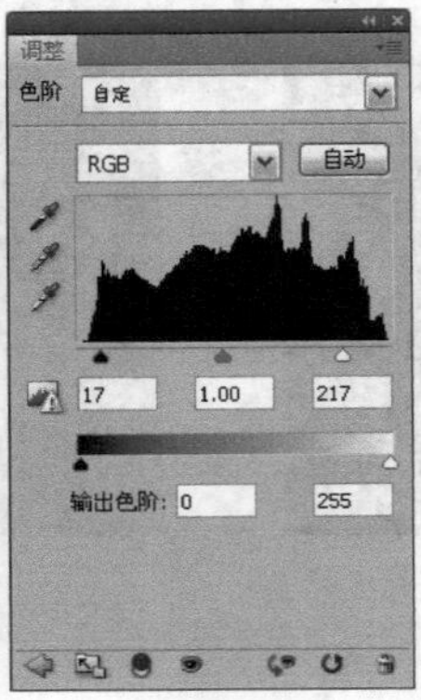

图 5-49

图 5-50

5.3.3 美化肌肤

知识要点		使用“通道”控制面板、“高斯模糊”滤镜命令制作模糊图像效果；使用“色阶”命令和“曲线”命令调整图像的色调
	素材文件	Ch05 > 素材 > 美化肌肤 > 01
	最终效果	Ch05 > 效果 > 美化肌肤

1. 制作模糊图像效果

步骤 1 按 Ctrl+O 组合键，打开光盘中的“Ch05 > 素材 > 美化肌肤 >01”文件，如图 5-51 所示。将“背景”图层拖曳到“图层”控制面板下方的“创建新图层”按钮上进行复制，生成新的“背景 副本”图层，效果如图 5-52 所示。

图 5-51

图 5-52

步骤 2 选中“通道”控制面板，选中“红”通道，将其拖曳到控制面板下方的“创建新通道”按钮上进行复制，生成新的通道“红 副本”，如图 5-53 所示。选择“滤镜 > 模糊 > 高斯模糊”命令，在弹出的对话框中进行设置，如图 5-54 所示；单击“确定”按钮，图像效果如图 5-55 所示。

图 5-53

图 5-54

图 5-55

步骤 3 按住 Ctrl 键的同时单击“红 副本”通道的缩览图，图像周围生成选区，如图 5-56 所示。选择“滤镜 > 模糊 > 特殊模糊”命令，在弹出的对话框中进行设置，如图 5-57 所示，单击“确定”按钮，图像效果如图 5-58 所示。

图 5-56

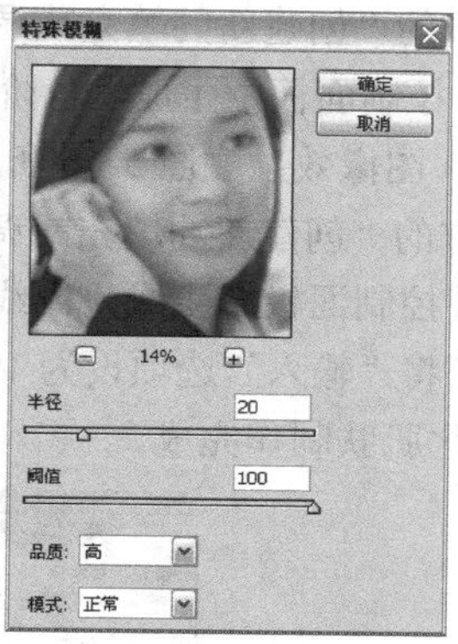

图 5-57

图 5-58

步骤 4 在“通道”控制面板中，选中“红”通道，按 Ctrl+F 组合键，重复上一次滤镜“特殊模糊”命令，如图 5-59 所示。选中“绿”通道，按 Ctrl+F 组合键，重复上一次滤镜“特殊模糊”命令，如图 5-60 所示。选中“蓝”通道，按 Ctrl+F 组合键，重复上一次滤镜“特殊模糊”命令，如图 5-61 所示。选中“RGB”通道，按多次 Ctrl+F 组合键，重复上一次滤镜“特殊模糊”命令，效果如图 5-62 所示。

图 5-59

图 5-60

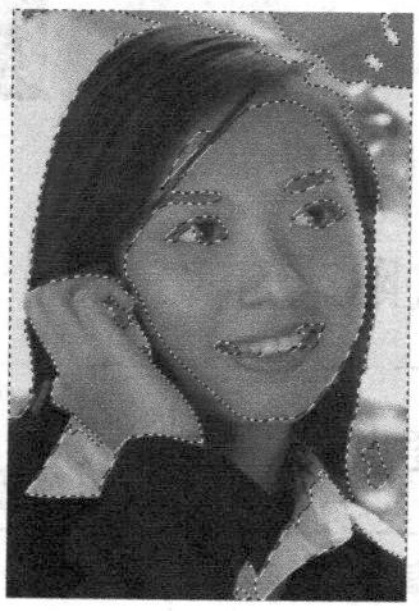

图 5-61

步骤 5 按 Ctrl+D 组合键，取消选区，如图 5-63 所示。选择“图层”控制面板，单击控制面板下方的“添加图层蒙版”按钮，为“背景 副本”图层添加蒙版。将前景色设为黑色。

选择“画笔”工具，在图像窗口中人物头部、眼部、手部、黑色衣服上进行涂抹，效果如图 5-64 所示。

图 5-62

图 5-63

图 5-64

2. 调整图像色调

步骤 1 单击“图层”控制面板下方的“创建新的填充或调整图层”按钮，在弹出的菜单中选择“色阶”命令，在“图层”控制面板中生成“色阶 1”图层，同时在弹出的“色阶”面板中进行设置，如图 5-65 所示；图像效果如图 5-66 所示。

步骤 2 单击“图层”控制面板下方的“创建新的填充或调整图层”按钮，在弹出的菜单中选择“曲线”命令，在“图层”控制面板中生成“曲线 1”图层，同时弹出“曲线”面板，在曲线上单击鼠标添加控制点，将“输入”选项设为 192，“输出”选项设为 223，如图 5-67 所示；效果如图 5-68 所示。美化肌肤制作完成。

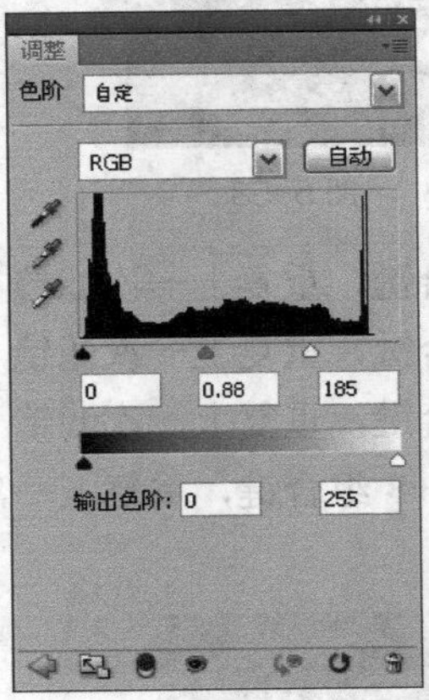

图 5-65

图 5-66

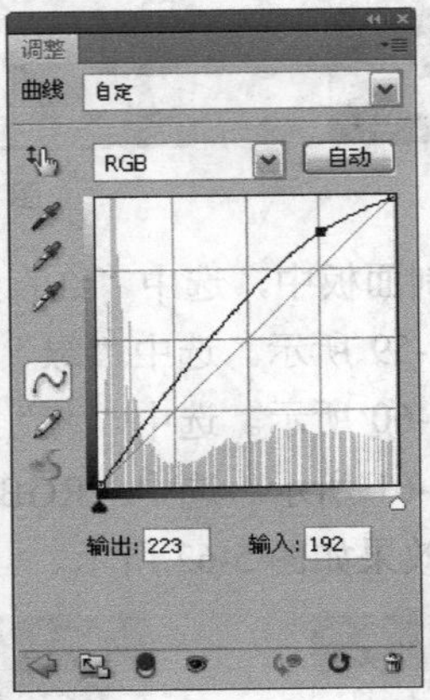

图 5-67

图 5-68

5.3.4 去除老年斑

知识要点		使用“缩放”工具将图像放大；使用“修复画笔”工具选择取样点修复图像；使用“定义图案”命令、“矩形选框”工具去除老年斑
	素材文件	Ch05 > 素材 > 去除老年斑 > 01
	最终效果	Ch05 > 效果 > 去除老年斑

步骤 1 按 Ctrl+O 组合键，打开光盘中的“Ch05 > 素材 > 去除老年斑 > 01”文件，效果如图 5-69 所示。

步骤 2 选择“缩放”工具，将图片放大到合适大小。选择“修复画笔”工具，按住 Alt 键的同时在人物脸部没有老年斑的皮肤上单击，选择取样点，如图 5-70 所示。

步骤 3 将鼠标指针放到有老年斑的区域，在斑点上单击鼠标，进行修复。选择“矩形选框”工具，在人物脸部没有老年斑的区域绘制一个矩形选区，效果如图 5-71 所示。

图 5-69

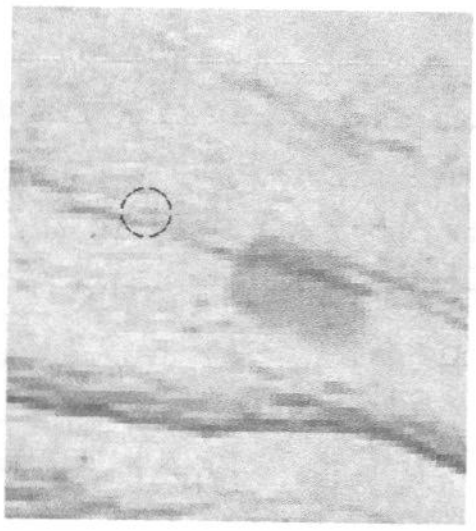
图 5-70

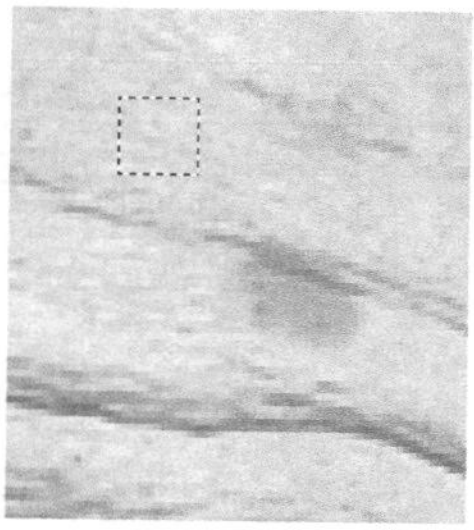
图 5-71

步骤 4 选择“编辑 > 定义图案”命令，在弹出的“图案名称”对话框中进行设置，如图 5-72 所示，单击“确定”按钮。

步骤 5 单击“图层”控制面板下方的“创建新图层”按钮，生成新的“图层 1”。选择“油漆桶”工具，在属性栏中单击“设置填充区域的源”选项右侧的按钮，在弹出的菜单中选择“图案”，单击“图案”拾色器右侧的按钮，在弹出的“图案”拾色器中选择刚刚定义的图案，如图 5-73 所示。

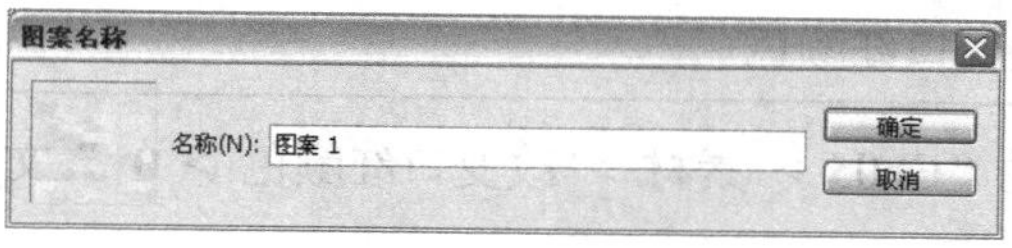

图 5-72

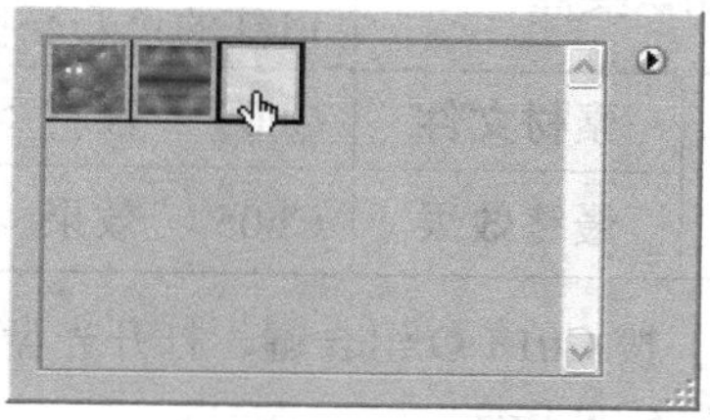
图 5-73

步骤 6 按 Ctrl+D 组合键，取消选区。在图像窗口中单击鼠标，用“图案 1”填充“图层 1”，效果如图 5-74 所示。选择“修复画笔”工具，按住 Alt 键的同时在没有拼接痕迹的位置单击，选择取样点，用鼠标在有拼接的区域涂抹，修复拼接痕迹。选择“矩形选框”工具，在拼接好的区域上拖曳一个矩形选区，如图 5-75 所示。

图 5-74

图 5-75

步骤 7 选择“编辑 > 定义图案”命令，在弹出的“图案名称”对话框中进行设置，如图 5-76 所示，单击“确定”按钮。

步骤 8 选择“修复画笔”工具，在属性栏中将画笔大小设为 10，在“源”选项组中选择“图案”单选项，在“图案”拾色器中选择最后设置的图案名称，其他选项设为默认，如图 5-77 所示。在图像中的斑点位置进行涂抹，涂抹部位的斑点被去除并且保持一定的皮肤纹理，效果如图 5-78 所示。去除老年斑制作完成。

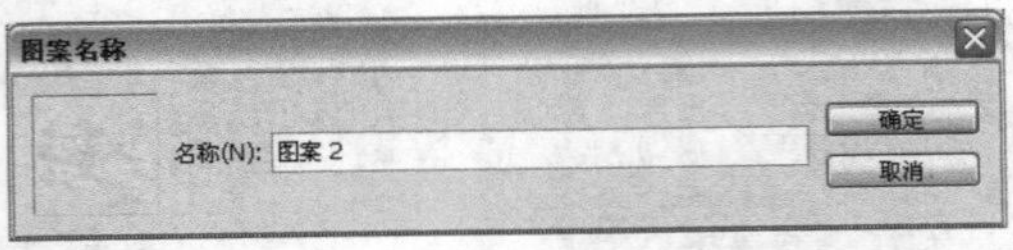

图 5-76

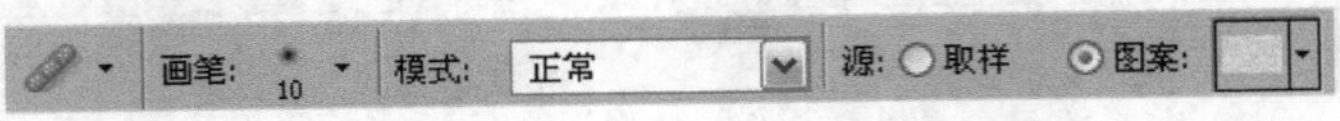

图 5-77

图 5-78

5.4 美化妆容

5.4.1 改变口红颜色

知识要点		使用“磁性套索”工具勾选人物的嘴唇；使用“色彩平衡”命令调整口红的色彩平衡；使用“色阶”命令调整口红的色阶
	素材文件	Ch05 > 素材 > 改变口红颜色 > 01
	最终效果	Ch05 > 效果 > 改变口红颜色

步骤 1 按 Ctrl+O 组合键，打开光盘中的“Ch05 > 素材 > 改变口红颜色 > 01”文件，效果如图 5-79 所示。

步骤 2 选择“磁性套索”工具，在属性栏中选中“从选区减去”按钮，在图像窗口中，沿着人物嘴唇外侧边缘拖曳鼠标指针绘制选区，如图 5-80 所示；沿着人物嘴唇内侧边缘拖曳鼠标指针，将牙齿部分从选区中减去，效果如图 5-81 所示。

图 5-79

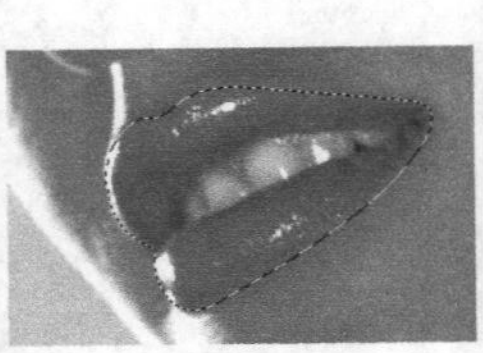

图 5-80

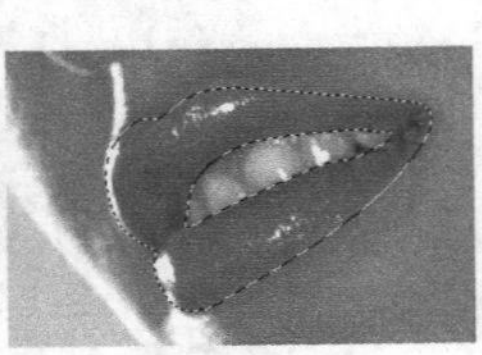

图 5-81

步骤 3 新建图层并将其命名为“口红”。将前景色设为粉色（其 R、G、B 值分别为 255、147、219），按 Alt+Delete 组合键，用前景色填充选区，按 Ctrl+D 组合键，取消选区，效果如图 5-82 所示。

步骤 4 选择“滤镜 > 杂色 > 添加杂色”命令，在弹出的“添加杂色”对话框中进行设置，如图 5-83 所示，单击“确定”按钮。将“口红”图层的“混合模式”设为“叠加”，如图 5-84 所示，图像效果如图 5-85 所示。

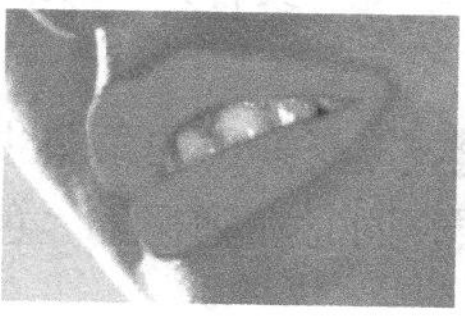
图 5-82

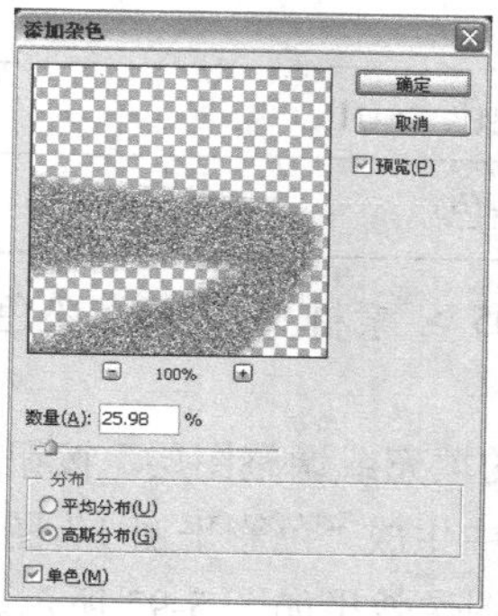

图 5-83

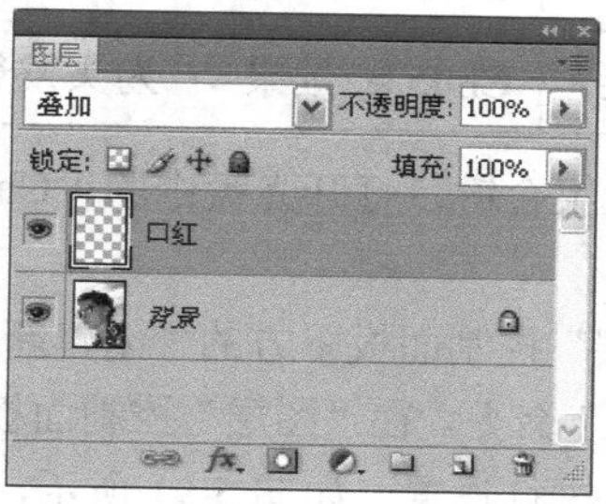

图 5-84

图 5-85

步骤 5 按住 Ctrl 键的同时单击“口红”图层的缩览图，图形周围生成选区。单击“图层”控制面板下方的“创建新的填充或调整图层”按钮，在弹出的菜单中选择“色彩平衡”命令，在“图层”控制面板中生成“色彩平衡 1”图层，在弹出的“色彩平衡”面板中进行设置，如图 5-86 所示，图像效果如图 5-87 所示。

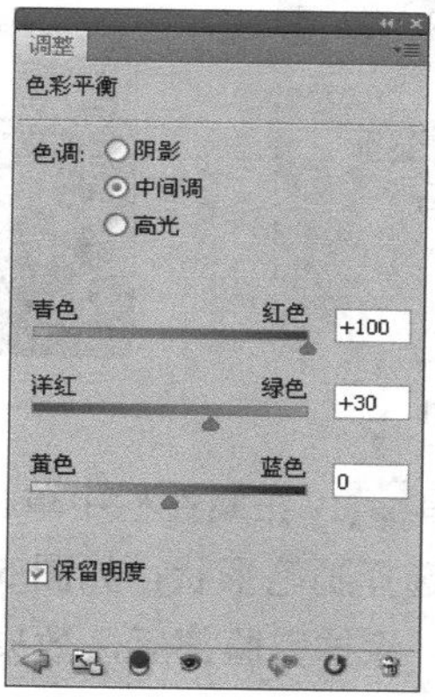

图 5-86

图 5-87

步骤 6 选择“口红”图层。选择“图像 > 调整 > 色阶”命令，在弹出的对话框中进行设置，如图 5-88 所示，单击“确定”按钮，效果如图 5-89 所示。改变口红颜色制作完成。

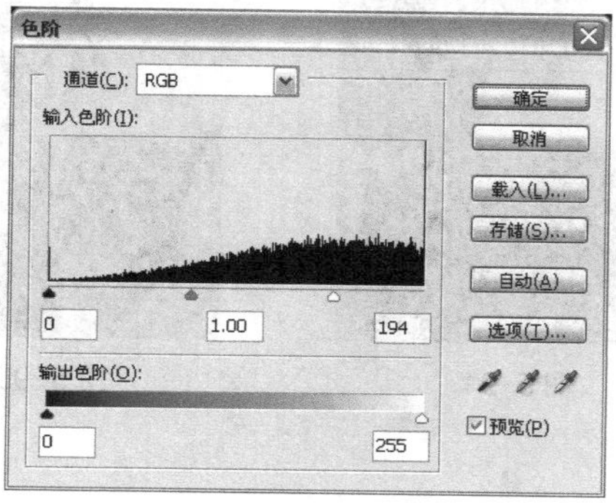

图 5-88

图 5-89

5.4.2 为头发染色

知识要点		使用“色彩平衡”命令调整图片颜色；使用“画笔”工具擦除人物头发以外的颜色
	素材文件	Ch05 > 素材 > 为头发染色 > 01
	最终效果	Ch05 > 效果 > 为头发染色

步骤 1 按 Ctrl+O 组合键，打开光盘中的“Ch05 > 素材 > 为头发染色 > 01”文件，效果如图 5-90 所示。

步骤 2 单击“图层”控制面板下方的“创建新的填充或调整图层”按钮，在弹出的菜单中选择“色彩平衡”命令，在“图层”控制面板中生成“色彩平衡 1”图层，同时在弹出的“色彩平衡”面板中进行设置，如图 5-91 所示，图像效果如图 5-92 所示。

图 5-90

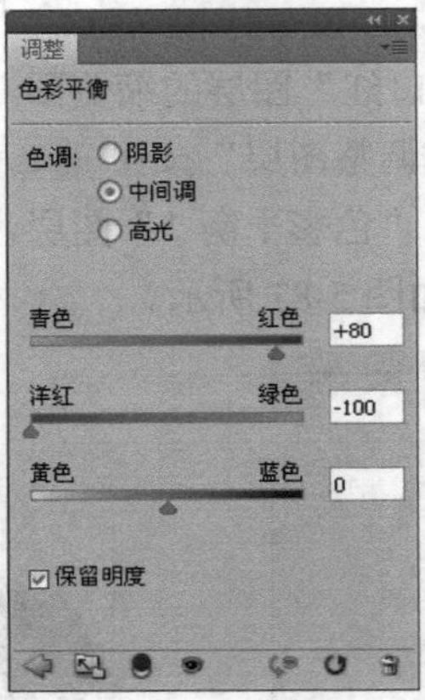

图 5-91

图 5-92

步骤 3 将前景色设置为黑色。选择“画笔”工具，在属性栏中单击“画笔”选项右侧的按钮，弹出画笔选择面板，在画笔选择面板中选择画笔形状，如图 5-93 所示。在人物头发以外的区域进行涂抹，编辑状态如图 5-94 所示，涂抹完脸部后，效果如图 5-95 所示。为头发染色制作完成。

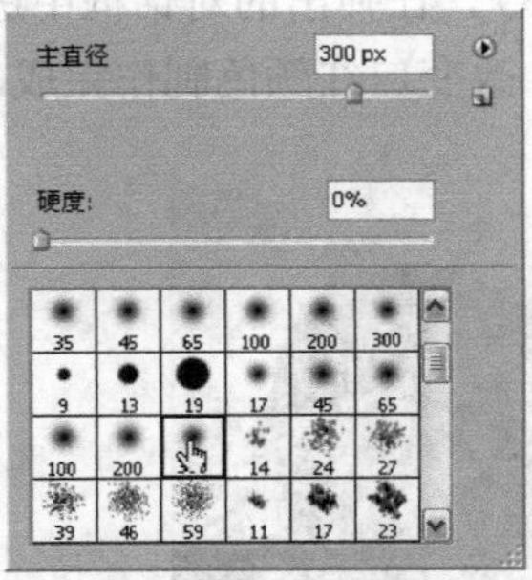

图 5-93

图 5-94

图 5-95

5.4.3 添加头发光泽

知识要点		使用“钢笔”工具勾选人物的头发；使用“羽化”命令羽化选区；使用“渐变”工具添加渐变；使用“画笔”工具擦除人物头发以外多余的图像
	素材文件	Ch05 > 素材 > 添加头发光泽 > 01
	最终效果	Ch05 > 效果 > 添加头发光泽

步骤 1 按 Ctrl+O 组合键，打开光盘中的“Ch05 > 素材 > 添加头发光泽 > 01”文件，效果如图 5-96 所示。

步骤 2 选择“钢笔”工具，选中属性栏中的“路径”按钮，在图像窗口中绘制路径，如图 5-97 所示。

步骤 3 按 Ctrl+Enter 组合键，将路径转换为选区，如图 5-98 所示。按 Shift+F6 组合键，在弹出的“羽化选区”对话框中进行设置，如图 5-99 所示，单击“确定”按钮。单击“图层”控制面板下方的“创建新图层”按钮，在控制面板中生成“图层 1”图层。

图 5-96

图 5-97

图 5-98

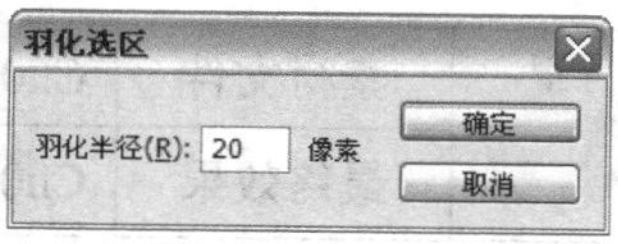

图 5-99

步骤 4 选择“渐变”工具，单击属性栏中的“点按可编辑渐变”按钮，弹出“渐变编辑器”对话框，在渐变色带下方的“位置”选项中分别输入 0、15、32、50、68、84、100 五个色标，分别设置几个位置点颜色的 RGB 值为：0（39、39、39），15（177、178、178），32（88、88、89），50（178、178、178），68（88、88、89），84（176、176、176），100（88、88、89），如图 5-100 所示，单击“确定”按钮。在属性栏中选择“线性渐变”按钮，在图像窗口中由上方至下方拖曳渐变，效果如图 5-101 所示。

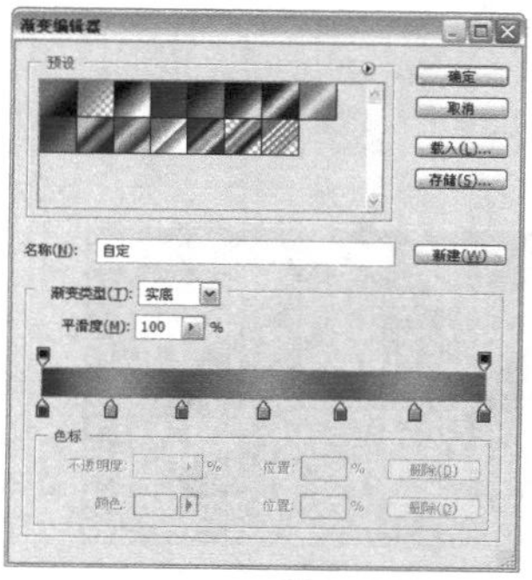

图 5-100

图 5-101

步骤 5 在“图层”控制面板中，将“混合模式”选项设为“柔光”，效果如图 5-102 所示。选择“画笔”工具，单击属性栏中的“画笔”选项，弹出画笔选择面板，在面板中选择需要的画笔形状，如图 5-103 所示，将属性栏中的“不透明度”选项设为 77%，将“流量”选项设为 44%。

步骤 6 单击“图层”控制面板下方的“添加图层蒙版”按钮，为“图层 1”图层添加蒙版。在图像窗口中，擦除人物头发以外多余的图像，效果如图 5-104 所示。添加头发光泽制作完成。

图 5-102

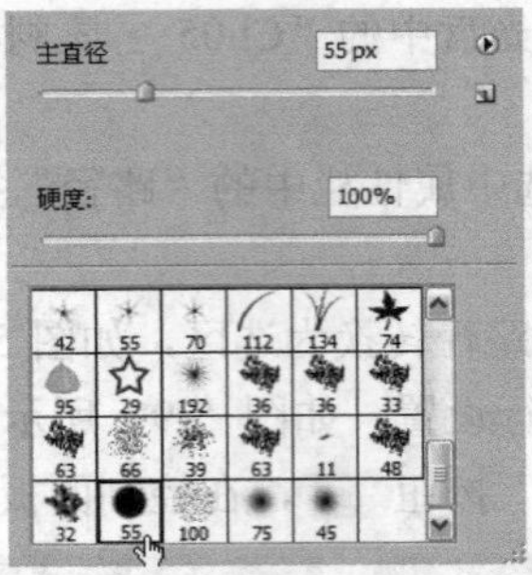

图 5-103

图 5-104

5.4.4 为人物化妆

知识要点		使用“画笔”工具、“混合模式”选项、“不透明度”选项为人物化妆
	素材文件	Ch05 > 素材 > 为人物化妆 > 01
	最终效果	Ch05 > 效果 > 为人物化妆

步骤 1 按 Ctrl+O 组合键，打开光盘中的“Ch05 > 素材 > 为人物化妆 > 01”文件，效果如图 5-105 所示。

步骤 2 新建图层并将其命名为“白色眼影”。将前景色设为白色。选择“画笔”工具，在属性栏中单击“画笔”选项右侧的按钮，弹出画笔选择面板，将“主直径”选项设为 25px，将“硬度”选项设为 0%，在属性栏中将“不透明度”选项设为 20%，在人物的上、下眼皮上拖曳鼠标指针，绘制出的效果如图 5-106 所示。

图 5-105

图 5-106

步骤 3 新建图层并将其命名为“紫色眼影”，如图 5-107 所示。将前景色设为紫色（其 R、G、B 的值分别为 219、115、242）。选择“画笔”工具，在属性栏中单击“画笔”选项右侧的按钮，弹出画笔选择面板，将“主直径”选项设为 30px，将“硬度”选项设为 0%，在属性栏中将“不透明度”选项设为 15%，在人物的上眼皮上拖曳鼠标指针，绘制出的效果如图 5-108 所示。

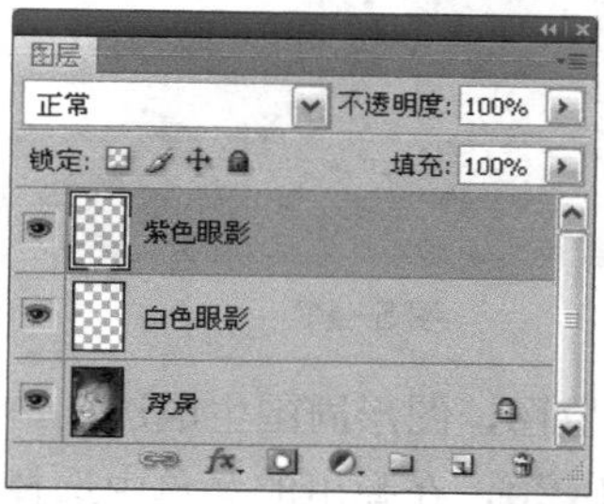

图 5-107

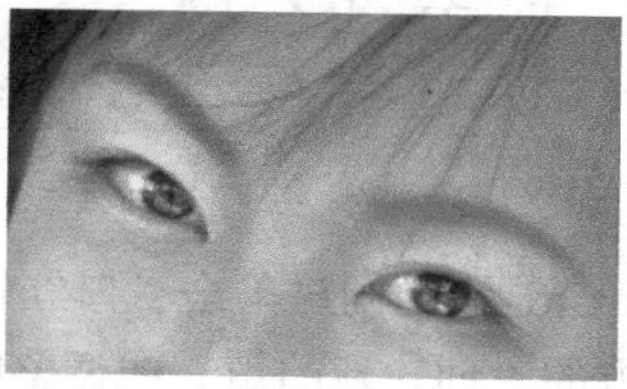
图 5-108

步骤 4 选择“钢笔”工具，在图像窗口中的人物嘴上绘制一个路径，如图 5-109 所示。按 Ctrl+Enter 组合键，将路径转化为选区，效果如图 5-110 所示。

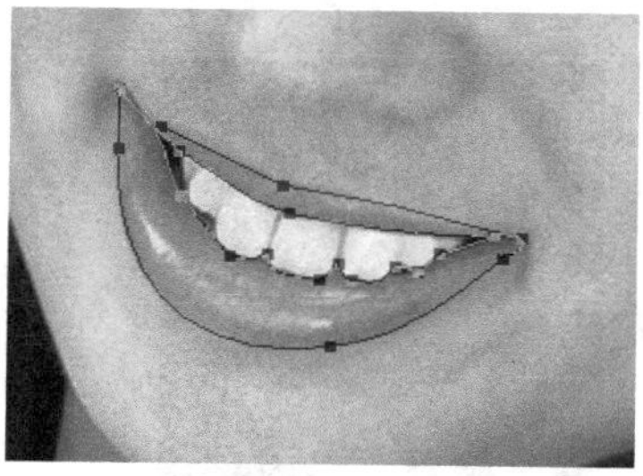
图 5-109

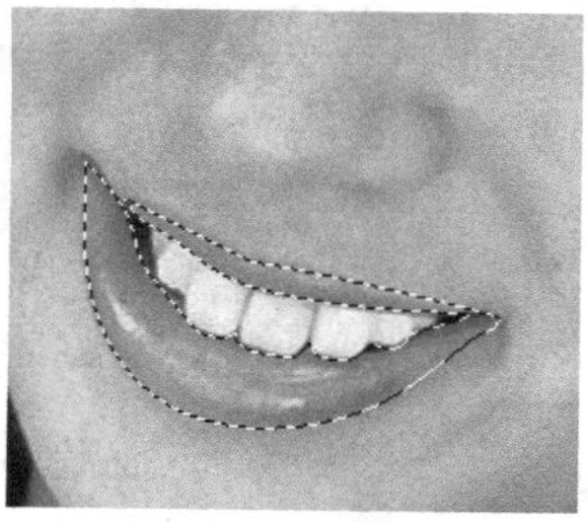
图 5-110

步骤 5 新建图层并将其命名为“口红”。将前景色设为粉色（其 R、G、B 值分别为 255、147、219），按 Alt+Delete 组合键，用前景色填充选区，按 Ctrl+D 组合键，取消选区，效果如图 5-111 所示。

步骤 6 选择“滤镜 > 杂色 > 添加杂色”命令，弹出“添加杂色”对话框，选项的设置如图 5-112 所示，单击“确定”按钮，图像效果如图 5-113 所示。

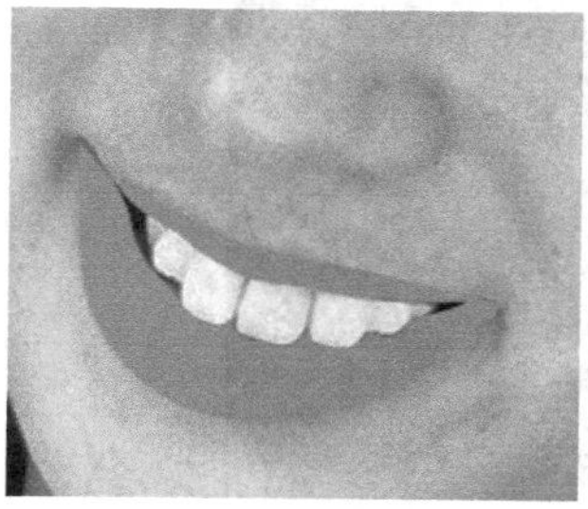
图 5-111

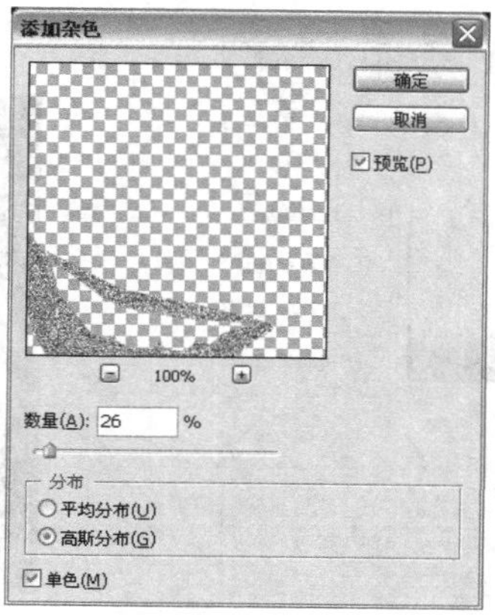

图 5-112

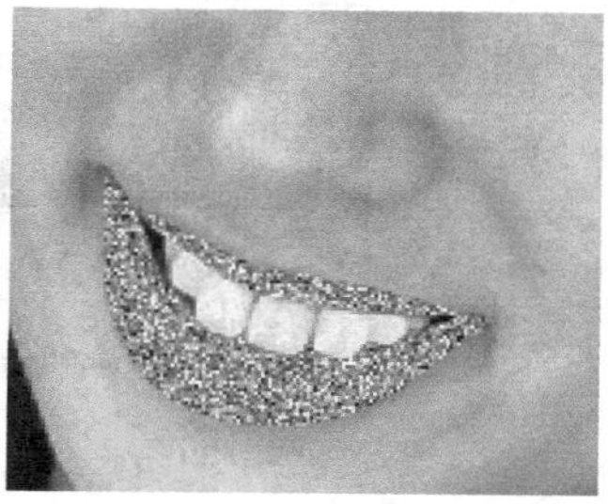
图 5-113

步骤 7 在“图层”控制面板中将“口红”图层的“混合模式”选项设为“叠加”，“填充”选项设为 70%，如图 5-114 所示，图像效果如图 5-115 所示。

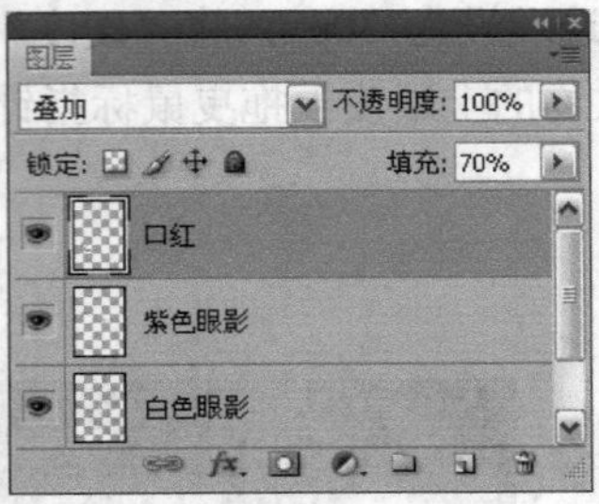

图 5-114

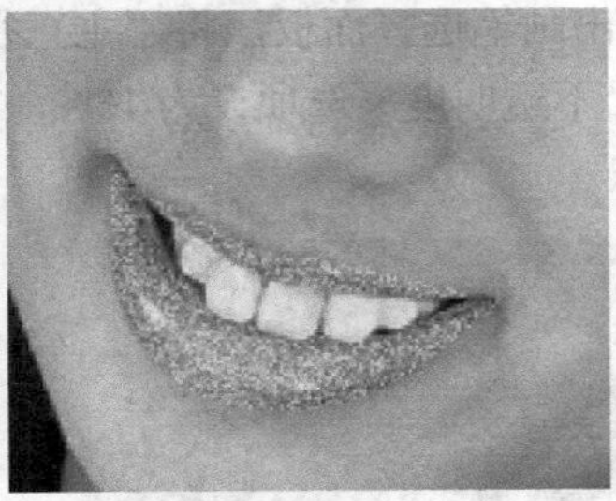

图 5-115

步骤 8 按住 Ctrl 键的同时单击“口红”图层的缩览图，图形周围生成选区。单击“图层”控制面板下方的“创建新的填充或调整图层”按钮，在弹出的菜单中选择“色彩平衡”命令，在“图层”控制面板中生成“色彩平衡 1”图层，在弹出的“色彩平衡”面板中进行设置，如图 5-116 所示，图像效果如图 5-117 所示。

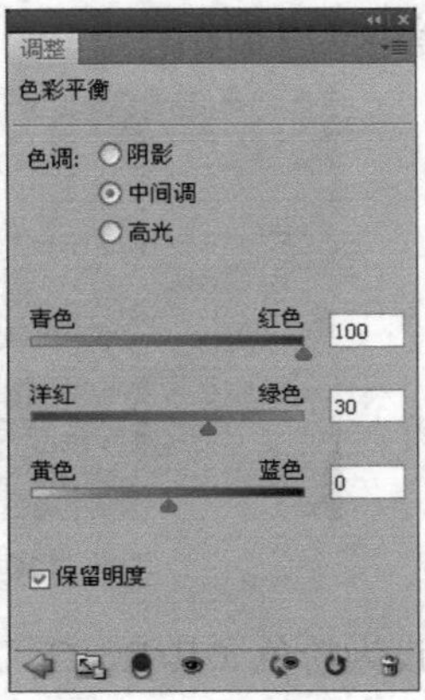

图 5-116

图 5-117

步骤 9 选择“口红”图层。选择“图像 > 调整 > 色阶”命令，在弹出的“色阶”对话框中进行设置，如图 5-118 所示，单击“确定”按钮，效果如图 5-119 所示。为人物化妆制作完成。

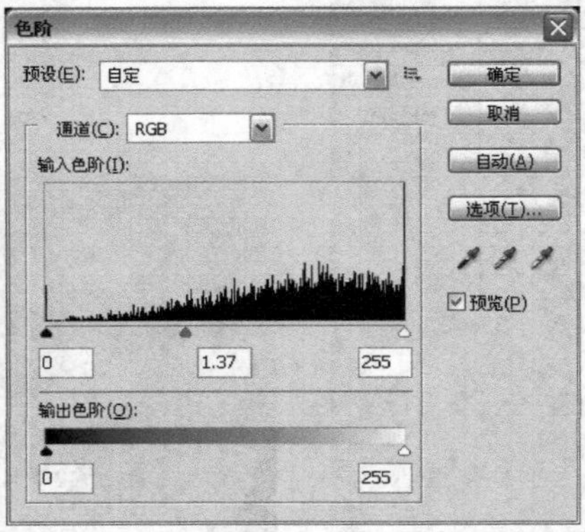

图 5-118

图 5-119

5.4.5 添加纹身

知识要点	使用“变形”命令为蝴蝶变形；使用“混合模式”选项调整图片的颜色
素材文件	Ch05 > 素材 > 添加纹身 > 01、02
最终效果	Ch05 > 效果 > 添加纹身

步骤 1 按 Ctrl+O 组合键，打开光盘中的“Ch05 > 素材 > 添加纹身 > 01、02”文件，选择“移动”工具，将 02 图片拖曳到 01 图像窗口中，效果如图 5-120 所示。

步骤 2 按 Ctrl+T 组合键，图像周围出现变换选框，如图 5-121 所示，按住 Shift 键的同时调整图像的大小并将其拖曳到适当的位置，按 Enter 键确认操作，效果如图 5-122 所示。

图 5-120

图 5-121

图 5-122

步骤 3 选择“编辑 > 变换 > 变形”命令，图像周围出现变形网格，用鼠标适当调整各个节点，如图 5-123 所示，按 Enter 键确定操作，效果如图 5-124 所示。

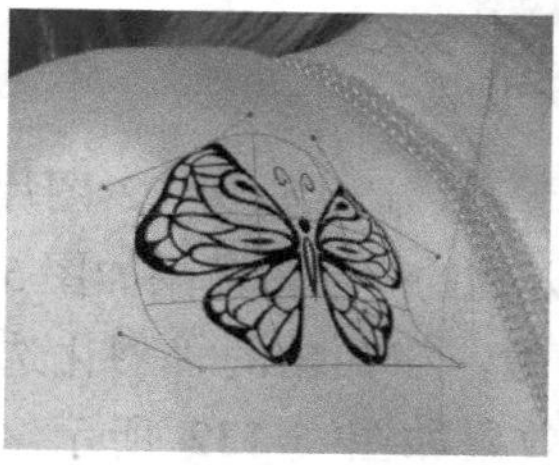
图 5-123

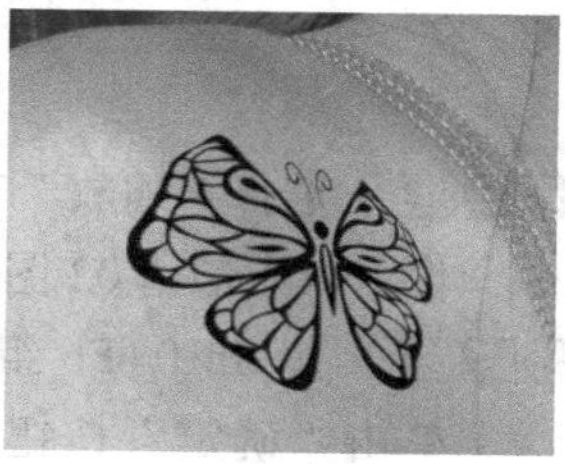
图 5-124

步骤 4 在“图层”控制面板中，将“不透明度”选项设为 65%，效果如图 5-125 所示。将“图层 1”图层拖曳到控制面板下方的“创建新图层”按钮上进行复制，将生成新的图层“图层 2”。

步骤 5 在“图层”控制面板上方将“图层 2”图层的“混合模式”设为“饱和度”，将“不透明度”选项设为 75%，效果如图 5-126 所示。添加纹身制作完成，效果如图 5-127 所示。

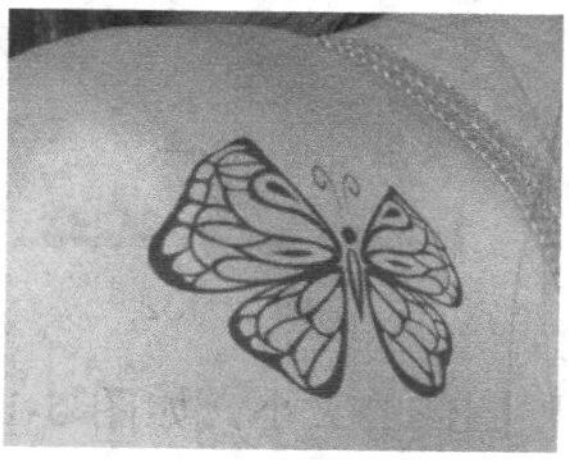
图 5-125

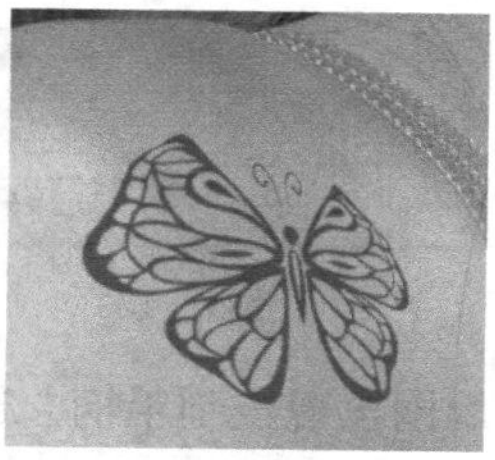
图 5-126

图 5-127

5.5 更换容貌

5.5.1 更换人物的脸庞

知识要点		使用“缩放”工具放大人物脸部；使用“套索”工具勾出人物脸部需要的选区；使用“羽化”命令将人物脸部选区羽化
	素材文件	Ch05 > 素材 > 更换人物脸庞 > 01、02
	最终效果	Ch05 > 效果 > 更换人物脸庞

步骤 1 按 Ctrl+O 组合键，打开光盘中的“Ch05 > 素材 > 更换人物脸庞 > 01、02”文件，效果如图 5-128、图 5-129 所示。

图 5-128

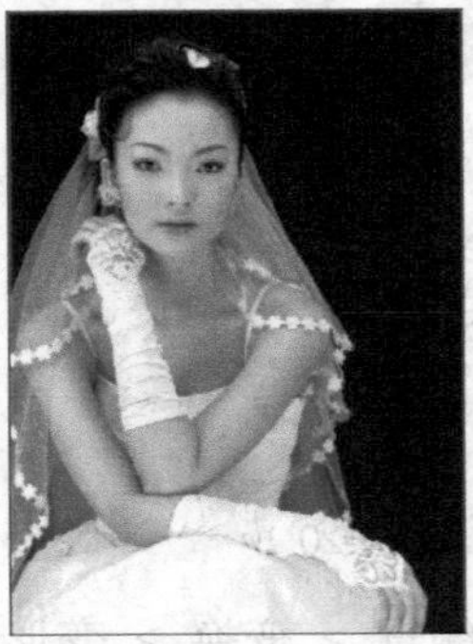

图 5-129

步骤 2 选择“缩放”工具，适当放大 02 图片中人物的脸部。选择“套索”工具，在图像窗口中勾出 02 图片人物的脸部，效果如图 5-130 所示。

步骤 3 按 Shift+F6 组合键，在弹出的“羽化选区”对话框中进行设置，如图 5-131 所示，单击“确定”按钮，效果如图 5-132 所示。选择“移动”工具，将选区中的图像拖曳到 01 图片人物的脸部上，在“图层”控制面板中生成新的图层并将其命名为“羽化脸部”。

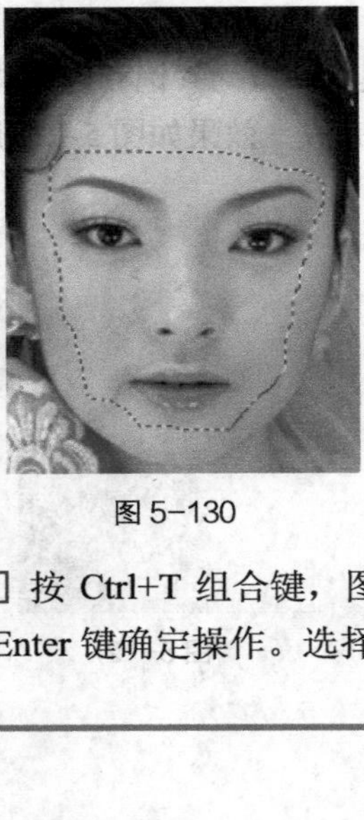

图 5-130

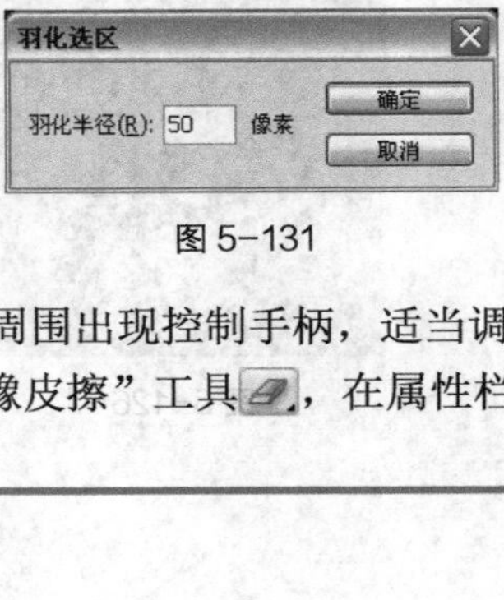

图 5-131

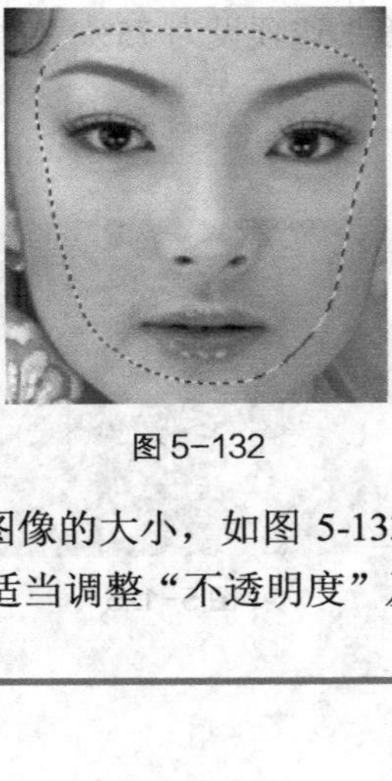

图 5-132

步骤 4 按 Ctrl+T 组合键，图像周围出现控制手柄，适当调整图像的大小，如图 5-133 所示，按 Enter 键确定操作。选择“橡皮擦”工具，在属性栏中适当调整“不透明度”及画笔的大小，将人物脸部周围的多余部分擦除，效果如图 5-134 所示。更换人物的脸庞制作完成。

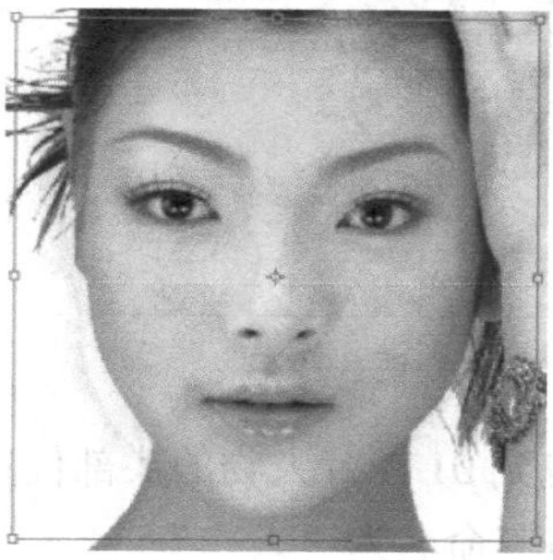

图 5-133

图 5-134

5.5.2 更换人物的头部

<table>
<tr><td colspan="2">知识要点</td><td>使用“钢笔”工具绘制路径；使用“多边形套索”工具绘制选区；使用“羽化”命令羽化选区；使用“亮度/对比度”命令调整图像的亮度和对比度；使用“色相/饱和度”命令调整图像的饱和度和明度；使用“色彩平衡”命令调整图像的色彩平衡。</td></tr>
<tr><td rowspan="2"></td><td>素材文件</td><td>Ch05 > 素材 > 更换人物头部 > 01、02</td></tr>
<tr><td>最终效果</td><td>Ch05 > 效果 > 更换人物头部</td></tr>
</table>

1. 添加并复制图像

步骤 1 按 Ctrl＋O 组合键，打开光盘中的“Ch05 > 素材 > 更换人物头部 > 01”文件，如图 5-135 所示。按 Ctrl＋O 组合键，打开光盘中的“Ch05 > 素材 > 更换人物头部 > 02”文件，如图 5-136 所示。选择“钢笔”工具，选中属性栏中的“路径”按钮，在图像窗口中将人物头部勾出，效果如图 5-137 所示。

图 5-135

图 5-136

图 5-137

步骤 2 按 Ctrl+Enter 组合键，将路径转换为选区，如图 5-138 所示。按 Ctrl+J 组合键，将选区中的图像复制，在“图层”控制面板中生成新的图层，如图 5-139 所示。

图 5-138

图 5-139

步骤 3 选择“移动”工具，将 02 图片的头部拖曳到 01 图片人物的头部位置，效果如图 5-140 所示，在“图层”控制面板中生成新的图层并将其命名为“人物”。

步骤 4 按 Ctrl+T 组合键，图像周围出现控制手柄，将鼠标指针放在变换框的控制手柄外边，指针变为旋转图标，拖曳鼠标将图像旋转到适当的角度；指针变为缩放图标，拖曳鼠标将图像进行适当的缩放，按 Enter 键确定操作，效果如图 5-141 所示。

图 5-140

图 5-141

步骤 5 选择“多边形套索”工具，在图像窗口中绘制选区，如图 5-142 所示。选择“选择 > 修改 > 羽化”命令，在弹出的对话框中进行设置，如图 5-143 所示，单击“确定”按钮。按 Delete 键，将选区中的内容删除，按 Ctrl+D 组合键，取消选区，效果如图 5-144 所示。

图 5-142

图 5-143

图 5-144

2. 调整图像色调

步骤 1 按住 Ctrl 键的同时单击“人物”图层的缩览图，图像周围生成选区。单击“图层”控制面板下方的“创建新的填充或调整图层”按钮，在弹出的菜单中选择“亮度/对比度”命令，在“图层”控制面板中生成“亮度/对比度 1”图层，同时在弹出的“亮度/对比度”面板中进行设置，如图 5-145 所示，图像效果如图 5-146 所示。

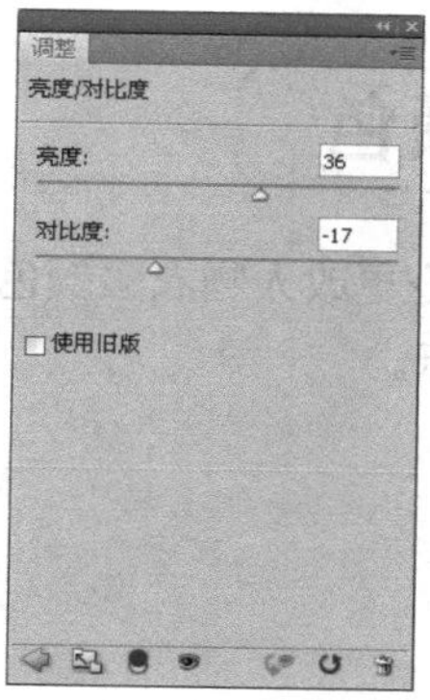

图 5-145

图 5-146

步骤 2 按住 Ctrl 键的同时单击“人物”图层的缩览图，图像周围生成选区。单击“图层”控制面板下方的“创建新的填充或调整图层”按钮，在弹出的菜单中选择“色相/饱和度”命令，在“图层”控制面板中生成“色相/饱和度 1”图层，同时在弹出的“色相/饱和度”面板中进行设置，如图 5-147 所示，图像效果如图 5-148 所示。

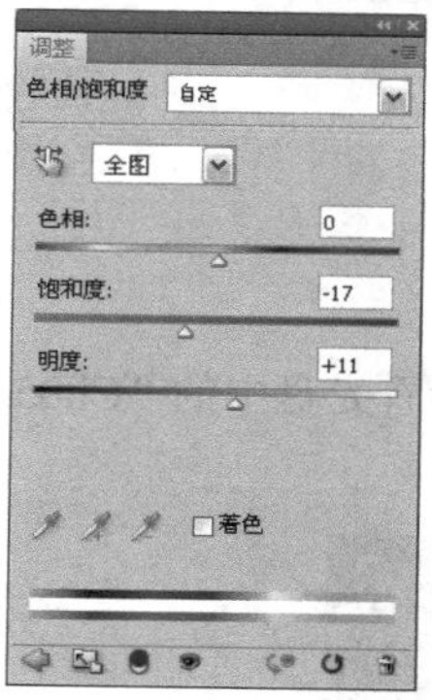

图 5-147

图 5-148

步骤 3 按住 Ctrl 键的同时单击“人物”图层的缩览图，图像周围生成选区。单击“图层”控制面板下方的“创建新的填充或调整图层”按钮，在弹出的菜单中选择“色彩平衡”命令，在“图层”控制面板中生成“色彩平衡 1”图层，同时弹出“色彩平衡”面板，选中“高光”单选项，在弹出的面板中进行设置，如图 5-149 所示，效果如图 5-150 所示。更换人物的头部制作完成，效果如图 5-151 所示。

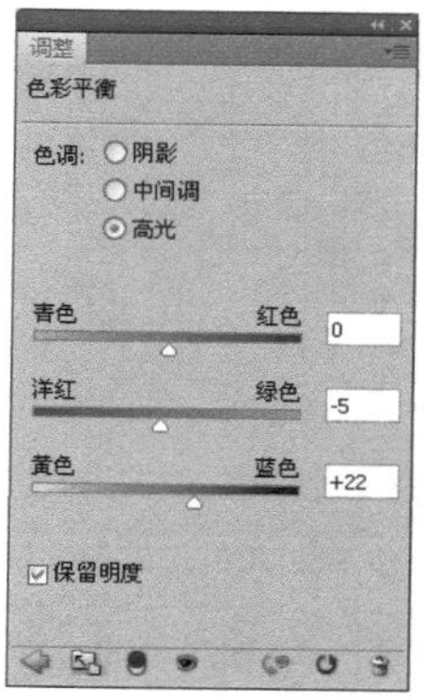

图 5-149

图 5-150

图 5-151

5.6 课后习题——更改衣服颜色

使用“套索”工具选择选区；使用“替换颜色”命令更改人物衣服颜色。（最终效果参看光盘中的“Ch05 > 效果 > 更改衣服颜色”，如图 5-152 所示。）

图 5-152

5.7 课后习题——修整身体

使用“液化”滤镜命令修整人物身材。（最终效果参看光盘中的“Ch05 > 效果 > 修整身体”，如图 5-153 所示。）

图 5-153

第6章 风光照片的精修

本章主要讲解处理风光照片的常用技法。风景照片在拍摄时，拍摄环境对照片的质量影响较大，本章针对噪点、色差、层次不清晰等常见问题的解决方法进行了详细的讲解，力求在原有基础上打造更加完美的视觉效果。

6.1 降噪处理

6.1.1 去除噪点

知识要点		使用“钢笔”工具和“转换为选区”命令选取图像天空部分；使用“中间值”滤镜命令去除细微的斑点；使用“色阶”命令改变图片颜色
	素材文件	Ch06 > 素材 > 去除噪点 > 01
	最终效果	Ch06 > 效果 > 去除噪点

步骤 1 按 Ctrl+O 组合键，打开光盘中的“Ch06 > 素材 > 去除噪点 > 01”文件，如图 6-1 所示。

步骤 2 选择“滤镜 > 杂色 > 去斑”命令，效果如图 6-2 所示。按 Ctrl+F 组合键，重复一次刚才的命令，效果如图 6-3 所示。

图 6-1

图 6-2

图 6-3

步骤 3 选择“钢笔”工具，选中属性栏中的“路径”按钮，在图像窗口中绘制路径，如图 6-4 所示。按 Ctrl+Enter 组合键，将路径转换为选区，如图 6-5 所示。

图 6-4

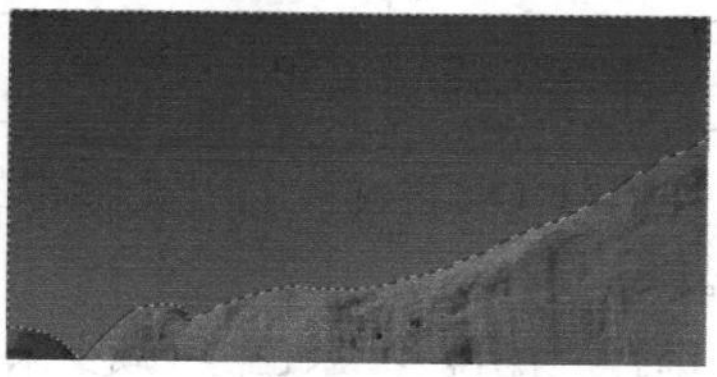
图 6-5

步骤 4 选择“滤镜 > 杂色 > 中间值”命令，在弹出的“中间值”对话框中进行设置，如图 6-6 所示，单击“确定”按钮。按 Ctrl+D 组合键，取消选区，效果如图 6-7 所示。用相同方法制作另一片天空，效果如图 6-8 所示。

图 6-6

图 6-7

图 6-8

步骤 5 单击“图层”控制面板下方的“创建新的填充或调整图层”按钮，在弹出的菜单中选择“色阶”命令，在“图层”控制面板中生成“色阶 1”图层，同时在弹出的“色阶”面板中进行设置，如图 6-9 所示。单击“RGB”右侧的按钮，在弹出的菜单中选择“红”，弹出相应的面板，其设置如图 6-10 所示，图形效果如图 6-11 所示。去除噪点制作完成。

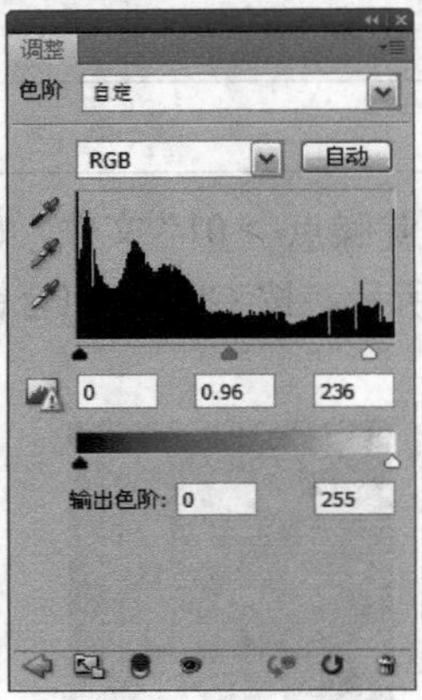

图 6-9

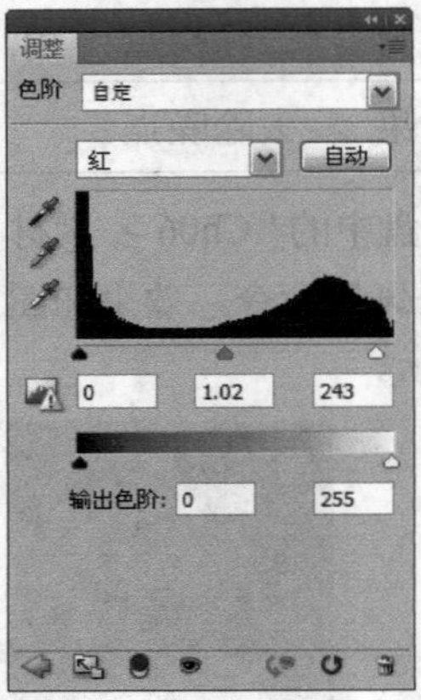

图 6-10

图 6-11

6.1.2 消除杂色

知识要点		使用“减少杂色”滤镜命令为图片减少杂色；使用“去斑”滤镜命令去除细微的斑点；使用“混合模式”选项改变图片颜色
	素材文件	Ch06 > 素材 > 消除杂色 > 01
	最终效果	Ch06 > 效果 > 消除杂色

步骤 1 按 Ctrl+O 组合键，打开光盘中的“Ch06 > 素材 > 消除杂色 > 01”文件，效果如图 6-12 所示。

步骤 2 选择“滤镜 > 杂色 > 减少杂色”命令，在弹出的“减少杂色”对话框中进行设置，如图 6-13 所示，单击“确定”按钮，效果如图 6-14 所示。

步骤 3 按 Ctrl+J 组合键，复制图像，在“图层”控制面板中生成新的图层并将其命名为“图层 1”。选择“滤镜 > 杂色 > 去斑”命令，再按两次 Ctrl+F 组合键，重复“去斑”滤镜命令，效果如图 6-15 所示。

步骤 4 在“图层”控制面板中，将“图层 1”图层的“混合模式”设为“强光”，将“不透明度”选项设为 50%，效果如图 6-16 所示。消除杂色制作完成。

图 6-12

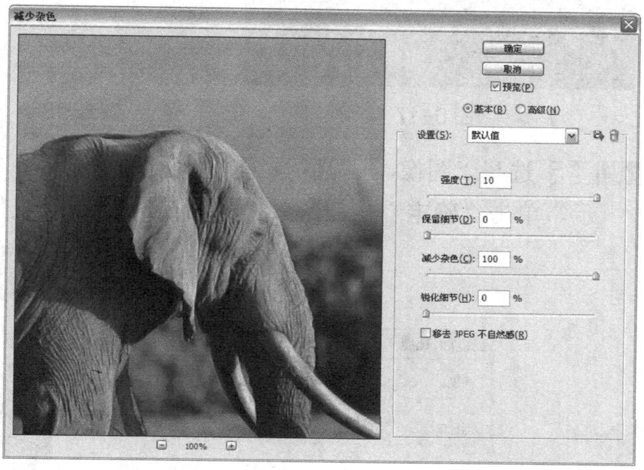

图 6-13

图 6-14

图 6-15

图 6-16

6.2 锐化处理

6.2.1 锐化照片

知识要点		使用“USM 锐化”命令和“亮度/对比度”命令制作锐化照片效果
	素材文件	Ch06 > 素材 > 锐化照片 > 01
	最终效果	Ch06 > 效果 > 锐化照片

步骤 1 按 Ctrl+O 组合键，打开光盘中的“Ch06 > 素材 > 锐化照片 > 01”文件，效果如图 6-17 所示。

步骤 2 选择“滤镜 > 锐化 > USM 锐化”命令，在弹出的对话框中进行设置，如图 6-18 所示，单击“确定”按钮，效果如图 6-19 所示。

图 6-17

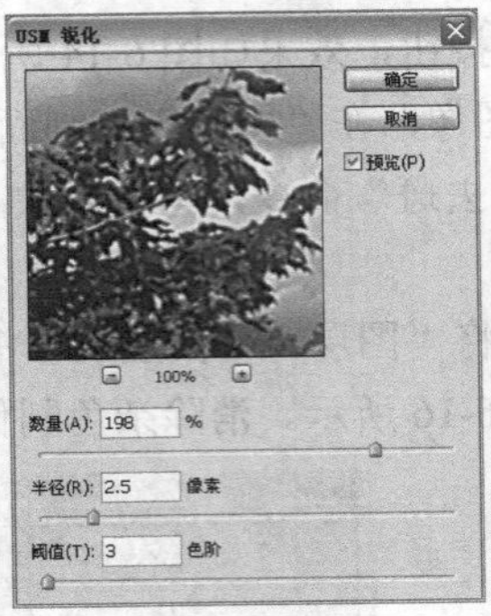

图 6-18

图 6-19

步骤 3 选择“图像 > 调整 > 亮度/对比度”命令，在弹出的对话框中进行设置，如图 6-20 所示，单击“确定”按钮，效果如图 6-21 所示。锐化照片制作完成。

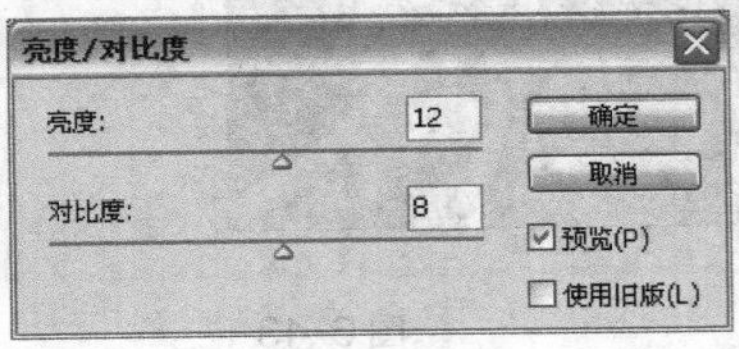

图 6-20

图 6-21

6.2.2 高反差保留锐化图像

知识要点		使用“去色”命令制作图片去色效果；使用“高反差保留”滤镜命令制作图片清晰效果
	素材文件	Ch06 > 素材 > 高反差保留锐化图像 > 01
	最终效果	Ch06 > 效果 > 高反差保留锐化图像

1. 添加图片并复制图层

步骤 1 按 Ctrl+O 组合键，打开光盘中的“Ch06 > 素材 > 高反差保留锐化图像 > 01”文件，效果如图 6-22 所示。

步骤 2 将“背景”图层拖曳到“图层”控制面板下方的“创建新图层”按钮 上进行复制，生成新的图层“背景 副本”，如图 6-23 所示。

图 6-22

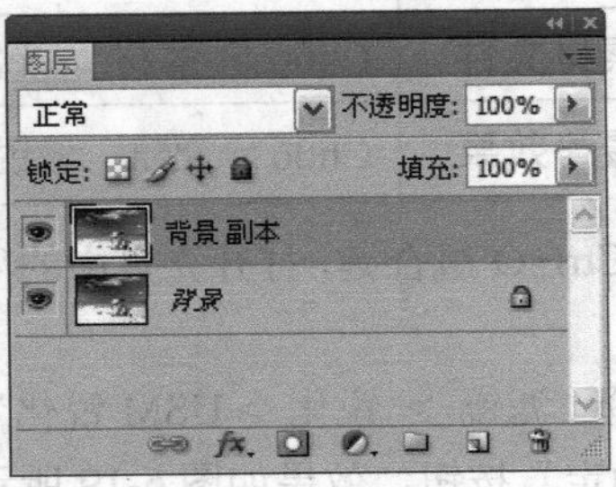

图 6-23

2. 制作图片清晰效果

步骤 1 选择“图像 > 调整 > 去色”命令，效果如图 6-24 所示。在“图层”控制面板上方将“背景 副本”图层的“混合模式”设为“叠加”，效果如图 6-25 所示。

图 6-24

图 6-25

步骤 2 选择“滤镜 > 其他 > 高反差保留”命令，在弹出的对话框中进行设置，如图 6-26 所示，单击“确定”按钮，效果如图 6-27 所示。

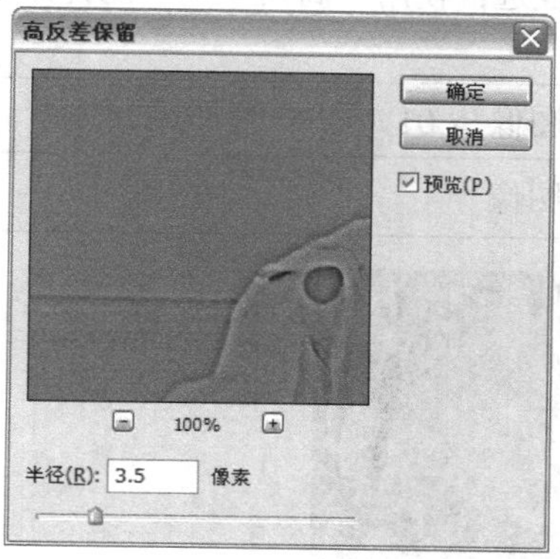

图 6-26

图 6-27

步骤 3 将“背景 副本”图层拖曳到“图层”控制面板下方的“创建新图层”按钮 上进行复制，将其复制两次，如图 6-28 所示。按住 Shift 键的同时单击“背景 副本 2”图层和“背景副本”图层，将 3 个图层同时选中，单击鼠标右键，在弹出的菜单中选择“合并图层”命令，将选中的图层合并，如图 6-29 所示。

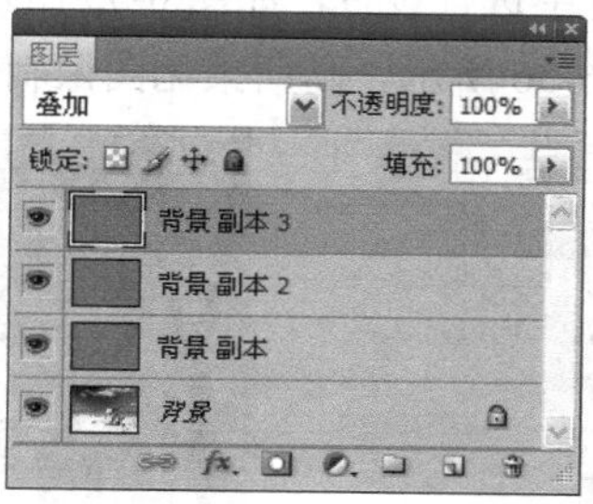

图 6-28

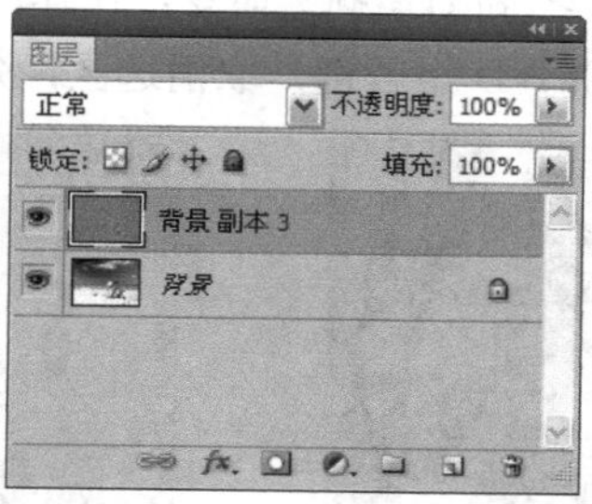

图 6-29

步骤 4 在“图层”控制面板上方将“背景 副本 3”图层的“混合模式”设为“叠加”，如图 6-30 所示，图像效果如图 6-31 所示。高反差保留锐化图像制作完成。

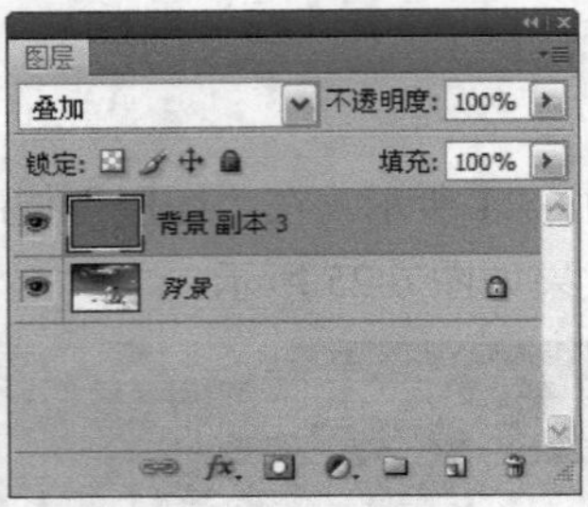

图 6-30

图 6-31

6.3 柔化处理

6.3.1 高斯柔化图像

知识要点		使用“椭圆选框”工具绘制圆形选区；使用“羽化”命令将选区羽化；使用“反选”命令将选区反选；使用“高斯模糊”滤镜命令添加图片柔化效果
	素材文件	Ch06 > 素材 > 高斯柔化图像 > 01
	最终效果	Ch06 > 效果 > 高斯柔化图像

步骤 1 按 Ctrl+O 组合键，打开光盘中的“Ch06 > 素材 > 高斯柔化图像 > 01”文件。选择“椭圆选框”工具，按住 Shift 键的同时在图像窗口中绘制一个圆形选框，如图 6-32 所示。

步骤 2 选择“选择 > 修改 > 羽化”命令，在弹出的对话框中进行设置，如图 6-33 所示，单击“确定”按钮。

图 6-32

图 6-33

步骤 3 按 Shift+Ctrl+I 组合键，将选区进行反选，如图 6-34 所示。选择“滤镜 > 模糊 > 高斯模糊”命令，在弹出的对话框中进行设置，如图 6-35 所示，单击“确定”按钮。按 Ctrl+D 组合键，取消选区，效果如图 6-36 所示。高斯柔化图像制作完成。

图 6-34

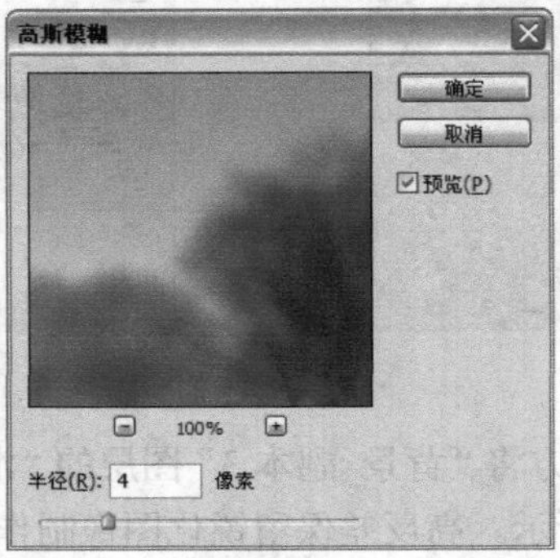

图 6-35

图 6-36

6.3.2 图层柔化图像

知识要点		使用“调色刀”滤镜命令调整图像色调；使用“动感模糊”滤镜命令和图层的“混合模式”选项制作图像的柔化效果
	素材文件	Ch06 > 素材 > 图层柔化图像 > 01、02
	最终效果	Ch06 > 效果 > 图层柔化图像

步骤 1 按 Ctrl+O 组合键，打开光盘中的“Ch06 > 素材 > 图层柔化图像 > 01、02”文件，如图 6-37 和图 6-38 所示。选择“移动”工具，将 02 文件拖曳到 01 图像窗口中，如图 6-39 所示。

图 6-37

图 6-38

图 6-39

步骤 2 选择“滤镜 > 艺术效果 > 调色刀”命令，在弹出的“调色刀”对话框中进行设置，如图 6-40 所示，单击“确定”按钮，图像效果如图 6-41 所示。

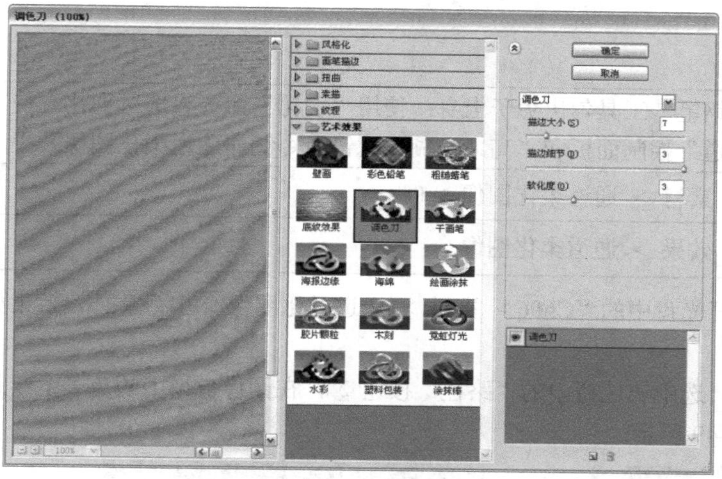

图 6-40

图 6-41

步骤 3 选择“滤镜 > 模糊 > 动感模糊”命令，在弹出的“动感模糊”对话框中进行设置，如图 6-42 所示，单击“确定”按钮，效果如图 6-43 所示。

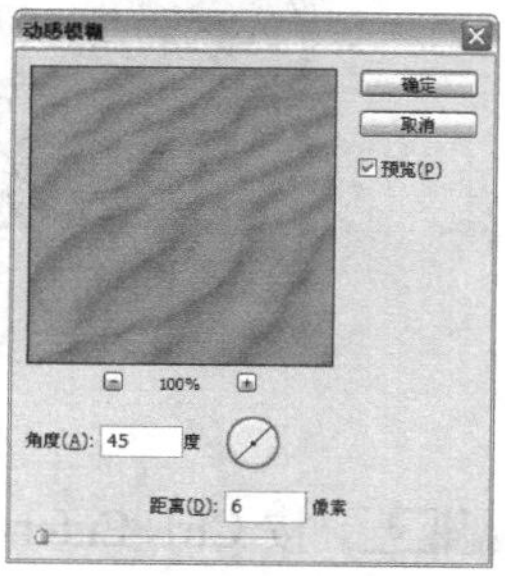

图 6-42

步骤 4 单击“图层”控制面板下方的“添加图层蒙版”按钮，为“图层 1”图层添加蒙版。选择“多边形”套索，在图像窗口中绘制选区，如图 6-44 所示。将前景色设为黑色，按 Alt+Delete 组合键，用前景色填充选区，按 Ctrl+D 组合键，取消选区，效果如图 6-45 所示。

图 6-43

图 6-44

图 6-45

步骤 5 在“图层”控制面板中将“背景”图层拖曳到控制面板下方的“创建新图层”按钮上进行复制，生成“背景 副本”图层，并将其拖曳到“图层 1”的上方，如图 6-46 所示。

步骤 6 在“图层”控制面板中将“背景 副本”图层的“混合模式”选项设为“强光”，效果如图 6-47 所示。图层柔化图像制作完成。

图 6-46

图 6-47

6.3.3 通道柔化图像

知识要点		使用“钢笔”工具勾出兔子上身；使用“羽化”命令将选区羽化；使用“通道”控制面板和“高斯模糊”滤镜命令制作通道柔化图像效果
	素材文件	Ch06 > 素材 > 通道柔化图像 > 01
	最终效果	Ch06 > 效果 > 通道柔化图像

步骤 1 按 Ctrl+O 组合键，打开光盘中的“Ch06 > 素材 > 通道柔化图像 > 01”文件，效果如图 6-48 所示。

步骤 2 选择“钢笔”工具，选中属性栏中的“路径”按钮，在图像窗口中的兔子上绘制一个封闭路径，效果如图 6-49 所示。

图 6-48

图 6-49

步骤 3 按 Ctrl+Enter 组合键，将路径转换为选区，如图 6-50 所示。按 Shift+F6 组合键，在弹出的“羽化选区”对话框中进行设置，如图 6-51 所示，单击“确定”按钮。

图 6-50

图 6-51

步骤 4 按 Ctrl+Shift+I 组合键，将选区反选，效果如图 6-52 所示。在“通道”控制面板中，选中“绿”通道，如图 6-53 所示。选择“滤镜 > 模糊 > 高斯模糊”命令，在弹出的对话框中进行设置，如图 6-54 所示，单击“确定”按钮，效果如图 6-55 所示。

图 6-52

图 6-53

图 6-54

图 6-55

步骤 5 在“通道”控制面板中，选中“蓝”通道，如图 6-56 所示。按 Ctrl+F 组合键，重复一次“绿”通道的“高斯模糊”命令，效果如图 6-57 所示。选中“RGB”通道。按 Ctrl+D 组合键，取消选区，效果如图 6-58 所示。通道柔化图像制作完成。

图 6-56

图 6-57

图 6-58

6.4 增强效果

6.4.1 增强照片的层次感

知识要点		使用“曲线”命令和“可选颜色”命令调整图片的颜色；使用“USM锐化”命令制作USM锐化图像效果
	素材文件	Ch06＞ 素材 ＞ 增强照片的层次感 ＞01
	最终效果	Ch06＞ 效果 ＞ 增强照片的层次感

步骤 1 按 Ctrl+O 组合键，打开光盘中的“Ch03＞ 素材 ＞ 增强照片的层次感 ＞01”文件，效果如图 6-59 所示。

步骤 2 选择“图像 ＞ 调整 ＞ 曲线”命令，弹出“曲线”对话框，在曲线上单击鼠标添加控制点，将“输入”选项设为 127，“输出”选项设为 133；再次单击鼠标添加控制点，将“输入”选项设为 178，“输出”选项设为 168，如图 6-60 所示。单击“通道”选项右侧的按钮，在弹出的菜单中选择“红”，在曲线上单击鼠标添加控制点，将“输入”选项设为 71，“输出”选项设为 56，如图 6-61 所示。单击“通道”选项右侧的按钮，在弹出的菜单中选择“绿”，在曲线上单击鼠标添加控制点，将“输入”选项设为 114，“输出”选项设为 107；再次单击鼠标添加控制点，将“输入”选项设为 89，“输出”选项设为 74，如图 6-62 所示，单击“确定”按钮，效果如图 6-63 所示。

图 6-59

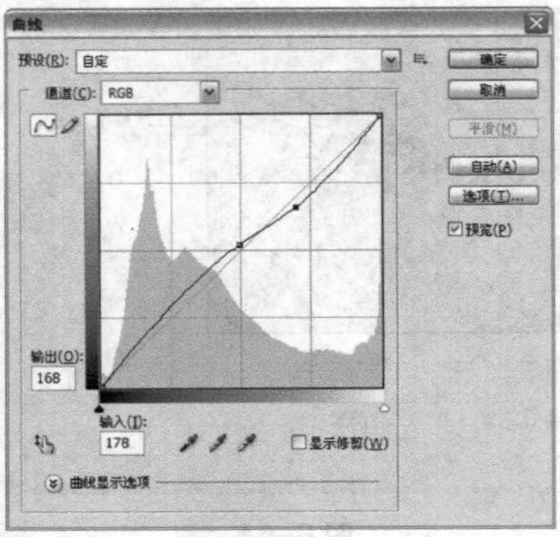

图 6-60

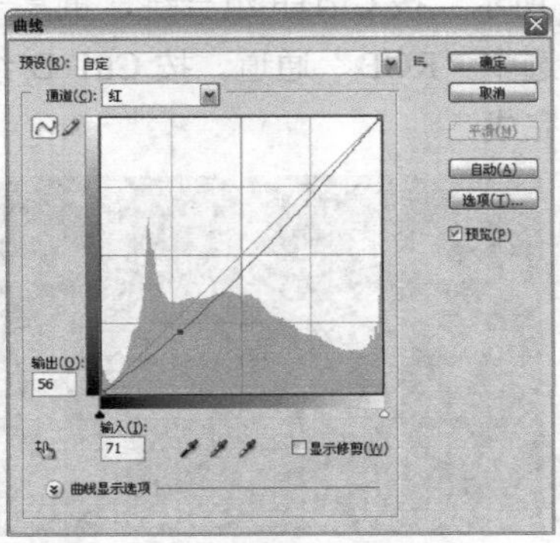

图 6-61

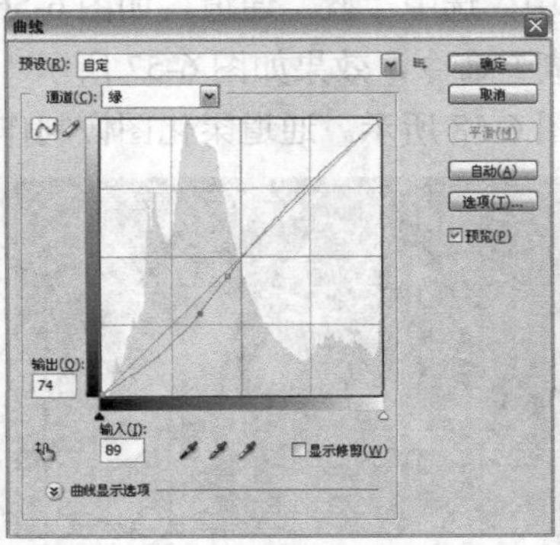

图 6-62

图 6-63

步骤 3 单击“图层”控制面板下方的“创建新的填充或调整图层”按钮，在弹出的菜单中选择“可选颜色”命令，在“图层”控制面板中生成“选取颜色 1”图层，同时在弹出的“可选颜色”面板中进行设置，如图 6-64 所示。单击“颜色”选项右侧的按钮，在弹出的菜单中选择“黄色”，在相应的面板中进行设置，如图 6-65 所示。单击“颜色”选项右侧的按钮，在弹出的菜单中选择“绿色”，在相应的面板中进行设置，如图 6-66 所示，图像效果如图 6-67 所示。

步骤 4 按 Ctrl+Shift+Alt+E 组合键，合并并复制图层，在“图层”控制面板中生成“图层 1”图层。选择“图像 > 计算”命令，在弹出的“计算”对话框中进行设置，如图 6-68 所示，单击“确定”按钮，效果如图 6-69 所示。

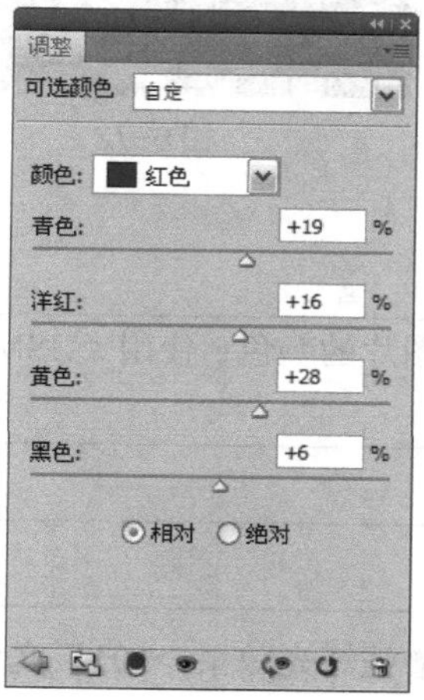

图 6-64

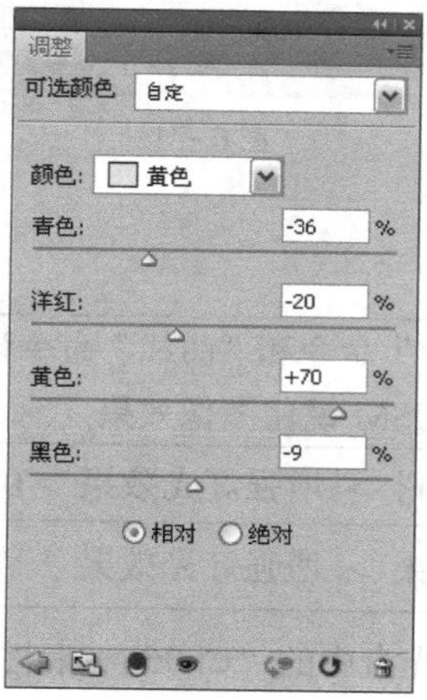

图 6-65

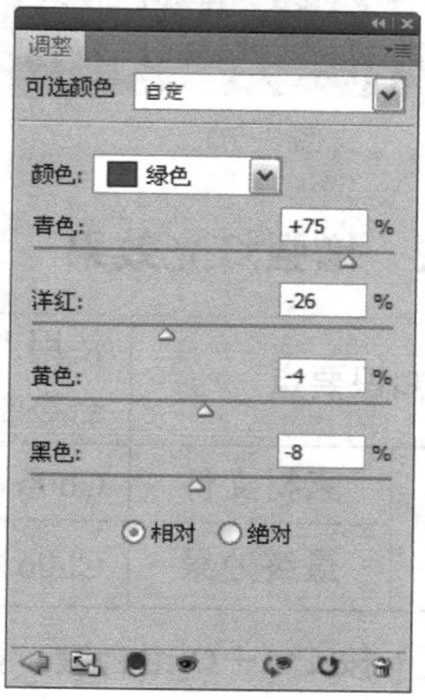

图 6-66

图 6-67

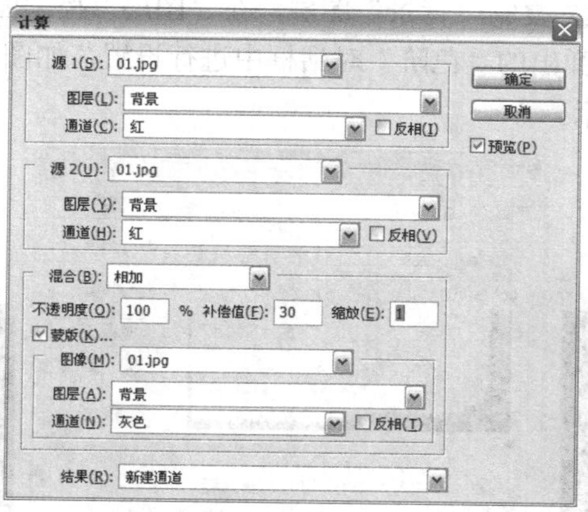

图 6-68

图 6-69

步骤 5 选择“窗口 > 通道”命令，弹出“通道”控制面板，单击底部的“将通道作为选区载入”按钮，如图 6-70 所示。返回“图层”控制面板，选中“图层 1”图层。

步骤 6 按 Ctrl+J 组合键，复制图层，在“图层”控制面板中生成“图层 2”图层。选择“滤镜 > 锐化 > USM 锐化”命令，在弹出的“USM 锐化”对话框中进行设置，如图 6-71 所示，单击“确定”按钮，效果如图 6-72 所示。增强照片的层次感制作完成。

图 6-70

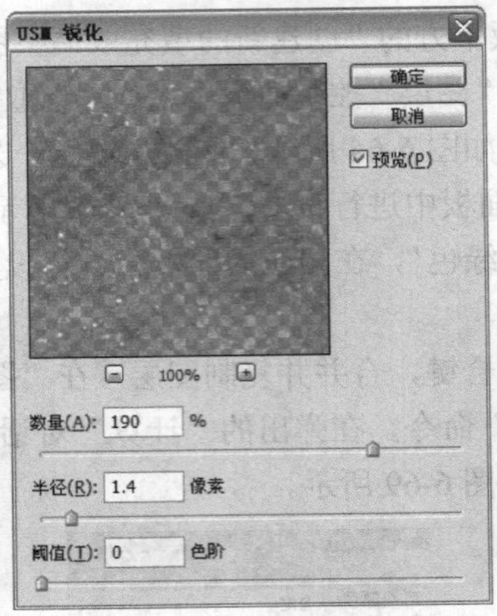

图 6-71

图 6-72

6.4.2 增强灯光效果

知识要点		使用“色阶”命令和“曲线”命令调整图片的颜色；使用“USM 锐化”命令制作 USM 锐化图像效果
	素材文件	Ch06 > 素材 > 增强灯光效果 > 01
	最终效果	Ch06 > 效果 > 增强灯光效果

步骤 1 按 Ctrl+O 组合键，打开光盘中的“Ch06 > 素材 > 增强灯光效果 > 01”文件，效果如图 6-73 所示。

步骤 2 按 Ctrl+J 组合键，复制“背景”图层，在“图层”控制面板中生成“图层 1”图层。按 Ctrl+L 组合键，在弹出的“色阶”对话框中进行设置，如图 6-74 所示，单击“确定”按钮，效果如图 6-75 所示。

图 6-73

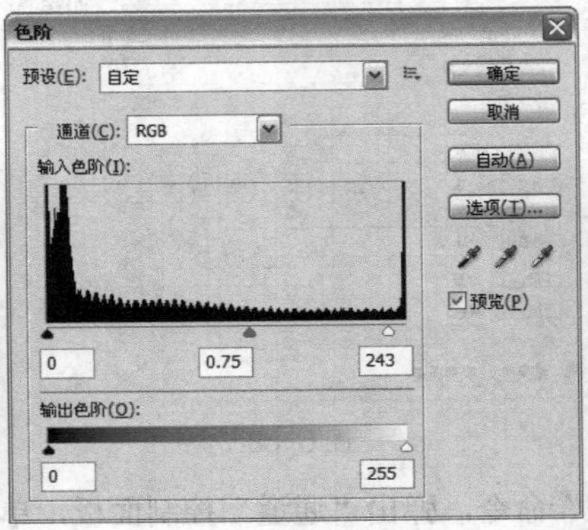

图 6-74

图 6-75

步骤 3 按 Ctrl+M 组合键，弹出“曲线”对话框，在曲线上单击鼠标添加控制点，将“输入”选项设为 114，“输出”选项设为 146，如图 6-76 所示，单击“确定”按钮，图像效果如图 6-77 所示。

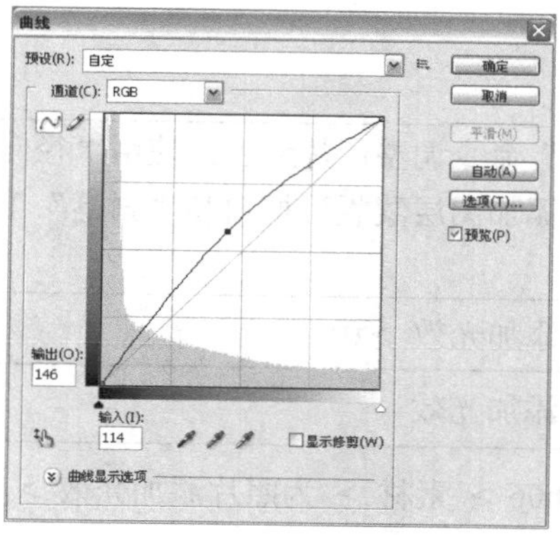

图 6-76

图 6-77

步骤 4 选择“图像 > 计算”命令，在弹出的“计算”对话框中进行设置，如图 6-78 所示，单击“确定”按钮，效果如图 6-79 所示。

步骤 5 选择“窗口 > 通道”命令，弹出“通道”控制面板，单击“创建新通道”按钮，在控制面板中生成“Alpha 1”通道，如图 6-80 所示。

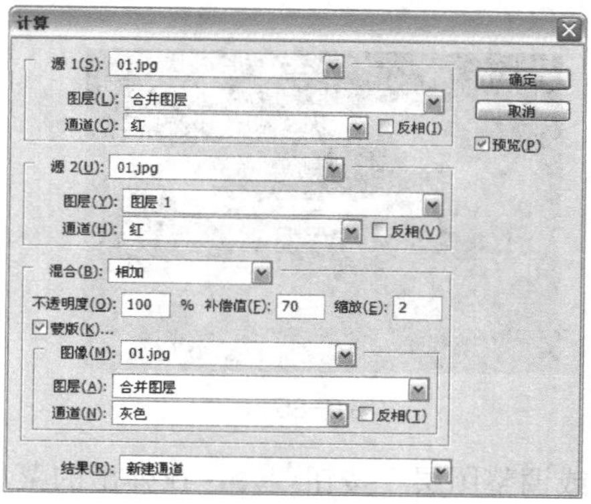

图 6-78

图 6-79

图 6-80

步骤 6 单击“通道”控制面板底部的“将通道作为选区载入”按钮。返回“图层”控制面板，选中“图层 1”图层，按 Ctrl+J 组合键，复制图层，在控制面板中生成“图层 2”图层。

步骤 7 选择“滤镜 > 锐化 >USM 锐化”命令，在弹出的“USM 锐化”对话框中进行设置，如图 6-81 所示，单击“确定”按钮，效果如图 6-82 所示。增强灯光效果制作完成。

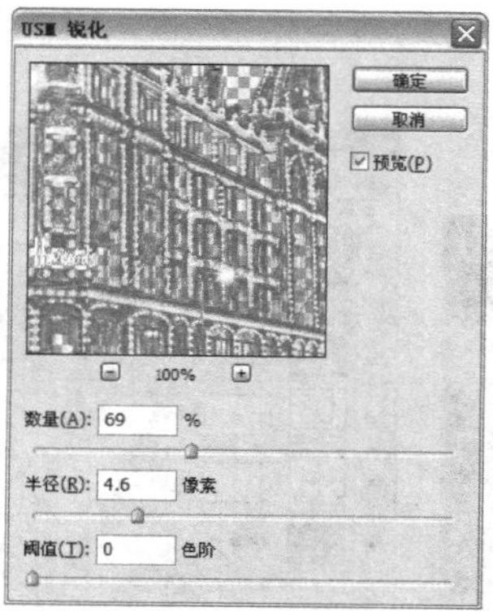

图 6-81

图 6-82

6.4.3 为照片添加光效

知识要点		使用“色阶”和“曲线”命令调整图片颜色；使用“径向模糊”滤镜命令添加光效；使用“添加图层蒙版”按钮和“画笔”工具擦除不需要的图像
	素材文件	Ch06 > 素材 > 为照片添加光效 > 01
	最终效果	Ch06 > 效果 > 为照片添加光效

步骤 1 按 Ctrl+O 组合键，打开光盘中的“Ch06 > 素材 > 为照片添加光效 > 01”文件，效果如图 6-83 所示。

步骤 2 单击“图层”控制面板下方的“创建新的填充或调整图层”按钮，在弹出的菜单中选择“色阶”命令，在“图层”控制面板中生成“色阶 1”图层，同时在弹出的“色阶”面板中进行设置，如图 6-84 所示，图像效果如图 6-85 所示。

图 6-83

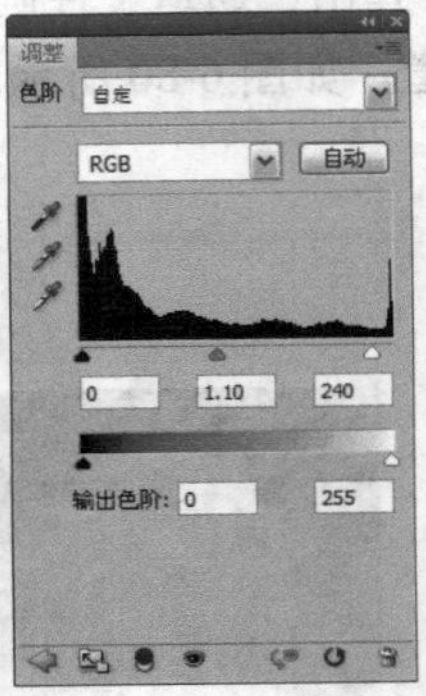

图 6-84

图 6-85

步骤 3 单击“图层”控制面板下方的“创建新的填充或调整图层”按钮，在弹出的菜单中选择“曲线”命令，在“图层”控制面板中生成“曲线 1”图层，同时弹出“曲线”面板，在曲线上单击鼠标添加控制点，将“输入”选项设为 108，“输出”选项设为 122，如图 6-86 所示，图像效果如图 6-87 所示。

步骤 4 按 Ctrl+Shift+Alt+E 组合键，合并并复制图层，在“图层”控制面板中生成“图层 1”图层。按 Ctrl+J 组合键，复制“图层 1”图层，在控制面板中生成“图层 1 副本”图层，如图 6-88 所示。

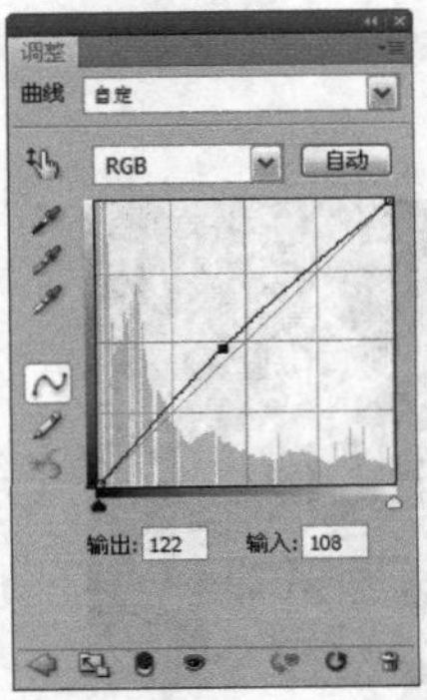

图 6-86

图 6-87

图 6-88

步骤 5 选择“滤镜 > 模糊 > 径向模糊”命令，在弹出的“径向模糊”对话框中进行设置，如图 6-89 所示，单击“确定”按钮，效果如图 6-90 所示。

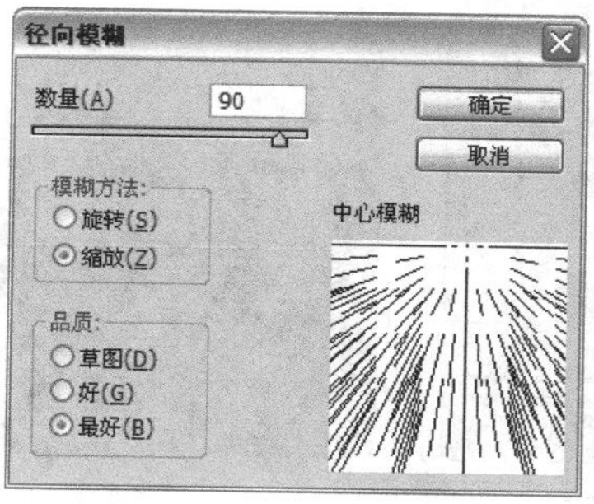

图 6-89

图 6-90

步骤 6 单击“图层”控制面板下方的“添加图层蒙版”按钮，为“图层 1 副本”图层添加蒙版，并将“不透明度”选项设为 50%。将前景色设置为白色，选择“画笔”工具，单击属性栏中“画笔”选项右侧的按钮，在弹出的画笔选择面板中选择需要的画笔形状，如图 6-91 所示，将属性栏中的“不透明度”选项设为 80%，在图像窗口中进行擦除，效果如图 6-92 所示。为照片添加光效制作完成。

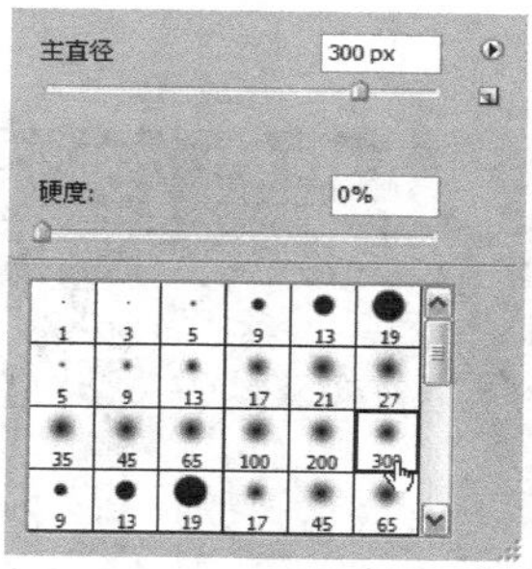

图 6-91

图 6-92

6.5 色彩调节

6.5.1 季节变化

知识要点		使用“色相/饱和度”命令和“通道混合器”命令调整图片色调
	素材文件	Ch06 > 素材 > 季节变化 > 01
	最终效果	Ch06 > 效果 > 季节变化

步骤 1 按 Ctrl+O 组合键，打开光盘中的“Ch06 > 素材 > 季节变化 > 01”文件，效果如图 6-93 所示。

步骤 2 单击“图层”控制面板下方的“创建新的填充或调整图层”按钮，在弹出的菜单中选择“色相/饱和度”命令，在“图层”控制面板中生成“色相/饱和度 1”图层，同时在弹出的“色相/饱和度”面板中进行设置，如图 6-94 所示，图像效果如图 6-95 所示。

图 6-93

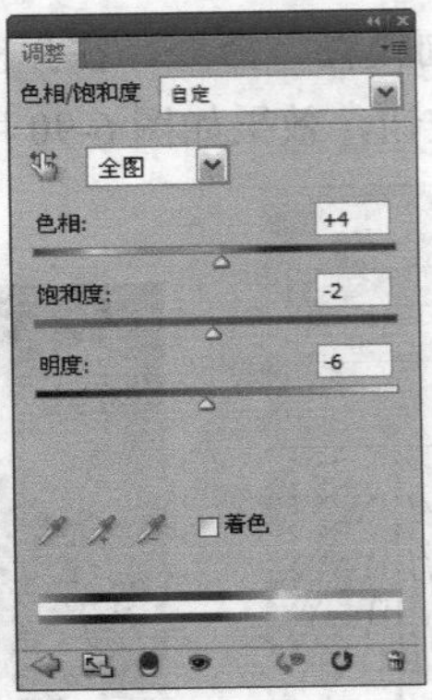

图 6-94

图 6-95

步骤 3 单击“图层”控制面板下方的“创建新的填充或调整图层”按钮，在弹出的菜单中选择“通道混合器”命令，在“图层”控制面板中生成“通道混合器 1”图层，同时在弹出的“通道混合器”面板中进行设置，如图 6-96 所示，效果如图 6-97 所示。季节变化效果制作完成。

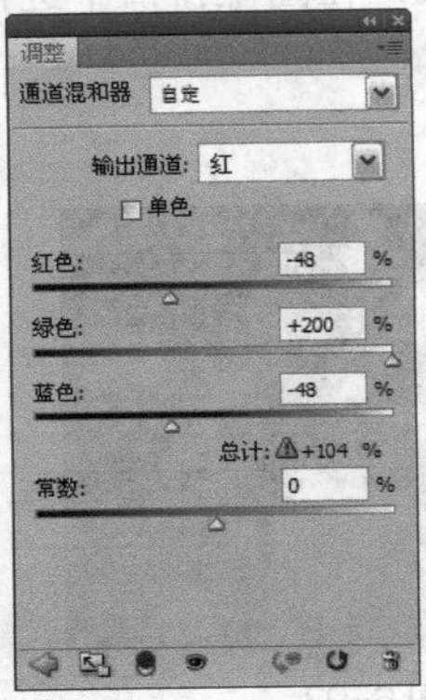

图 6-96

图 6-97

6.5.2 使用 Lab 色彩模式调节照片的颜色

知识要点		使用“Lab 颜色”命令更改图像颜色模式；使用“曲线”命令调整图片色调
	素材文件	Ch06 > 素材 > 使用 LAB 色彩模式调节照片的颜色 > 01
	最终效果	Ch06 > 效果 > 使用 LAB 色彩模式调节照片的颜色

步骤 1 按 Ctrl+O 组合键，打开光盘中的“Ch06 > 素材 > 使用 LAB 色彩模式调节照片的颜色 > 01”文件，如图 6-98 所示。

步骤 2 选择“图像 > 模式 > Lab 颜色”命令，将 RGB 模式改为 Lab 模式。选择“窗口 > 通道”命令，在弹出的“通道”控制面板中，单击“b”通道，如图 6-99 所示，按 Ctrl+A 组合键，全选图像，按 Ctrl+C 组合键，复制通道；选择“a”通道，按 Ctrl+V 组合键，将“b”通道粘贴到“a”通道中，如图 6-100 所示。

图 6-98

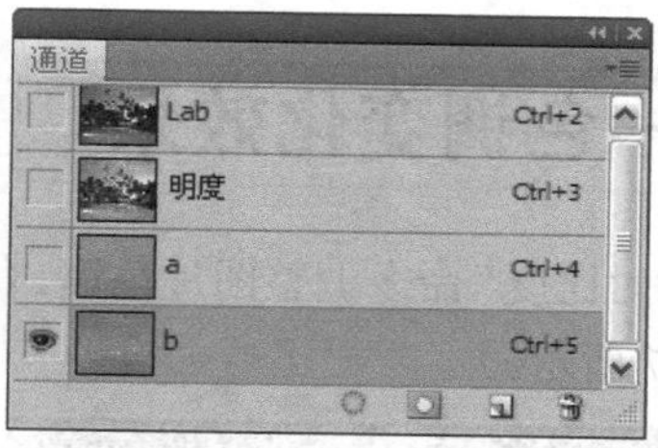

图 6-99

图 6-100

步骤 3 单击“Lab”通道，按 Ctrl+D 组合键，取消选区，效果如图 6-101 所示。选择“图像 > 模式 > RGB 颜色”命令，将 Lab 模式改为 RGB 模式。

步骤 4 单击“图层”控制面板下方的“创建新的填充或调整图层”按钮，在弹出的菜单中选择“曲线”命令，在“图层”控制面板中生成“曲线 1”图层，同时弹出“曲线”面板，在曲线上单击鼠标添加控制点，将“输入”选项设为 134，“输出”选项设为 141，如图 6-102 所示。单击“RGB”选项右侧的按钮，在弹出的列表中选择“红”，在曲线上单击鼠标添加控制点，将“输入”选项设为 142，“输出”选项设为 129，如图 6-103 所示。单击“红”选项右侧的按钮，在弹出的列表中选择“绿”，在曲线上单击鼠标添加控制点，将“输入”选项设为 151，“输出”选项设为 130，如图 6-104 所示。单击“绿”选项右侧的按钮，在弹出的列表中选择“蓝”，在曲线上单击鼠标添加控制点，将“输入”选项设为 139，“输出”选项设为 132，如图 6-105 所示，图像效果如图 6-106 所示。使用 Lab 色彩模式调节照片的颜色制作完成。

图 6-101

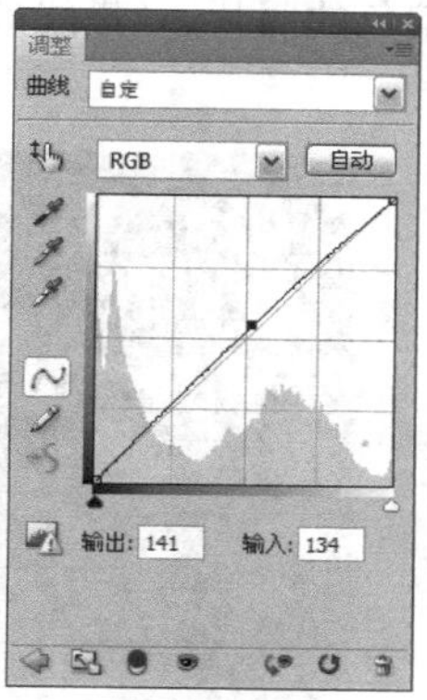

图 6-102

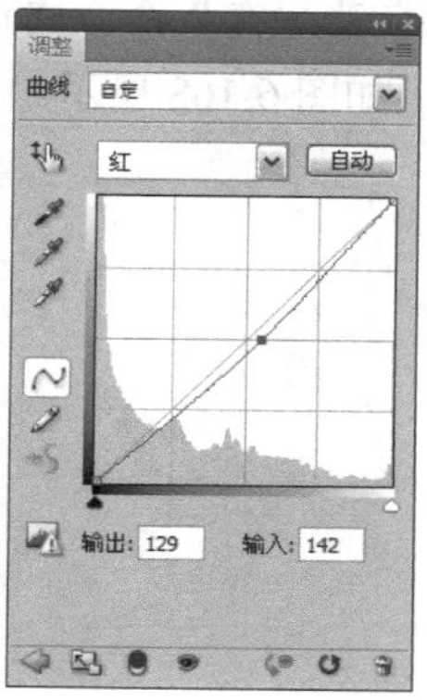

图 6-103

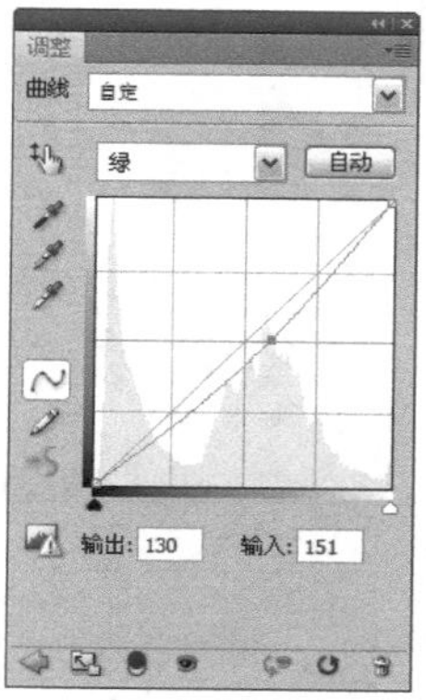

图 6-104

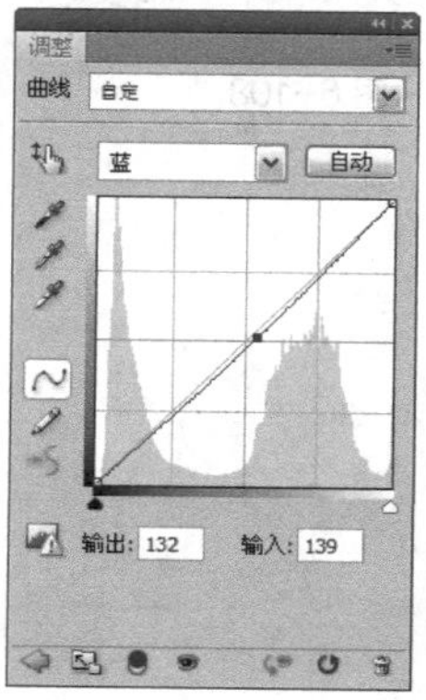

图 6-105

图 6-106

6.6 课后习题——色调变化效果

使用“渐变映射”命令和“亮度/对比度”命令调整图片色调。（最终效果参看光盘中的“Ch06 > 效果 > 色调变化效果”，如图 6-107 所示。）

图 6-107

6.7 课后习题——修正偏色的照片

使用“色彩平衡”命令修正偏色的照片。（最终效果参看光盘中的“Ch06 > 效果 > 修正偏色的照片”，如图 6-108 所示。）

图 6-108

第7章 照片的艺术特效

本章主要讲解的是将生活中的普通照片制作成具有艺术效果的特效照片。通过应用不同的制作方法和技巧，对照片进行特效处理，增加照片的意境和韵味。

7.1 人物照片特效

7.1.1 老照片效果

知识要点		使用“创建剪贴蒙版”命令制作图片剪贴蒙版效果；使用“去色”命令将图片去色；使用“添加杂色”滤镜命令添加图片杂色效果；使用“颗粒”滤镜命令添加图片颗粒效果；使用“画笔”工具绘制线条；使用“动感模糊”滤镜命令添加线条模糊效果
	素材文件	素材 ＞Ch07＞ 老照片效果 ＞01、02、03
	最终效果	效果 ＞Ch07＞ 老照片效果

1. 调整图片颜色效果

步骤 1 按 Ctrl＋N 组合键，新建一个文件：宽度为 21 厘米，高度为 29.7 厘米，分辨率为 300 像素/英寸，颜色模式为 RGB，背景内容为白色，单击“确定”按钮。

步骤 2 将前景色设为黑色，按 Alt+Delete 组合键，用前景色填充“背景”图层。按 Ctrl＋O 组合键，打开光盘中的“Ch07＞ 素材 ＞ 老照片效果 ＞ 01”文件。选择“移动”工具，将图形拖曳到图像窗口的中心位置，效果如图 7-1 所示，在“图层”控制面板中生成新的图层并将其命名为“杂边”。

图 7–1

图 7–2

步骤 3 按 Ctrl＋O 组合键，打开光盘中的“Ch07 ＞ 素材 ＞ 老照片效果 ＞ 02”文件，选择“移动”工具，将人物图片拖曳到图像窗口的中心位置，效果如图 7-2 所示，在“图层”控制面板中生成新的图层并将其命名为“人物图片”。

步骤 4 在“图层”控制面板中，按住 Alt 键的同时将鼠标指针放在“人物图片”图层和“杂边”图层的中间，鼠标指针变为，单击鼠标，为“人物图片”图层创建剪贴蒙版，图像效果如

图 7-3 所示。

步骤 5 将“人物图片”图层拖曳到“图层”控制面板下方的“创建新图层”按钮 上进行复制，生成新的图层“人物图片 副本”，如图 7-4 所示。

图 7-3

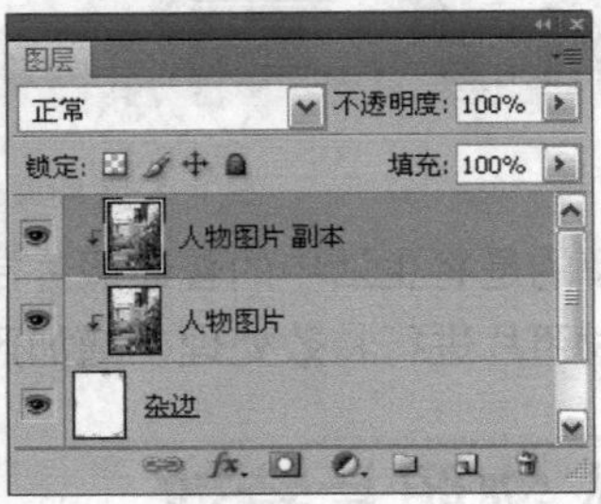

图 7-4

步骤 6 选择“图像 > 调整 > 去色”命令，将图片去色，效果如图 7-5 所示。选择“滤镜 > 杂色 > 添加杂色”命令，在弹出的对话框中进行设置，如图 7-6 所示，单击“确定”按钮。选择“滤镜 > 纹理 > 颗粒”命令，在弹出的对话框中进行设置，如图 7-7 所示，单击“确定”按钮，效果如图 7-8 所示。

图 7-5

图 7-6

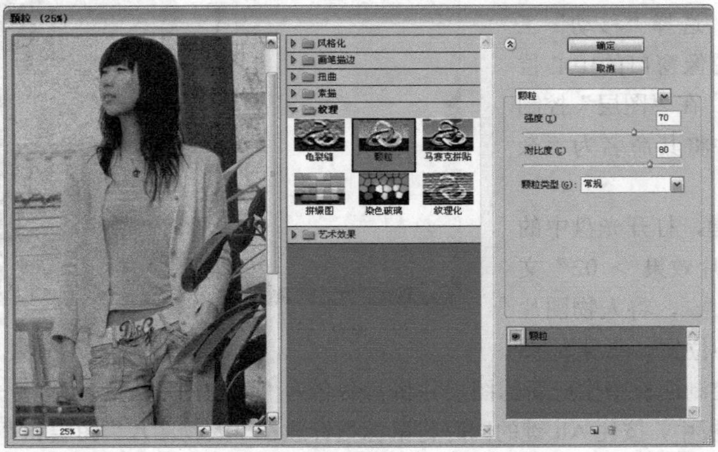

图 7-7

图 7-8

2. 制作模糊线条效果

步骤 1 新建图层并将其命名为“划痕”。将前景色设为白色。选择“画笔”工具，在属性栏中单击“画笔”选项右侧的按钮，在弹出的画笔选择面板中选择需要的画笔形状，其他选项的设置如图 7-9 所示。按住 Shift 键的同时在图像窗口中拖曳鼠标指针，绘制多条垂直的线条。选择“滤镜 > 模糊 > 动感模糊”命令，在弹出的对话框中进行设置，如图 7-10 所示，单击“确定”按钮，效果如图 7-11 所示。在控制面板的上方，将“划痕”图层的“混合模式”设为“柔光”，效果如图 7-12 所示。

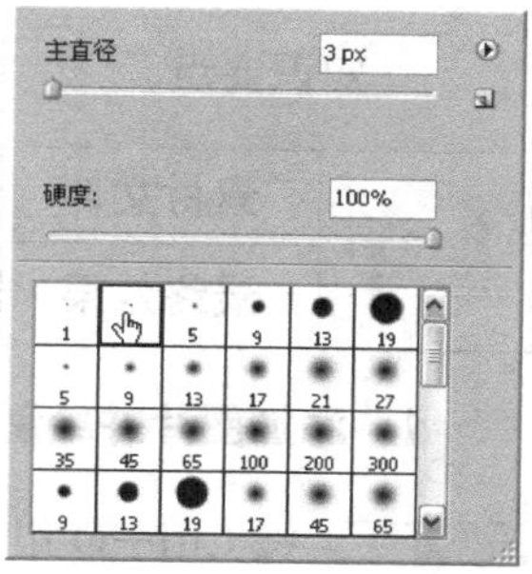

图 7-9

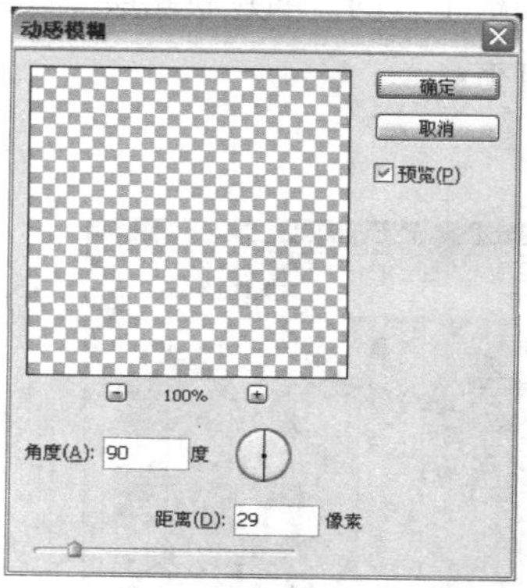

图 7-10

图 7-11

图 7-12

步骤 2 单击“图层”控制面板下方的“创建新的填充或调整图层”按钮，在弹出的菜单中选择“色相/饱和度”命令，在“图层”控制面板中生成“色相/饱和度 1”图层，同时在弹出的“色相/饱和度”面板中进行设置，如图 7-13 所示，图像效果如图 7-14 所示。

步骤 3 按 Ctrl＋O 组合键，打开光盘中的“Ch07 > 素材 > 老照片效果 > 03”文件，选择“移动”工具，将文字拖曳到图像窗口的左下方，效果如图 7-15 所示，在“图层”控制面板中生成新的图层并将其命名为“说明文字”。老照片效果制作完成。

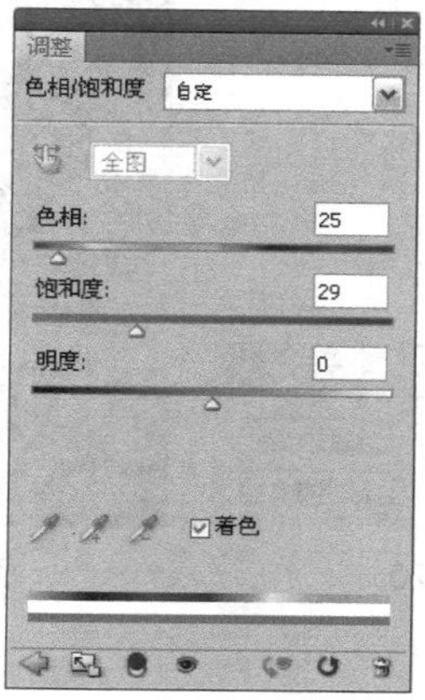

图 7-13

图 7-14

图 7-15

7.1.2 动感效果

知识要点		使用“椭圆选框”工具绘制选区；使用“径向模糊”滤镜命令添加图片的模糊效果
	素材文件	素材 > Ch07 > 动感效果 > 01、02
	最终效果	效果 > Ch07 > 动感效果

1. 添加图片并绘制选区

步骤 1 按 Ctrl+O 组合键，打开光盘中的“Ch07 > 素材 > 动感效果 > 01”文件，效果如图 7-16 所示。

步骤 2 选择“图层”控制面板，将“背景”图层拖曳到面板下方的“创建新图层”按钮上进行复制，生成新的“背景 副本”图层，如图 7-17 所示。

图 7-16

图 7-17

步骤 3 选择“椭圆选框”工具，在图像窗口中的适当位置绘制椭圆形选区，效果如图 7-18 所示。在选区中单击鼠标右键，在弹出的菜单中选择“变换选区”命令，选区周围出现控制手柄，适当旋转选区的角度，按 Enter 键确定操作，效果如图 7-19 所示。

步骤 4 按 Shift+F6 组合键，在弹出的“羽化选区”对话框中进行设置，如图 7-20 所示，单击“确定”按钮，图像效果如图 7-21 所示。

图 7-18

图 7-19

图 7-20

图 7-21

2. 添加图片的模糊效果

步骤 1 按 Ctrl+J 组合键，将选区中的图像复制，在“图层”控制面板中生成新的图层并将其命名为“羽化选区”，如图 7-22 所示。

步骤 2 选中“背景 副本”图层。选择“滤镜 > 模糊 > 径向模糊”命令，在弹出的对话框中进行设置，如图 7-23 所示，单击“确定”按钮，图像效果如图 7-24 所示。

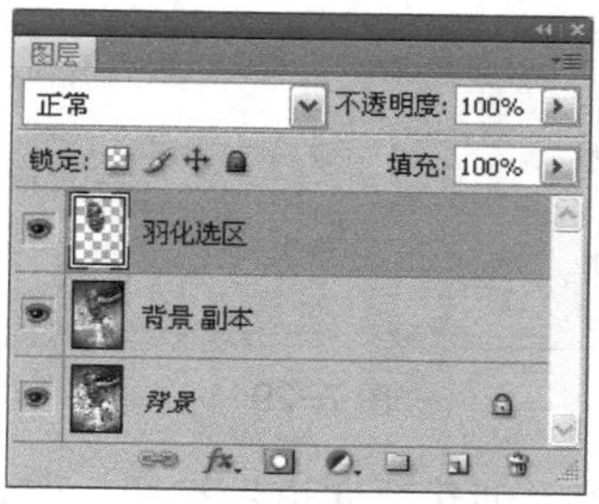

图 7-22

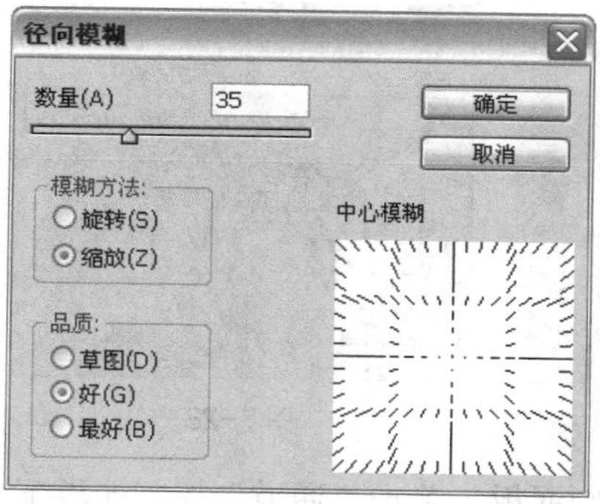

图 7-23

图 7-24

步骤 3 按 Ctrl+O 组合键，打开光盘中的“Ch07 > 素材 > 动感效果 > 02”文件，选择“移动”工具，拖曳文字到图像窗口的下方，效果如图 7-25 所示，在“图层”控制面板中生成新的图层并将其命名为“装饰文字”，如图 7-26 所示。动感效果制作完成。

图 7-25

图 7-26

7.1.3 制作肖像印章

知识要点		使用“矩形选框”工具绘制矩形选区；使用“玻璃”滤镜命令制作肖像印章背景图形；使用“橡皮擦”工具擦除不需要的图形；使用“阈值”命令调整图片的颜色；使用“色彩范围”命令制作肖像印章效果
	素材文件	素材 > Ch07 > 制作肖像印章 > 01
	最终效果	效果 > Ch07 > 制作肖像印章

1. 制作肖像印章背景图形

步骤 1 按 Ctrl+N 组合键，新建一个文件：宽度为 21 厘米，高度为 21 厘米，分辨率为 200 像素/英寸，颜色模式为 RGB，背景内容为白色，单击“确定”按钮。将前景色设为黄色（其 R、G、B 的值分别为 238、238、202），按 Alt+Delete 组合键，用前景色填充“背景”图层，图像效果如图 7-27 所示。

步骤 2 新建图层并将其命名为“红色矩形”，如图 7-28 所示。选择“矩形选框”工具，在图像窗口正中绘制矩形选区，效果如图 7-29 所示。

图 7-27

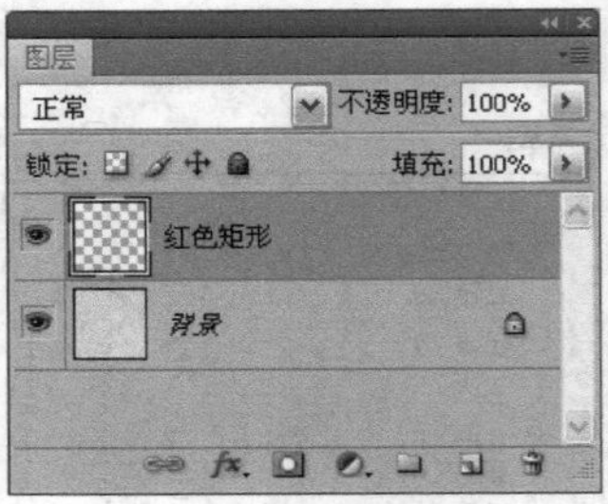

图 7-28

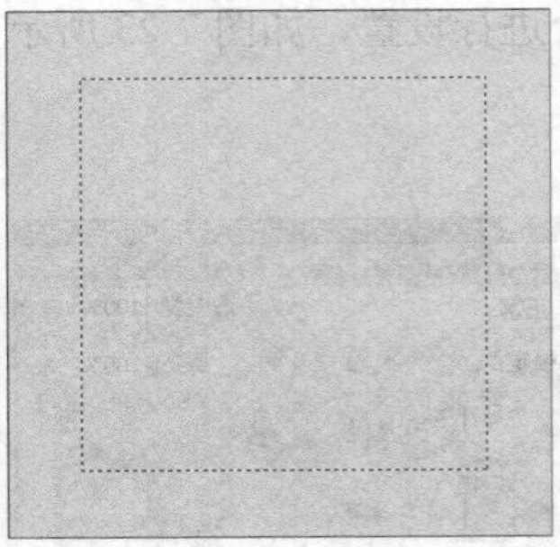

图 7-29

步骤 3 选择“通道”控制面板，单击“通道”控制面板下方的“创建新通道”按钮，生成新的通道“Alpha 1”，如图 7-30 所示。将前景色设为白色，按 Alt+Delete 组合键，用前景色填充选区，按 Ctrl+D 组合键，取消选区，效果如图 7-31 所示。

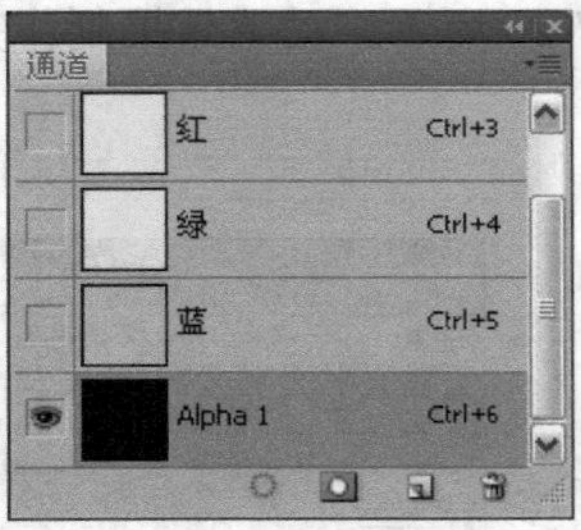

图 7-30

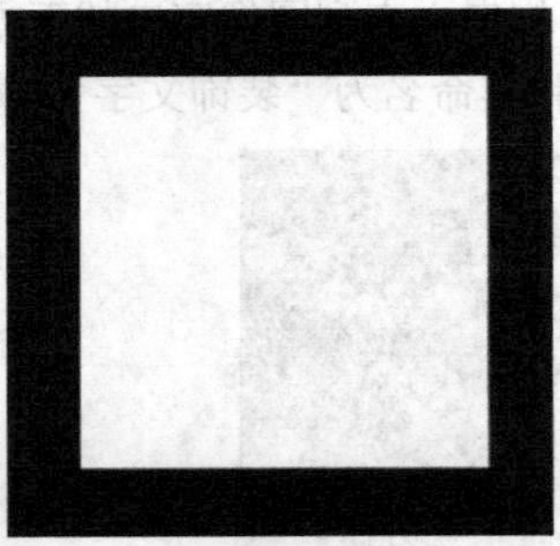

图 7-31

步骤 4 选择“滤镜 > 扭曲 > 玻璃”命令，在弹出的对话框中进行设置，如图 7-32 所示，单击“确定”按钮，效果如图 7-33 所示。

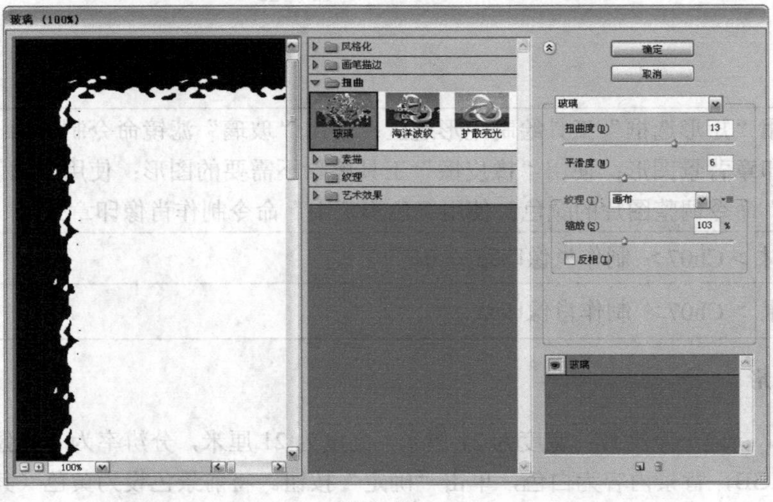

图 7-32

图 7-33

步骤 5 按住 Ctrl 键的同时单击“Alpha 1”通道的缩览图，图形周围生成选区，如图 7-34 所示。

选中“RGB”通道，通道效果如图 7-35 所示。返回到“图层”控制面板，效果如图 7-36 所示。

图 7-34

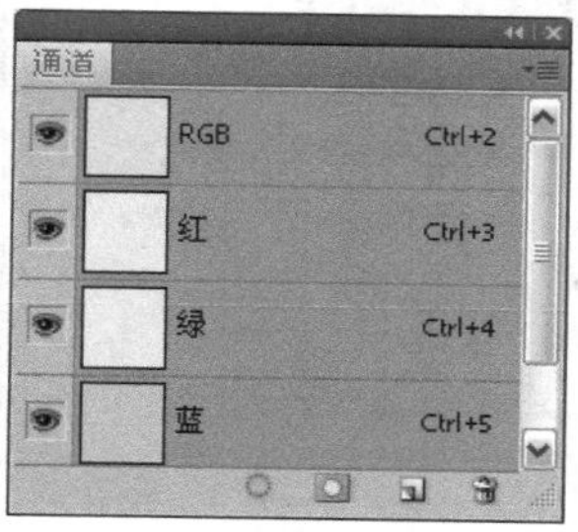

图 7-35

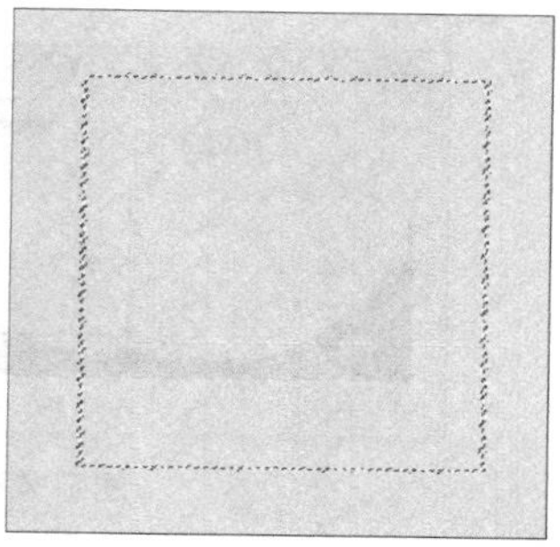

图 7-36

步骤 6 选中“红色矩形”图层。将前景色设为红色（其 R、G、B 的值分别为 184、24、24），按 Alt+Delete 组合键，用前景色填充选区，按 Ctrl+D 组合键，取消选区，效果如图 7-37 所示。

步骤 7 选择“橡皮擦”工具，在属性栏中单击“画笔”选项右侧的按钮，在弹出的画笔选择面板中选择需要的画笔形状，如图 7-38 所示。在属性栏中将“不透明度”选项设为 80%，在图像窗口中涂抹图形的 4 个角，效果如图 7-39 所示。

图 7-37

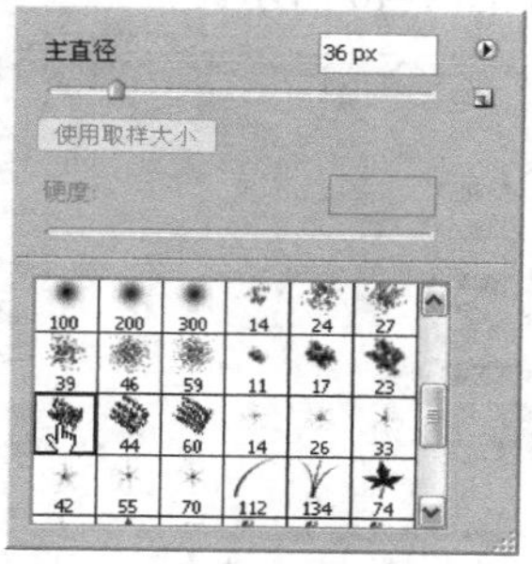

图 7-38

图 7-39

2. 制作人物阈值效果

步骤 1 按 Ctrl+O 组合键，打开光盘中的“Ch07 > 素材 > 制作肖像印章 > 01”文件，效果如图 7-40 所示。将“背景”图层拖曳到“图层”控制面板下方的“创建新图层”按钮上进行复制，生成新的“背景 副本”图层，如图 7-41 所示。

图 7-40

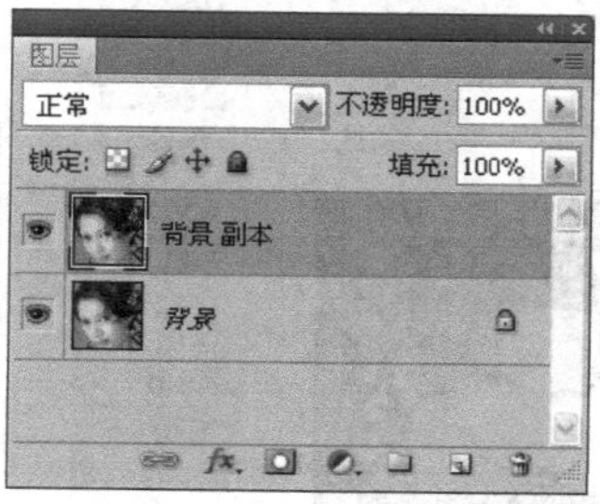

图 7-41

步骤 2 选择“图像 > 调整 > 阈值”命令，在弹出的对话框中进行设置，如图 7-42 所示，单击“确定”按钮，效果如图 7-43 所示。

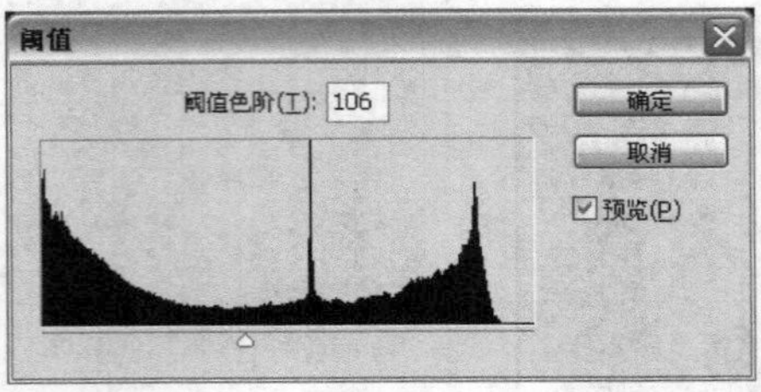

图 7-42

图 7-43

3. 制作人物肖像印章效果

步骤 1 选择“移动”工具，将人物图片拖曳到图像窗口中，在“图层”控制面板中生成新的图层“背景 副本”。按 Ctrl+T 组合键，图片周围出现控制手柄，适当调整图片的大小和位置，效果如图 7-44 所示。

步骤 2 选择“图像 > 调整 > 色相/饱和度”命令，在弹出的对话框中进行设置，如图 7-45 所示，单击“确定”按钮，效果如图 7-46 所示。

图 7-44

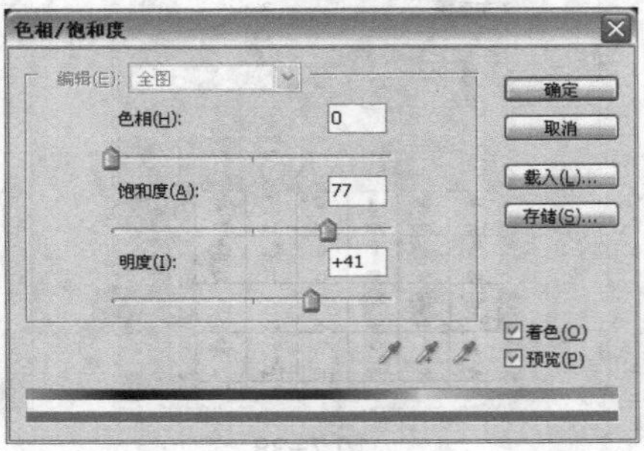

图 7-45

图 7-46

步骤 3 选择“选择 > 色彩范围”命令，弹出“色彩范围”对话框，在图像窗口中人物脸部的白色区域单击鼠标，其他选项的设置如图 7-47 所示，单击“确定”按钮，人物脸部生成选区，效果如图 7-48 所示。

步骤 4 隐藏“背景 副本”图层，选中“红色矩形”图层，按 Delete 键，将选区中的内容删除，按 Ctrl+D 组合键，取消选区，效果如图 7-49 所示。

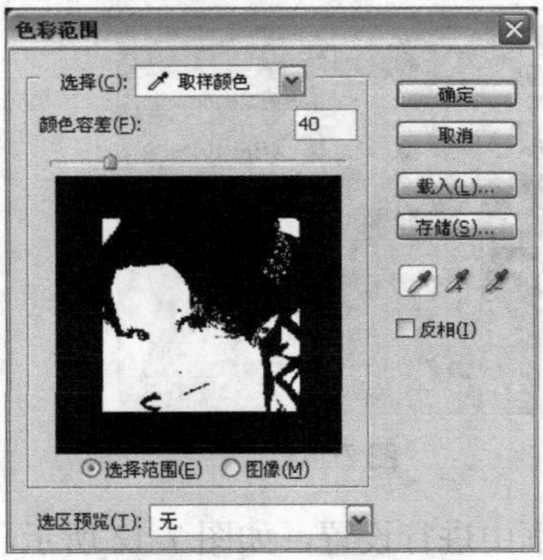

图 7-47

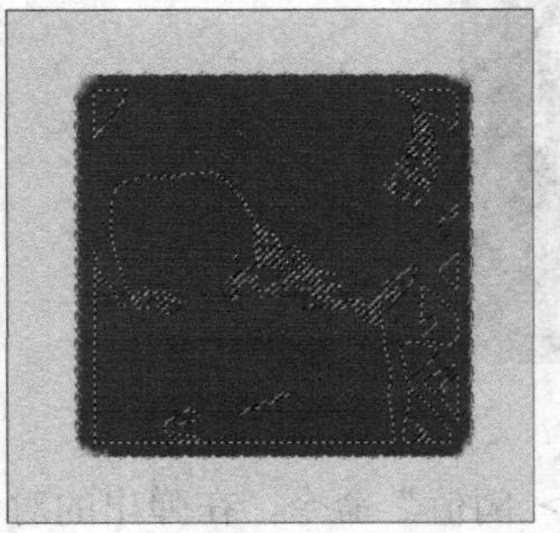

图 7-48

图 7-49

步骤 5 将前景色设为红色（其 R、G、B 的值分别为 184、24、24）。选择“画笔”工具，在属性栏中单击“画笔”选项右侧的按钮，在弹出的画笔选择面板中选择需要的画笔形状，如图 7-50 所示。在属性栏中将“不透明度”选项设为“100%”，在图像窗口中人物的头发上进行涂抹，效果如图 7-51 所示。制作肖像印章完成。

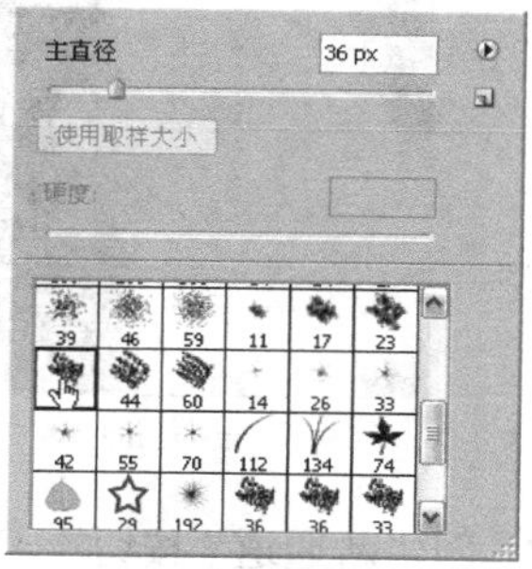

图 7-50

图 7-51

7.1.4 点状虚化效果

知识要点		使用“磁性套索”工具勾出人物；使用“高斯模糊”滤镜命令添加图像模糊效果；使用“点状化”滤镜命令制作点状虚化效果
	素材文件	素材 ＞Ch07＞ 点状虚化效果 ＞01、02
	最终效果	效果 ＞Ch07＞ 点状虚化效果

1. 添加并编辑图片

步骤 1 按 Ctrl+O 组合键，打开光盘中的“Ch07 ＞ 素材 ＞ 点状虚化效果 ＞ 01”文件，效果如图 7-52 所示。

步骤 2 将“背景”图层拖曳到“图层”控制面板下方的“创建新图层”按钮上进行复制，生成新的图层“背景 副本”，如图 7-53 所示。

步骤 3 选择“磁性套索”工具，沿着人物图像边缘拖曳鼠标指针绘制选区，如图 7-54 所示。选择“通道”控制面板，单击控制面板下方的“将选区存储为通道”按钮，生成新的通道“Alpha1”，如图 7-55 所示。

图 7-52

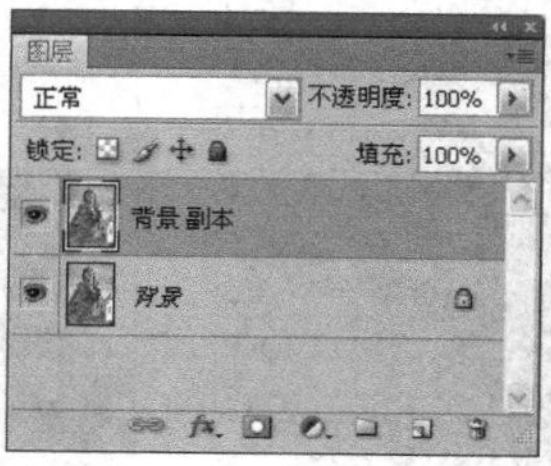

图 7-53

图 7-54

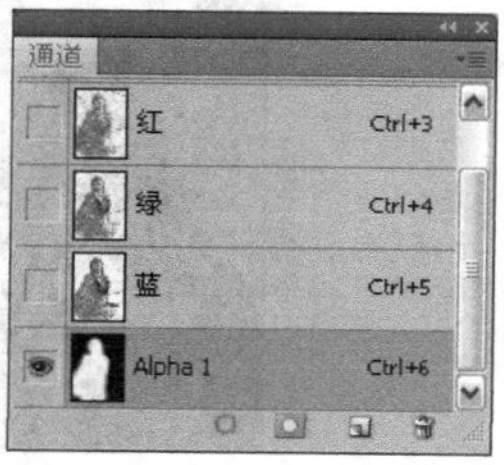

图 7-55

步骤 4 选中“Alpha1”通道，按 Ctrl+D 组合键，取消选区。选择“滤镜 ＞ 模糊 ＞ 高斯模糊”命令，在弹出的“高斯模糊”对话框中进行设置，如图 7-56 所示，单击“确定”按钮，效果如图 7-57 所示。

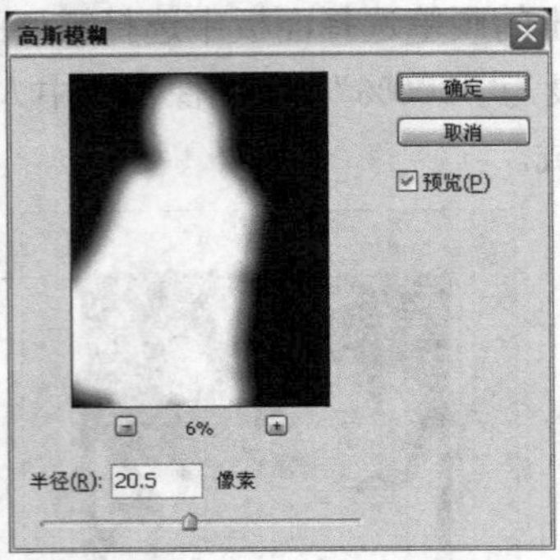

图 7-56

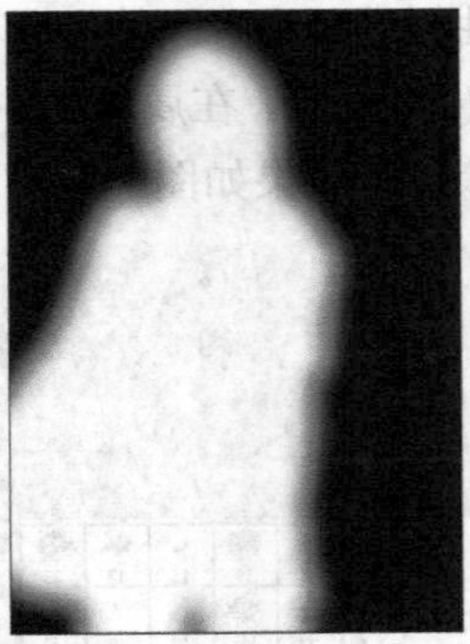

图 7-57

步骤 5 将“Alpha1”通道拖曳到“通道”控制面板下方的“创建新通道”按钮上进行复制，生成新的通道“Alpha1 副本”，如图 7-58 所示。按 Ctrl+I 组合键，将“Alpha1 副本”通道的颜色进行反相，效果如图 7-59 所示。

图 7-58

图 7-59

2. 制作点状虚化效果

步骤 1 选择“滤镜 > 像素化 > 点状化”命令，在弹出的“点状化”对话框中进行设置，如图 7-60 所示，单击“确定”按钮，效果如图 7-61 所示。按住 Ctrl 键的同时单击“Alpha1 副本”通道的缩览图，图像周围生成选区。返回到“图层”控制面板，选中“背景 副本”图层。将前景色设为白色，按 Alt+Delete 组合键，用前景色填充选区，按 Ctrl+D 组合键，取消选区，图像效果如图 7-62 所示。

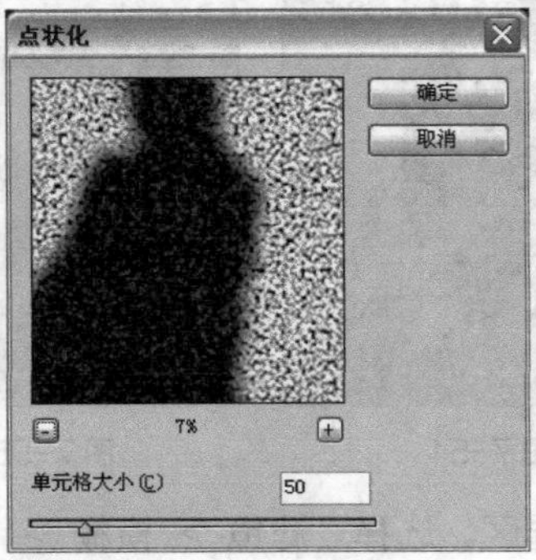

图 7-60

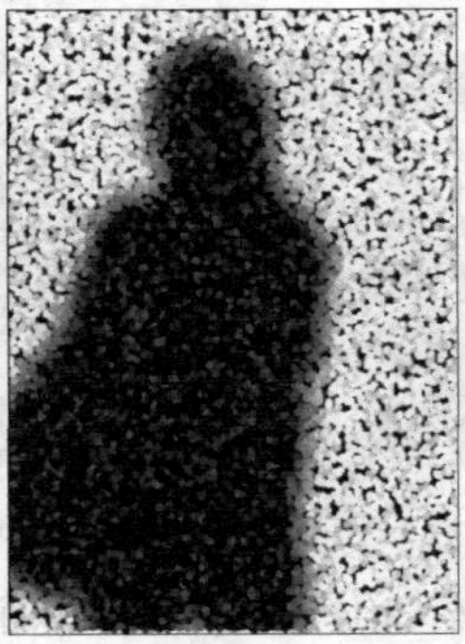

图 7-61

图 7-62

步骤 2 按 Ctrl+O 组合键，打开光盘中的“Ch07 > 素材 > 点状虚化效果 > 02”文件，选择“移动”工具，将文字拖曳到图像窗口中的右下方，效果如图 7-63 所示，在“图层”控制面板中生成新的图层并将其命名为“说明文字”，如图 7-64 所示。点状虚化效果制作完成。

图 7-63

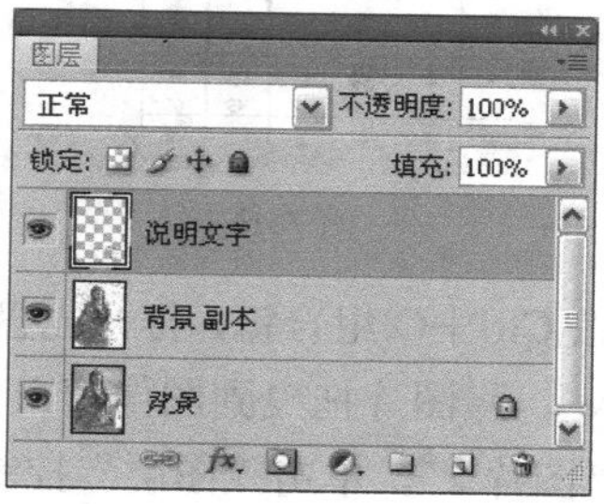

图 7-64

7.1.5 绚彩效果

知识要点		使用“添加图层蒙版”按钮、“画笔”工具、“不透明度”选项制作图片特殊效果；使用“色相/饱和度”命令调整图片颜色；使用“亮度/对比度”命令调整图片亮度；使用“渐变映射”命令添加图片渐变色
	素材文件	素材 > Ch07 > 绚彩效果 > 01、02、03、04
	最终效果	效果 > Ch07 > 绚彩效果

1. 添加并编辑图片

步骤 1 按 Ctrl+O 组合键，打开光盘中的“Ch07 > 素材 > 绚彩效果 > 01”文件，效果如图 7-65 所示。

步骤 2 按 Ctrl+O 组合键，打开光盘中的“Ch07 > 素材 > 绚彩效果 > 02”文件，将图片拖曳到图像窗口中心位置，在“图层”控制面板中生成新的图层并将其命名为“图片 1”。将“图片 1”图层的“混合模式”选项设为“叠加”，效果如图 7-66 所示。

图 7-65

图 7-66

步骤 3 单击“图层”控制面板下方的“添加图层蒙版”按钮，为“图片 1”图层添加蒙版。选择“画笔”工具，在属性栏中单击“画笔”选项右侧的按钮，在弹出的画笔选择面板中选择需要的画笔形状，如图 7-67 所示。在属性栏中将“不透明度”选项设为 50%，在图像窗口中的黄色图像上单击鼠标将颜色减淡，图像效果如图 7-68 所示。

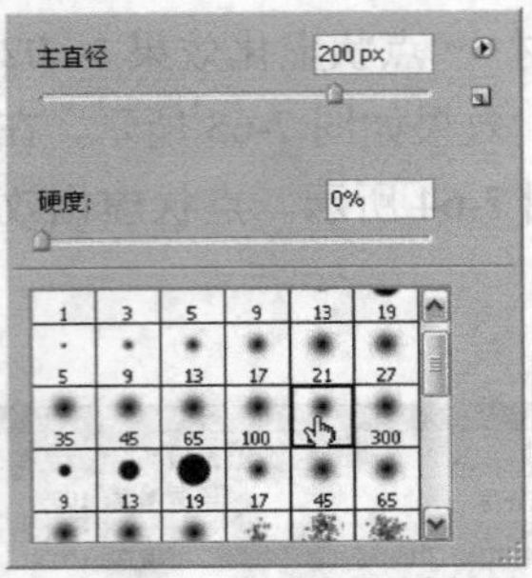

图 7-67

图 7-68

步骤 4 按 Ctrl+O 组合键，打开光盘中的“Ch07>素材 > 绚彩效果 >03”文件，选择“移动”工具，将图片拖曳到图像窗口中的上方，在“图层”控制面板中生成新的图层并将其命名为“图片 2”。单击“图层”控制面板下方的“添加图层蒙版”按钮，为“图片 2”图层添加蒙版。选择“画笔”工具，在属性栏中单击“画笔”选项右侧的按钮，在弹出的画笔选择面板中选择需要的画笔形状，如图 7-69 所示。在图片的右侧和左下方进行涂抹，图像效果如图 7-70 所示。

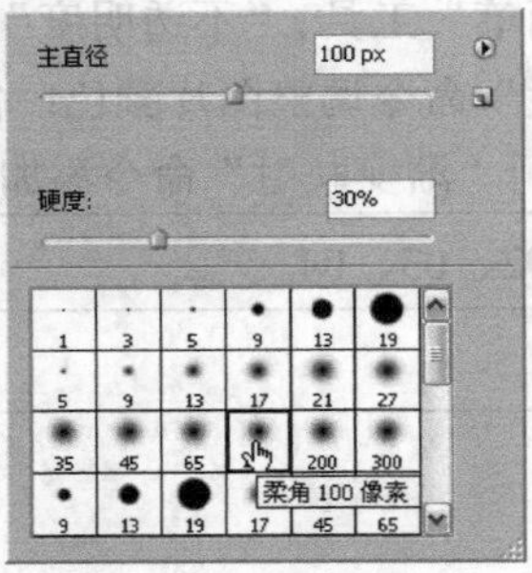

图 7-69

图 7-70

2. 调整图片颜色

步骤 1 单击“图层”控制面板下方的“创建新的填充或调整图层”按钮，在弹出的菜单中选择“色相/饱和度”命令，在“图层”控制面板中生成“色相/饱和度 1”图层，同时在弹出的“色相/饱和度”面板中进行设置，如图 7-71 所示，图像效果如图 7-72 所示。

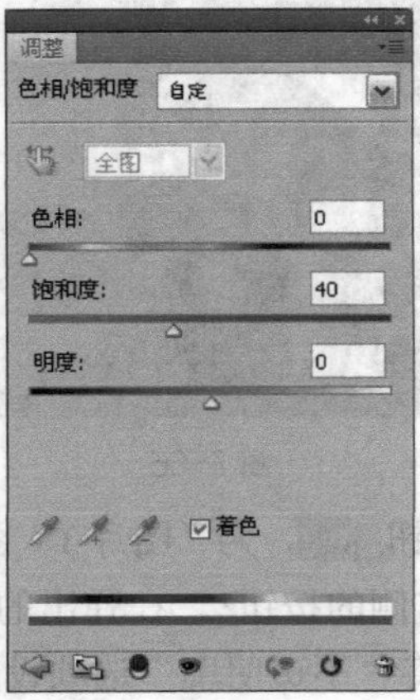

图 7-71

图 7-72

步骤 2 单击“图层”控制面板下方的“创建新的填充或调整图层”按钮，在弹出的菜单中选择“亮度/对比度”命令，在“图层”控制面板中生成“亮度/对比度 1”图层，同时在弹出的“亮度/对比度”面板中进行设置，如图 7-73 所示，图像效果如图 7-74 所示。

步骤 3 单击“图层”控制面板下方的“创建新的填充或调整图层”按钮，在弹出的菜单中选择“渐变映射”命令，在“图层”控制面板中生成“渐变映射 1”图层，同时弹出“渐变映射”面板，单击“点按可编辑渐变”按钮，弹出“渐变编辑器”对话框，将渐变色设为从红色（其 R、G、B 值分别为 225、0、25）到黄色（其 R、G、B 值分别为 225、255、0），如图 7-75 所示，单击“确定”按钮，返回到“渐变映射”面板，如图 7-76 所示。

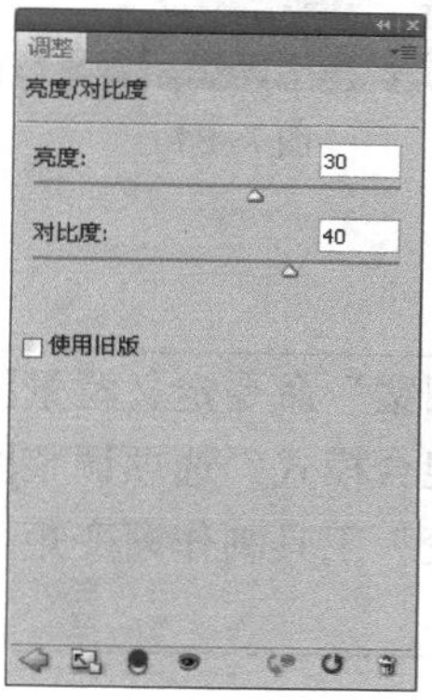

图 7-73

图 7-74

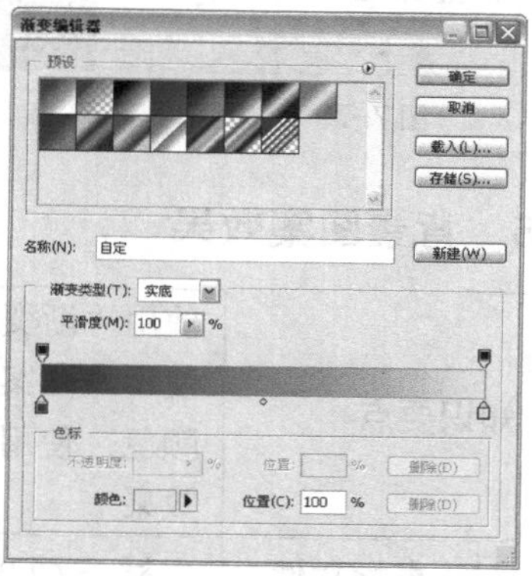

图 7-75

步骤 4 选择“渐变”工具，单击属性栏中的“点按可编辑渐变”按钮，弹出“渐变编辑器”对话框，将渐变色设为从黑色到白色，如图 7-77 所示，单击“确定”按钮。选择属性栏中的“菱形渐变”按钮，在图像窗口中由左上方至右下方拖曳渐变。在“图层”控制面板中将“渐变映射 1”图层的“混合模式”设为“叠加”，图像效果如图 7-78 所示。

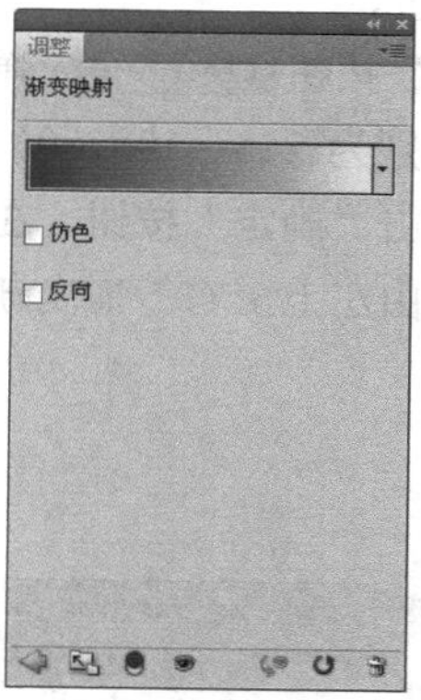

图 7-76

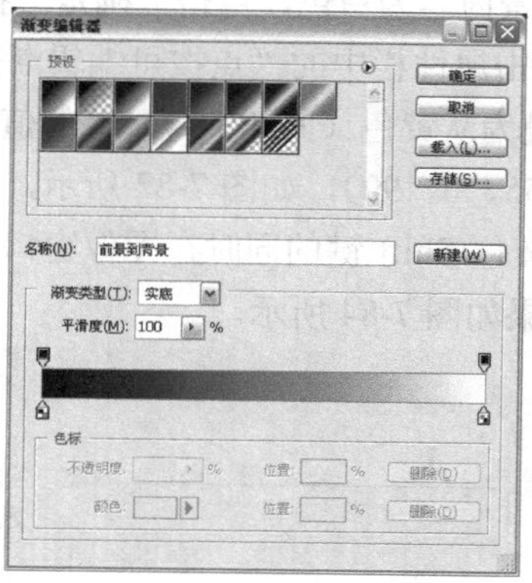

图 7-77

图 7-78

步骤 5 单击“图层”控制面板下方的“创建新的填充或调整图层”按钮，在弹出的菜单中选择“色相/饱和度”命令，在“图层”控制面板中生成“色相/饱和度 2”图层，同时在弹出的“色相/饱和度”面板中进行设置，如图 7-79 所示，图像效果如图 7-80 所示。

步骤 6 按 Ctrl+O 组合键，打开光盘中的“Ch07 > 素材 > 绚彩效果 > 04”文件，选择“移动”工具，将文字拖曳到图像窗口中，效果如图 7-81 所示，在“图层”控制面板中生成新的图层并将其命名为“说明文字”。绚彩效果制作完成。

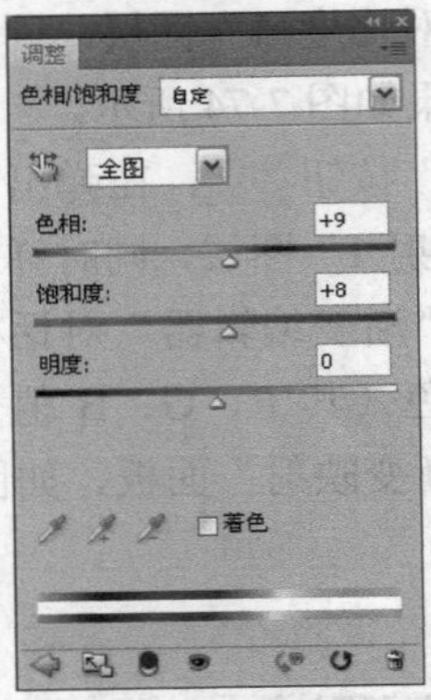

图 7-79

图 7-80

图 7-81

7.1.6 背景图案效果

知识要点		使用“渐变”工具绘制背景；使用“定义图案”命令定义背景图案；使用“图案”命令填充背景图案；使用“混合模式”选项调整图案的颜色；使用“添加图层蒙版”按钮和“渐变”工具制作渐变矩形渐隐效果
	素材文件	素材 > Ch07 > 背景图案效果 > 01、02、03
	最终效果	效果 > Ch07 > 背景图案效果

1. 制作背景

步骤 1 按 Ctrl+N 组合键，新建一个文件：宽度为 21 厘米，高度为 21 厘米，分辨率为 300 像素/英寸，颜色模式为 RGB，背景内容为白色，单击“确定”按钮。

步骤 2 选择“渐变”工具，单击属性栏中的“点按可编辑渐变”按钮，弹出“渐变编辑器”对话框，将渐变色设为从黄色（其 R、G、B 的值分别为 255、198、0）到桃红色（其 R、G、B 的值分别为 255、0、90），如图 7-82 所示，单击“确定”按钮。在属性栏中选择“线性渐变”按钮，按住 Shift 键的同时在图像窗口中由左上至右下拖曳渐变，编辑状态如图 7-83 所示，渐变效果如图 7-84 所示。

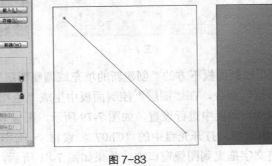

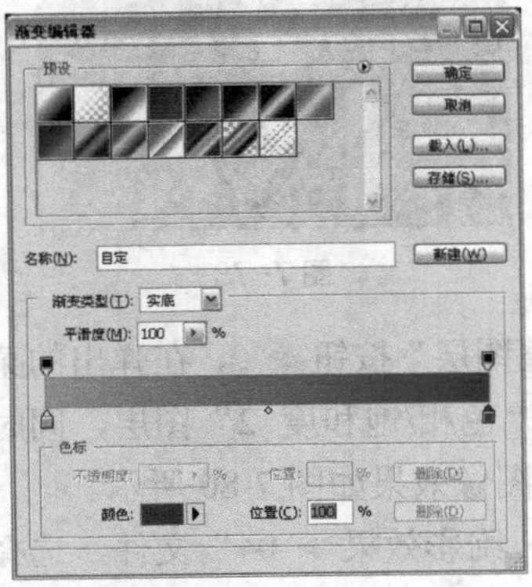

图 7-82

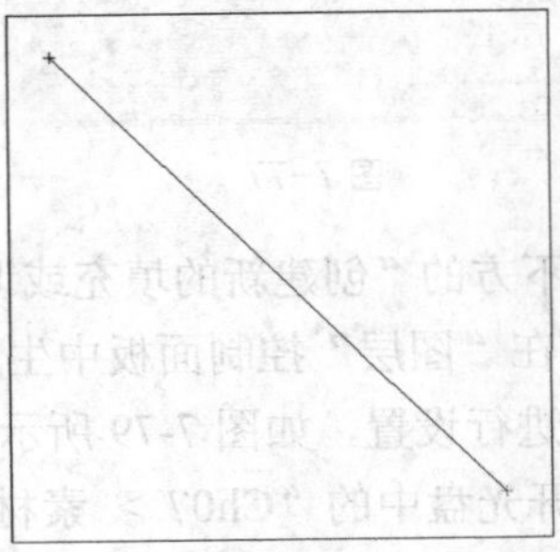

图 7-83

图 7-84

步骤 3 按 Ctrl+O 组合键，打开光盘中的“Ch07 > 素材 > 背景图案效果 > 01”文件，效果如图 7-85 所示。

步骤 4 选择“编辑 > 定义图案”命令，弹出“图案名称”对话框，如图 7-86 所示，单击“确定”按钮。

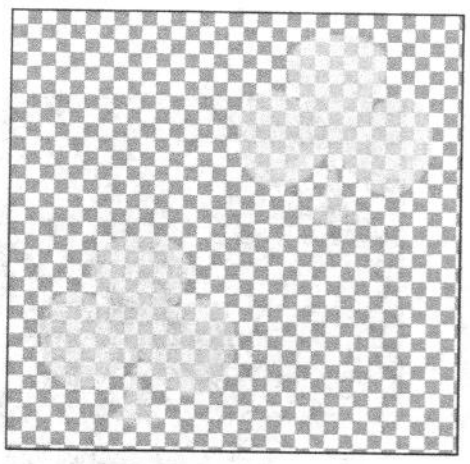

图 7-85

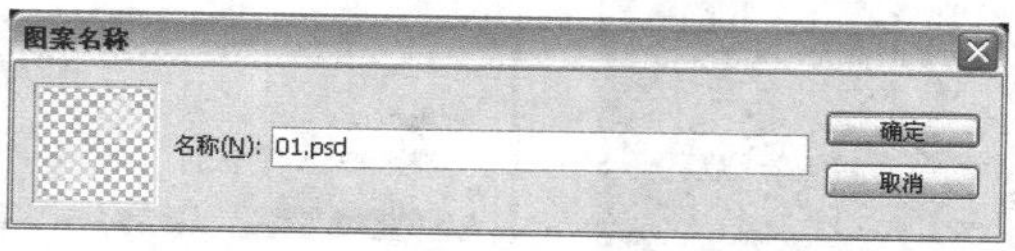

图 7-86

步骤 5 单击“图层”控制面板下方的“创建新的填充或调整图层”按钮，在弹出的菜单中选择“图案”命令，在“图层”控制面板中生成“图案填充 1”图层，同时在弹出的“图案填充”对话框中进行设置，如图 7-87 所示，单击“确定”按钮，图像效果如图 7-88 所示。

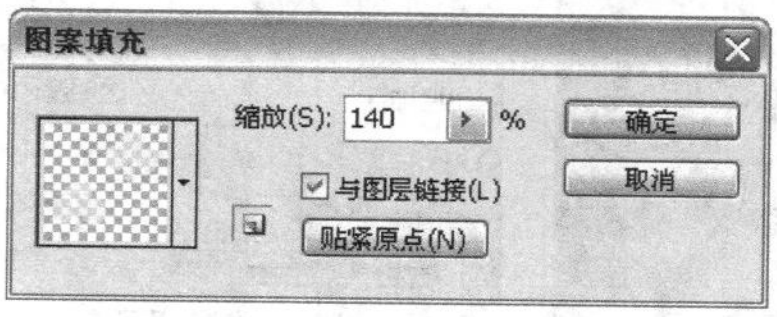

图 7-87

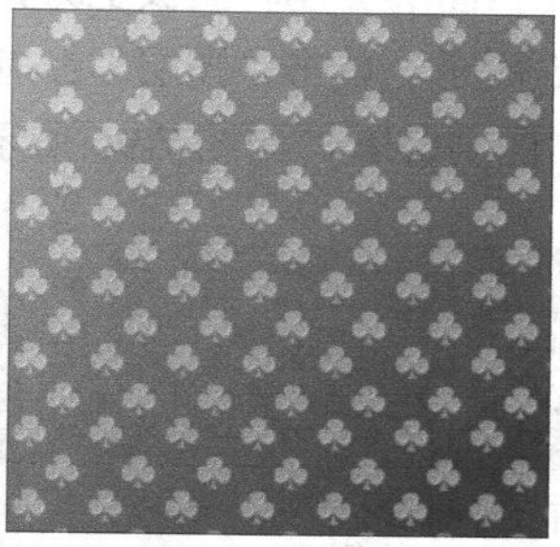

图 7-88

步骤 6 在“图层”控制面板上方，将“混合模式”设为“柔光”，如图 7-89 所示，图像效果如图 7-90 所示。

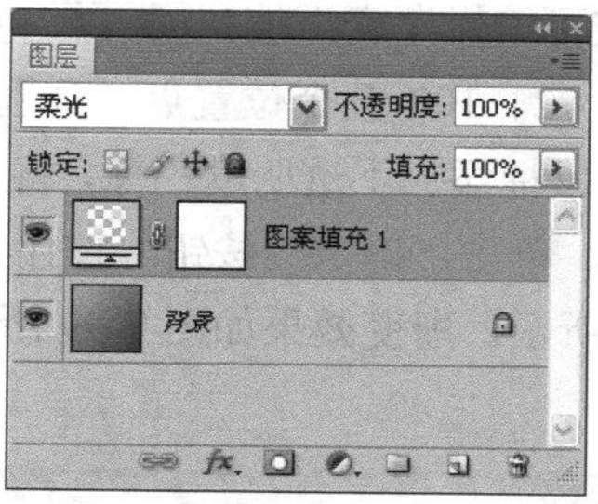

图 7-89

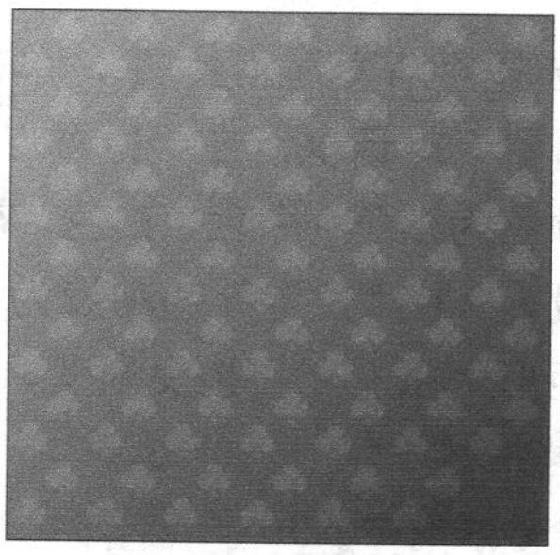

图 7-90

2. 绘制渐变矩形

步骤 1 新建图层并将其命名为“渐变矩形”。选择“矩形选框”工具，在图像窗口中绘制出矩形选区，如图 7-91 所示。

步骤 2 选择“渐变”工具，单击属性栏中的“点按可编辑渐变”按钮，弹出“渐变编辑器”对话框，将渐变色设为从紫红色（其 R、G、B 的值分别为 186、31、160）到蓝色（其 R、G、B 的值分别为 55、72、198），选中左侧的色标，将“位置”选项设为 24，如图 7-92 所示，单击“确定”按钮。在属性栏中选择“线性渐变”按钮，按住 Shift 键的同时在矩形选区中由左至右拖曳渐变，松开鼠标左键，按 Ctrl+D 组合键，取消选区，效果如图 7-93 所示。

图 7-91

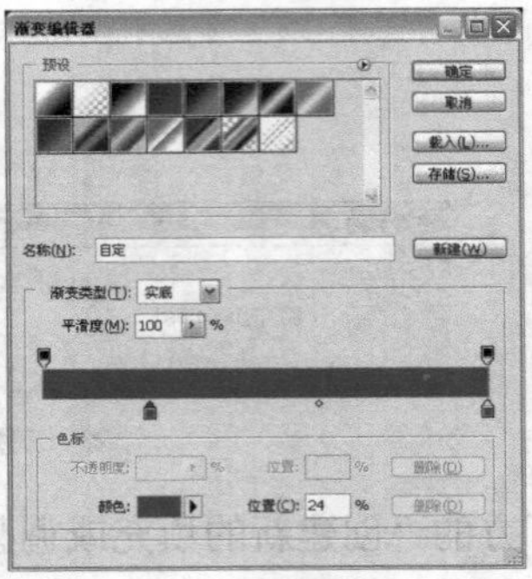

图 7-92

图 7-93

步骤 3 在“图层”控制面板上方，将“混合模式”设为“线性加深”，如图 7-94 所示，效果如图 7-95 所示。单击“图层”控制面板下方的“添加图层蒙版”按钮，为“矩形渐变”图层添加图层蒙版，如图 7-96 所示。

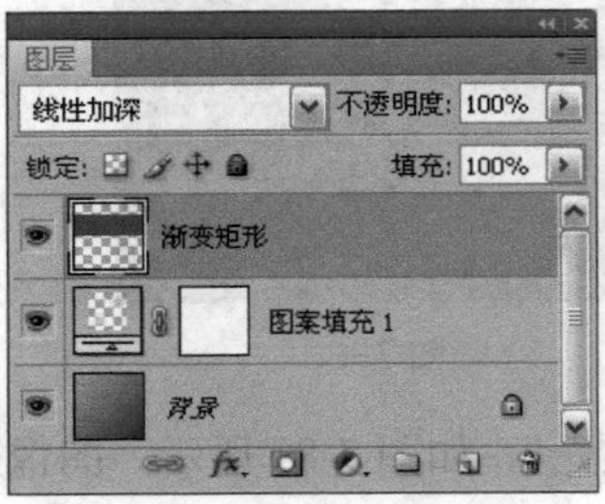

图 7-94

图 7-95

图 7-96

步骤 4 选择“渐变”工具，单击属性栏中的“点按可编辑渐变”按钮，弹出“渐变编辑器”对话框，在“位置”选项中分别输入 0、72、100 几个位置点，分别设置几个位置点颜色为黑色、白色、白色，在渐变色带上方单击鼠标添加不透明度色标，将“不透明度”选项设为 50，“位置”选项设为 70，如图 7-97 所示，单击“确定”按钮。按住 Shift 键的同时在矩形上由左至右拖曳渐变，编辑状态如图 7-98 所示，渐变效果如图 7-99 所示。

图 7-97

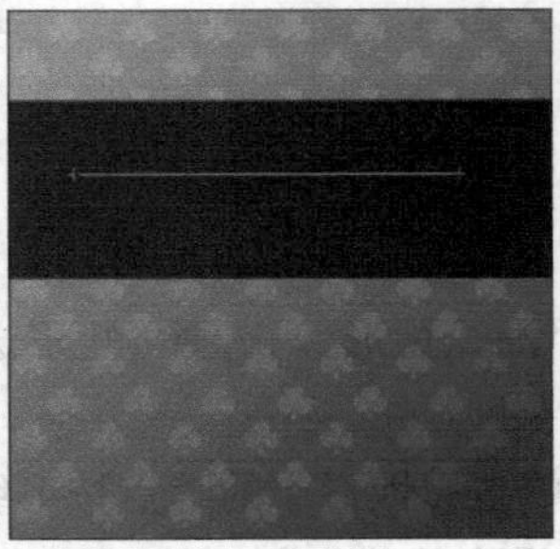

图 7-98

图 7-99

3. 添加图片

步骤 1 按 Ctrl+O 组合键，打开光盘中的“Ch07 > 素材 > 背景图案效果 > 02、03”文件，效果如图 7-100、图 7-101 所示。

步骤 2 选择“移动”工具，将 02 图片、03 文字拖曳到图像窗口中的适当位置，效果如图 7-102 所示，在“图层”控制面板中分别生成新的图层并将其命名为“女孩图片”、“装饰文字”。背景图案效果制作完成。

图 7-100

图 7-101

图 7-102

7.1.7 栅格特效

知识要点		使用“混合模式”选项调整图像的颜色；使用“马赛克”滤镜命令制作图像马赛克效果；使用“椭圆选框”工具绘制装饰圆形
	素材文件	素材 > Ch07 > 栅格特效 > 01、02
	最终效果	效果 > Ch07 > 栅格特效

1. 调整图像的颜色

步骤 1 按 Ctrl+O 组合键，打开光盘中的“Ch07 > 素材 > 栅格特效 > 01”文件，效果如图 7-103 所示。选择“图层”控制面板，将“背景”图层拖曳到控制面板下方的“创建新图层”按钮上进行复制，生成新的“背景 副本”图层。将“背景 副本”图层的“混合模式”设为“叠加”，如图 7-104 所示，图像效果如图 7-105 所示。

图 7-103

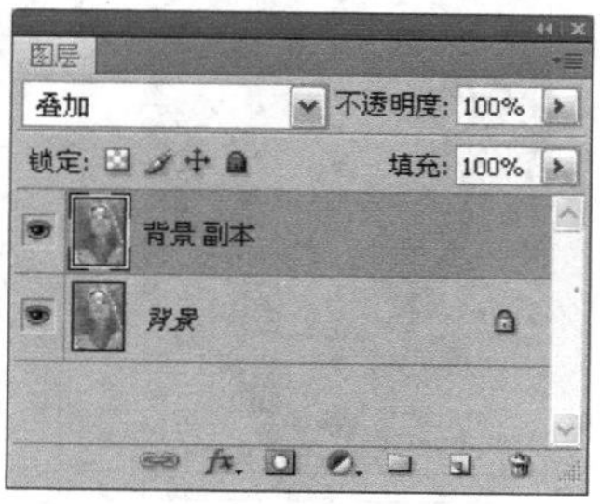

图 7-104

图 7-105

步骤 2 将“背景 副本”图层拖曳到控制面板下方的“创建新图层”按钮上进行复制，生成新的 “背景 副本 2”图层。选择“滤镜 > 像素化 > 马赛克”命令，在弹出的对话框中进行设置，如图 7-106 所示，单击“确定”按钮，图像效果如图 7-107 所示。在“图层”控制面板上方将“背景 副本 2”图层的“混合模式”设为“强光”，图像效果如图 7-108 所示。

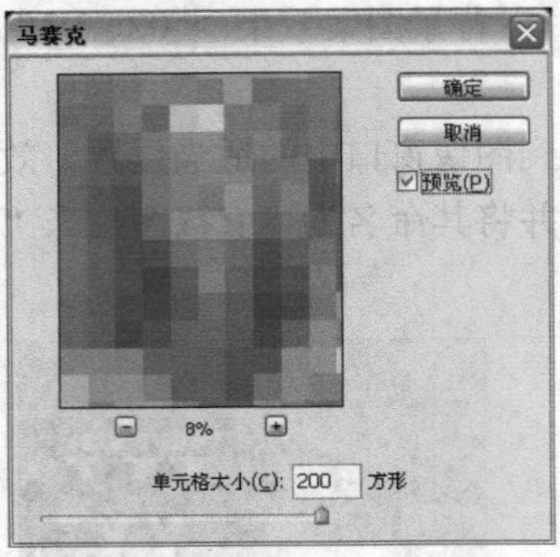

图 7-106

图 7-107

图 7-108

步骤 3 按 Ctrl+O 组合键，打开光盘中的“Ch07 > 素材 > 栅格特效 > 02”文件，选择“移动”工具，拖曳文字到图像窗口中的下方，效果如图 7-109 所示，在“图层”控制面板中生成新的图层并将其命名为“文字”，如图 7-110 所示。

图 7-109

图 7-110

2. 绘制装饰圆形

步骤 1 新建图层并将其命名为“圆形”。选择“椭圆选框”工具，按住 Shift 键的同时在图像窗口中的右下方绘制一个圆形选区，如图 7-111 所示。单击属性栏中的“从选区减去”按钮，在选区内部再绘制一个圆形选区，如图 7-112 所示。将前景色设为白色，用前景色填充选区并取消选区，效果如图 7-113 所示。

图 7-111

图 7-112

图 7-113

步骤 2 在“图层”控制面板上方，将“圆形”图层的“混合模式”设为“叠加”，“不透明度”选项设为 62%，如图 7-114 所示，图像效果如图 7-115 所示。

图 7-114

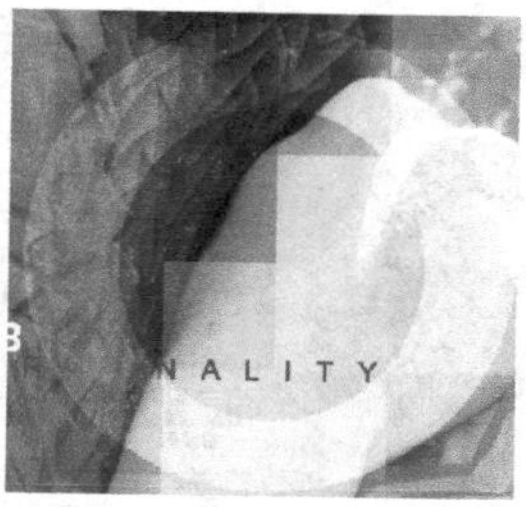

图 7-115

步骤 3 将“圆形”图层拖曳到“图层”控制面板下方的“创建新图层”按钮 上进行复制，生成新的图层“圆形 副本”。选择“移动”工具，拖曳复制的圆形到适当的位置。按 Ctrl+T 组合键，图形周围出现控制手柄，调整图形的大小，按 Enter 键确定操作，效果如图 7-116 所示。栅格特效制作完成，效果如图 7-117 所示。

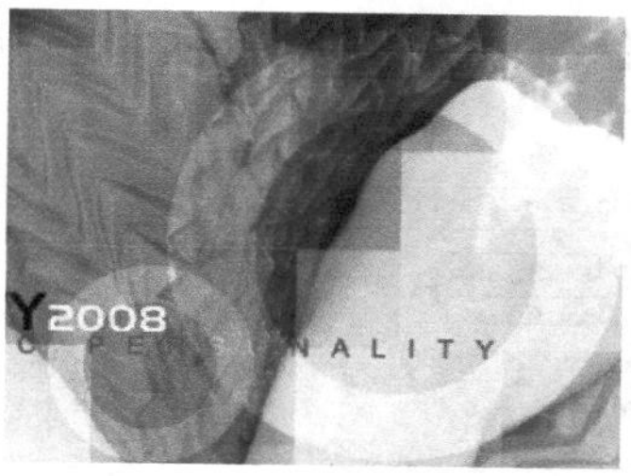

图 7-116

图 7-117

7.1.8 彩色铅笔效果

知识要点		使用“颗粒”滤镜命令添加图片颗粒效果；使用“画笔描边”滤镜命令添加图片描边效果；使用“查找边缘”滤镜命令调整图片色调；使用“影印”滤镜命令制作图片影印效果
	素材文件	素材 > Ch07 > 彩色铅笔效果 > 01
	最终效果	效果 > Ch07 > 彩色铅笔效果

1. 添加图片颗粒效果

步骤 1 按 Ctrl+O 组合键，打开光盘中的“Ch07 > 素材 > 彩色铅笔效果 > 01”文件，效果如图 7-118 所示。

步骤 2 将“背景”图层拖曳到“图层”控制面板下方的“创建新图层”按钮 上进行复制，生成新的图层“背景副本”，如图 7-119 所示。

图 7-118

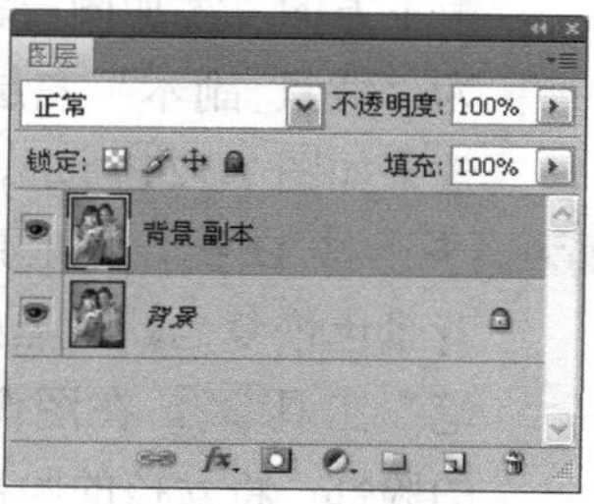

图 7-119

步骤 3 选择“滤镜 > 纹理 > 颗粒”命令，在弹出的对话框中进行设置，如图 7-120 所示，单击“确定”按钮，图像效果如图 7-121 所示。

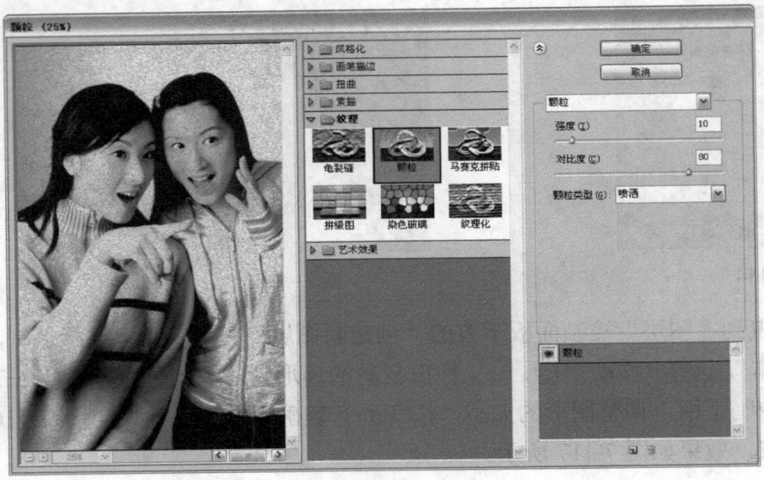

图 7-120

图 7-121

步骤 4 选择“滤镜 > 画笔描边 > 成角的线条”命令，在弹出的对话框中进行设置，如图 7-122 所示，单击“确定”按钮，效果如图 7-123 所示。

图 7-122

图 7-123

步骤 5 将“背景 副本”图层连续两次拖曳到“图层”控制面板下方的“创建新图层”按钮 上进行复制，生成“背景 副本 2”和“背景 副本 3”图层，并隐藏这两个图层。选中“背景 副本”图层，单击“图层”控制面板下方的“添加图层蒙版”按钮 ，为“背景 副本”图层添加图层蒙版，效果如图 7-124 所示。

步骤 6 按 D 键，将工具箱中的前景色和背景色恢复为默认黑白两色。选择“画笔”工具 ，在图像窗口中涂抹女孩的脸部，将女孩的脸部显示，效果如图 7-125 所示。

图 7-124

图 7-125

2. 制作彩色铅笔效果

步骤 1 显示并选中“背景 副本 3”图层。选择“滤镜 > 风格化 > 查找边缘”命令，效果如图 7-126 所示。将“背景 副本 3”图层的“混合模式”设为“叠加”，将“不透明度”选项设为 80%，如图 7-127 所示，图像效果如图 7-128 所示。

图 7-126

图 7-127

图 7-128

步骤 2 显示并选中“背景 副本 2”图层。选择“滤镜 > 素描 > 影印”命令，在弹出的对话框中进行设置，如图 7-129 所示，单击“确定”按钮，图像效果如图 7-130 所示。

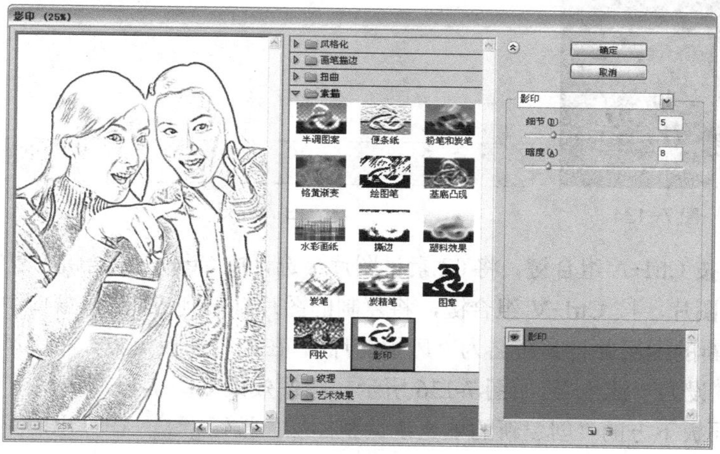

图 7-129

图 7-130

步骤 3 将“背景 副本 2”图层的“混合模式”设为“颜色加深”，将“不透明度”选项设为 80%，如图 7-131 所示，图像效果如图 7-132 所示。彩色铅笔效果制作完成。

图 7-131

图 7-132

7.2 风光照片特效

7.2.1 阳光效果

知识要点		使用“混合模式”选项和“色相/饱和度”命令调整图片色调效果；使用“镜头光晕”命令制作阳光效果
	素材文件	素材 > Ch07 > 阳光效果 > 01、02、03
	最终效果	效果 > Ch07 > 阳光效果

1. 添加并调整图片色调

步骤 1 按 Ctrl+O 组合键，打开光盘中的“Ch07 > 素材 > 阳光效果 > 01、02、03”文件，效果如图 7-133、图 7-134、图 7-135 所示。

图 7-133

图 7-134

图 7-135

步骤 2 选择 02 素材图片，按 Ctrl+A 组合键，将 02 素材图片全选，按 Ctrl+C 组合键，复制 02 素材图片。选择 01 素材图片，按 Ctrl+V 组合键，将复制的图片粘贴到 01 图像窗口中，在“图层”控制面板中生成新的图层并将其命名为“风景图片”。在控制面板上方，将“风景图片”图层的“混合模式”设为“滤色”，如图 7-136 所示，图像效果如图 7-137 所示。

步骤 3 单击“图层”控制面板下方的“创建新的填充或调整图层”按钮，在弹出的菜单中选择“色相/饱和度”命令，在“图层”控制面板中生成“色相/饱和度 1”图层，同时在弹出的“色相/饱和度”面板中进行设置，如图 7-138 所示，图像效果如图 7-139 所示。

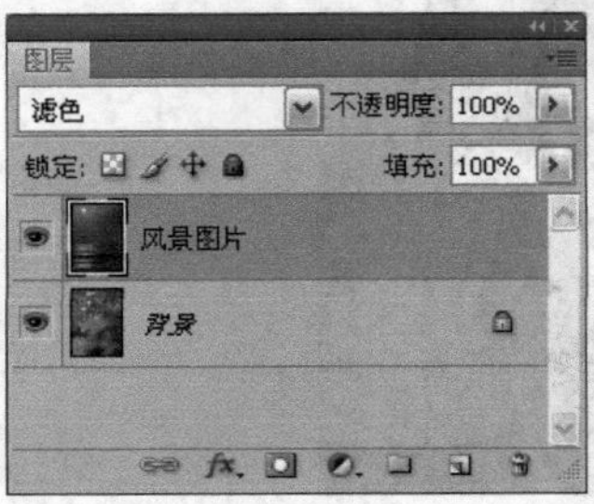

图 7-136

图 7-137

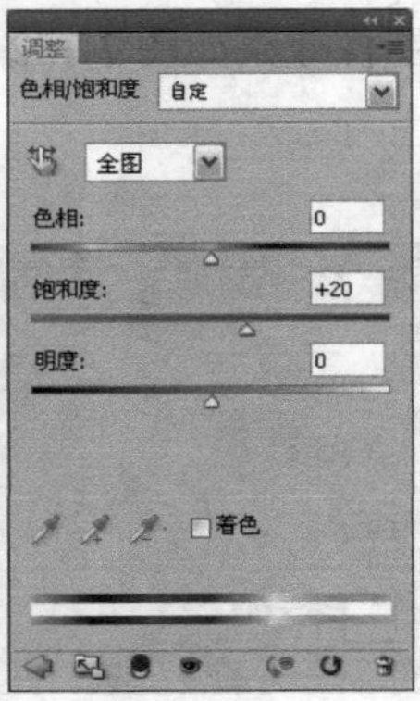

图 7-138

图 7-139

2. 制作图片光晕效果

步骤 1 新建图层并将其命名为“镜头光晕”。将前景色设置为黑色，按 Alt+Delete 组合键，用前景色填充“镜头光晕”图层，如图 7-140 所示。选择“滤镜 > 渲染 > 镜头光晕”命令，在弹出的对话框中进行设置，如图 7-141 所示，单击“确定”按钮，效果如图 7-142 所示。

图 7-140

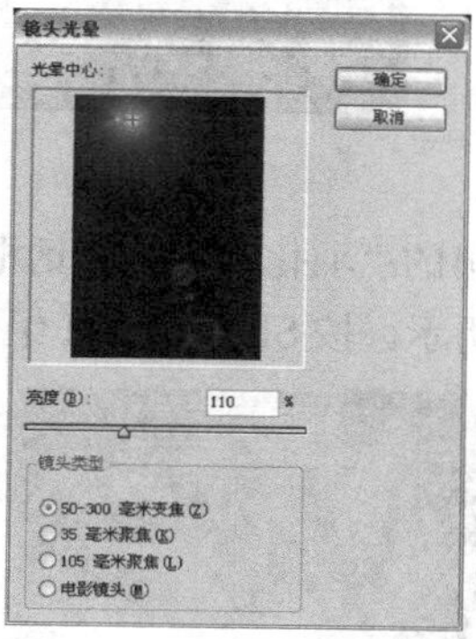

图 7-141

图 7-142

步骤 2 在“图层”控制面板中将“镜头光晕”图层的“混合模式”设为“滤色”，如图 7-143 所示，图像效果如图 7-144 所示。

步骤 3 选择“移动”工具，将 03 文字拖曳到图像窗口中的适当位置，效果如图 7-145 所示，在“图层”控制面板中生成新的图层并将其命名为“说明文字”。阳光效果制作完成。

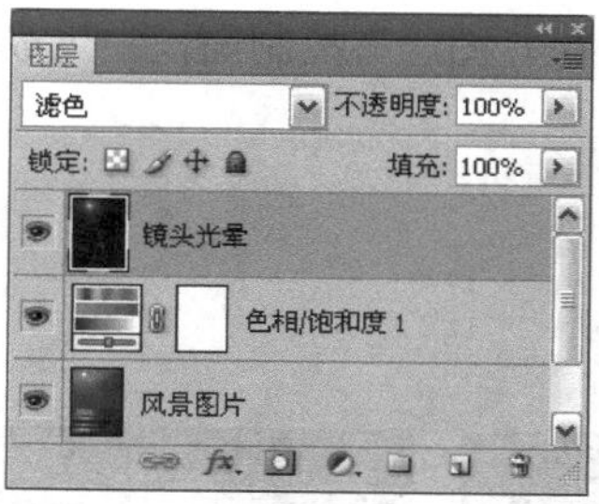

图 7-143

图 7-144

图 7-145

7.2.2 小景深效果

知识要点		使用“磁性套索”工具勾出荷花；使用“羽化”命令将选区羽化；使用“高斯模糊”滤镜命令添加荷花的模糊效果；使用“画笔”工具绘制星光
	素材文件	素材 > Ch07 > 小景深效果 > 01、02
	最终效果	效果 > Ch07 > 小景深效果

1. 勾出荷花并添加模糊效果

步骤 1 按 Ctrl+O 组合键，打开光盘中的“Ch07 > 素材 > 小景深效果 > 01”文件，效果如图 7-146 所示。选择“磁性套索”工具，沿着荷花边缘绘制荷花的轮廓，如图 7-147 所示，松开鼠标，效果如图 7-148 所示。

图 7-146

图 7-147

图 7-148

步骤 2 按 Shift+F6 组合键，在弹出的“羽化选区”对话框中进行设置，如图 7-149 所示，单击“确定”按钮，效果如图 7-150 所示。按 Shift+Ctlr+I 组合键，将选区反选，如图 7-151 所示。

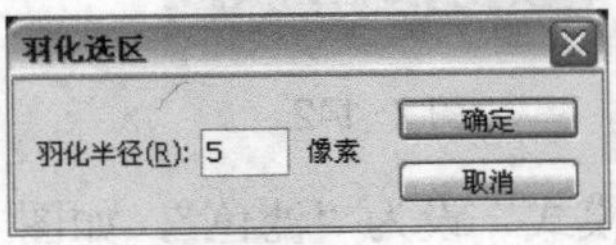

图 7-149

图 7-150

图 7-151

步骤 3 选择“滤镜 > 模糊 > 高斯模糊”命令，在弹出的对话框中进行设置，如图 7-152 所示，单击“确定”按钮，效果如图 7-153 所示。

步骤 4 打开光盘中的“Ch07 > 素材 > 小景深效果 > 02”文件。选择“移动”工具，拖曳文字到图像窗口中的右下方，效果如图 7-154 所示，在“图层”控制面板中生成新的图层并将其命名为“文字”。

图 7-152

图 7-153

图 7-154

2. 绘制星光图形

步骤 1 新建图层并将其命名为“装饰画笔”。将前景色设为白色。选择“画笔”工具，在属性栏中单击“画笔”选项右侧的按钮，弹出画笔选择面板，在画笔选择面板中选择需要的画笔形状，其他选项的设置如图 7-155 所示。在图像窗口中的左上方单击鼠标，效果如图 7-156 所示。在键盘上按[键、] 键，调整画笔的大小，分别在图像窗口中适当的位置单击鼠标，效果如图 7-157 所示。

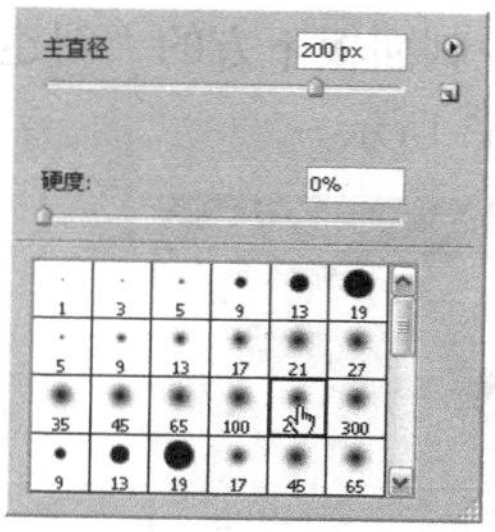

图 7-155

图 7-156

图 7-157

步骤 2 单击属性栏中的“切换画笔面板”按钮，弹出“画笔”控制面板，选择“画笔笔尖形状”选项，在弹出的相应面板中进行设置，如图 7-158 所示；勾选“散布”选项，在弹出的相应面板中进行设置，如图 7-159 所示；勾选“双重画笔”选项，在弹出的相应面板中进行设置，如图 7-160 所示。在图像窗口中拖曳鼠标指针进行绘制，效果如图 7-161 所示。小景深效果制作完成。

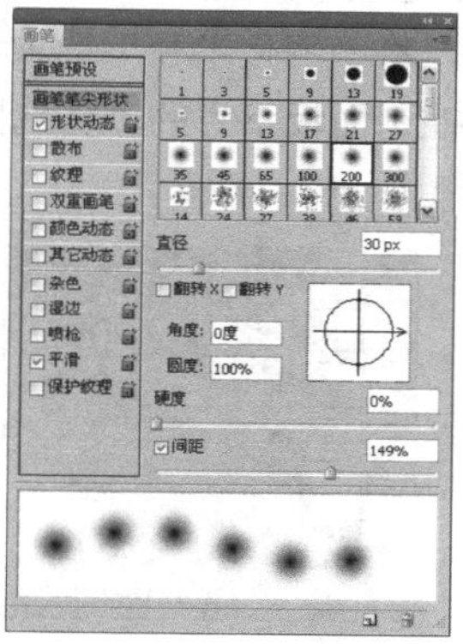

图 7-158

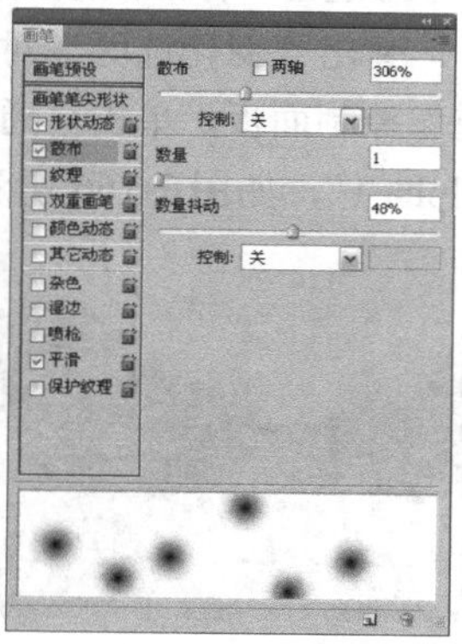

图 7-159

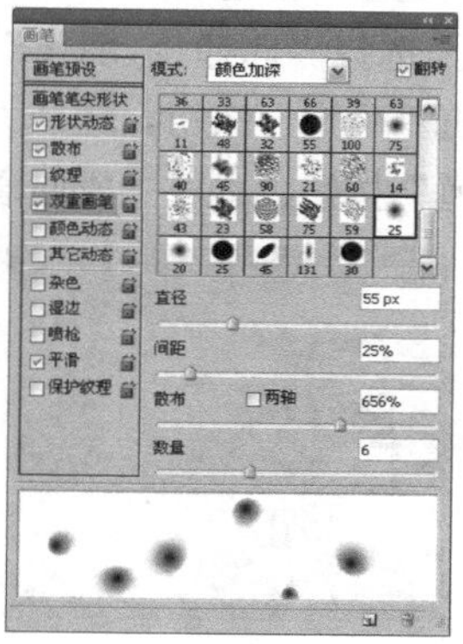

图 7-160

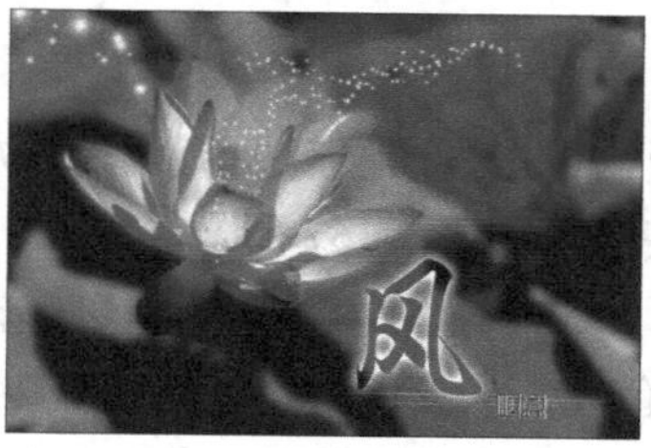

图 7-161

7.2.3 雾天效果

知识要点		使用“多边形套索”工具绘制选区；使用“添加图层蒙版”按钮和“渐变”工具制作雾天效果
	素材文件	素材 ＞Ch07＞ 雾天效果 ＞01、02
	最终效果	效果 ＞Ch07＞ 雾天效果

1. 添加图片并绘制选区

步骤 1 按 Ctrl+O 组合键，打开光盘中的“Ch07 ＞ 素材 ＞ 雾天效果 ＞ 01”文件，效果如图

7-162 所示。在“图层”控制面板中，将“背景”图层拖曳到控制面板下方的“创建新图层”按钮上进行复制，生成新的图层“背景 副本”，如图 7-163 所示。

图 7-162

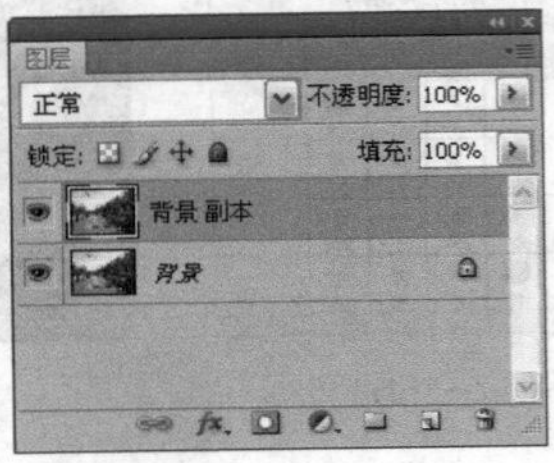

图 7-163

步骤 2 选中“背景”图层。将前景色设为白色，按 Alt+Delete 组合键，用前景色填充“背景”图层，如图 7-164 所示。选中“背景 副本”图层，选择“磁性套索”工具，沿着图像窗口右上方的边缘拖曳鼠标指针，绘制选区。选择“多边形套索”工具，在属性栏中选中“添加到选区”按钮，绘制一个多边形选区，添加到刚刚绘制的选区中，效果如图 7-165 所示。

步骤 3 选择“选择 > 羽化”命令，弹出“羽化选区”对话框，将“羽化半径”选项设为 10，单击“确定”按钮。选择“通道”控制面板，单击“通道”控制面板下方的“将选区存储为通道”按钮，生成通道“Alpha 1”，如图 7-166 所示。

图 7-164

图 7-165

图 7-166

2. 制作雾天效果

步骤 1 选择“图层”控制面板，单击“图层”控制面板下方的“添加图层蒙版”按钮，为“背景 副本”图层添加蒙版，如图 7-167 所示。

步骤 2 选择“渐变”工具，单击属性栏中的“点按可编辑渐变”按钮，弹出“渐变编辑器”对话框，将渐变色设为从黑色到白色，如图 7-168 所示，单击“确定”按钮。选择属性栏中的“线性渐变”按钮，在图像窗口中由左上方至右下方拖曳渐变，图像效果如图 7-169 所示。

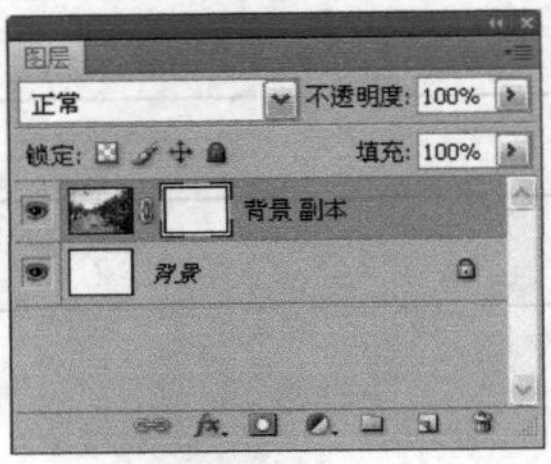

图 7-167

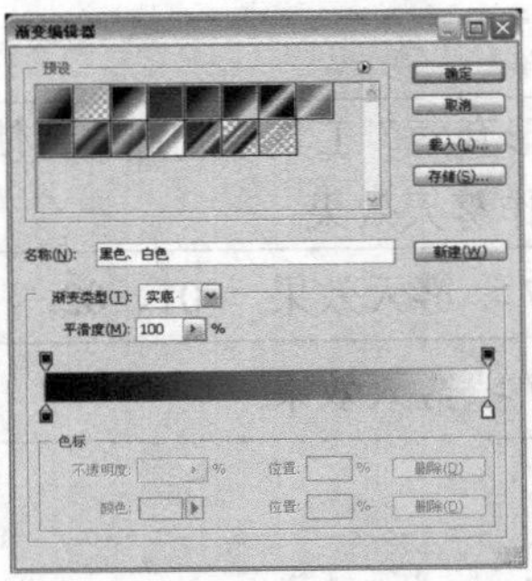

图 7-168

图 7-169

步骤 3 选择“通道”控制面板，按住 Ctrl 键的同时单击“Alpha 1”通道的缩览图，图像周围生成选区。将前景色设为浅灰色（其 R、G、B 值分别为 212、212、212），按 Alt+Delete 组合键，用前景色填充选区，按 Ctrl+D 组合键，取消选区，如图 7-170 所示。

步骤 4 按 Ctrl+O 组合键，打开光盘中的“Ch07 > 素材 > 雾天效果 > 02”文件，选择“移动”工具，将文字拖曳到图像窗口的右下方，效果如图 7-171 所示，在“图层”控制面板中生成新的图层并将其命名为“说明文字”。雾天效果制作完成。

图 7-170

图 7-171

7.2.4 下雪效果

知识要点		使用“点状化”滤镜命令添加图片点状化效果；使用“去色”命令和“混合模式”选项调整图片的颜色
	素材文件	素材 > Ch07 > 下雪效果 > 01、02
	最终效果	效果 > Ch07 > 下雪效果

1. 添加图片点状化效果

步骤 1 按 Ctrl+O 组合键，打开光盘中的“Ch07 > 素材 > 下雪效果 > 01”文件，效果如图 7-172 所示。

步骤 2 选择“图层”控制面板，将“背景”图层拖曳到控制面板下方的“创建新图层”按钮上进行复制，生成新的图层“背景 副本”，如图 7-173 所示。

图 7-172

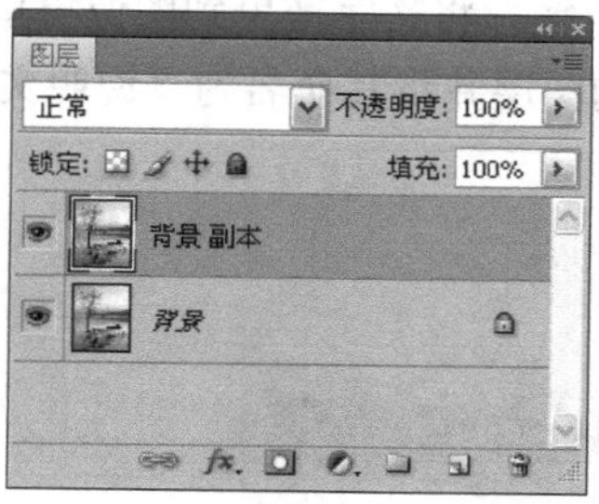

图 7-173

步骤 3 将背景色设为白色。选择“滤镜 > 像素化 > 点状化”命令，在弹出的“点状化”对话框中进行设置，如图 7-174 所示，单击“确定”按钮，图像效果如图 7-175 所示。

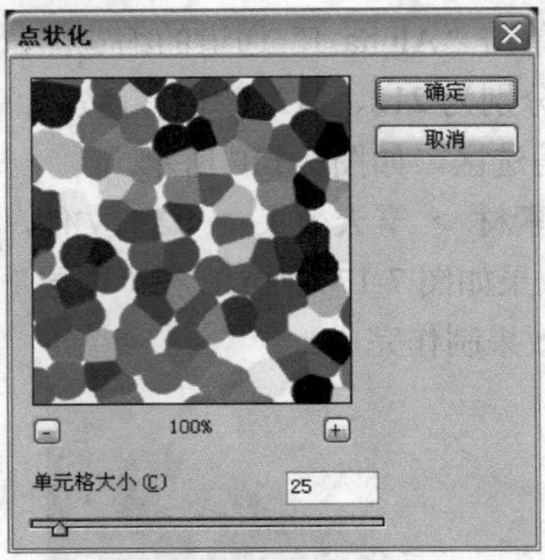

图 7-174

图 7-175

2. 制作下雪效果

步骤 1 选择“滤镜 > 模糊 > 动感模糊”命令，在弹出的“动感模糊”对话框中进行设置，如图 7-176 所示，单击“确定”按钮，图像效果如图 7-177 所示。

步骤 2 选择“图像 > 调整 > 去色”命令，将图像去色。在“图层”控制面板的上方，将“背景 副本”图层的“混合模式”设为“滤色”，如图 7-178 所示，图像效果如图 7-179 所示。

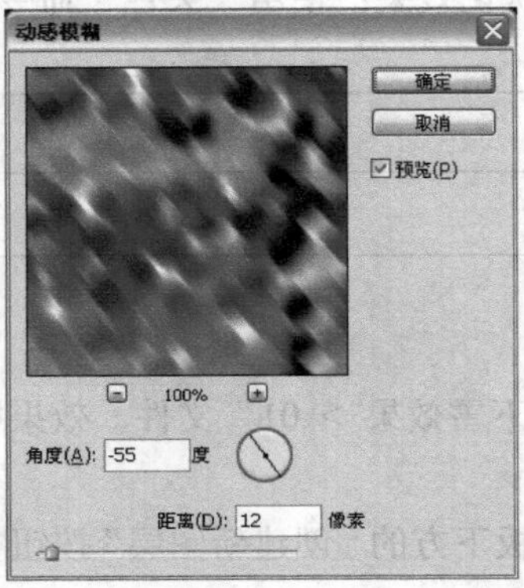

图 7-176

图 7-177

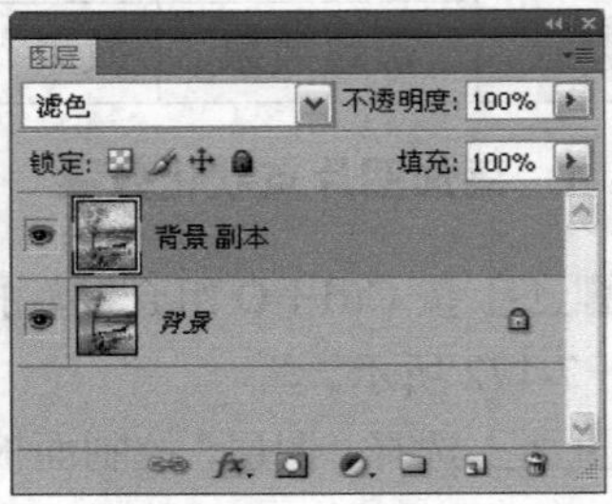

图 7-178

步骤 3 按 Ctrl+O 组合键，打开光盘中的“Ch07 > 素材 > 下雪效果 > 02”文件，选择“移动”工具，将文字拖曳到图像窗口的下方，效果如图 7-180 所示，在“图层”控制面板中生成新的图层并将其命名为“说明文字”。下雪效果制作完成，效果如图 7-181 所示。

图 7-179

图 7-180

图 7-181

7.2.5 铅笔素描效果

知识要点		使用“去色”命令将图片去色；使用“混合模式”选项、“高斯模糊”滤镜命令制作图片素描效果
	素材文件	素材 > Ch07 > 铅笔素描效果 > 01、02、03
	最终效果	效果 > Ch07 > 铅笔素描效果

1. 制作素描效果

步骤 1 按 Ctrl+O 组合键，打开光盘中的“Ch07 > 素材 > 铅笔素描效果 > 01”文件，效果如图 7-182 所示。选择“图像 > 调整 > 去色”命令，效果如图 7-183 所示。

图 7-182

图 7-183

步骤 2 将“背景”图层拖曳到“图层”控制面板下方的“创建新图层”按钮上进行复制，生成新的“背景 副本”图层，如图 7-184 所示。选择“图像 > 调整 > 反相”命令，效果如图 7-185 所示。将“背景 副本”图层的“混合模式”设为“颜色减淡”。

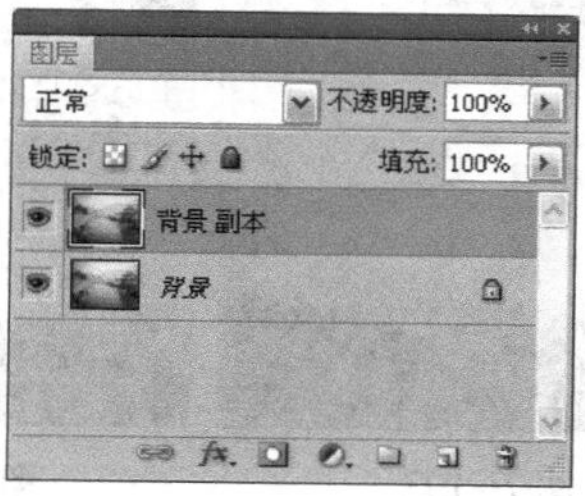

图 7-184

图 7-185

步骤 3 选择“滤镜 > 模糊 > 高斯模糊”命令，在弹出的对话框中进行设置，如图 7-186 所示，单击“确定”按钮，效果如图 7-187 所示。

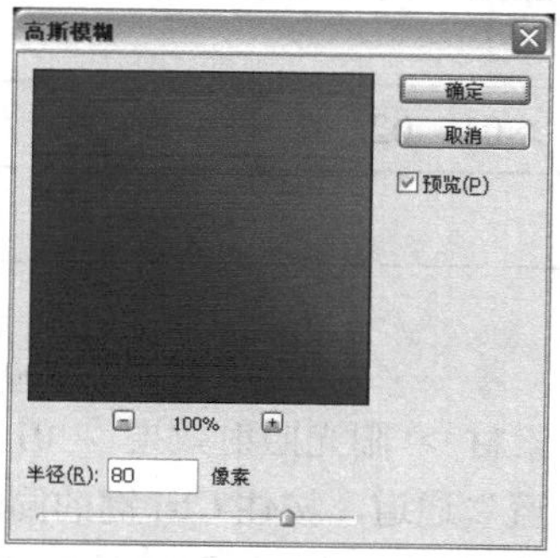

图 7-186

图 7-187

步骤 4 按住 Shift 键的同时在“图层”控制面板中选中“背景”图层，如图 7-188 所示，按 Ctrl+E 组合键，合并为“背景”图层。双击“背景”图层，在弹出的“新建图层”对话框中进行设置，如图 7-189 所示，单击“确定”按钮，图层效果如图 7-190 所示。

图 7-188

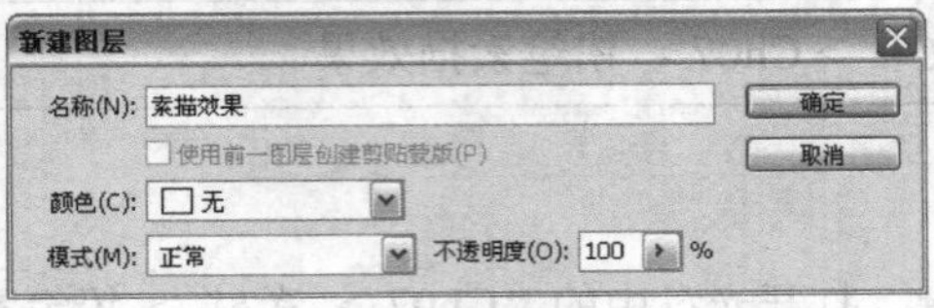

图 7-189

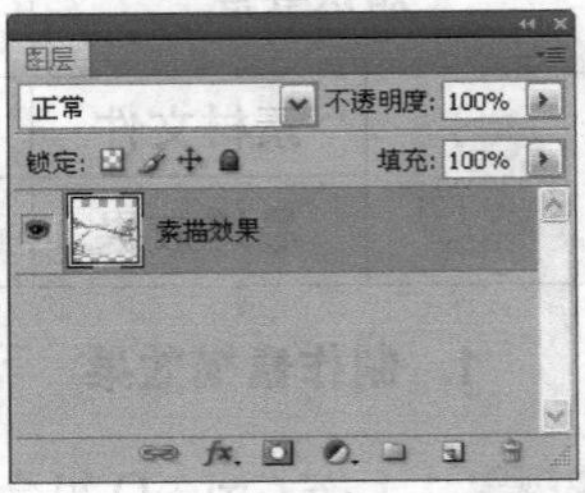

图 7-190

2. 添加图片

步骤 1 按 Ctrl+O 组合键，打开光盘中的“Ch07 > 素材 > 铅笔素描效果 > 02”文件，效果如图 7-191 所示。选择“移动”工具，拖曳 01 图片到 02 图像窗口中，在“图层”控制面板中生成新的图层并将其命名为“素描效果”。按 Ctrl+T 组合键，图像周围出现控制手柄，调整图像的大小，按 Enter 键确定操作，效果如图 7-192 所示。将“素描效果”图层的“混合模式”设为“正片叠底”，图像效果如图 7-193 所示。

步骤 2 按 Ctrl+O 组合键，打开光盘中的“Ch07 > 素材 > 铅笔素描效果 > 03”文件，选择“移动”工具，将文字拖曳到图像窗口中的左侧，效果如图 7-194 所示，在“图层”控制面板中生成新的图层并将其命名为“说明文字”。铅笔素描效果制作完成。

图 7-191

图 7-192

图 7-193

图 7-194

7.2.6 阳光照射效果

知识要点		使用“径向模糊”滤镜命令添加图片模糊效果；使用“亮度/对比度”命令调整图片色调效果
	素材文件	素材 > Ch07 > 阳光照射效果 > 01、02
	最终效果	效果 > Ch07 > 阳光照射效果

1. 添加图片模糊效果

步骤 1 按 Ctrl+O 组合键，打开光盘中的“Ch07 > 素材 > 阳光照射效果 > 01”文件，效果如图 7-195 所示。选择“通道”控制面板，选择“蓝”通道，按住 Ctrl 键的同时单击“蓝”通道的缩览图，图像周围生成选区，返回到“图层”控制面板，效果如图 7-196 所示。

图 7-195

图 7-196

步骤 2 按 Ctrl+J 组合键，复制选区中的图像，在“图层”控制面板中生成新的图层并将其命名为“阳光效果”，如图 7-197 所示。

步骤 3 选择“滤镜 > 模糊 > 径向模糊”命令，在弹出的对话框中进行设置，如图 7-198 所示，单击“确定”按钮，效果如图 7-199 所示。

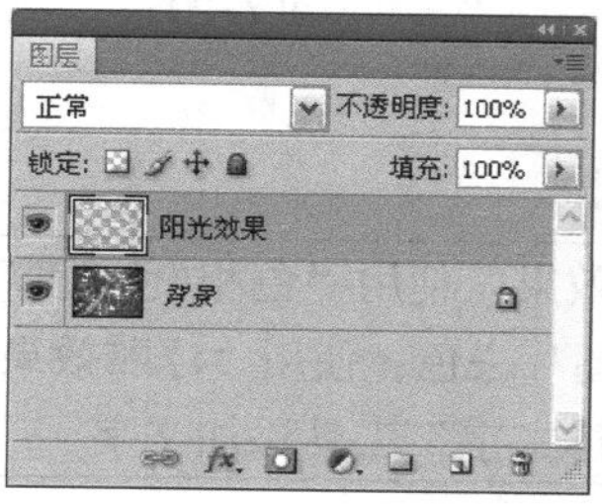

图 7-197

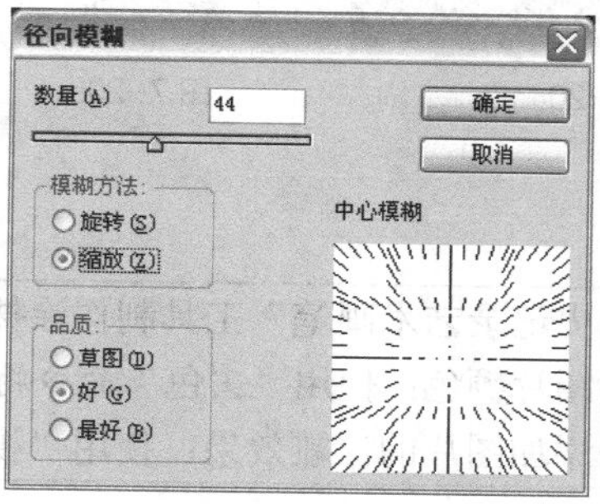

图 7-198

图 7-199

步骤 4 连续按两次 Ctrl+F 组合键，重复上一次应用过的“径向模糊”滤镜命令，效果如图 7-200 所示。将“阳光效果”图层拖曳到“图层”控制面板下方的“创建新图层”按钮上进行复制，生成新的图层“阳光效果 副本”，图像效果如图 7-201 所示。

步骤 5 按 Ctrl+O 组合键，打开光盘中的“Ch07 > 素材 > 阳光照射效果 > 02”文件，选择“移动”工具，将文字拖曳到图像窗口中的右下方，效果如图 7-202 所示，在“图层”控制面板中生成新的图层并将其命名为“说明文字”。

图 7-200

图 7-201

图 7-202

2. 调整图片色调

步骤 1 单击“图层”控制面板下方的“创建新的填充或调整图层”按钮，在弹出的菜单中选择“亮度/对比度”命令，在“图层”控制面板中生成“亮度/对比度 1”图层，同时在弹出的“亮度/对比度”面板中进行设置，如图 7-203 所示，图像效果如图 7-204 所示。

步骤 2 单击“图层”控制面板下方的“创建新的填充或调整图层”按钮，在弹出的菜单中选择“色相/饱和度”命令，在“图层”控制面板中生成“色相/饱和度 1”图层，同时在弹出的“色相/饱和度”面板中进行设置，如图 7-205 所示，图像效果如图 7-206 所示。阳光照射效果制作完成。

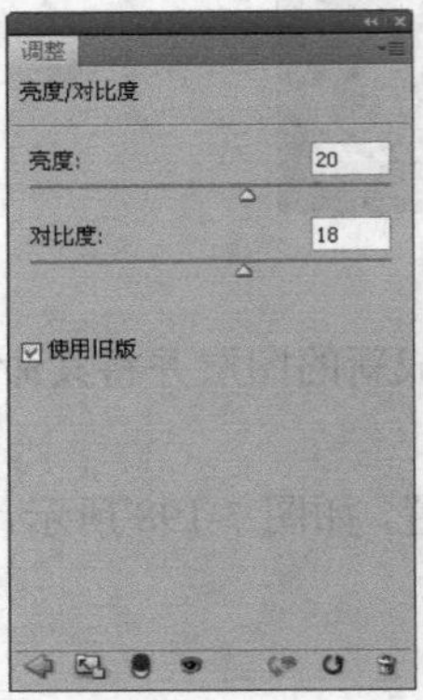

图 7-203

图 7-204

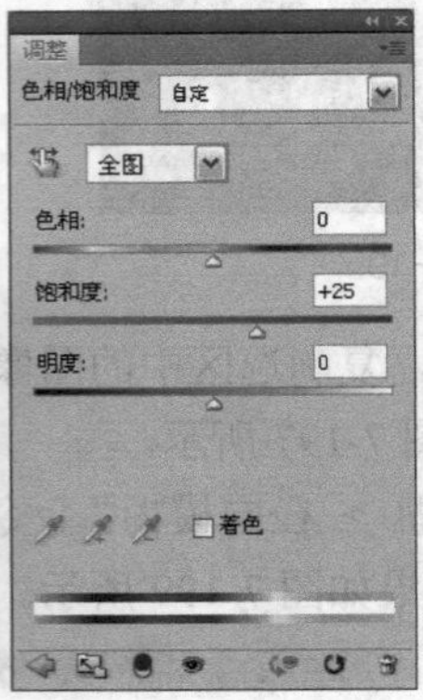

图 7-205

图 7-206

7.2.7 油画效果

知识要点		使用“历史记录艺术画笔”工具制作涂抹效果；使用“色相/饱和度”命令调整图片颜色；使用“去色”命令将图片去色；使用“浮雕效果”滤镜命令添加图片的浮雕效果；使用“横排文字”工具添加文字
	素材文件	素材 > Ch07 > 油画效果 > 01
	最终效果	效果 > Ch07 > 油画效果

1. 添加图片并新建图层

步骤 1 按 Ctrl+O 组合键，打开光盘中的“Ch07 > 素材 > 油画效果 > 01”文件，如图 7-207 所示。选择“窗口 > 历史记录”命令，弹出“历史记录”控制面板，单击控制面板右上方的图标，在弹出式菜单中选择“新建快照”命令，在弹出的对话框中进行设置，如图 7-208 所示，单击“确定”按钮。

图 7-207

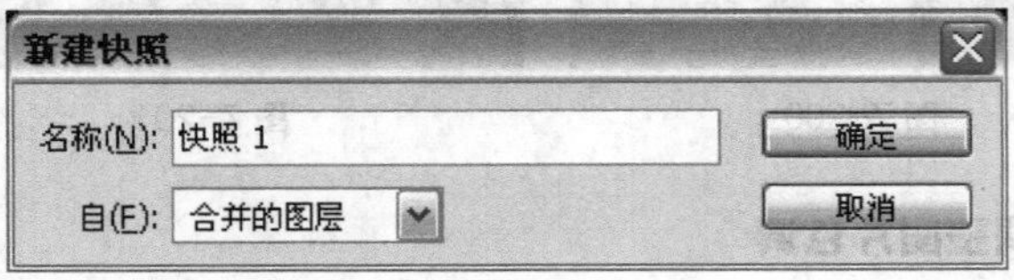

图 7-208

步骤 2 按 Ctrl+Shift+N 组合键，在弹出的对话框中进行设置，如图 7-209 所示，单击“确定”按钮，在“图层”控制面板中生成新的图层“黑色填充”。

步骤 3 将前景色设置为黑色，按 Alt+Delete 组合键，用前景色填充“黑色填充”图层。在“图层”控制面板上方，将“不透明度”选项设为80%，如图7-210所示，效果如图7-211所示。

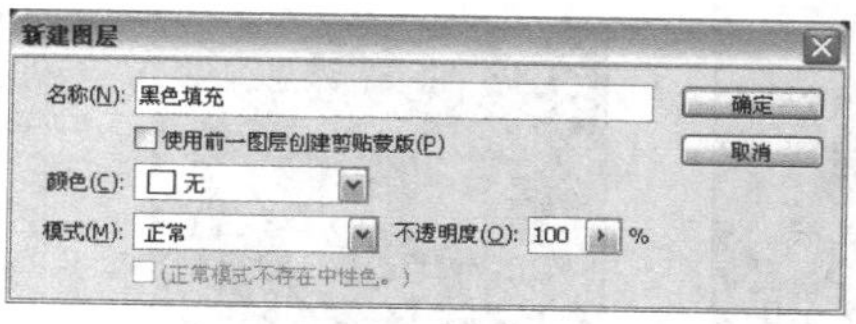

图7-209

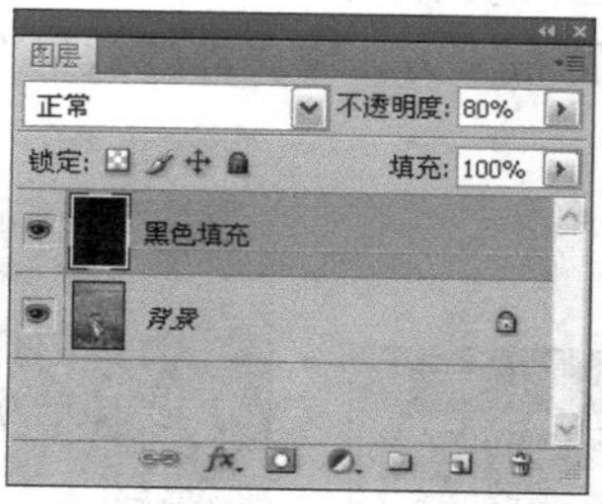

图7-210

图7-211

2. 制作油画效果并添加文字

步骤 1 新建图层并将其命名为“涂抹效果”，如图7-212所示。选择“历史记录艺术画笔”工具，单击属性栏中“画笔”选项右侧的按钮，弹出画笔选择面板，单击面板右上方的按钮，在弹出的菜单中选择“干介质画笔”选项，弹出提示对话框，单击“追加”按钮，在面板中选择需要的画笔形状，如图7-213所示。在属性栏中将“不透明度”选项设为85%，“样式”选项设为“绷紧长”，“区域”选项设为50 px，“容差”选项设为18%。隐藏“黑色填充”和“背景”图层，在“涂抹效果”图层中拖曳鼠标指针，直到笔刷铺满图像窗口，效果如图7-214所示。

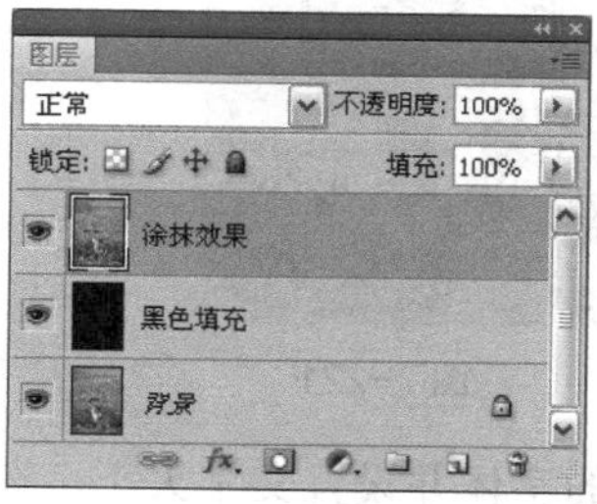

图7-212

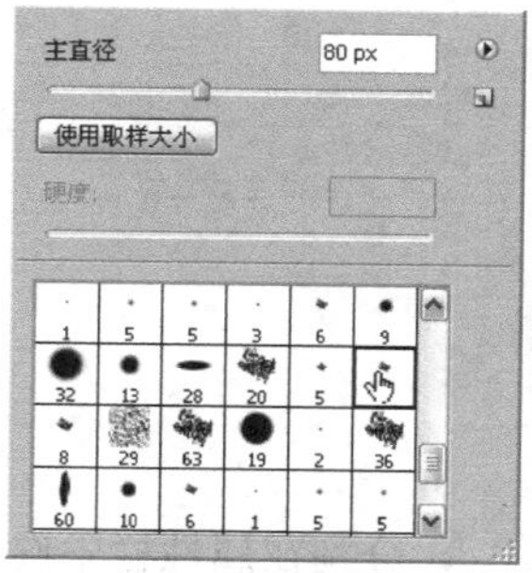

图7-213

图7-214

步骤 2 显示“黑色填充”和“背景”图层。选择“图像 > 调整 > 色相/饱和度”命令，在弹出的对话框中进行设置，如图7-215所示，单击“确定”按钮，效果如图7-216所示。

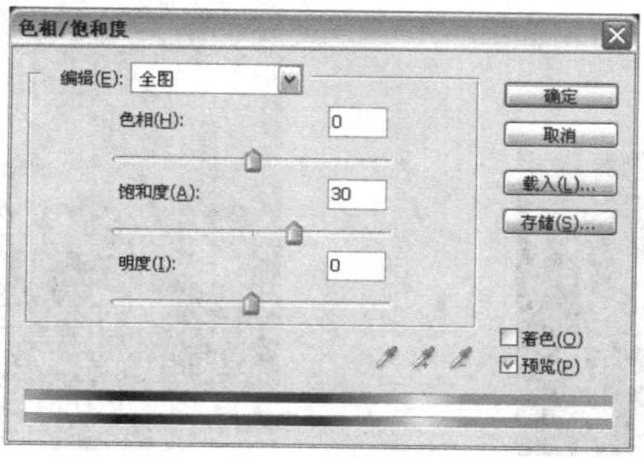

图7-215

图7-216

步骤 3 将“涂抹效果”图层拖曳到“图层”控制面板下方的“创建新图层”按钮 上进行复制，生成新的图层并将其命名为“浮雕效果”，如图 7-217 所示。选择“图像 > 调整 > 去色”命令，将图像去色，效果如图 7-218 所示。

步骤 4 在“图层”控制面板上方，将“浮雕效果”图层的“混合模式”设为“叠加”，图像效果如图 7-219 所示。

图 7-217

图 7-218

图 7-219

步骤 5 选择“滤镜 > 风格化 > 浮雕效果”命令，在弹出的对话框中进行设置，如图 7-220 所示，单击“确定”按钮，效果如图 7-221 所示。

图 7-220

图 7-221

步骤 6 选择“横排文字”工具 T，分别在属性栏中选择合适的字体并设置文字大小，在图像窗口的下方分别输入需要的白色文字，选取最下方的文字调整文字到适当的间距，效果如图 7-222 所示，在“图层”控制面板中分别生成新的文字图层。油画效果制作完成，效果如图 7-223 所示。

图 7-222

图 7-223

7.2.8 喷墨画效果

知识要点		使用“自由变换”命令调整图片大小；使用“混合模式”选项制作图像水彩画效果
	素材文件	素材 ＞Ch07＞ 喷墨画效果 ＞01、02、03
	最终效果	效果 ＞Ch07＞ 喷墨画效果

步骤 1 按 Ctrl＋N 组合键，新建一个文件：宽度为 21 厘米，高度为 21 厘米，分辨率为 300 像素/英寸，颜色模式为 RGB，背景内容为白色，单击“确定”按钮。

步骤 2 按 Ctrl＋O 组合键，打开光盘中的“Ch07＞ 素材 ＞ 喷墨画效果 ＞01”文件，选择“移动”工具，将图片拖曳到图像窗口中，在“图层”控制面板中生成新的图层并将其命名为“图片”。按 Ctrl+T 组合键，图像周围出现控制手柄，调整图像的大小，按 Enter 键确定操作，效果如图 7-224 所示。

步骤 3 将“图片”图层拖曳到控制面板下方的“创建新图层”按钮上进行复制，生成新的图层“图片 副本”，如图 7-225 所示。将“图片 副本”图层的“混合模式”设为“柔光”，效果如图 7-226 所示。

图 7-224

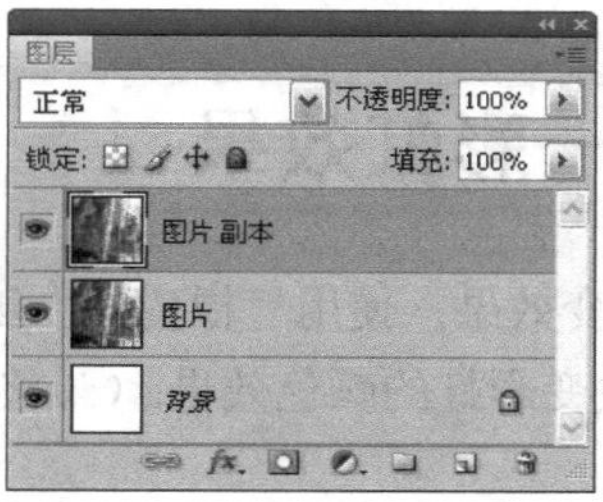

图 7-225

图 7-226

步骤 4 按 Ctrl＋O 组合键，打开光盘中的“Ch07＞ 素材 ＞ 喷墨画效果 ＞02”文件，选择“移动”工具，将图形拖曳到图像窗口中并调整图形的大小，效果如图 7-227 所示，在“图层”控制面板中生成新的图层并将其命名为“纹理”。将“纹理”图层的“混合模式”选项设为“柔光”，图像效果如图 7-228 所示。

步骤 5 按 Ctrl＋O 组合键，打开光盘中的“Ch07＞ 素材 ＞ 喷墨画效果 ＞03”文件，选择“移动”工具，将文字拖曳到图像窗口右下方并调整文字的大小，效果如图 7-229 所示，在“图层”控制面板中生成新的图层并将其命名为“说明文字”。喷墨画效果制作完成。

图 7-227

图 7-228

图 7-229

7.3 课后习题——绘画艺术效果

使用“添加杂色”滤镜命令为图片添加杂色；使用“成角的线条”滤镜命令和“海洋波纹”滤镜命令制作图片特殊效果；使用“色阶”命令和“色相/饱和度”命令调整图片的颜色。（最终效果参看光盘中的“Ch07 > 效果 > 绘画艺术效果”，如图 7-230 所示。）

图 7-230

7.4 课后习题——彩虹效果

使用“渐变”工具制作彩虹渐变效果；使用“橡皮擦”工具和“不透明度”选项制作渐隐的彩虹效果；使用“混合模式”选项改变彩虹的颜色效果。（最终效果参看光盘中的“Ch07 > 效果 > 彩虹效果”，如图 7-231 所示。）

图 7-231

第8章 影楼后期艺术处理

本章主要讲解的是影楼后期艺术处理。通过添加文字和制作特效，使普通的照片变得生动有趣，并且包含一定的寓意。通过本章的学习，可以充分发挥想象力和创造力，制作出更加有特色的合成照片。

8.1 浪漫心情

	素材文件	素材 ＞Ch08＞ 浪漫心情 ＞01、02、03
	最终效果	效果 ＞Ch08＞ 浪漫心情

8.1.1 案例分析

个性写真是目前最流行的摄影项目之一，深受年轻人的喜爱。本例采用多角度的人物照片，搭配变化不一的条纹图案，展示出女孩青春、时尚的魅力。

8.1.2 知识要点

使用图层的“混合模式”和“不透明度”选项调整矩形的颜色，使用“创建剪贴蒙版”命令将图片剪贴到矩形中，使用“自定形状”工具绘制心形，使用“横排文字”工具添加文字。

8.1.3 操作步骤

1. 制作背景效果

步骤 1 按 Ctrl＋N 组合键，新建一个文件：宽度为 29 厘米，高度为 21 厘米，分辨率为 200 像素/英寸，颜色模式为 RGB，背景内容为白色，单击“确定”按钮。将前景色设为乳黄色（其 R、G、B 的值分别为 255、206、174），按 Alt+Delete 组合键，用前景色填充“背景”图层，效果如图 8-1 所示。

图 8-1

步骤 2 新建图层生成“图层 1”。选择“矩形选框”工具，在适当的位置绘制一个矩形，如图 8-2 所示。将前景色设为黑色，按 Alt+Delete 组合键，用前景色填充选区。按 Ctrl+D 组合键，取消选区，效果如图 8-3 所示。在“图层”控制面板上方将“图层 1”图层的“混合模式”设为“叠加”，将“不透明度”选项设为 61%，效果如图 8-4 所示。

图 8-2

图 8-3

图 8-4

步骤 3 用相同的方法分别新建图层绘制不同的矩形，并将所有图层的“混合模式”均设为“叠加”，效果如图 8-5 所示。将“图层 4”和“图层 6”图层的“不透明度”选项设为 50%，将“图层 5”图层的“不透明度”选项设为 61%，图像效果如图 8-6 所示。

图 8-5

图 8-6

步骤 4 选中“图层 6”图层，按住 Shift 键的同时单击“图层 1”，将两个图层之间的所有图层选取，如图 8-7 所示。按 Ctrl+G 组合键，将图层群组并重命名为“背景矩形”，如图 8-8 所示。

图 8-7

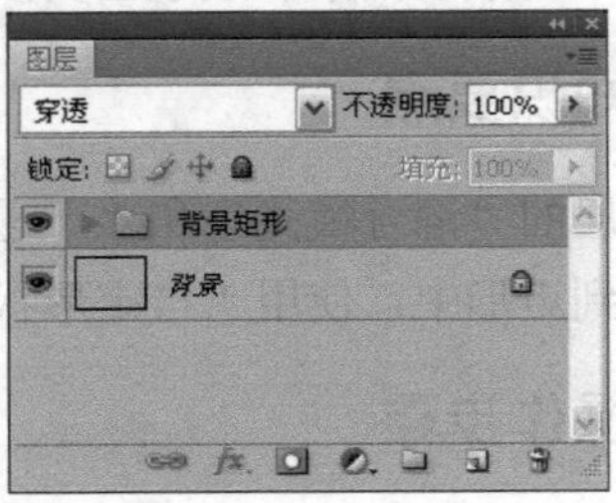

图 8-8

2. 置入图片并绘制装饰图形

步骤 1 按 Ctrl＋O 组合键，打开光盘中的“Ch08 > 素材 > 浪漫心情 > 01”文件，选择“移动”工具，将人物图片拖曳到图像窗口中的适当位置，效果如图 8-9 所示；在“图层”控制面板中生成新的图层并将其命名为“人物”，如图 8-10 所示。

图 8-9

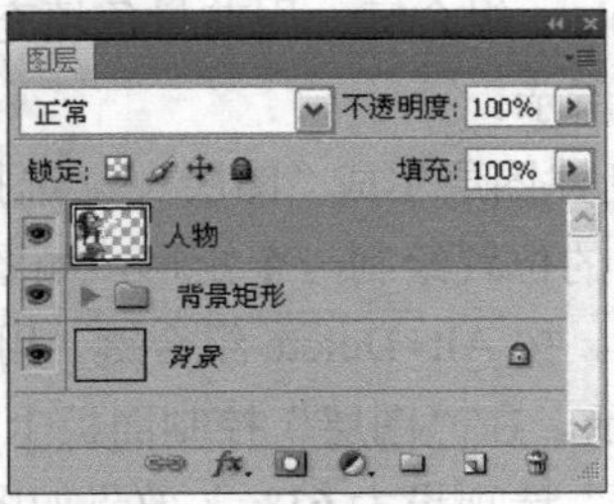

图 8-10

步骤 2 单击“图层”控制面板下方的“添加图层样式”按钮 fx，在弹出的菜单中选择“投影”命令，在弹出的对话框中进行设置，如图 8-11 所示；单击“确定”按钮，效果如图 8-12 所示。

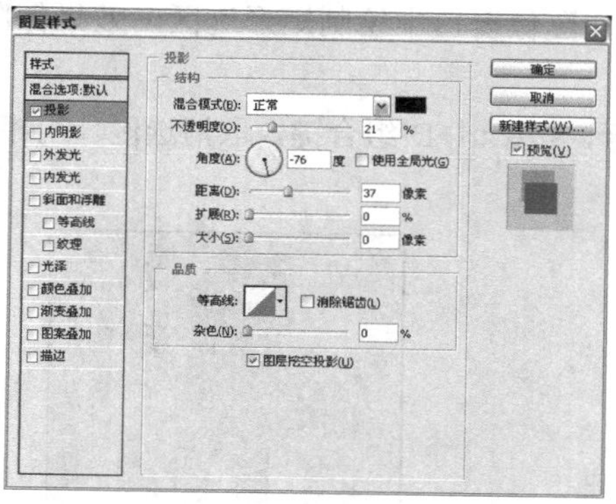

图 8-11

图 8-12

步骤 3 新建图层并将其命名为“白色图形”。将前景色设为白色。选择“圆角矩形”工具，选中属性栏中的“路径”按钮，将“半径”选项设为 40px，在图像窗口中拖曳鼠标指针绘制路径，如图 8-13 所示。

步骤 4 按 Ctrl+Enter 组合键，将路径转换为选区。按 Alt+Delete 组合键，用前景色填充选区，如图 8-14 所示；按 Ctrl+D 组合键，取消选区。用相同的方法制作多个图形，效果如图 8-15 所示。

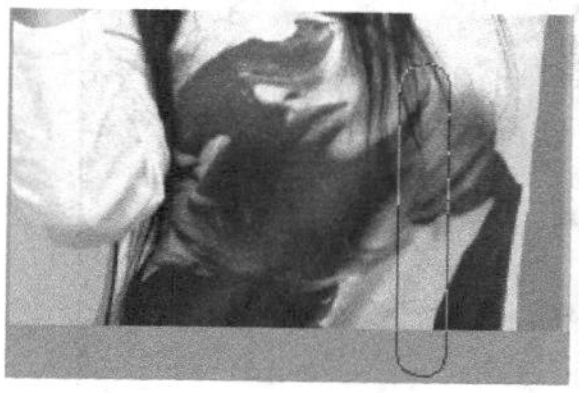

图 8-13

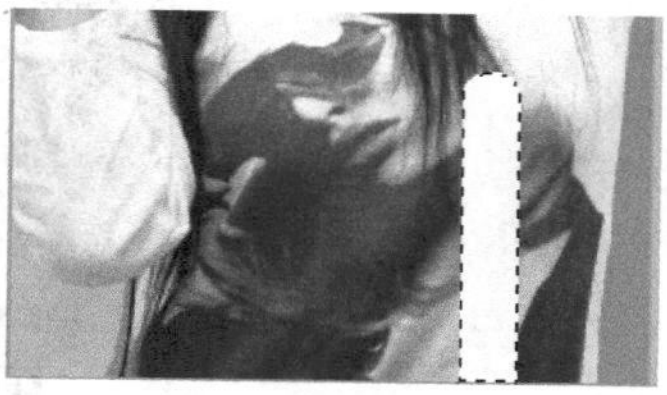

图 8-14

图 8-15

步骤 5 单击“图层”控制面板下方的“添加图层样式”按钮 fx，在弹出的菜单中选择“投影”命令，弹出对话框，选项的设置如图 8-16 所示；单击“确定”按钮，效果如图 8-17 所示。

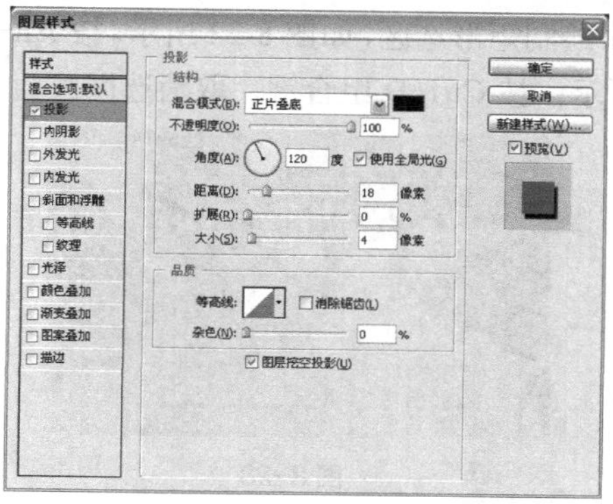

图 8-16

图 8-17

3. 制作照片组合

步骤 1 新建图层并将其命名为“透明方框”。将前景色设为紫红色（其 R、G、B 的值分别为 137、0、119）。选择“矩形选框”工具，在图像窗口中绘制矩形选区，效果如图 8-18 所示。

步骤 2 按 Alt+Delete 组合键，用前景色填充选区，按 Ctrl+D 组合键，取消选区。用相同的方法绘制多个图形，效果如图 8-19 所示。

图 8-18

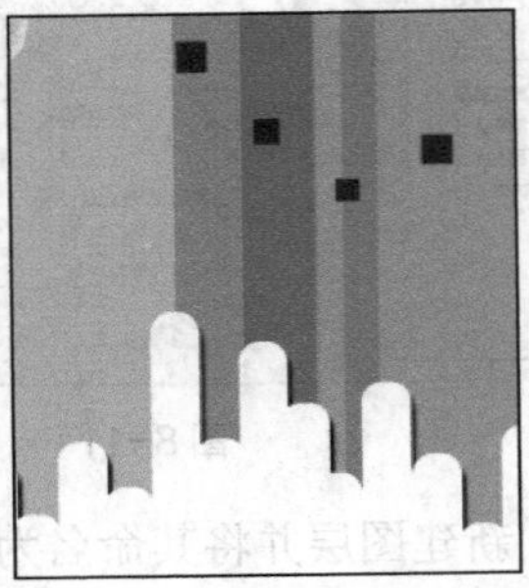
图 8-19

步骤 3 将前景色设为暗红色（其 R、G、B 的值分别为 189、72、113）。选择“矩形选框”工具，在图像窗口中绘制矩形选区。按 Alt+Delete 组合键，用前景色填充选区，效果如图 8-20 所示；按 Ctrl+D 组合键，取消选区。在“图层”控制面板上方，将“透明方框”图层的“不透明度”选项设为 10%，效果如图 8-21 所示。

图 8-20

图 8-21

步骤 4 新建图层并将其命名为“矩形”。将前景色设为深红色（其 R、G、B 的值分别为 190、85、85）。选择“矩形选框”工具，在图像窗口中绘制矩形选区，如图 8-22 所示。按 Alt+Delete 组合键，用前景色填充选区，效果如图 8-23 所示；按 Ctrl+D 组合键，取消选区。

图 8-22

图 8-23

步骤 5 单击“图层”控制面板下方的“添加图层样式”按钮 fx，在弹出的菜单中选择“描边”命令，弹出对话框，将描边颜色设为白色，其他选项的设置如图 8-24 所示；单击“确定”按钮，效果如图 8-25 所示。

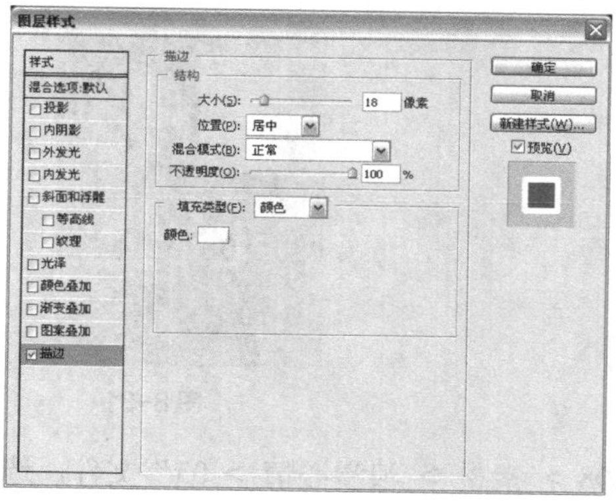

图 8-24

图 8-25

步骤 6 按 Ctrl+O 组合键，打开光盘中的“Ch08 > 素材 > 浪漫心情 > 02”文件，选择“移动”工具，将人物图片拖曳到图像窗口的右下方，效果如图 8-26 所示；在“图层”控制面板中生成新的图层并将其命名为“人物 2”。在“人物 2”图层上单击鼠标右键，在弹出的菜单中选择“创建剪贴蒙版”命令，效果如图 8-27 所示。

图 8-26

图 8-27

步骤 7 用上述方法绘制出其他矩形，效果如图 8-28 所示。新建图层并将其命名为“矩形 5”。选择“矩形选框”工具，在图像窗口中绘制矩形选区。用白色填充选区，效果如图 8-29 所示，按 Ctrl+D 组合键，取消选区。

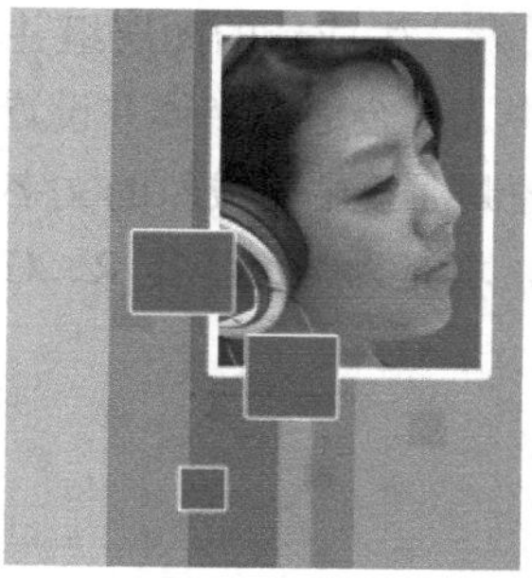

图 8-28

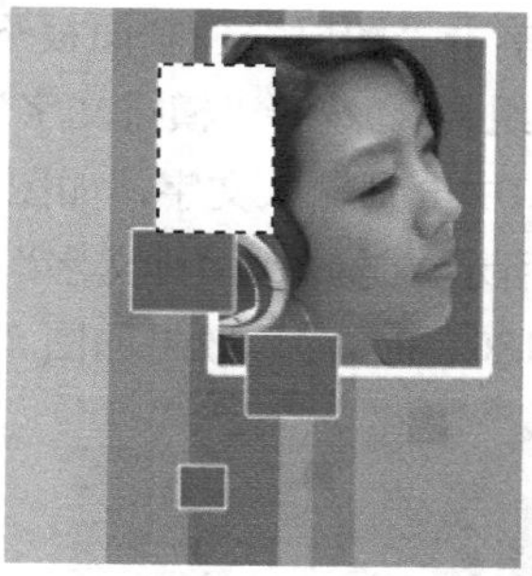

图 8-29

步骤 8 单击“图层”控制面板下方的“添加图层样式”按钮 fx，在弹出的菜单中选择“描边”选项，弹出对话框，设置描边颜色为白色，其他选项的设置如图 8-30 所示；单击“确定”按钮，效果如图 8-31 所示。

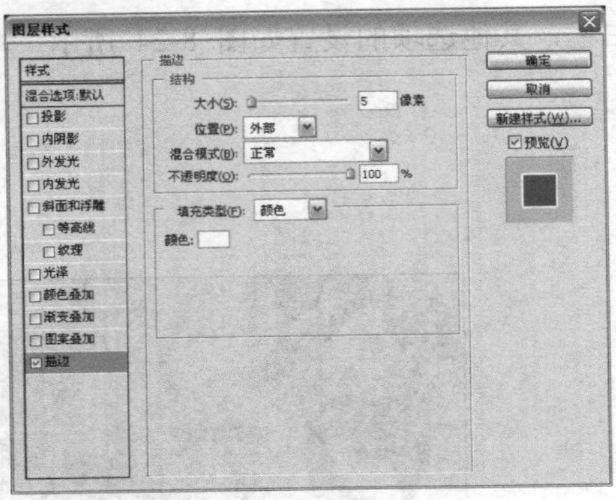

图 8-30

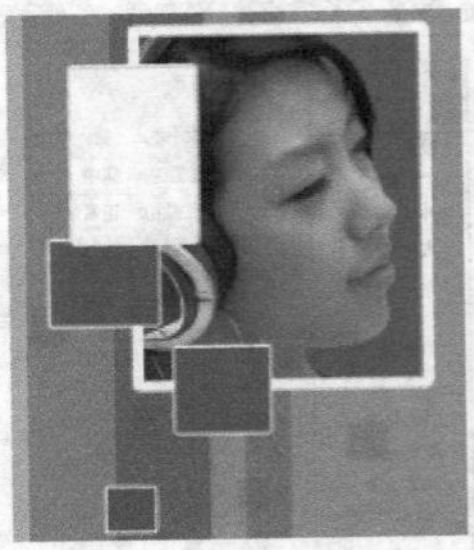

图 8-31

步骤 9 按 Ctrl＋O 组合键，打开光盘中的“Ch08 > 素材 > 浪漫心情 > 03”文件，选择“移动”工具，将人物图片拖曳到图像窗口中的适当位置，在“图层”控制面板中生成新图层并将其命名为“人物 3”。按 Ctrl+T 组合键，图片周围出现变换框，在变换框中单击鼠标右键，在弹出的菜单中选择“水平翻转”命令，按 Enter 键确定操作，效果如图 8-32 所示。

步骤 10 按住 Alt 键的同时将鼠标指针放在“矩形 5”图层和“人物 3”图层的中间，鼠标指针变为，单击鼠标，创建剪贴蒙版，效果如图 8-33 所示。按住 Shift 键的同时将“人物 3”和“透明方框”图层中间的所有图层选中，按 Ctrl+G 组合键，将图层组合并命名为“照片组合”，效果如图 8-34 所示。

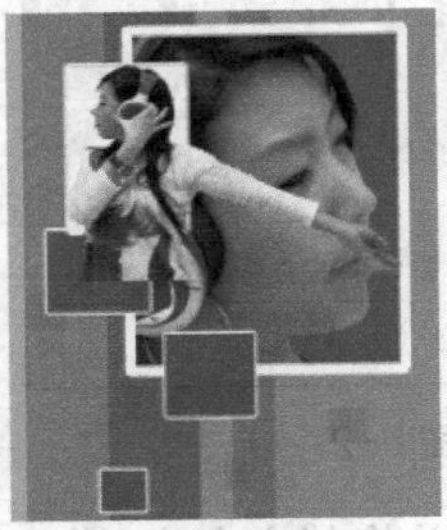

图 8-32

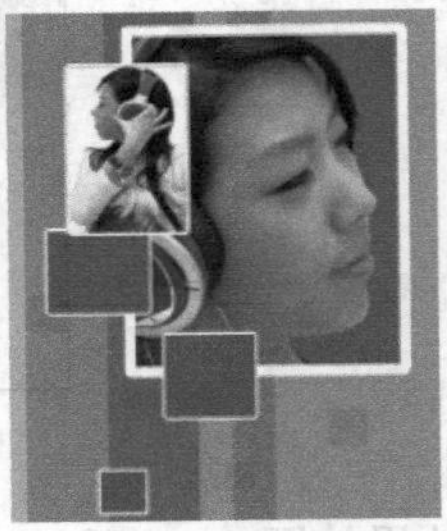

图 8-33

图 8-34

4. 添加并编辑文字

步骤 1 单击“图层”控制面板下方的“创建新组”按钮，生成新的图层组并将其命名为“文字组合”。选择“横排文字”工具，分别在属性栏中选择合适的字体并设置大小，在图像窗口中分别输入文字，如图 8-35 所示；在“图层”控制面板中生成新的文字图层，如图 8-36 所示。选择“横排文字”工具，选取文字“心”，填充为红色（其 R、G、B 的值分别为 180、0、0），效果如图 8-37 所示。

图 8-35

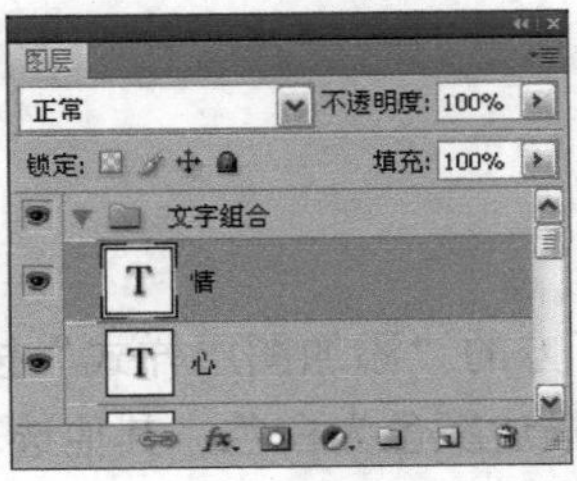

图 8-36

图 8-37

步骤 2 新建图层并将其命名为“圆形描边”。选择“椭圆选框”工具，按住 Shift 键的同时在图像窗口中绘制圆形选区，如图 8-38 所示。

步骤 3 选择“编辑 > 描边”命令，弹出“描边”对话框，将描边颜色设为白色，其他选项的设置如图 8-39 所示，单击“确定”按钮。按 Ctrl+D 组合键，取消选区，效果如图 8-40 所示。

图 8-38

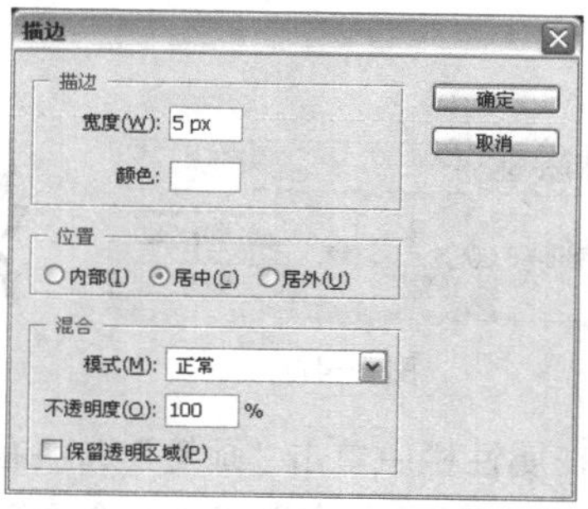

图 8-39

图 8-40

步骤 4 单击“图层”控制面板下方的“添加图层蒙版”按钮，为“圆形描边”图层添加蒙版。选择“渐变”工具，单击属性栏中的“点按可编辑渐变”按钮，弹出“渐变编辑器”对话框，将渐变色设为从黑色到白色，如图 8-41 所示，单击“确定”按钮。选中属性栏中的“线性渐变”按钮，在圆形上由下至上拖曳渐变，效果如图 8-42 所示。

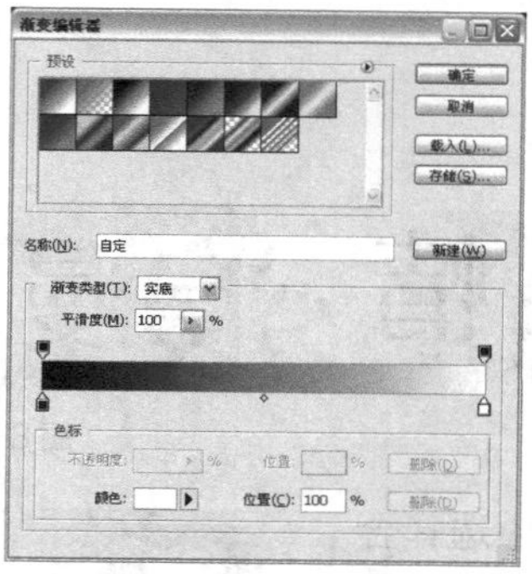
图 8-41

图 8-42

步骤 5 新建图层并将其命名为“心形”。将前景色设为白色。选择“自定形状”工具，单击属性栏中的“形状”选项，弹出“形状”面板，选中“红心形卡”，如图 8-43 所示。

步骤 6 选中属性栏中的“填充像素”按钮，按住 Shift 键的同时绘制图形，效果如图 8-44 所示。按 Ctrl+T 组合键，图形周围出现变换框，将鼠标指针放在变换框的控制手柄外边，指针变为旋转图标，拖曳鼠标将图像旋转到适当的角度，按 Enter 键确定操作，效果如图 8-45 所示。

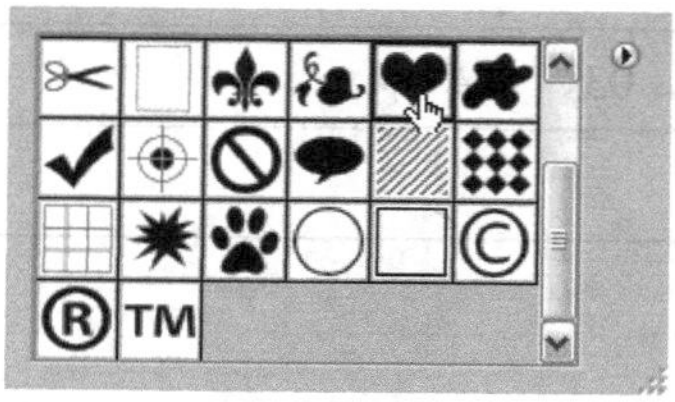
图 8-43

图 8-44

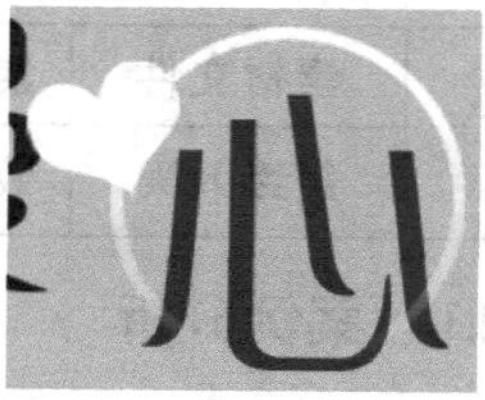
图 8-45

步骤 7 新建图层并将其命名为“星星”。选择“椭圆选框”工具，按住 Shift 键的同时在图像窗口中绘制圆形选区，如图 8-46 所示。

步骤 8 选择“选择 > 修改 > 羽化”命令，在弹出的“羽化选区”对话框中进行设置，如图 8-47 所示，单击“确定”按钮。按 Alt+Delete 组合键，用白色填充选区，取消选区，效果如图 8-48 所示。

图 8-46

图 8-47

图 8-48

步骤 9 选择“画笔”工具，在属性栏中单击“画笔”选项右侧的按钮，弹出画笔选择面板，单击面板右上方的按钮，在弹出的菜单中选择“混合画笔”命令，弹出提示对话框，单击“追加”按钮。在画笔选择面板中选择需要的画笔形状，设置“主直径”选项为 70px，如图 8-49 所示。在图像窗口中单击鼠标，效果如图 8-50 所示。使用上述方法制作多个星星图形，如图 8-51 所示。

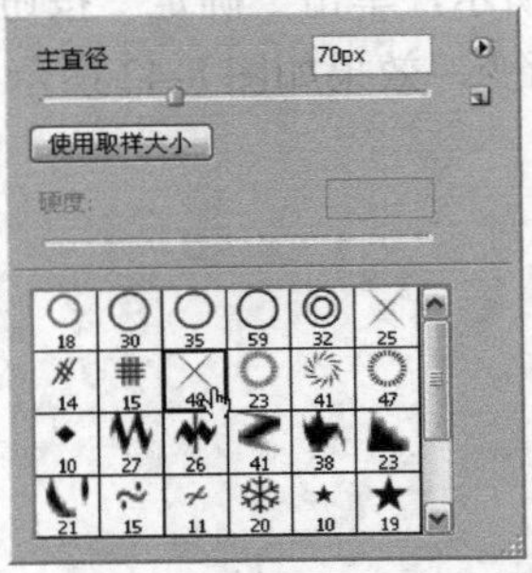

图 8-49

图 8-50

图 8-51

步骤 10 选择“横排文字”工具，分别在属性栏中选择合适的字体并设置大小，在图像窗口中分别输入需要的文字，填充文字适当的颜色，效果如图 8-52 所示，在“图层”控制面板中分别生成新的文字图层。浪漫心情制作完成。

图 8-52

8.2 心情日记

	素材文件	素材 > Ch08 > 心情日记 > 01、02、03、记事本
	最终效果	效果 > Ch08 > 心情日记

8.2.1 案例分析

本例采用彩色照片与黑白照片的混合搭配，展示了写真照片的个性与前卫，搭配富于变化的图案，表现了女孩的时尚与柔美。

8.2.2　知识要点

使用“钢笔”工具、“渐变”工具和“减淡”工具制作背景效果；使用“喷色描边”滤镜命令制作日记背景；使用“移动”工具和“图层”控制面板置入并编辑图片；使用“钢笔”工具和“横排文字”工具制作标题文字；使用“画笔”工具添加装饰图形。

8.2.3　操作步骤

1. 制作背景效果

步骤 1　按 Ctrl+N 组合键，新建一个文件：宽度为 29.7 厘米，高度为 21 厘米，分辨率为 300 像素/英寸，颜色模式为 RGB，背景内容为白色，单击“确定”按钮。将前景色设为暗紫色（其 R、G、B 的值分别为 59、0、43），按 Alt+Delete 组合键，用前景色填充“背景”图层，效果如图 8-53 所示。

步骤 2　选择“钢笔”工具，选中属性栏中的“路径”按钮，绘制一个路径，如图 8-54 所示。按 Ctrl+Enter 组合键，将路径转化为选区，如图 8-55 所示。

图 8-53

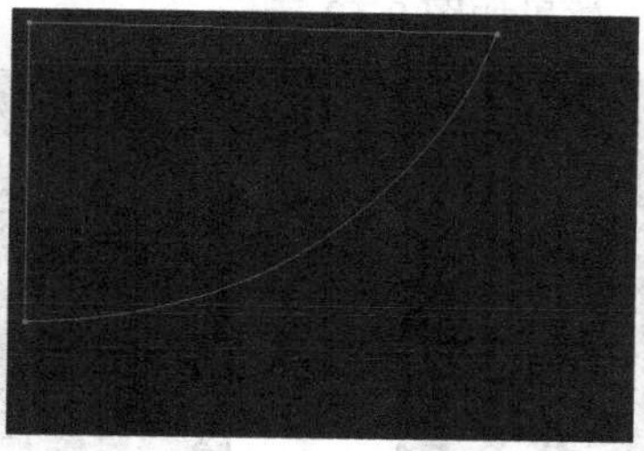
图 8-54

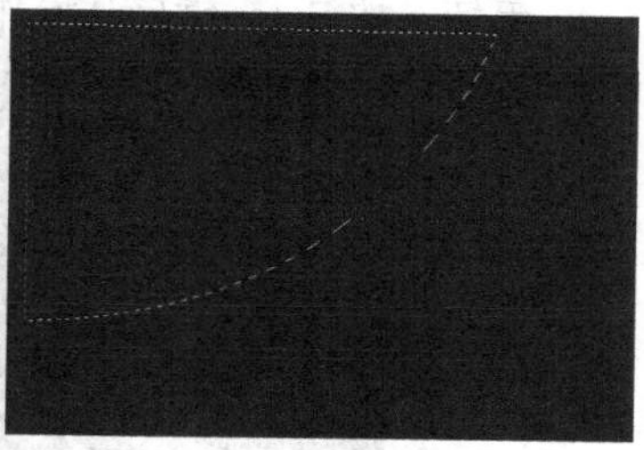
图 8-55

步骤 3　选择“选择 > 修改 > 羽化”命令，弹出“羽化选区”对话框，选项的设置如图 8-56 所示，单击“确定”按钮，效果如图 8-57 所示。

图 8-56

步骤 4　将前景色设为粉红色（其 R、G、B 的值分别为 233、1、138）。选择“渐变”工具，单击属性栏中的“点按可编辑渐变”按钮，弹出“渐变编辑器”对话框，选择“预设”选项框中的“前景色到透明渐变”，如图 8-58 所示，单击“确定”按钮。选中属性栏中的“线性渐变”按钮，在图像窗口中从左上方向右下方拖曳渐变色，效果如图 8-59 所示。按 Ctrl+D 组合键，取消选区。

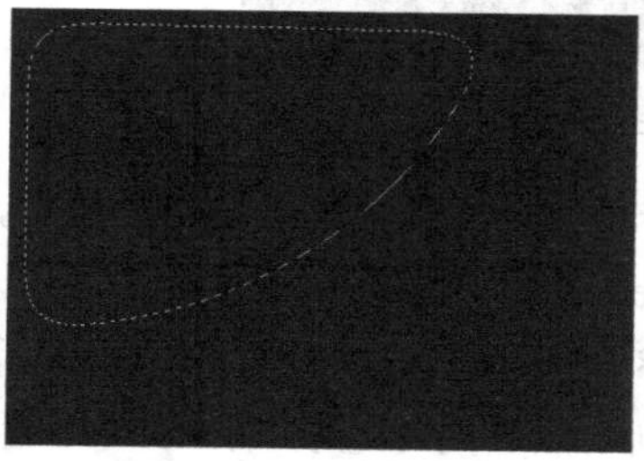
图 8-57

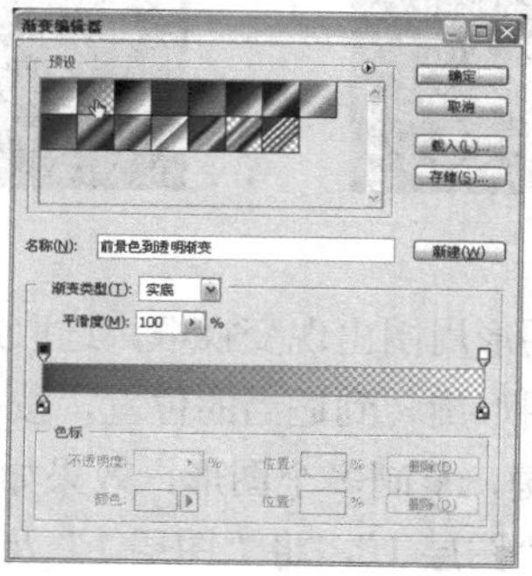

图 8-58

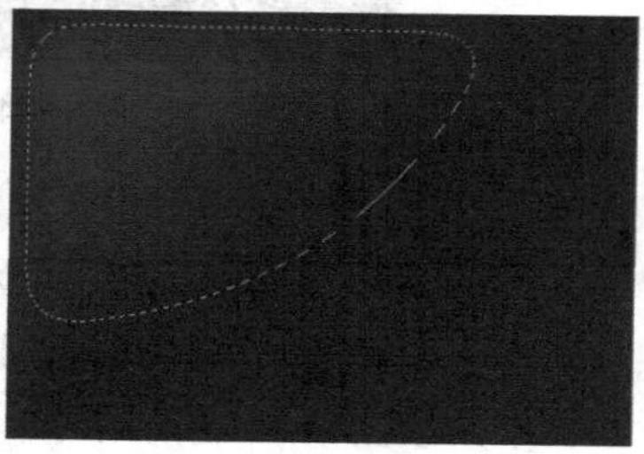
图 8-59

步骤 5 选择“减淡”工具，在属性栏中单击“画笔”选项右侧的按钮，弹出画笔选择面板，选择需要的画笔形状，如图 8-60 所示。在图像窗口右下方拖曳鼠标指针，绘制出的效果如图 8-61 所示。

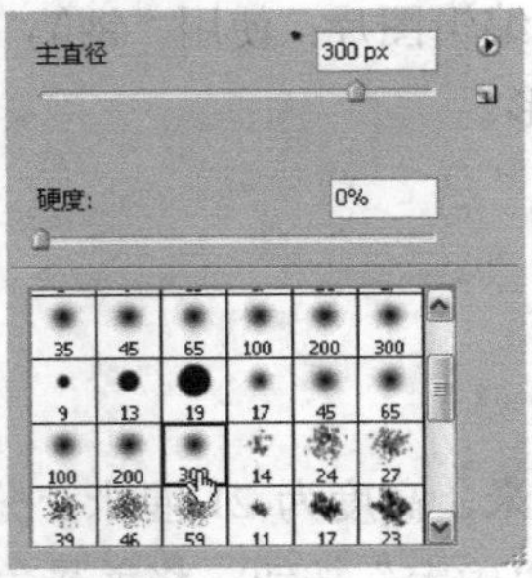

图 8-60

图 8-61

步骤 6 新建图层生成“图层 1”。选择“矩形”工具，选中属性栏中的“路径”按钮，绘制出一个路径，如图 8-62 所示。按 Ctrl+T 组合键，路径周围出现变换框，在变换框中单击鼠标右键，在弹出的菜单中选择“透视”命令，按住 Shift 键的同时向内拖曳左上方的控制手柄，按 Enter 键确认操作，效果如图 8-63 所示。

图 8-62

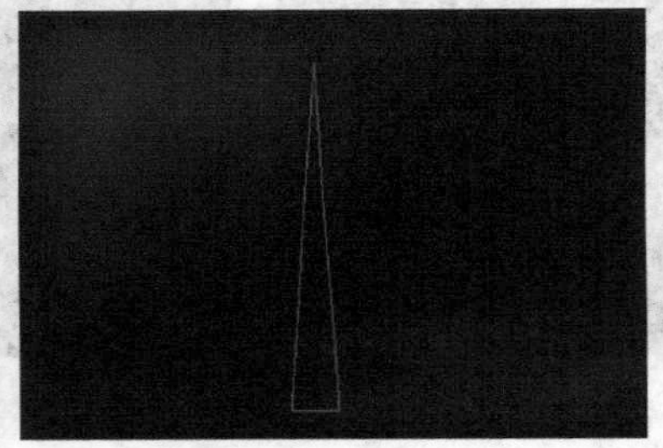

图 8-63

步骤 7 按 Ctrl+Enter 组合键，将路径转化为选区。将前景色设为暗红色（其 R、G、B 的值分别为 115、2、67），按 Alt+Delete 组合键，用前景色填充选区。按 Ctrl+D 组合键，取消选区，效果如图 8-64 所示。选择“移动”工具，将图形拖曳到图像窗口下方，如图 8-65 所示。

图 8-64

图 8-65

步骤 8 按 Ctrl+Alt+T 组合键，图形周围出现变换框，选取旋转中心并将其拖曳到适当的位置，如图 8-66 所示，拖曳鼠标将图形旋转到适当的位置，按 Enter 键确认操作，如图 8-67 所示。多次按 Ctrl+Alt+Shift+T 组合键，复制多个图形，效果如图 8-68 所示。在“图层”控制面板中，按住 Shift 键的同时单击“图层 1”，将“图层 1”及其副本图层同时选取，按 Ctrl+G 组合键，将其编组并命名为“射线”，如图 8-69 所示。

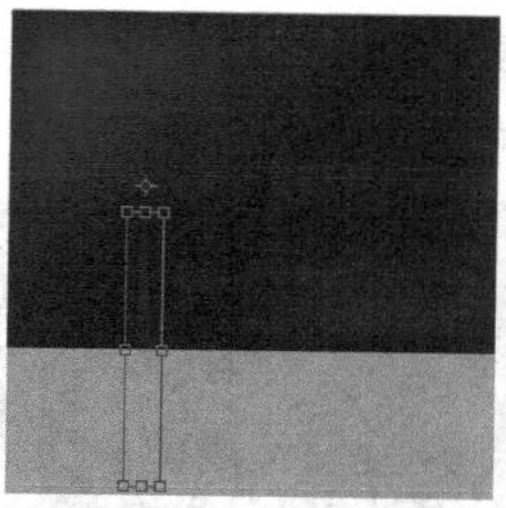

图 8-66

图 8-67

图 8-68

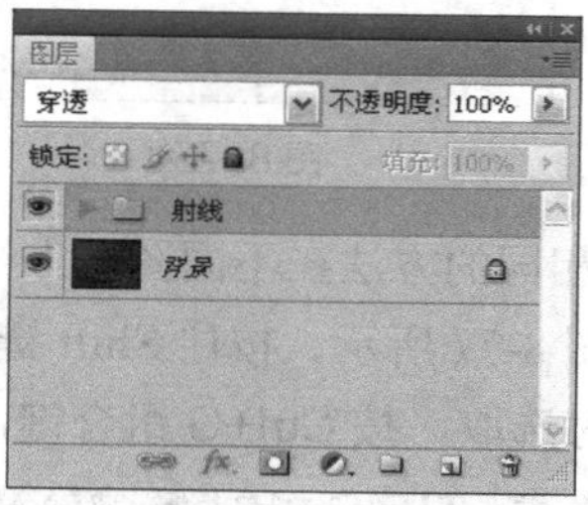

图 8-69

步骤 9 单击“图层”控制面板下方的“添加图层蒙版”按钮，为“射线”图层组添加蒙版，如图 8-70 所示。选择“渐变”工具，单击属性栏中的“点按可编辑渐变”按钮，弹出“渐变编辑器”对话框，将渐变色设为从白色到黑色，如图 8-71 所示，单击“确定”按钮。选中属性栏中的“径向渐变”按钮，在图像窗口中从中间向右下方拖曳渐变色，效果如图 8-72 所示。

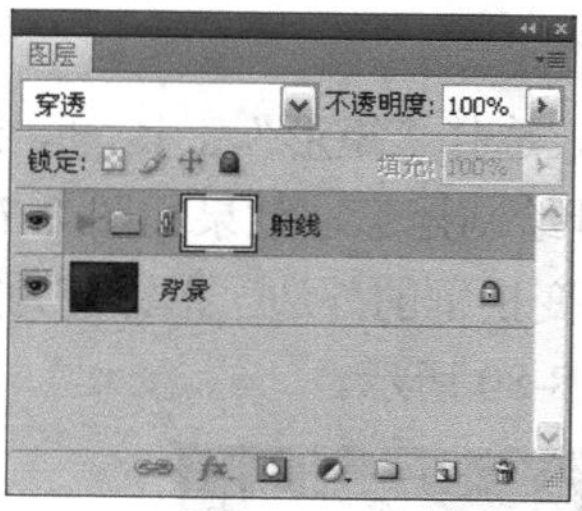

图 8-70

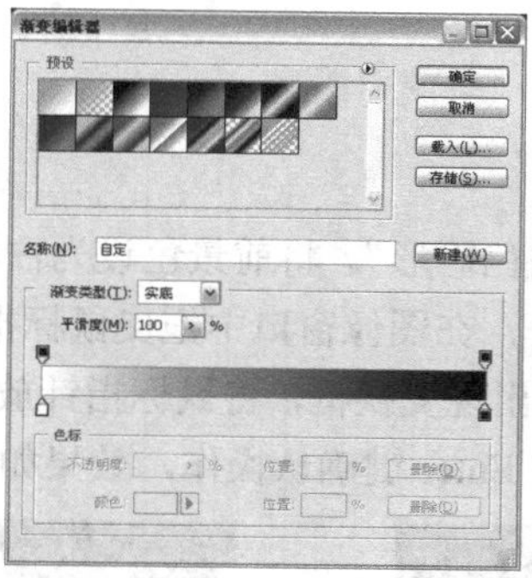

图 8-71

图 8-72

步骤 10 新建图层并将其命名为“圆形”。将前景色设为白色。选择“椭圆选框”工具，在属性栏中将“羽化”选项设为 30px，在图像窗口中绘制椭圆选区，如图 8-73 所示。按 Alt+Delete 组合键，用前景色填充选区。按 Ctrl+D 组合键，取消选区，效果如图 8-74 所示。

图 8-73

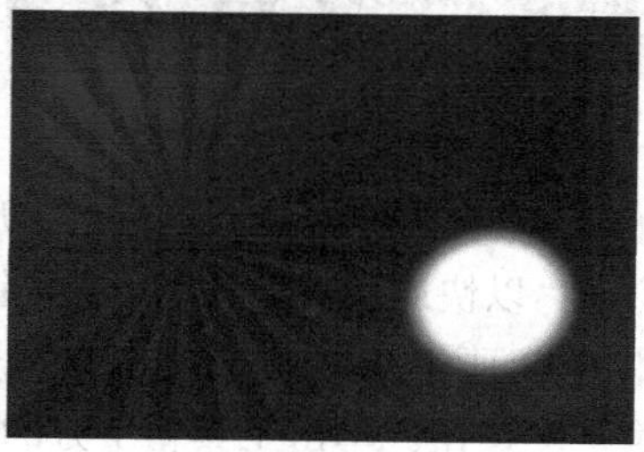

图 8-74

步骤 11 在“图层”控制面板中，将“圆形”图层的“混合模式”选项设为“叠加”，“不透明度”选项设为 40%，如图 8-75 所示，图像效果如图 8-76 所示。

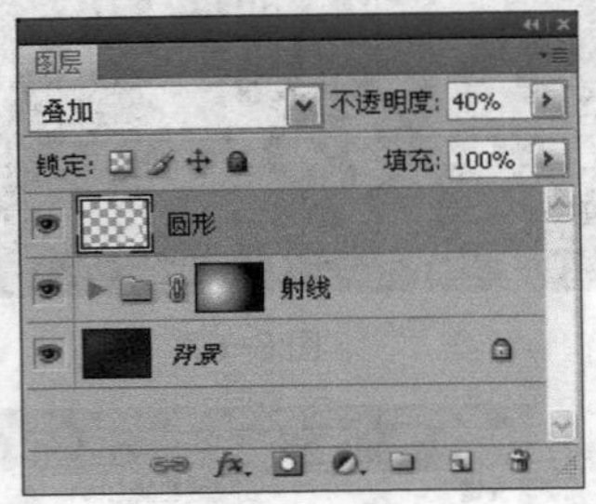

图 8-75

图 8-76

步骤 12 用相同的方法在不同图层上绘制多个圆形，并分别调整其“混合模式”和“不透明度”，效果如图 8-77 所示。按住 Shift 键的同时单击“射线”图层组，将除“背景”图层外的所有图层同时选取，按 Ctrl+G 组合键，将其编组并命名为“背景图”，如图 8-78 所示。

图 8-77

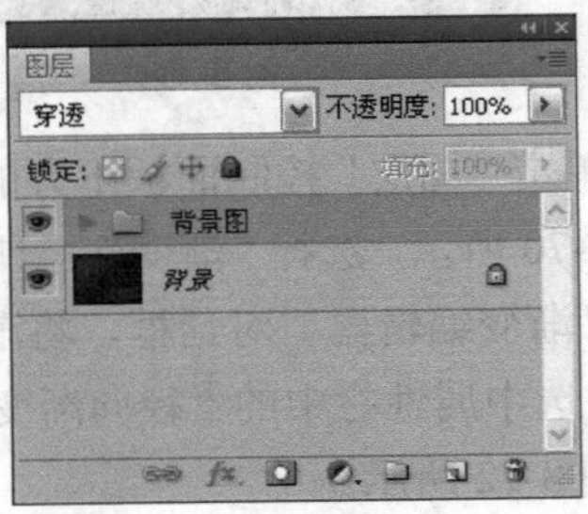

图 8-78

2. 制作日记

步骤 1 新建图层并将其命名为“白色矩形”。将前景色设为白色，选择“矩形”工具，选中属性栏中的“填充像素”按钮，在图像窗口中拖曳鼠标指针绘制矩形，效果如图 8-79 所示。按 Ctrl+T 组合键，图形周围出现变换框，将鼠标指针放在变换框的外边，指针变为旋转图标，拖曳鼠标旋转图像，按 Enter 键确认操作，效果如图 8-80 所示。

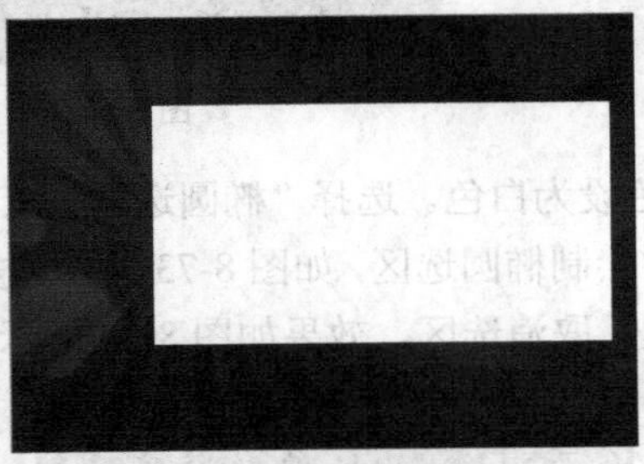

图 8-79

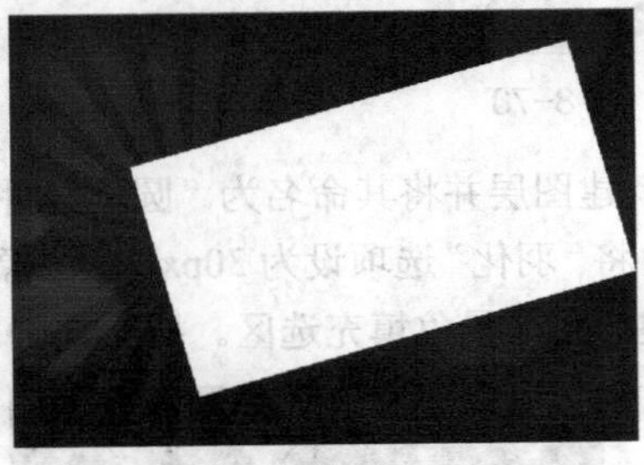

图 8-80

步骤 2 按住 Ctrl 键的同时单击“白色矩形”图层的图层缩览图，图形周围生成选区。单击工具箱下方的“以快速蒙版模式编辑”按钮，进入快速蒙版模式编辑状态，如图 8-81 所示。选择“滤镜 > 画笔描边 > 喷色描边”命令，在弹出的对话框中进行设置，如图 8-82 所示，单击“确定”按钮。单击工具箱下方的“以标准模式编辑”按钮，返回标准模式编辑状态。按 Shift+Ctlr+I 组合键，将选区反选，如图 8-83 所示。按 Delete 键，删除选区中的图像，按 Ctrl+D 组合键，取消选区，效果如图 8-84 所示。

图 8-81

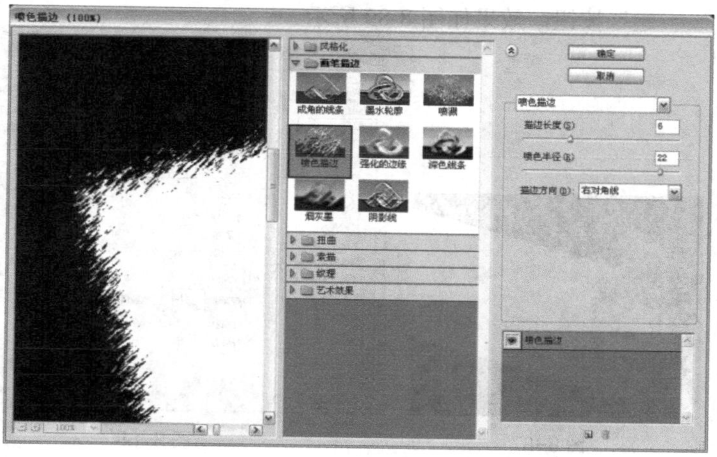

图 8-82

图 8-83

图 8-84

步骤 3 单击“图层”控制面板下方的“添加图层样式”按钮 fx，在弹出的菜单中选择“投影”命令，在弹出的对话框中进行设置，如图 8-85 所示，单击“确定”按钮，效果如图 8-86 所示。

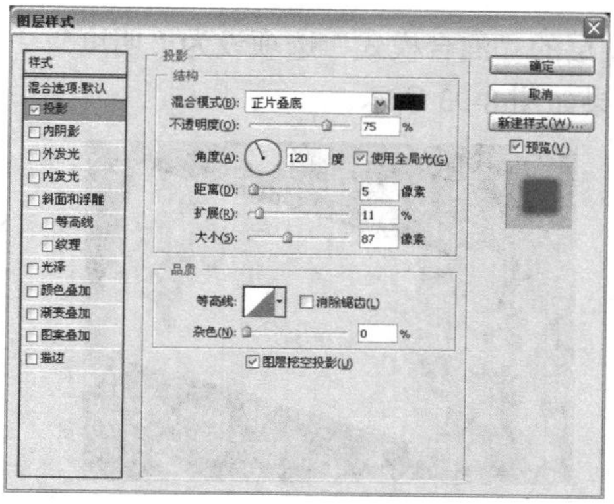

图 8-85

图 8-86

步骤 4 按 Ctrl+O 组合键，打开光盘中的“Ch08 > 素材 > 心情日记 > 01”文件。选择“移动”工具，将人物图片拖曳到图像窗口中的适当位置，如图 8-87 所示，在“图层”控制面板中生成新的图层并将其命名为“人物 1”。

步骤 5 单击“图层”控制面板下方的“添加图层样式”按钮 fx.，在弹出的菜单中选择“外发光”命令，弹出对话框，将发光颜色设为白色，其他选项的设置如图 8-88 所示，单击“确定”按钮，效果如图 8-89 所示。

图 8-87

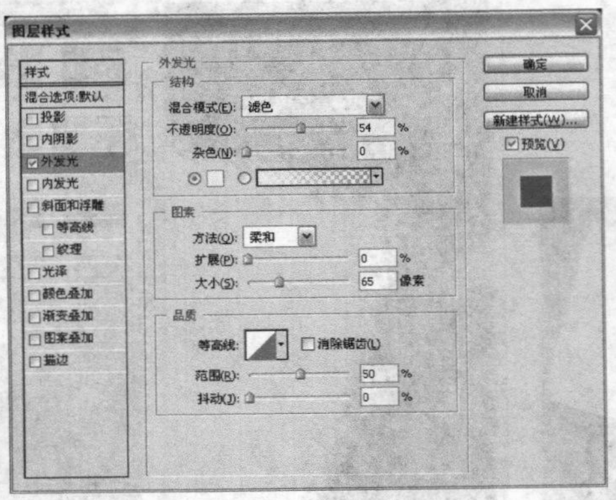

图 8-88

图 8-89

步骤 6 按 Ctrl+O 组合键，打开光盘中的“Ch08 > 素材 > 心情日记 > 02”文件。选择“移动”工具，将人物图片拖曳到图像窗口中的适当位置，如图 8-90 所示，在“图层”控制面板中生成新的图层并将其命名为“人物 2”。按 Ctrl+T 组合键，在图像周围出现变换框，拖曳鼠标将其旋转到适当的位置，按 Enter 键确认操作，效果如图 8-91 所示。

图 8-90

图 8-91

步骤 7 在“图层”控制面板中，将“人物 2”图层的“混合模式”选项设为“明度”，“不透明度”选项设为 70%，如图 8-92 所示，图像效果如图 8-93 所示。

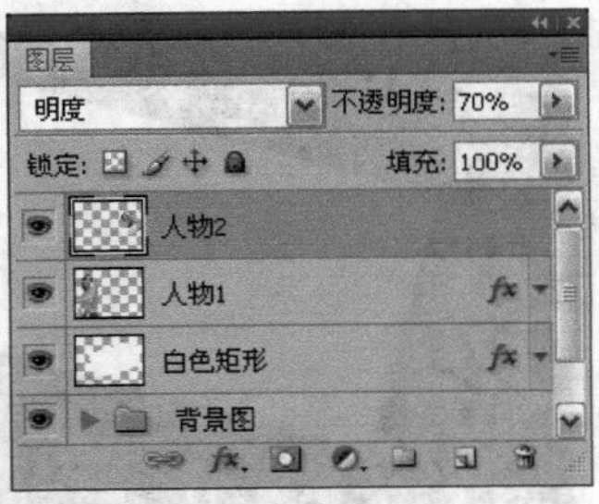

图 8-92

图 8-93

步骤 8 按 Ctrl+O 组合键，打开光盘中的“Ch08 > 素材 > 心情日记 > 03”文件。选择“移动”工具，将人物图片拖曳到图像窗口中的适当位置，如图 8-94 所示，在“图层”控制面板中生成新的图层并将其命名为“人物 3”。按 Ctrl+T 组合键，在图像周围出现变换框，拖曳鼠标将其旋转到适当的位置，按 Enter 键确认操作，效果如图 8-95 所示。

图 8-94

图 8-95

步骤 9 单击“图层”控制面板下方的“添加图层蒙版”按钮，为“人物 3”图层添加蒙版，如图 8-96 所示。将前景色设为黑色。选择“画笔”工具，在属性栏中单击“画笔”选项右侧的按钮，弹出画笔选择面板，选择需要的画笔形状，如图 8-97 所示。在图像窗口拖曳鼠标指针涂抹图像，效果如图 8-98 所示。

图 8-96

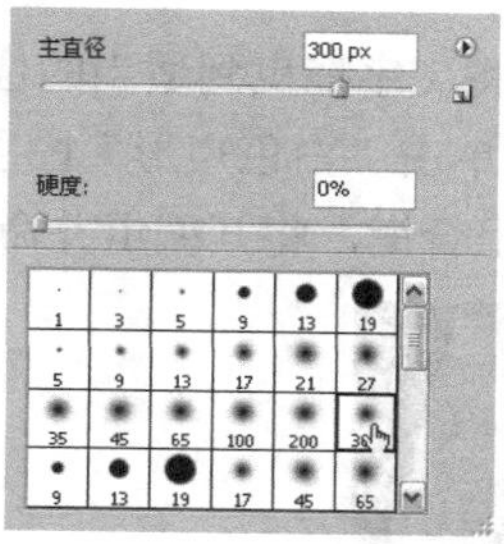

图 8-97

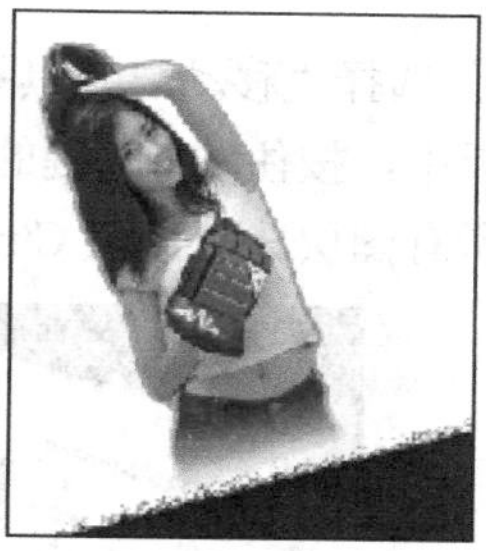

图 8-98

步骤 10 在“图层”控制面板中，将“人物 3”图层的“混合模式”选项设为“明度”，“不透明度”选项设为 64%，如图 8-99 所示，图像效果如图 8-100 所示。

图 8-99

图 8-100

步骤 11 将前景色设为暗紫色（其 R、G、B 的值分别为 117、2、69）。选择“钢笔”工具，选中属性栏中的“路径”按钮，绘制一个路径，如图 8-101 所示。选择“横排文字”工具 T，将鼠标指针置于路径中，当指针变为图标时，单击鼠标，插入光标，如图 8-102 所示。

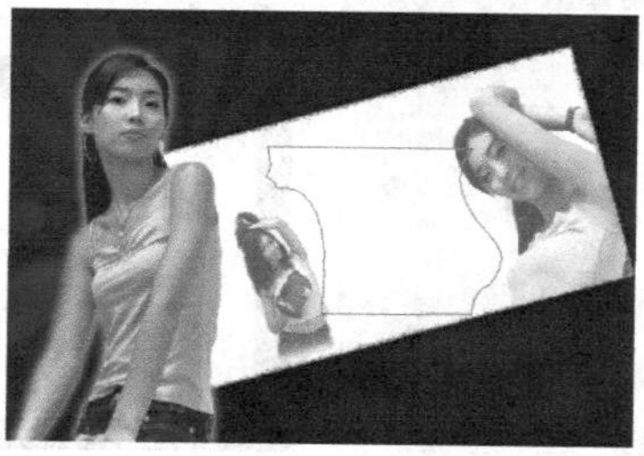

图 8-101

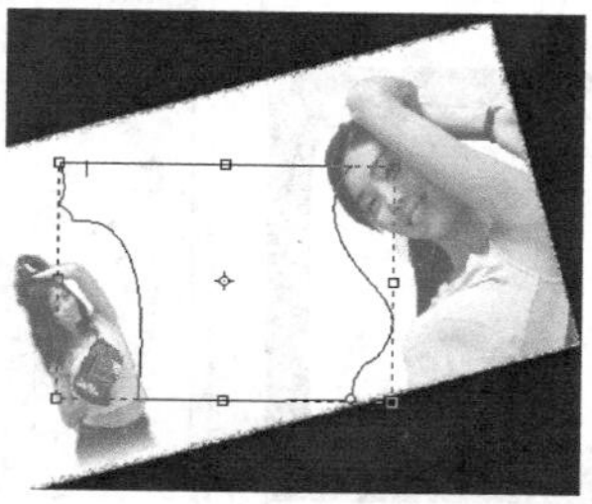

图 8-102

步骤 12 双击打开光盘中的“Ch08 > 素材 > 心情日记 > 记事本”文件，按 Ctrl+A 组合键，将文字选取，单击鼠标右键，在弹出的菜单中选择“复制”命令，如图 8-103 所示。在 Photoshop 中，按 Ctrl+V 组合键，将文字贴入路径中，如图 8-104 所示，在“图层”控制面板中生成新的文字图层。将鼠标指针置于路径外，拖曳鼠标，将文字旋转到适当的角度，效果如图 8-105 所示。

图 8-103

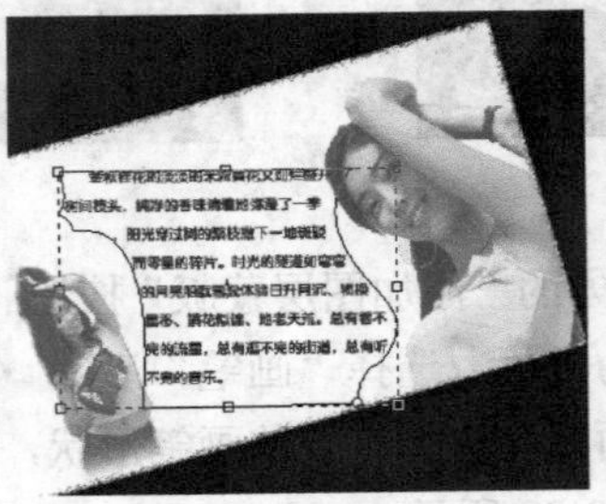

图 8-104

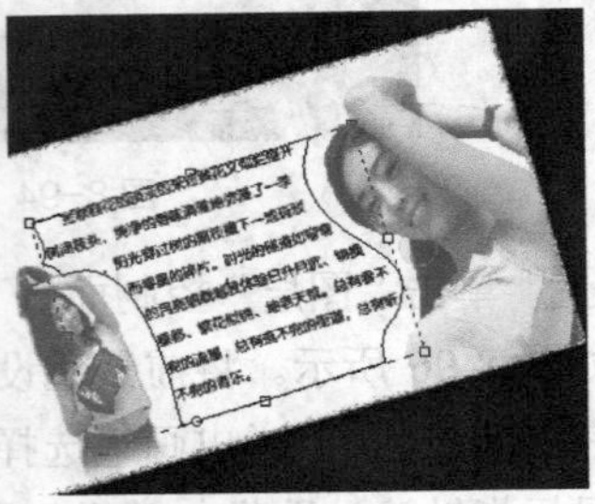

图 8-105

步骤 13 选择“移动”工具，将文字拖曳到适当的位置，如图 8-106 所示。在“图层”控制面板中，按住 Shift 键的同时单击“白色矩形”图层，将文字图层和“白色矩形”图层之间的所有图层选取，按 Ctrl+G 组合键，将其编组并命名为“日记”，如图 8-107 所示。

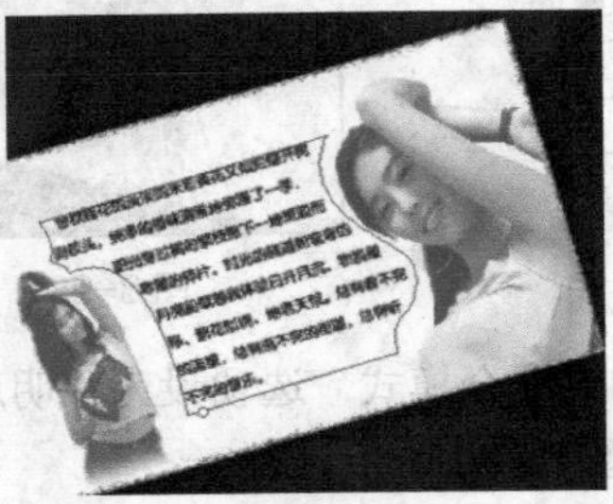

图 8-106

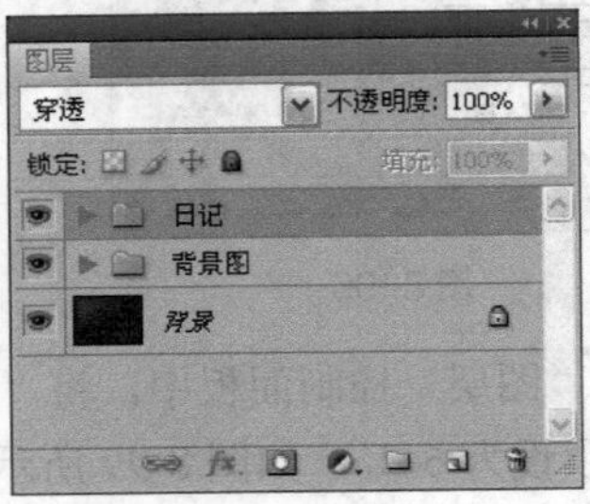

图 8-107

3. 添加标题文字

步骤 1 新建图层并将其命名为“白色矩形”。将前景色设为白色。选择“圆角矩形”工具，选中属性栏中的“填充像素”按钮，将“半径”选项设为 40px，在图像窗口中绘制图形，如图 8-108 所示。

步骤 2 单击“图层”控制面板下方的“添加图层样式”按钮，在弹出的菜单中选择“投影”命令，弹出对话框，其设置如图 8-109 所示，单击“确定”按钮，效果如图 8-110 所示。

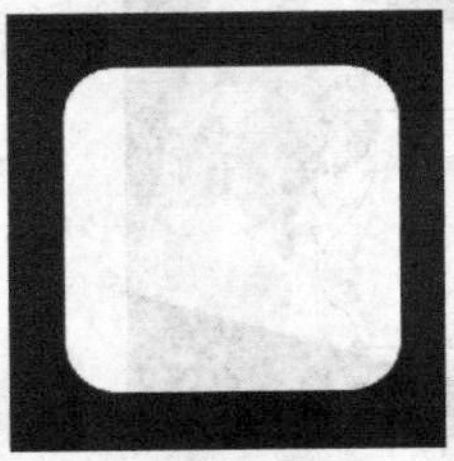

图 8-108

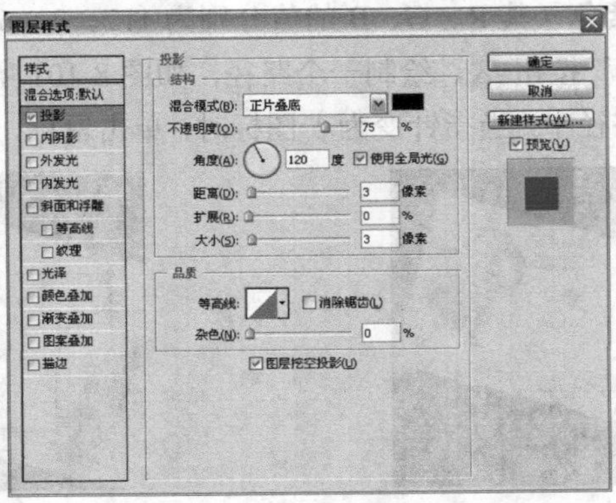

图 8-109

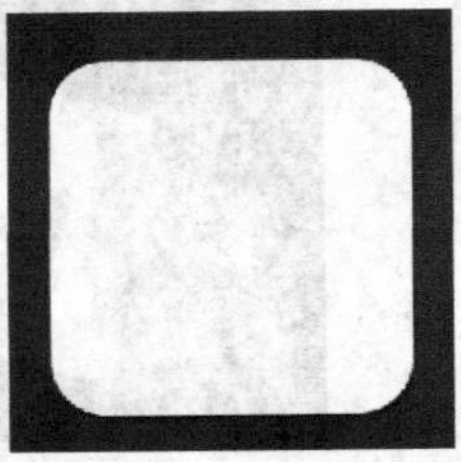

图 8-110

步骤 3 单击“图层”控制面板下方的“添加图层样式”按钮 fx.，在弹出的菜单中选择“斜面和浮雕”命令，在弹出的对话框中进行设置，如图 8-111 所示，单击“确定”按钮，效果如图 8-112 所示。

步骤 4 按 Ctrl+T 组合键，在图像周围出现变换框，单击鼠标右键，在弹出的菜单中单击“斜切”命令，向右拖曳上方中间的控制手柄到适当的位置，按 Enter 键确认操作，效果如图 8-113 所示。

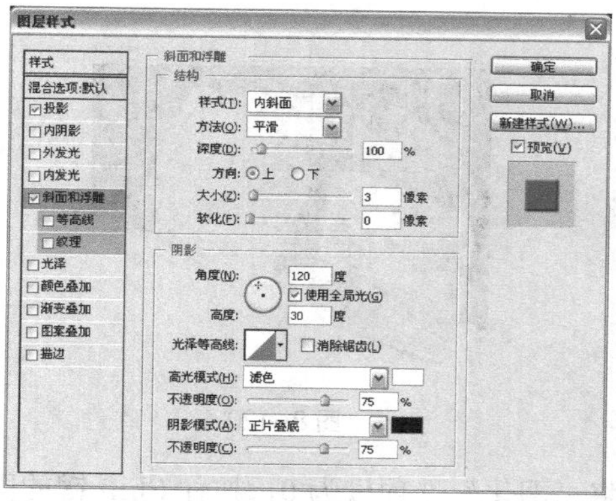

图 8-111

图 8-112

图 8-113

步骤 5 新建图层并将其命名为“绿色方块”。将前景色设为浅绿色（其 R、G、B 的值分别为 206、226、113）。按住 Ctrl 键的同时单击“白色矩形”图层的图层缩览图，图形周围生成选区。按 Alt+Delete 组合键，用前景色填充选区，效果如图 8-114 所示。按 Ctrl+D 组合键，取消选区。按 Ctrl+T 组合键，在图像周围出现变换框，按住 Shift+Alt 组合键的同时向内拖曳控制手柄，等比例缩小图形，按 Enter 键确认操作，效果如图 8-115 所示。

步骤 6 在“图层”控制面板中，按住 Shift 键的同时单击“白色矩形”图层，将其与“绿色方块”图层同时选取。按 Ctrl+T 组合键，在图像周围出现变换框，拖曳鼠标旋转图形，并将其拖曳到适当的位置，效果如图 8-116 所示。

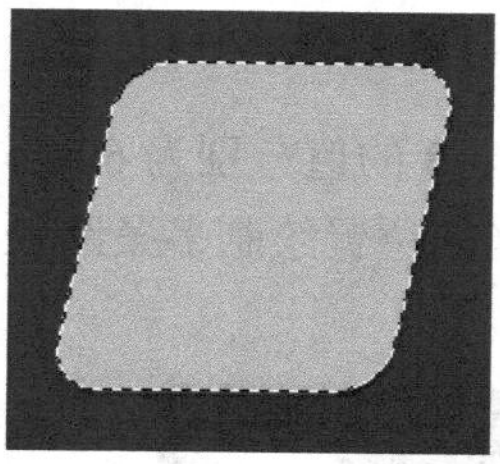

图 8-114

图 8-115

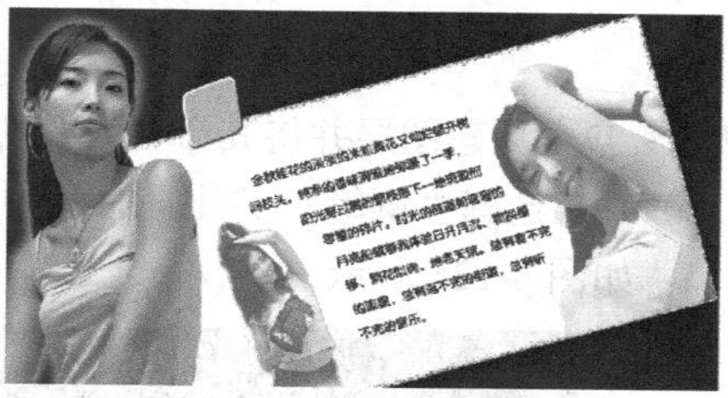

图 8-116

步骤 7 保持图层的选取状态，将其拖曳到“图层”控制面板下方的“创建新图层”按钮 上进行复制，生成新的副本图层，如图 8-117 所示。在图像窗口中，将复制的图形拖曳到适当的位置并旋转适当的角度，效果如图 8-118 所示。

图 8-117

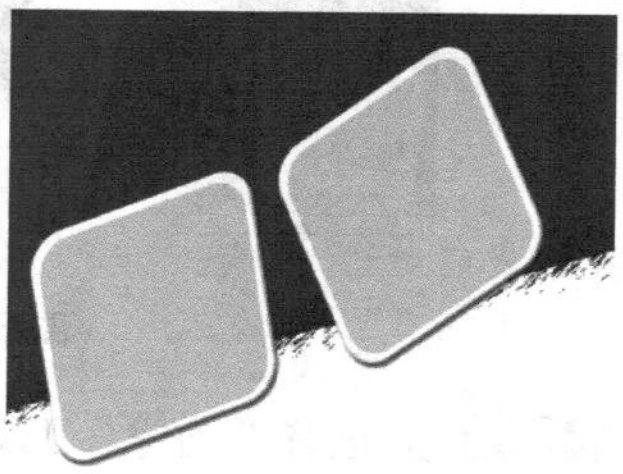

图 8-118

步骤 8 选中“绿色方块 副本”图层。单击“图层”控制面板下方的“添加图层样式”按钮，在弹出的菜单中选择“颜色叠加”命令，弹出对话框，将叠加颜色选项设为粉色（其 R、G、B 的值分别为 248、233、225），其他选项的设置如图 8-119 所示，单击“确定”按钮，效果如图 8-120 所示。用相同的方法再制作两个图形，效果如图 8-121 所示。

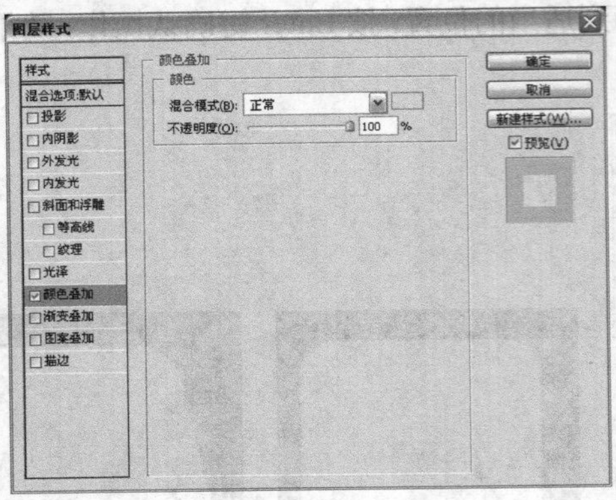

图 8-119

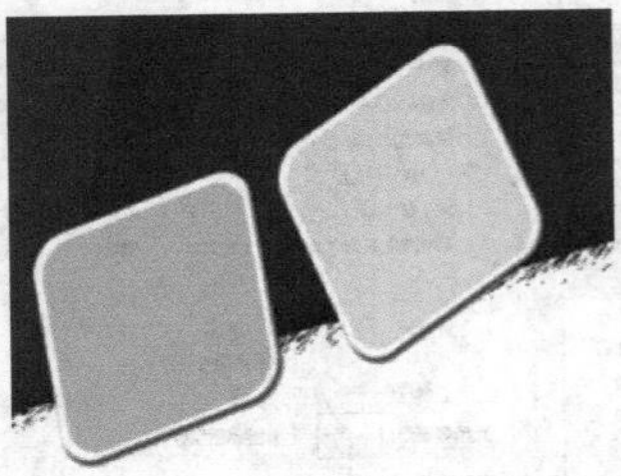

图 8-120

步骤 9 选择“椭圆选框”工具，在属性栏中将“羽化”选项设为 0，按住 Shift 键的同时绘制一个圆形选区，如图 8-122 所示。选中“绿色方块”图层，按 Delete 键，删除选区中的图像，效果如图 8-123 所示。将选区分别拖曳到适当的位置并选中需要的图层，按 Delete 键，删除选区中的图像，效果如图 8-124 所示。

图 8-121

图 8-122

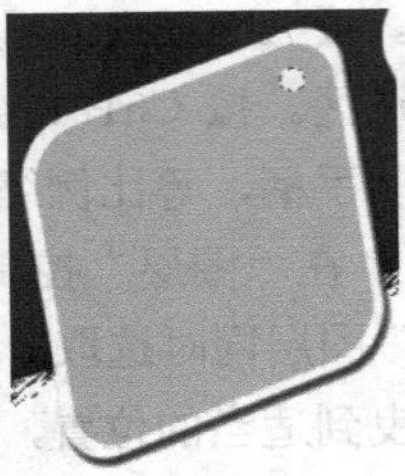

图 8-123

步骤 10 新建图层并将其命名为“线条”。将前景色设为暗棕色（其 R、G、B 的值分别为 69、6、4）。选择“钢笔”工具，选中属性栏中的“路径”按钮，在适当的位置绘制多条路径，如图 8-125 所示。

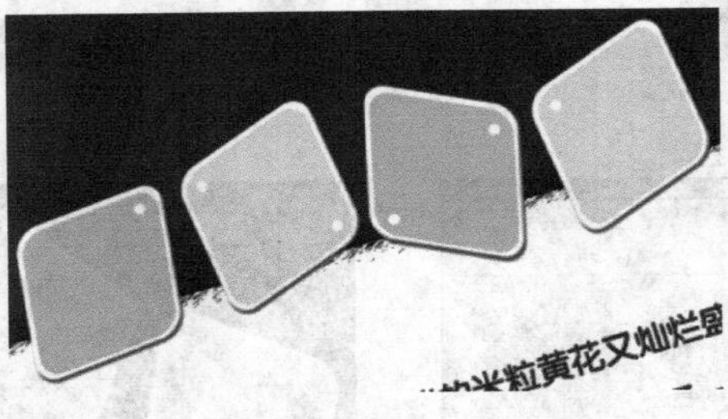

图 8-124

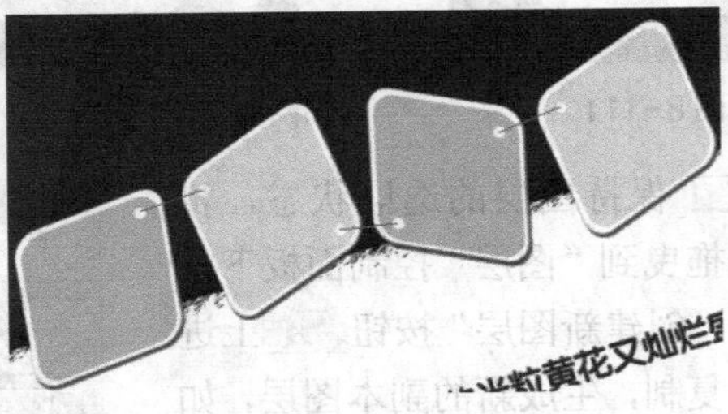

图 8-125

步骤 11 选择“画笔”工具，在属性栏中单击“画笔”选项右侧的按钮，弹出画笔选择面板，选择需要的画笔形状，如图 8-126 所示。选择“路径选择”工具，将绘制的路径同时选取，如图 8-127 所示。在图像窗口中单击鼠标右键，在弹出的菜单中选择“描边路径”命令，弹出“描边路径”对话框，选项的设置如图 8-128 所示，单击“确定”按钮，效果如图 8-129 所示。

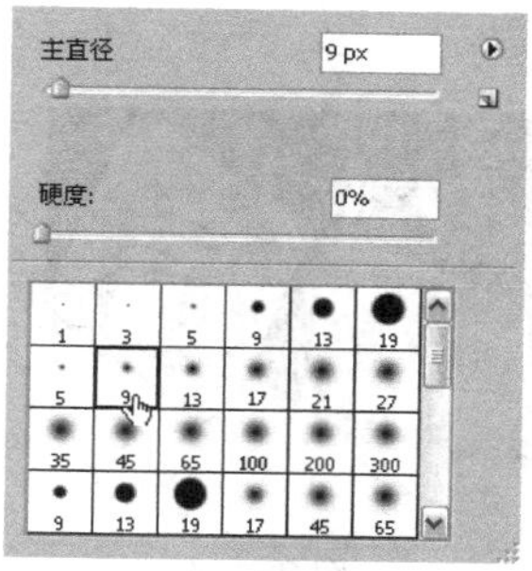

图 8-126

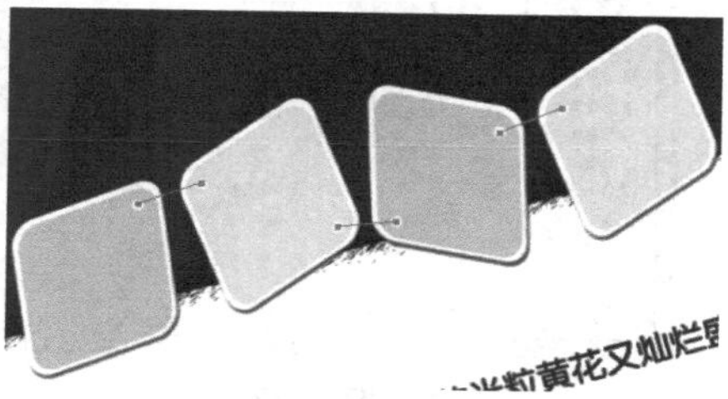

图 8-127

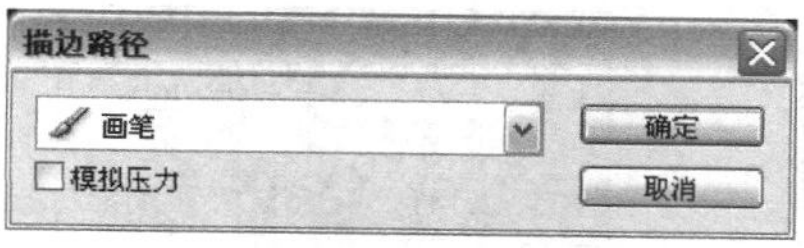

图 8-128

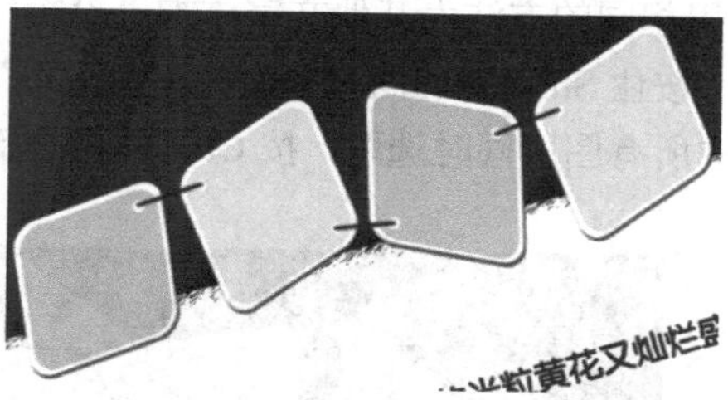

图 8-129

步骤 12 选择“横排文字”工具 T，在属性栏中选择合适的字体并设置大小，分别输入需要的白色文字，在“图层”控制面板中生成新的文字图层。分别将文字旋转到需要的角度，效果如图 8-130 所示。

步骤 13 选中“心”文字图层。单击“图层”控制面板下方的“添加图层样式”按钮 fx，在弹出的菜单中选择“投影”命令，弹出对话框，将颜色选项设为深绿色（其 R、G、B 的值分别为 28、77、15），其他选项的设置如图 8-131 所示，单击“确定”按钮，效果如图 8-132 所示。

图 8-130

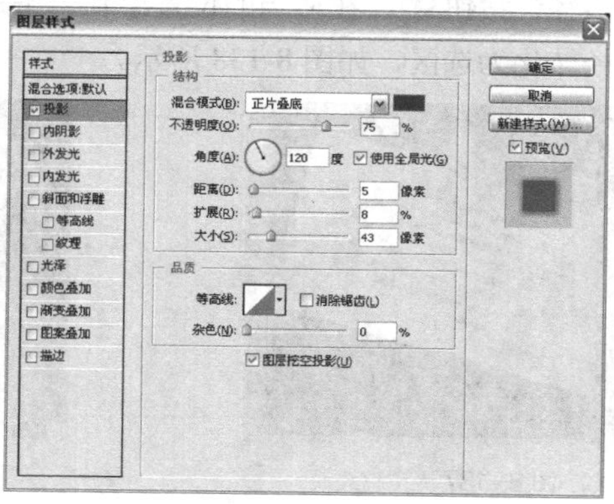

图 8-131

图 8-132

步骤 14 选中“情”文字图层。单击“图层”控制面板下方的“添加图层样式”按钮 fx，在弹出的菜单中选择“投影”命令，弹出对话框，将颜色选项设为深红色（其 R、G、B 的值分别为 113、0、0），其他选项的设置如图 8-133 所示，单击“确定”按钮，效果如图 8-134 所示。

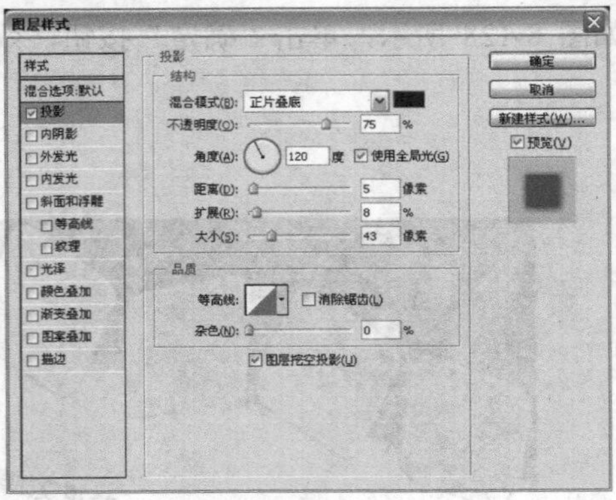

图 8-133

图 8-134

步骤 15 用相同的方法为其他文字添加“投影”样式，效果如图 8-135 所示。在“图层”控制面板中，按住 Shift 键的同时单击“白色矩形”图层，将 “记”文字图层和“白色矩形”图层之间的所有图层同时选取，按 Ctrl+G 组合键，将其编组并命名为“文字”，如图 8-136 所示。

图 8-135

图 8-136

4. 添加装饰图形

步骤 1 新建图层并将其命名为“白色宽条”。将前景色设为白色。选择“钢笔”工具，选中属性栏中的“路径”按钮，在适当的位置绘制一条路径，如图 8-137 所示。按 Ctrl+Enter 组合键，将路径转化为选区，如图 8-138 所示。

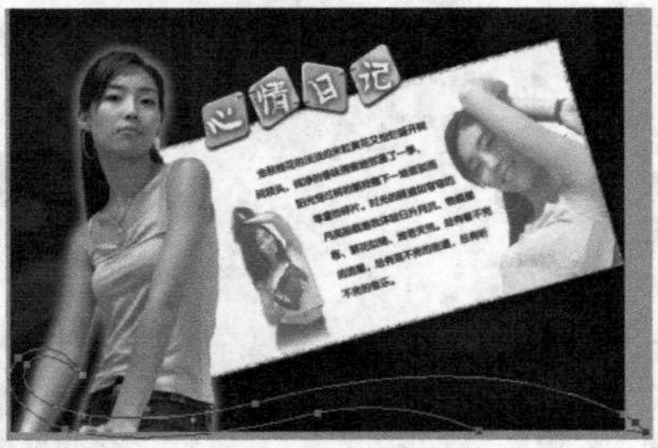

图 8-137

图 8-138

步骤 2 选择“画笔”工具，在属性栏中单击“画笔”选项右侧的按钮，弹出画笔选择面板，选择需要的画笔形状，如图 8-139 所示，在属性栏中将“不透明度”选项设为 10%，在选区边缘拖曳鼠标指针。按 Ctrl+D 组合键，取消选区，效果如图 8-140 所示。

步骤 3 选择“橡皮擦”工具，在属性栏中单击“画笔”选项右侧的按钮，弹出画笔选择面板，选择需要的画笔形状，如图 8-141 所示，在属性栏中将“不透明度”选项设为 100%。

在胳膊下方的白色图形上多次单击，效果如图 8-142 所示。

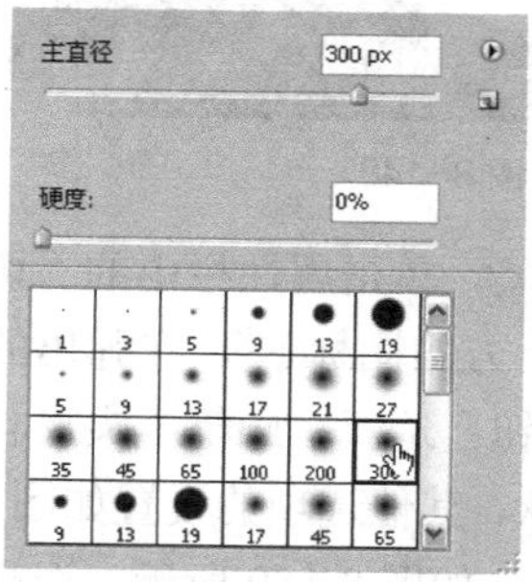

图 8-139

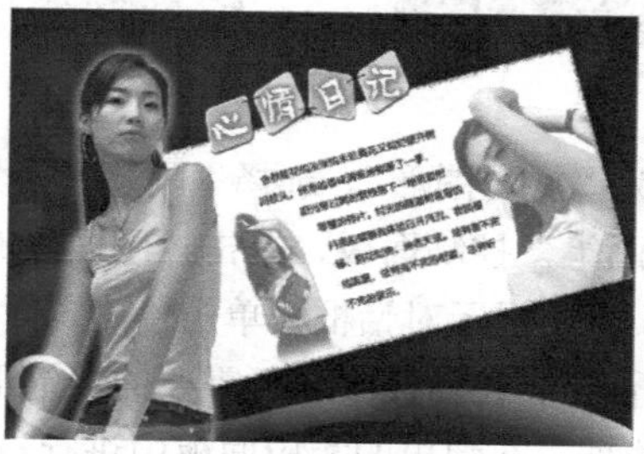

图 8-140

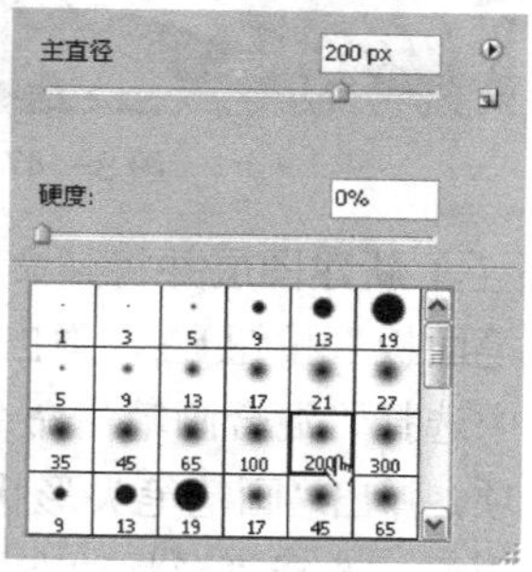

图 8-141

步骤 4 单击“图层”控制面板下方的“添加图层样式”按钮 fx，在弹出的菜单中选择“外发光”命令，弹出对话框，将发光颜色设为白色，其他选项的设置如图 8-143 所示，单击“确定”按钮，效果如图 8-144 所示。

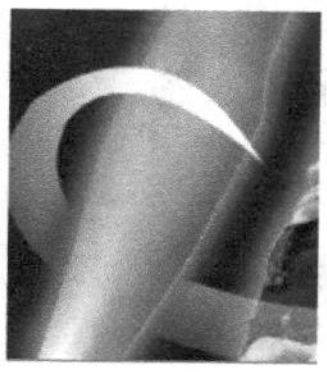

图 8-142

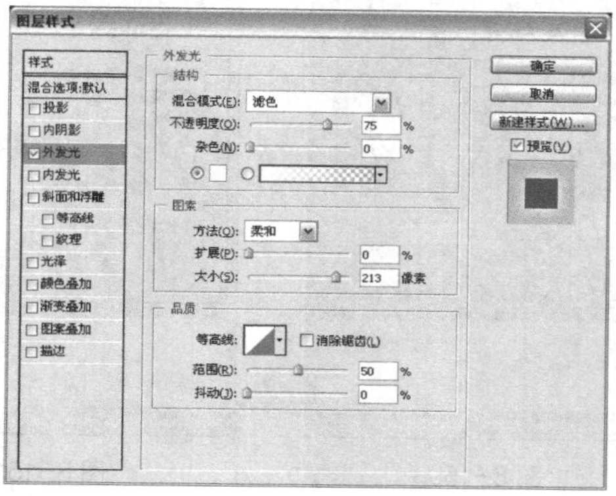

图 8-143

图 8-144

步骤 5 新建图层并将其命名为“细线”。选择“钢笔”工具，选中属性栏中的“路径”按钮，在适当的位置绘制一条路径，如图 8-145 所示。

步骤 6 选择“画笔”工具，在属性栏中单击“画笔”选项右侧的按钮，弹出画笔选择面板，选择需要的画笔形状，如图 8-146 所示。选择“路径选择”工具，将绘制的路径选取。在图像窗口中单击鼠标右键，在弹出的菜单中选择“描边路径”命令，弹出“描边路径”对话框，单击“确定”按钮，效果如图 8-147 所示。选择“移动”工具，按住 Alt 键的同时拖曳鼠标复制两条曲线，效果如图 8-148 所示。

图 8-145

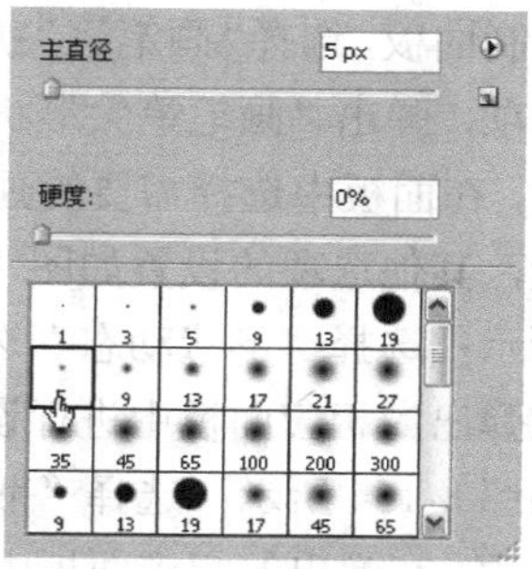

图 8-146

图 8-147

图 8-148

步骤 7 新建图层并将其命名为“旋转图形”。选择“画笔”工具，单击属性栏中的“切换画笔面板”按钮，弹出“画笔”控制面板，单击控制面板右上方的图标，在弹出的菜单中选择“混合画笔”命令，弹出提示对话框，单击“确定”按钮；选择“画笔笔尖形状”选项，弹出“画笔笔尖形状”面板，在面板中选择需要的画笔形状，其他选项的设置如图 8-149 所示；选择“形状动态”选项，在弹出的相应面板中进行设置，如图 8-150 所示；选择“散布”选项，在弹出的相应面板中进行设置，如图 8-151 所示。在图像窗口中单击鼠标绘制图形，效果如图 8-152 所示。

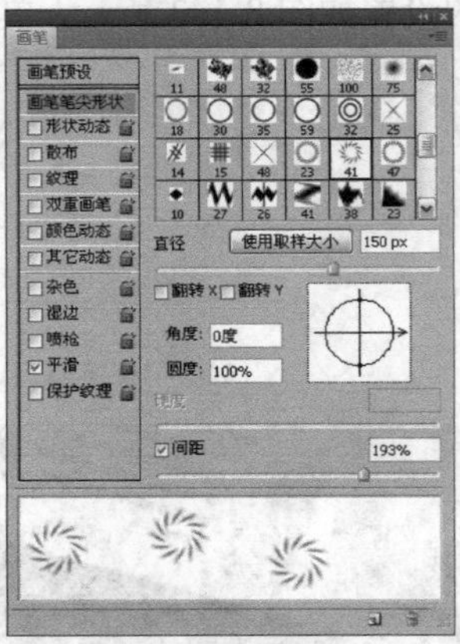

图 8-149

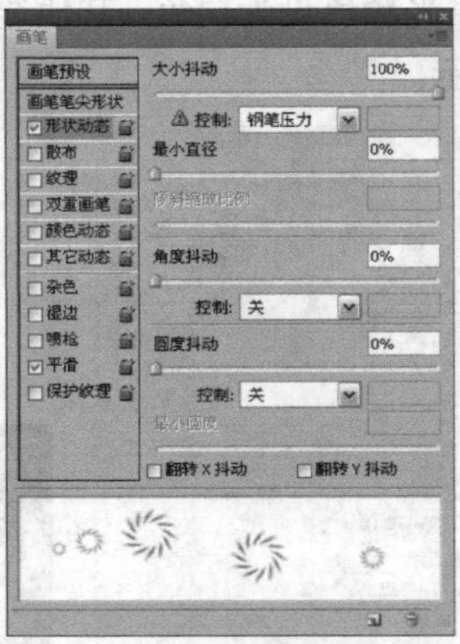

图 8-150

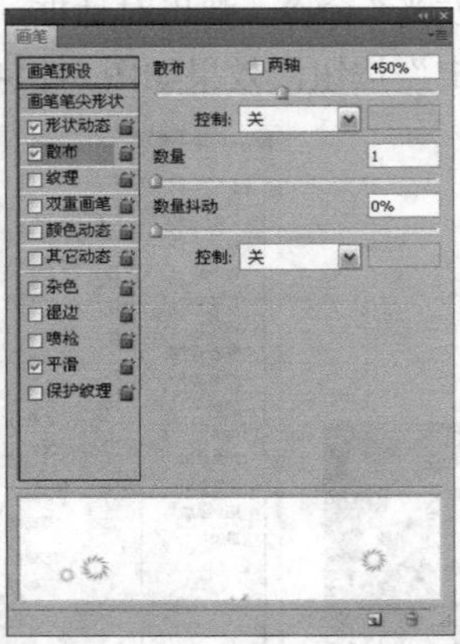

图 8-151

图 8-152

步骤 8 新建图层并将其命名为“五角星形”。选择“画笔”工具，单击属性栏中的“切换画笔面板”按钮，弹出“画笔”控制面板，选择“画笔笔尖形状”选项，弹出“画笔笔尖形状”面板，在面板中选择需要的画笔形状，其他选项的设置如图 8-153 所示；选择“形状动态”选项，在弹出的相应面板中进行设置，如图 8-154 所示；选择“散布”选项，在弹出的相应面板中进行设置，如图 8-155 所示。在图像窗口中单击鼠标绘制图形，效果如图 8-156 所示。

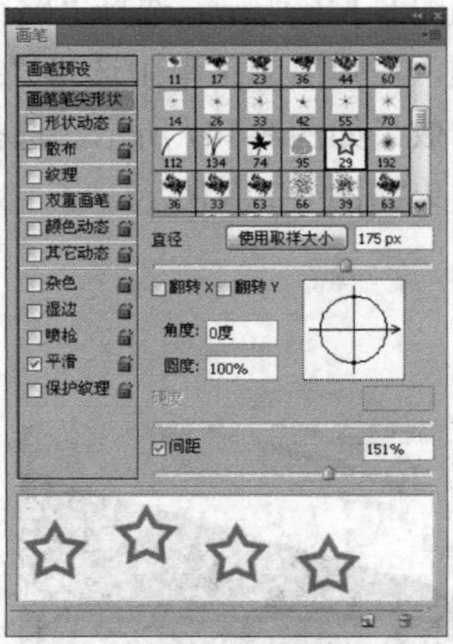

图 8-153

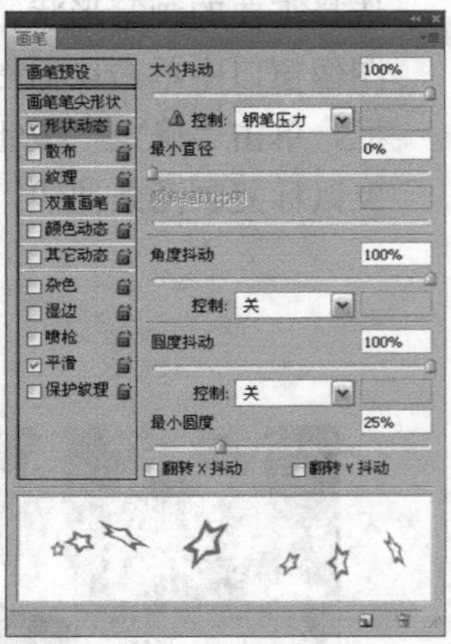

图 8-154

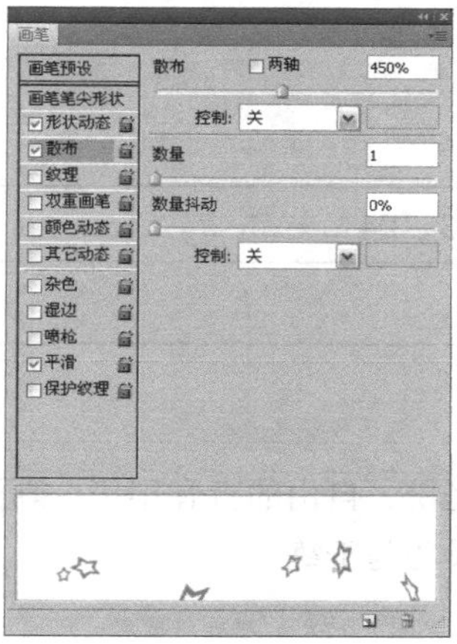

图 8-155

图 8-156

步骤 9 新建图层并将其命名为“星星”。选择“画笔”工具，单击属性栏中的“切换画笔面板”按钮，弹出“画笔”控制面板，选择“画笔笔尖形状”选项，弹出“画笔笔尖形状”面板，在面板中选择需要的画笔形状，其他选项的设置如图 8-157 所示；选择“形状动态”选项，在弹出的相应面板中进行设置，如图 8-158 所示；选择“散布”选项，在弹出的相应面板中进行设置，如图 8-159 所示。在图像窗口中单击鼠标绘制图形，效果如图 8-160 所示。

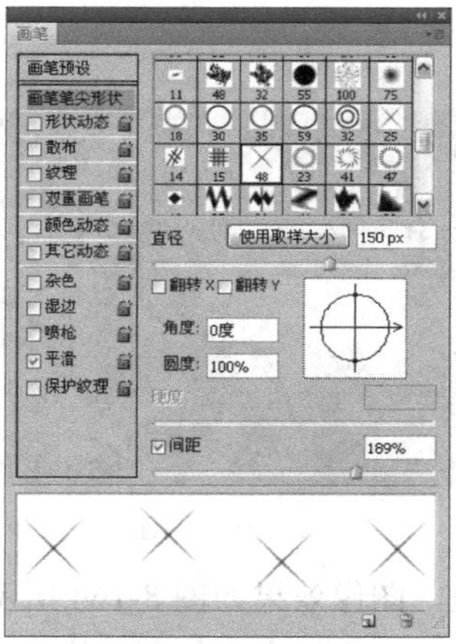

图 8-157

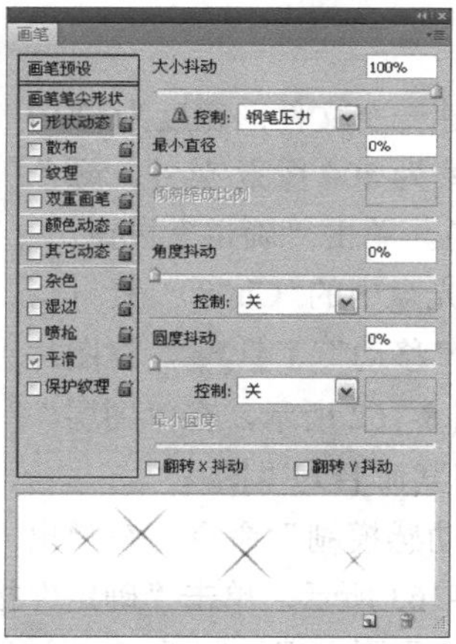

图 8-158

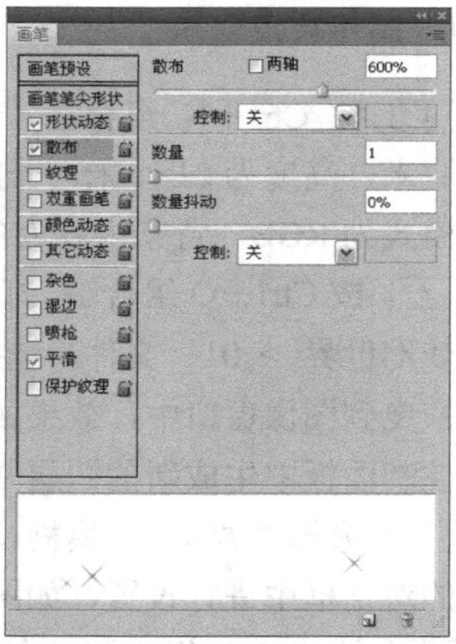

图 8-159

步骤 10 在“图层”控制面板中，按住 Shift 键的同时单击“白色宽条”图层，将“星星”图层和“白色宽条”图层之间的所有图层同时选取，按 Ctrl+G 组合键，将其编组并命名为“装饰”，如图 8-161 所示。心情日记制作完成。

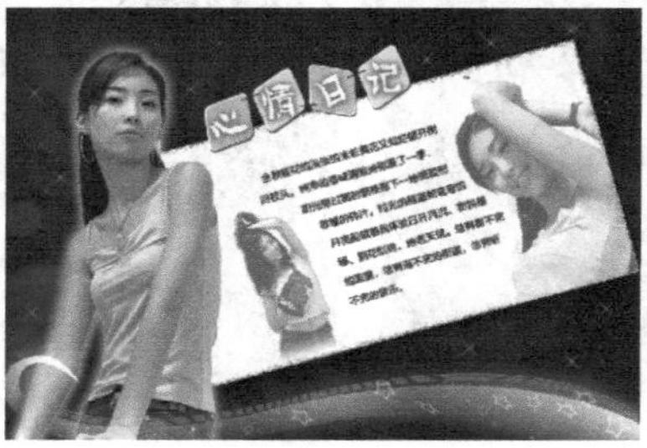

图 8-160

图 8-161

8.3 梦幻世界

	素材文件	素材 > Ch08 > 梦幻世界 > 01、02、03、04
	最终效果	效果 > Ch08 > 梦幻世界

8.3.1 案例分析

本例采用多张个人写真照片并搭配简洁的图案，展示出了轻松、自由的青春年华。画面采用蓝色和绿色作为主色调，给人一种清新的感觉，突出了女孩的灵巧与干练。

8.3.2 知识要点

使用“动感模糊”滤镜命令制作图片模糊效果；使用“画笔”工具和图层的“混合模式”选项制作草地；使用“彩色半调”滤镜命令制作背景装饰图形；使用“钢笔”工具和“画笔”工具绘制装饰心形；使用“横排文字”工具添加需要的文字。

8.3.3 操作步骤

1. 制作背景效果

步骤 1 按 Ctrl+N 组合键，新建一个文件：宽度为 29.7 厘米，高度为 21 厘米，分辨率为 200 像素/英寸，颜色模式为 RGB，背景内容为白色，单击“确定”按钮。

步骤 2 按 Ctrl+O 组合键，打开光盘中的“Ch08 > 素材 > 梦幻世界 > 01”文件，选择“移动”工具，将图片拖曳到图像窗口中，效果如图 8-162 所示，在“图层”控制面板中生成新的图层并将其命名为“图片”。

图 8-162

步骤 3 选择“滤镜 > 模糊 > 动感模糊”命令，在弹出的对话框中进行设置，如图 8-163 所示，单击“确定”按钮，图像效果如图 8-164 所示。

步骤 4 按 Ctrl+T 组合键，在图像周围出现控制手柄，按住 Alt+Shift 组合键的同时拖曳控制手柄调整图像的大小，按 Enter 键确定操作，效果如图 8-165 所示。

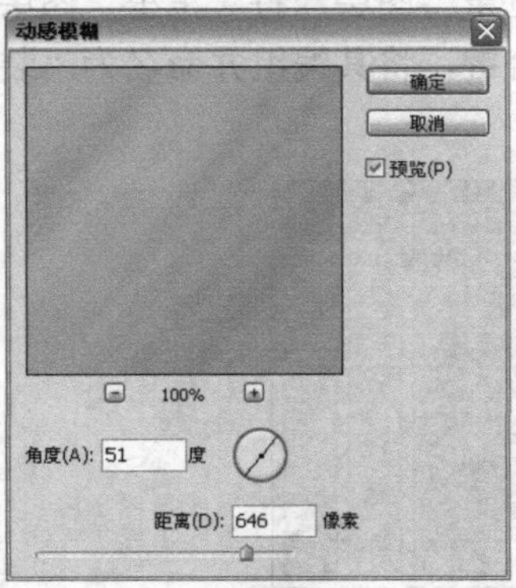

图 8-163

图 8-164

图 8-165

步骤 5 新建图层并将其命名为“草地”。将前景色设为绿色（其 R、G、B 的值分别为 0、91、12），将背景色设为墨绿色（其 R、G、B 的值分别为 6、9、2）。选择“画笔”工具，单击属性栏中的“切换画笔面板”按钮，弹出“画笔”控制面板，选择“画笔笔尖形状”选项，弹出“画笔笔尖形状”面板，在面板中选择需要的画笔形状，其他选项的设置如图 8-166 所示；选择“形状动态”选项，在弹出的相应面板中进行设置，如图 8-167 所示；选择“散布”选项，在弹出的相应面板中进行设置，如图 8-168 所示；选择“颜色动态”选项，在弹出的相应面板中进行设置，如图 8-169 所示。在图像窗口中拖曳鼠标指针绘制图形，效果如图 8-170 所示。

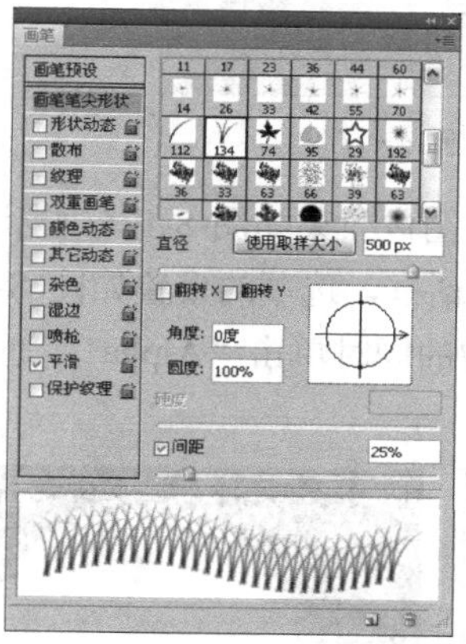

图 8-166

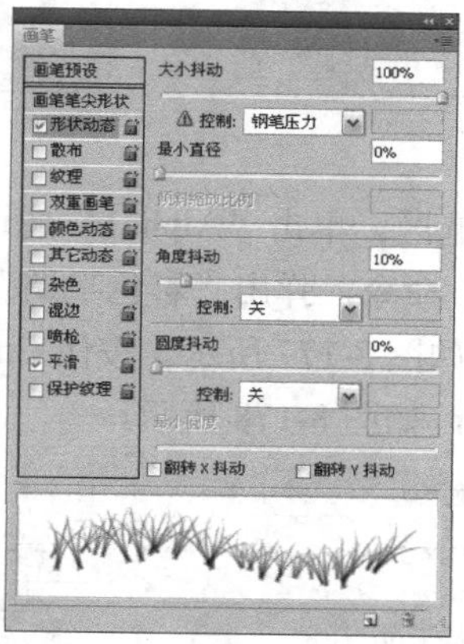

图 8-167

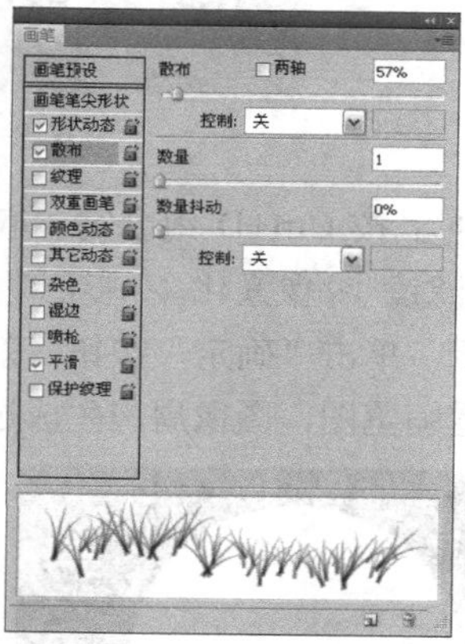

图 8-168

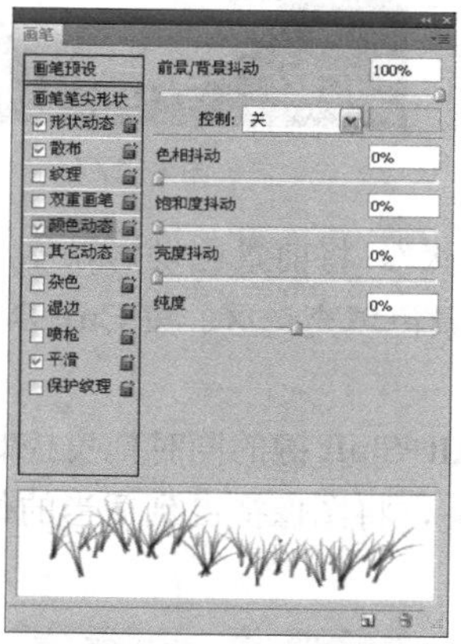

图 8-169

图 8-170

步骤 6 在“图层”控制面板中，将“草地”图层的“混合模式”设为“叠加”，如图 8-171 所示，图像效果如图 8-172 所示。

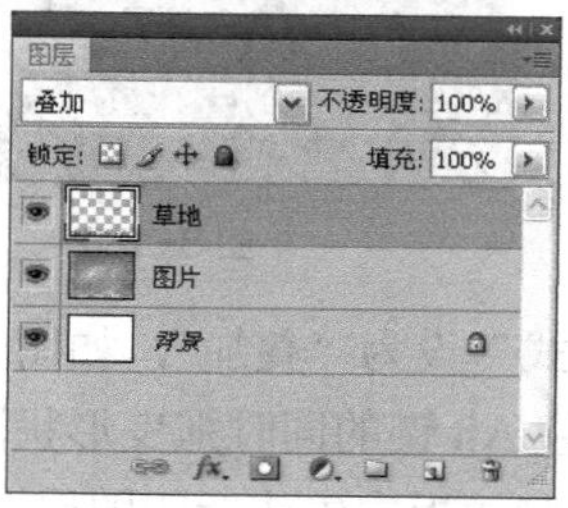

图 8-171

图 8-172

步骤 7 选择“椭圆选框”工具，按住 Shift 键的同时在图像窗口中绘制出一个圆形选区，如图 8-173 所示。在“通道”控制面板中，单击“将选区存储为通道”按钮，形成“Alpha1”通道，如图 8-174 所示。

图 8-173

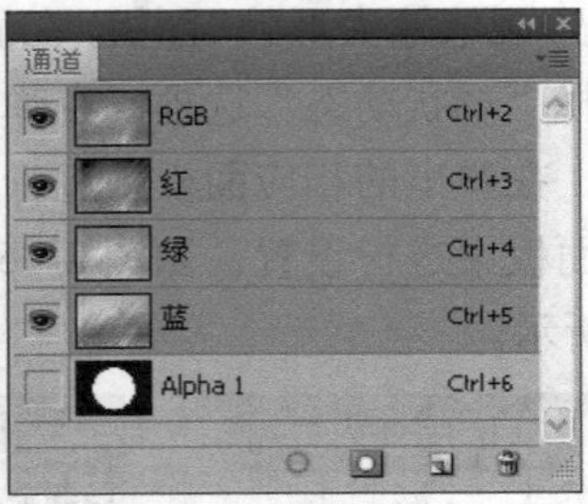

图 8-174

步骤 8 按 Ctrl+D 组合键，取消选区。单击“Alpha1”通道，图像效果如图 8-175 所示。选择“滤镜 > 像素化 > 彩色半调”命令，弹出“彩色半调”对话框，选项的设置如图 8-176 所示，单击“确定”按钮，效果如图 8-177 所示。按住 Ctrl 键的同时单击“Alpha1”通道的通道缩览图，图像周围生成选区，如图 8-178 所示。

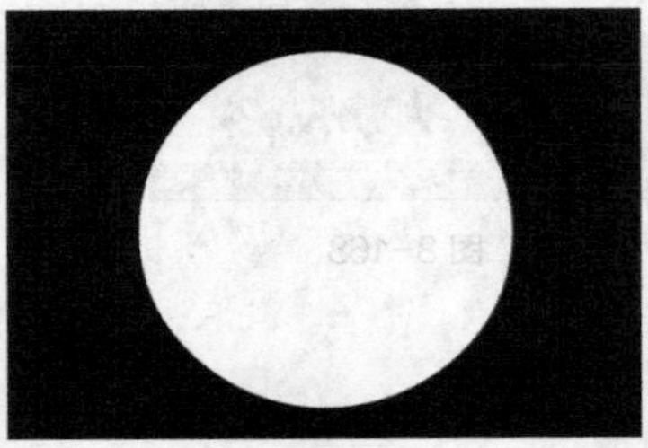

图 8-175

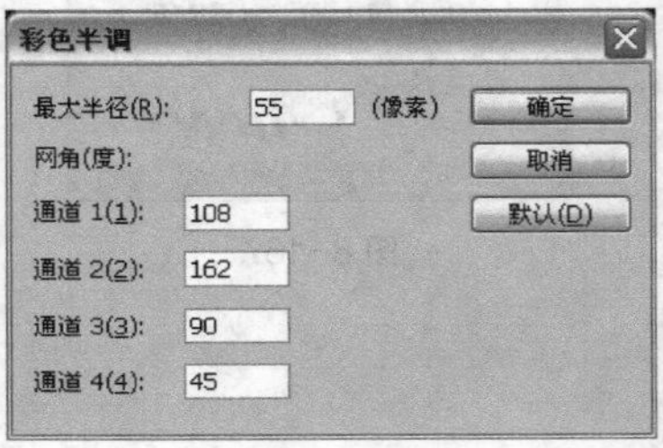

图 8-176

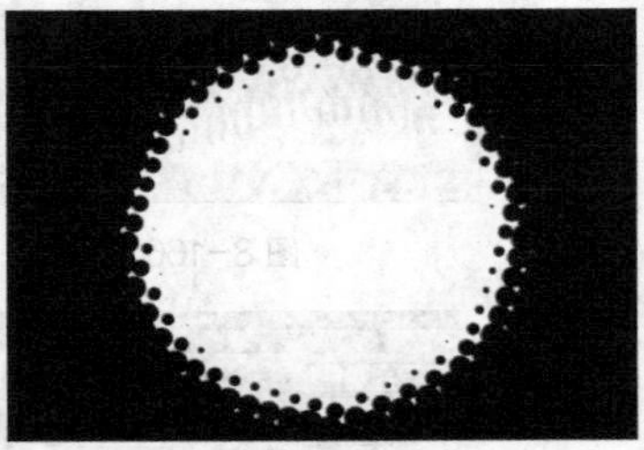

图 8-177

步骤 9 在“图层”控制面板中，新建图层并将其命名为“形状”。将前景色设为绿色（其 R、G、B 的值分别为 9、100、0），按 Alt+Delete 组合键，用前景色填充选区。按 Ctrl+D 组合键，取消选区，效果如图 8-179 所示。

步骤 10 按 Ctrl+T 组合键，在图像周围出现控制手柄，按住 Alt+Shift 键的同时拖曳控制手柄调整图像的大小，按 Enter 键确定操作。选择“移动”工具，将图像拖曳到适当的位置，效果如图 8-180 所示。

图 8-178

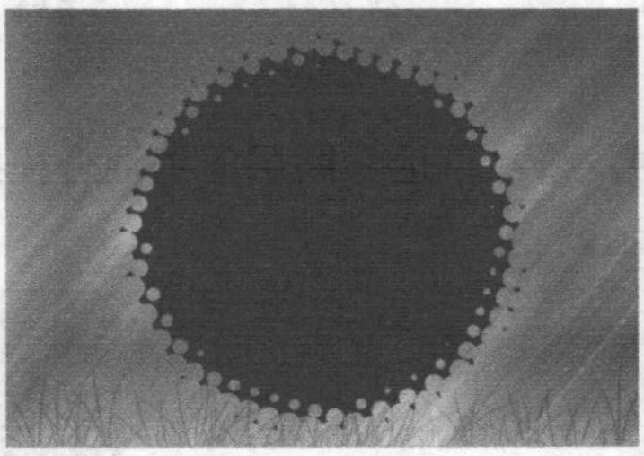

图 8-179

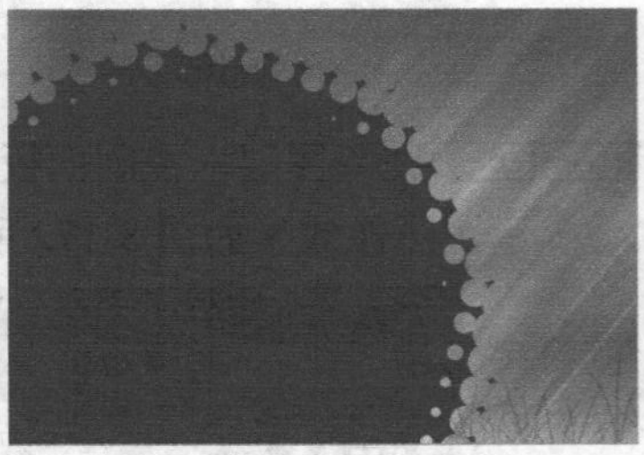

图 8-180

步骤 11 在“图层”控制面板中，将“形状”图层的“混合模式”设为“叠加”，如图 8-181 所示，图像效果如图 8-182 所示。选择“移动”工具，按住 Alt 键的同时拖曳形状图形到适当的位置，复制图形，效果如图 8-183 所示，在“图层”控制面板中生成新的图层“形状 副本”，如图 8-184 所示。

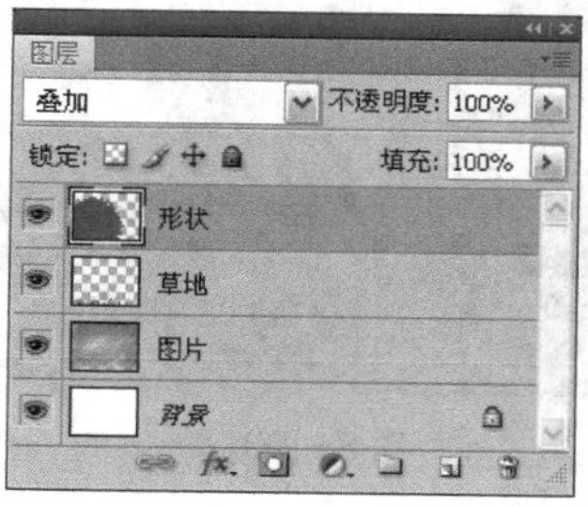

图 8-181

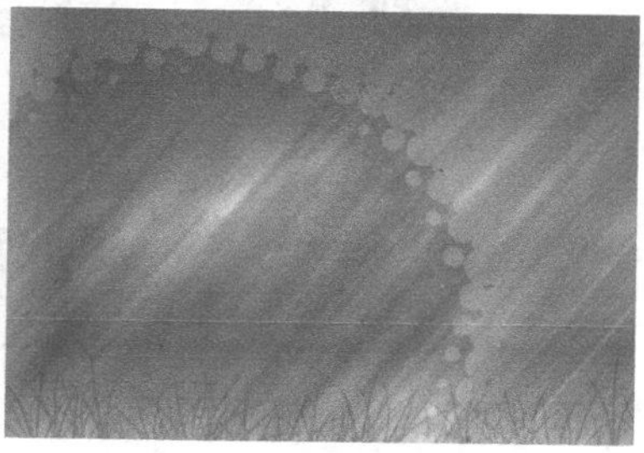

图 8-182

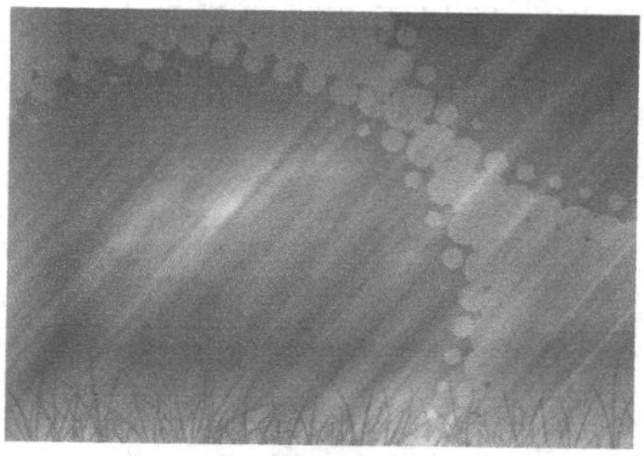

图 8-183

图 8-184

2. 置入并编辑图片

步骤 1 按 Ctrl+O 组合键，打开光盘中的“Ch08 > 素材 > 梦幻世界 > 02”文件，选择“移动”工具，将人物图片拖曳到图像窗口中的左侧，效果如图 8-185 所示，在“图层”控制面板中生成新的图层并将其命名为“人物”。单击控制面板下方的“添加图层蒙版”按钮，为“人物”图层添加蒙版，如图 8-186 所示。

图 8-185

步骤 2 将前景色设为黑色。选择“画笔”工具，在属性栏中单击“画笔”选项右侧的按钮，弹出画笔选择面板，选择需要的画笔形状，如图 8-187 所示。在图像窗口拖曳鼠标指针涂抹图像，效果如图 8-188 所示。

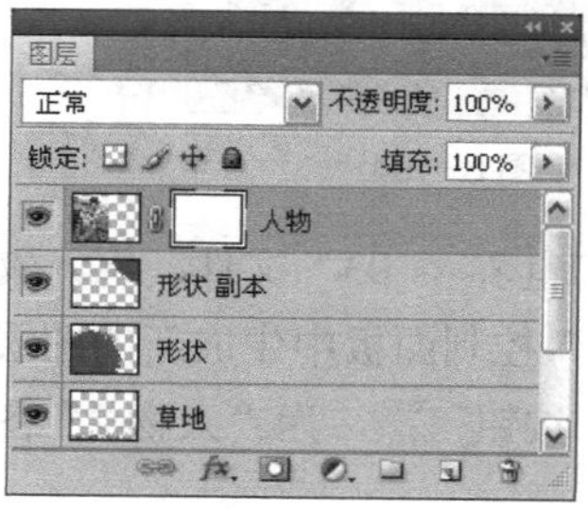

图 8-186

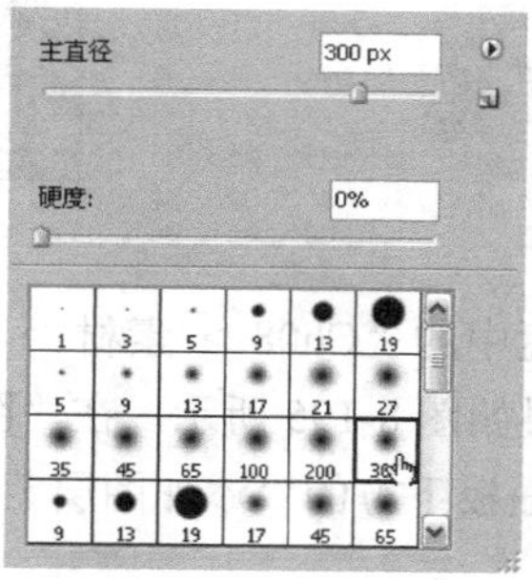

图 8-187

图 8-188

步骤 3 选择“钢笔”工具，选中属性栏中的“路径”按钮，在图像窗口中绘制出需要的路径，如图 8-189 所示。按 Ctrl+Enter 组合键，将路径转化为选区，如图 8-190 所示。

图 8-189

图 8-190

步骤 4 新建图层并将其命名为“心形”。将前景色设为白色。选择“画笔”工具，在属性栏中单击“画笔”选项右侧的按钮，弹出画笔选择面板，选择需要的画笔形状，如图 8-191 所示，在属性栏中将“不透明度”选项设为 45%。在选区周围拖曳鼠标指针涂抹图像，效果如图 8-192 所示。

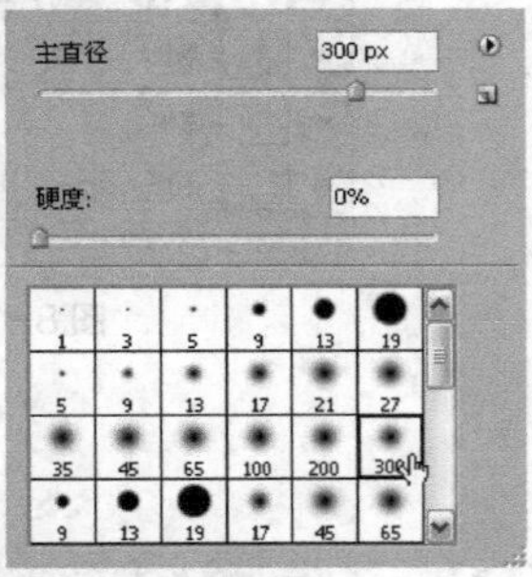

图 8-191

图 8-192

步骤 5 选择“移动”工具，按住 Alt 键的同时拖曳心形到适当的位置，复制图形，并调整其位置、大小及角度，效果如图 8-193 所示，在“图层”控制面板中生成新的副本图层。按住 Shift 键的同时选取“心形”图层及其所有副本图层，并将其拖曳到“人物”图层的下方，如图 8-194 所示。

图 8-193

图 8-194

步骤 6 按 Ctrl＋O 组合键，打开光盘中的“Ch08 > 素材 > 梦幻世界 > 03”文件，将人物图片拖曳到图像窗口中的右侧，效果如图 8-195 所示，在“图层”控制面板中生成新的图层并将其命名为“人物 2”。单击控制面板下方的“添加图层蒙版”按钮，为“人物 2”图层添加蒙版，如图 8-196 所示。

步骤 7 选择“渐变”工具，单击属性栏中的“点按可编辑渐变”按钮，在弹出的“渐变编辑器”对话框中，将渐变色设为从白色到黑色，如图 8-197 所示，单击“确定”按钮。单击属性栏中的“径向渐变”按钮，在人物图像上从中间向外侧拖曳渐变色，效果如图 8-198 所示。

图 8-195

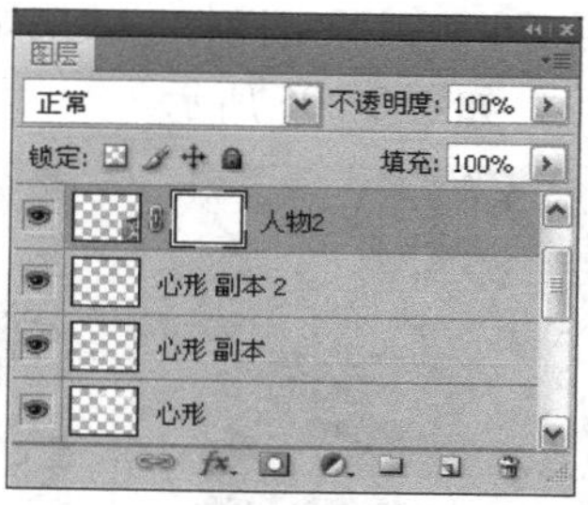

图 8-196

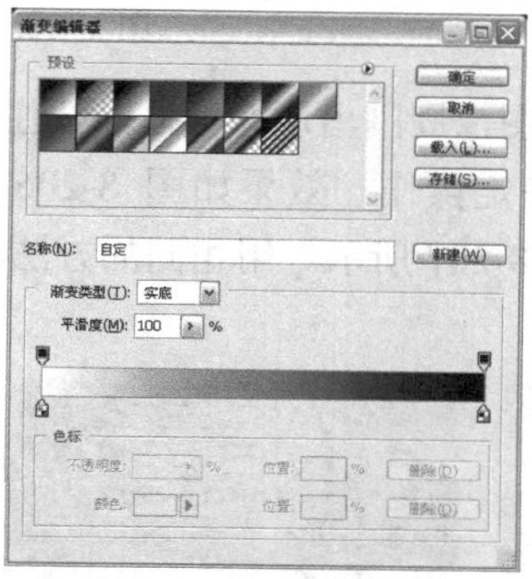

图 8-197

图 8-198

步骤 8 按 Ctrl+O 组合键，打开光盘中的“Ch08 > 素材 > 梦幻世界 > 04”文件，选择“移动”工具，将人物图片拖曳到图像窗口中的右下方，效果如图 8-199 所示，在“图层”控制面板中生成新的图层并将其命名为“人物 3”。单击控制面板下方的“添加图层蒙版”按钮，为“人物 3”图层添加蒙版，如图 8-200 所示。

步骤 9 选择“渐变”工具，在人物图像上从中间向外侧拖曳渐变色，效果如图 8-201 所示。

图 8-199

图 8-200

图 8-201

步骤 10 选择“横排文字”工具，在属性栏中选择合适的字体并设置大小，输入需要的白色文字，如图 8-202 所示，在“图层”控制面板中生成新的文字图层。

图 8-202

3. 绘制装饰图形并添加文字

步骤 1 选中“人物”图层。选择“矩形”工具，选中属性栏中的“形状图层”按钮，按住 Shift 键的同时在图像窗口中绘制正方形，如图 8-203 所示。按

Ctrl+Alt+T 组合键，图像周围出现变换框，按住 Shift 键的同时水平向右拖曳图形到适当的位置，按 Enter 键确定操作，效果如图 8-204 所示。多次按 Ctrl+Shift+Alt+T 组合键，复制多个正方形，如图 8-205 所示。

图 8-203

图 8-204

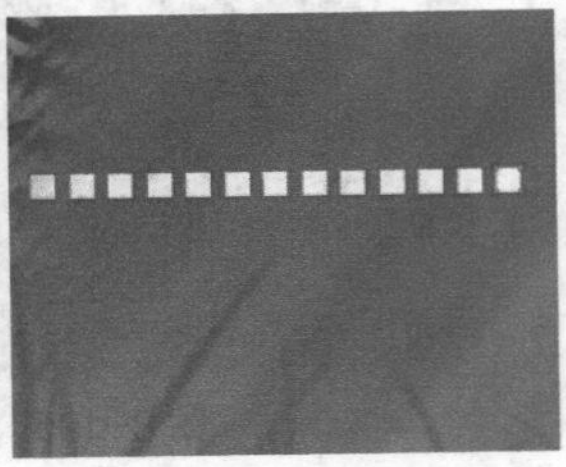
图 8-205

步骤 2 保持图形选取状态。按 Ctrl+Alt+T 组合键，图像周围出现变换框，按住 Shift 键的同时垂直向上拖曳图形到适当的位置，按 Enter 键确定操作，效果如图 8-206 所示。多次按 Ctrl+Shift+Alt+T 组合键，复制多个正方形，如图 8-207 所示。用相同的方法再复制正方形，效果如图 8-208 所示。

图 8-206

图 8-207

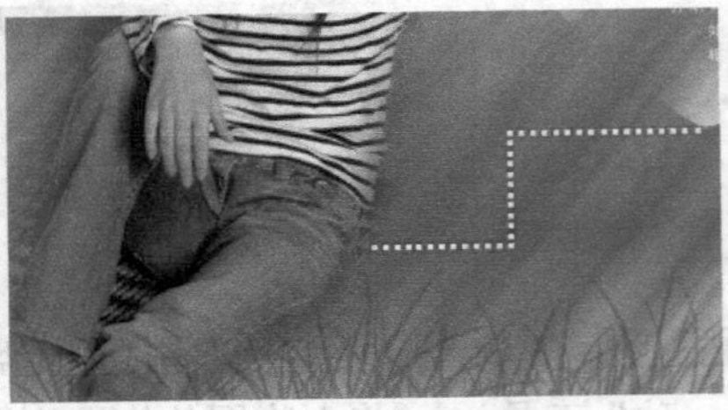
图 8-208

步骤 3 新建图层并将其命名为“圆形描边”。选择“自定形状”工具，单击属性栏中的“形状”选项，弹出“形状”面板，选中图形“窄边圆形边框”，如图 8-209 所示。在属性栏中选中“填充像素”按钮，在图像窗口中拖曳鼠标指针，绘制出需要的圆形，如图 8-210 所示。

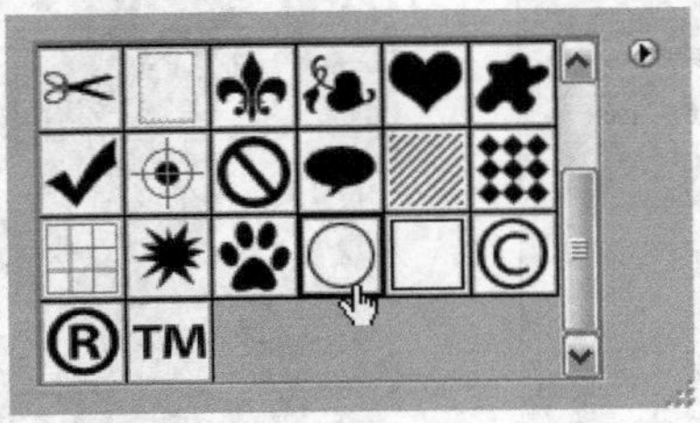

图 8-209

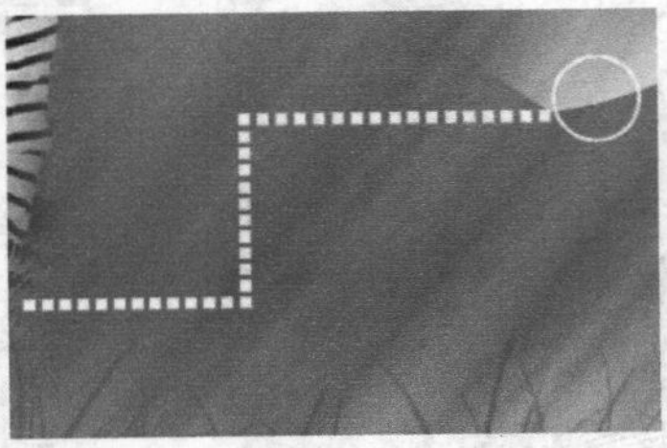
图 8-210

步骤 4 新建图层并将其命名为“圆角形状”。将前景色设为绿色（其 R、G、B 的值分别为 58、119、28）。选择“圆角矩形”工具，选中属性栏中的“路径”按钮，将“半径”选项设为 45px，在图像窗口中拖曳鼠标指针绘制路径，如图 8-211 所示。

步骤 5 单击“路径”控制面板下方的“用前景色填充路径”按钮，用前景色填充路径，如图 8-212 所示。按 Ctrl+T 组合键，

图 8-211

图 8-212

路径周围出现控制手柄，按住 Shift+Alt 组合键的同时向内拖曳控制手柄，将路径等比例缩小，按 Enter 键确定操作，效果如图 8-213 所示。

步骤 6 将前景色设为白色。选择“画笔”工具，在属性栏中单击“画笔”选项右侧的按钮，弹出画笔选择面板，选择需要的画笔形状，如图 8-214 所示。单击“路径”控制面板下方的“用画笔描边路径”按钮，路径被描边，按 Enter 键将路径隐藏，效果如图 8-215 所示。

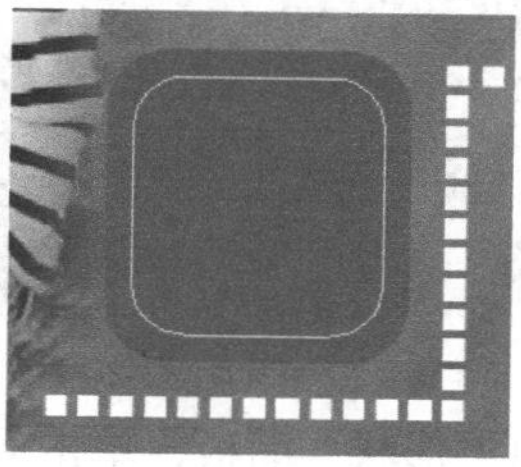
图 8-213

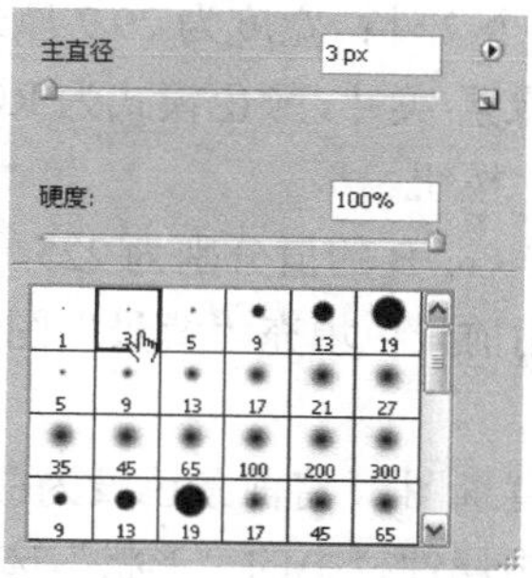

图 8-214

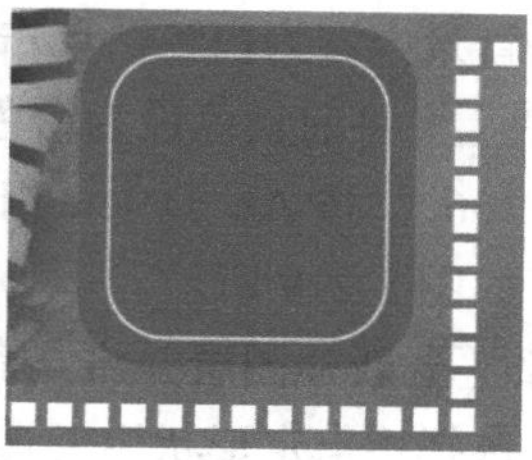
图 8-215

步骤 7 选择“横排文字”工具，在属性栏中选择合适的字体并设置大小，分别输入需要的白色文字，如图 8-216 所示，在“图层”控制面板中生成新的文字图层。选取文字“从你的眼神里……”，按 Alt+→组合键，调整文字间距，效果如图 8-217 所示。梦幻世界制作完成，如图 8-218 所示。

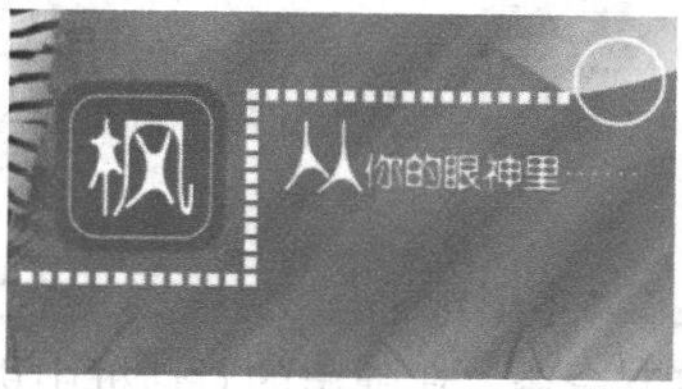

图 8-216

图 8-217

图 8-218

8.4 童话故事

	素材文件	素材 > Ch08 > 童话故事 > 01、02、03、04、05
	最终效果	效果 > Ch08 > 童话故事

8.4.1 案例分析

本例是为儿童设计的艺术照片，通过照片的巧妙组合，展示了儿童的可爱和活泼。绽放的花朵和可爱的花边也增强了画面甜美的气氛。

8.4.2 知识要点

使用“定义图案”命令制作背景效果；使用“用画笔描边路径”按钮为圆角矩形描边；使用“添加图层样式”按钮为圆角矩形添加特殊效果；使用“创建剪贴蒙版”命令制作人物图片的剪贴

蒙版效果；使用“自定形状”工具、“添加图层样式”按钮添加装饰图片。

8.4.3 操作步骤

1. 制作底图效果

步骤 1 按 Ctrl+N 组合键，新建一个文件：宽度为 29.7 厘米，高度为 21 厘米，分辨率为 300 像素/英寸，颜色模式为 RGB，背景内容为白色，单击“确定”按钮。

步骤 2 将前景色设为粉色（其 R、G、B 的值分别为 225、82、166），按 Alt+Delete 组合键，用前景色填充“背景”图层，如图 8-219 所示。

图 8-219

步骤 3 新建图层并将其命名为“背景图”。将前景色设为白色。选择“自定形状”工具，单击属性栏中的“形状”选项，弹出“形状”面板，单击面板右上方的按钮，在弹出的菜单中选择“形状”选项，弹出提示对话框，如图 8-220 所示，单击“追加”按钮，在“形状”面板中选中图形“红心形卡”，如图 8-221 所示。选中属性栏中的“填充像素”按钮，绘制图形，如图 8-222 所示。

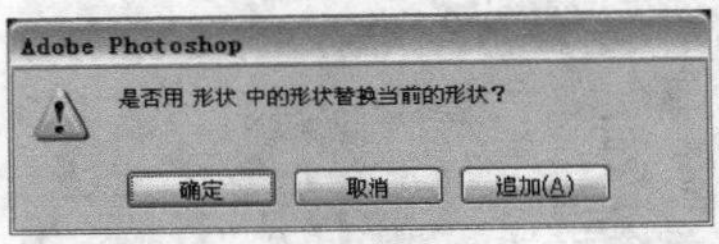

图 8-220

图 8-221

图 8-222

步骤 4 单击“背景”图层左边的眼睛图标，隐藏该图层。选择“矩形选框”工具，在心形周围绘制选区，如图 8-223 所示。选择“编辑 > 定义图案”命令，在弹出的对话框中进行设置，如图 8-224 所示，单击“确定”按钮。

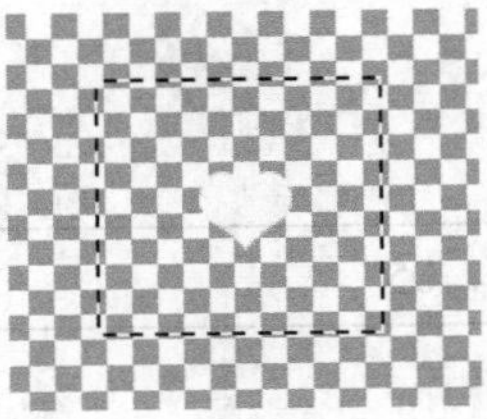

图 8-223

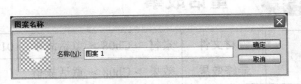

图 8-224

步骤 5 按 Delete 键，将选区中的心形删除，按 Ctrl+D 组合键，取消选区。单击“背景”图层左边的眼睛图标，显示背景图层。选择“编辑 > 填充”命令，弹出“填充”对话框，在对话框中进行设置，如图 8-225 所示，单击“确定”按钮，效果如图 8-226 所示。在“图层”控制面板的上方将“背景图”图层的“不透明度”选项设为 20%，效果如图 8-227 所示。

步骤 6 单击“图层”控制面板下方的“创建新图层”按钮，生成新的图层并将其命名为“白色矩形”，如图 8-228 所示。选择“圆角矩形”工具，选中属性栏中的“填充像素”按钮，将“圆角半径”选项设为 60px，在图像窗口中绘制圆角矩形，如图 8-229 所示。

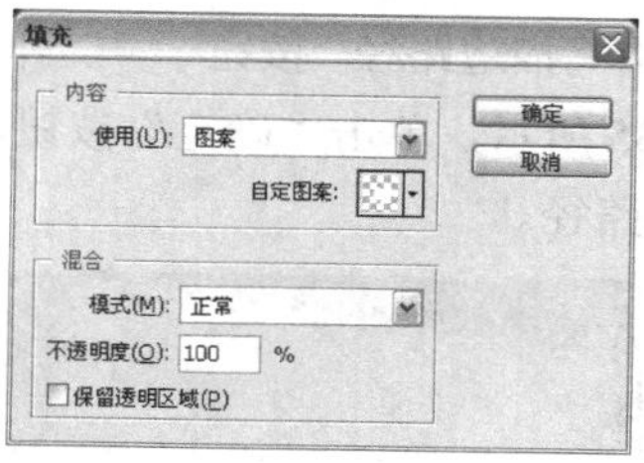

图 8-225

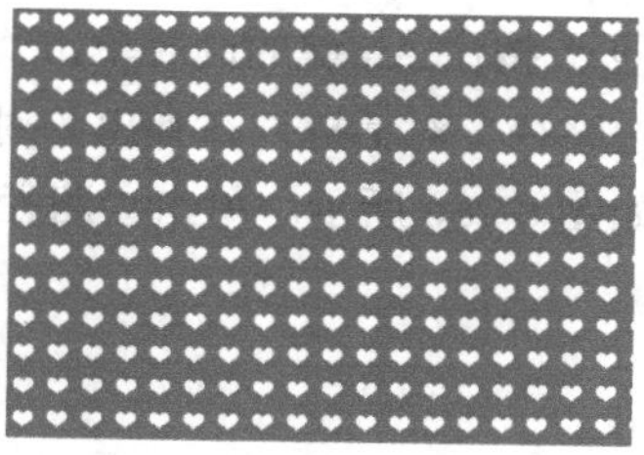

图 8-226

图 8-227

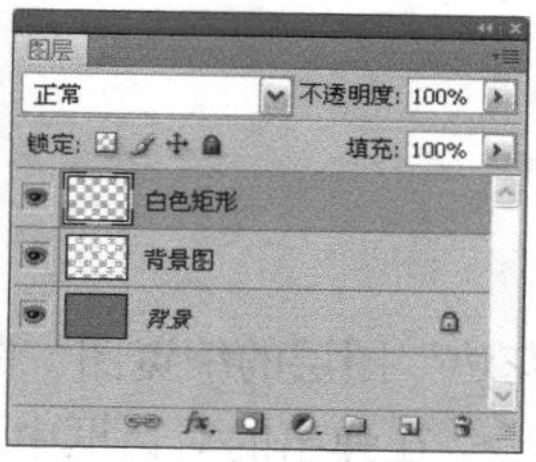

图 8-228

图 8-229

步骤 7 按 Ctrl+T 组合键，图像周围出现变换框，将鼠标指针放在变换框的控制手柄外边，指针变为旋转图标，拖曳鼠标将图像旋转至适当的位置，按 Enter 键确定操作，效果如图 8-230 所示。新建图层并将其命名为“花边”，如图 8-231 所示。按住 Ctrl 键的同时单击“白色矩形”图层的缩览图，图形周围生成选区，如图 8-232 所示。

图 8-230

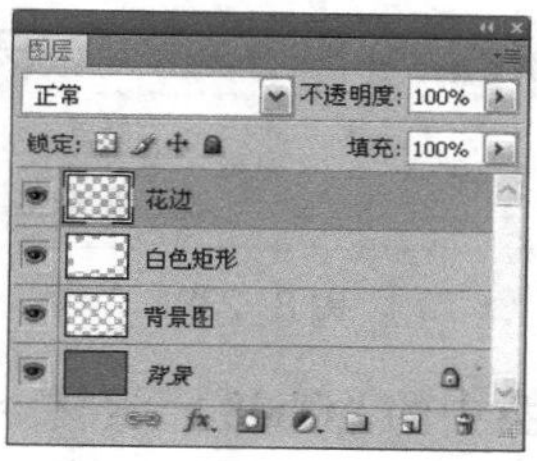

图 8-231

图 8-232

步骤 8 单击“路径”控制面板下方的“从选区生成工作路径”按钮，选区生成路径，如图 8-233 所示。选择“画笔”工具，单击属性栏中的“切换画笔面板”按钮，弹出“画笔”控制面板，选择“画笔笔尖形状”选项，弹出“画笔笔尖形状”面板，选项的设置如图 8-234 所示。

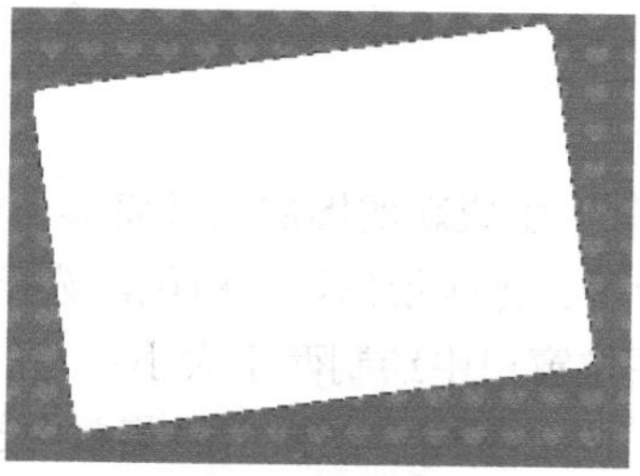

图 8-233

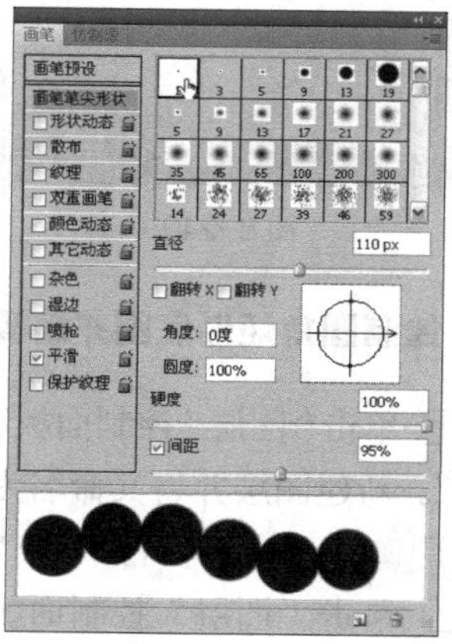

图 8-234

步骤 9 按住 Alt 键的同时单击“路径”控制面板下方的“用画笔描边路径”按钮，弹出“描边路径”对话框，在弹出的对话框中进行设置，如图 8-235 所示，单击“确定”按钮，效果如图 8-236 所示。单击“路径”控制面板的空白处，隐藏路径。

图 8-235

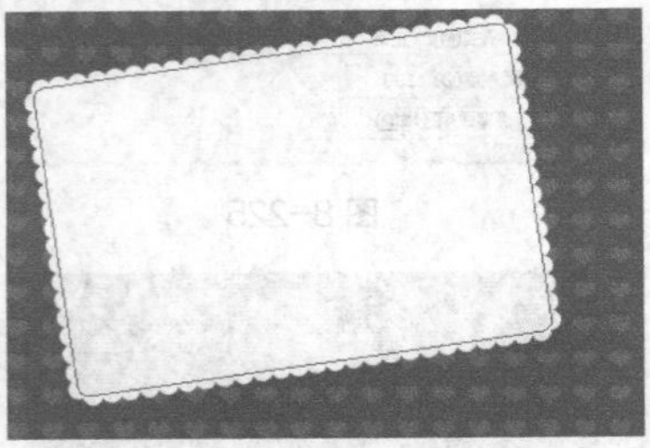

图 8-236

步骤 10 按住 Ctrl 键的同时单击“花边”图层的缩览图，图形周围生成选区，如图 8-237 所示。选择“选择 > 修改 > 收缩”命令，在弹出的对话框中进行设置，如图 8-238 所示，单击“确定”按钮。按 Delete 键，将选区中的图像删除，效果如图 8-239 所示。按 Ctrl+D 组合键，取消选区。

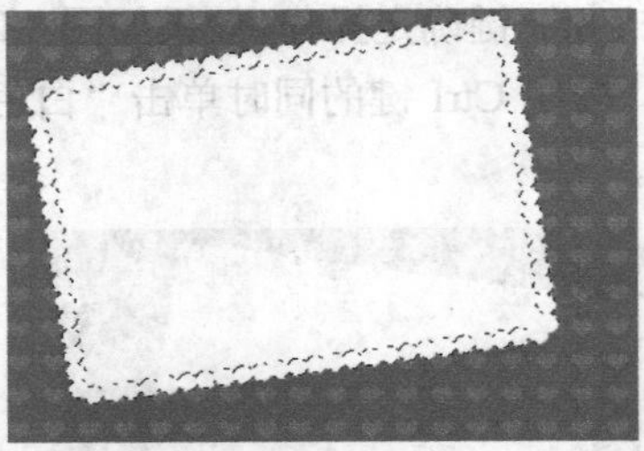

图 8-237

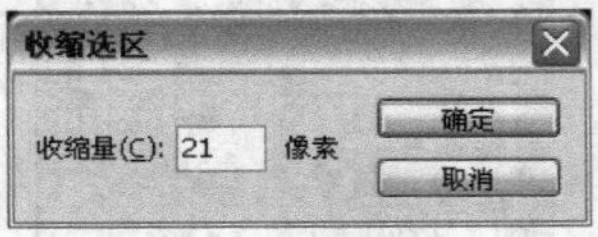

图 8-238

图 8-239

步骤 11 按 Ctrl+O 组合键，打开光盘中的“Ch08 > 素材 > 童话故事 > 01”文件，选择“移动”工具，将素材图片拖曳到图像窗口中并调整其位置，如图 8-240 所示，在“图层”控制面板中生成新的图层并将其命名为“图画”，如图 8-241 所示。

图 8-240

图 8-241

2. 绘制圆角矩形底图并编辑图片

步骤 1 单击“图层”控制面板下方的“创建新组”按钮，生成新的图层组并将其命名为“小图”。新建图层并将其命名为“矩形 1”，如图 8-242 所示。将前景色设为白色，选择“矩形”工具，选中属性栏中的“填充像素”按钮，在图像窗口中绘制两个大小不等的矩形。

步骤 2 单击“图层”控制面板下方的“添加图层样式”按钮，在弹出的菜单中选择“投影”命令，在弹出的对话框中进行设置，如图 8-243 所示，单击“确定”按钮，效果如图 8-244

所示。

图 8-242

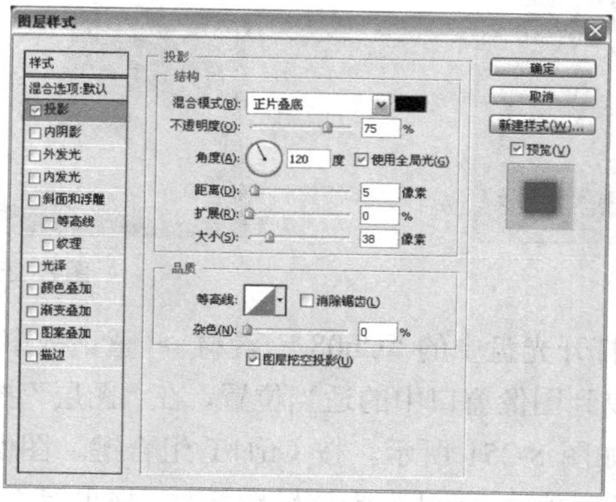

图 8-243

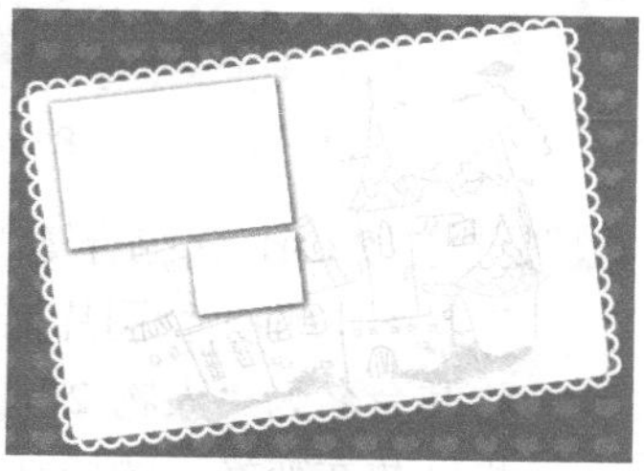

图 8-244

步骤 3 按 Ctrl+O 组合键，打开光盘中的“Ch08 > 素材 > 童话故事 > 02”文件，选择“移动”工具，将人物图片拖曳到图像窗口中的左侧。按 Ctrl+T 组合键，图像周围出现变换框，将鼠标指针放在变换框的控制手柄外边，指针变为旋转图标，拖曳鼠标将图像旋转至适当的位置，按 Enter 键确定操作，效果如图 8-245 所示。在“图层”控制面板中生成新的图层并将其命名为“人物 1”，如图 8-246 所示。

图 8-245

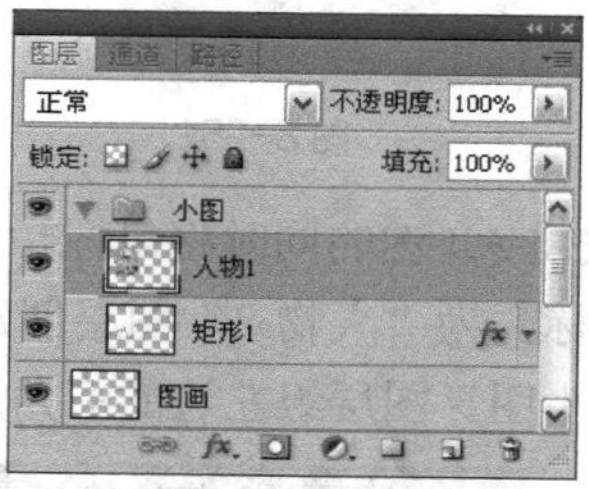

图 8-246

步骤 4 按住 Alt 键的同时将鼠标指针放在“人物 1”图层和“矩形 1”图层的中间，指针变为，单击鼠标，为“人物 1”图层创建剪贴蒙版，如图 8-247 所示，效果如图 8-248 所示。

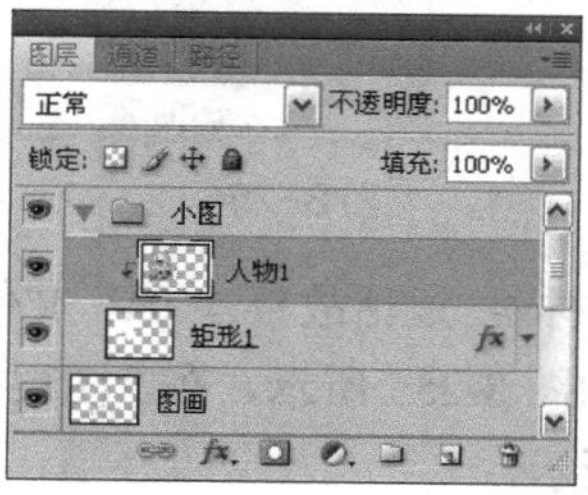

图 8-247

图 8-248

步骤 5 单击“图层”控制面板下方的“创建新图层”按钮，生成新的图层并将其命名为“矩形 2”，如图 8-249 所示。将前景色设为白色，选择“矩形”工具，选中属性栏中的“填充像素”按钮，在图像窗口的绘制两个大小不等的矩形。

步骤 6 选中“矩形 1”图层，单击鼠标右键，在弹出的菜单中选择“拷贝图层样式”命令；选中“矩形 2”图层，单击鼠标右键，在弹出的菜单中选择“粘贴图层样式”命令，效果如图 8-250 所示。

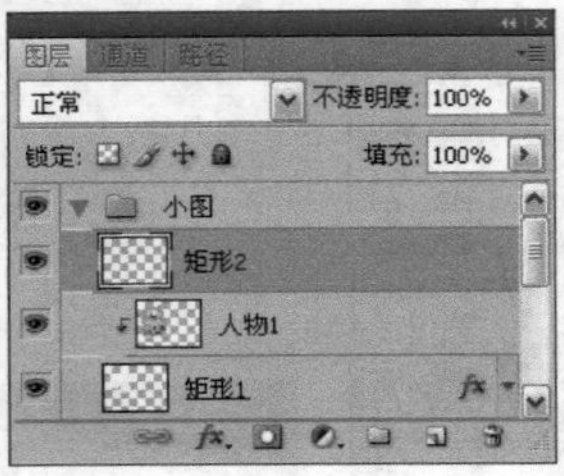

图 8-249

图 8-250

步骤 7 按 Ctrl+O 组合键，打开光盘中的“Ch08 > 素材 > 童话故事 > 03”文件，选择“移动”工具，将人物图片拖曳到图像窗口中的适当位置，在“图层”控制面板中生成新的图层并将其命名为“人物 2”，如图 8-251 所示。按 Ctrl+T 组合键，图像周围出现变换框，将鼠标指针放在变换框的控制手柄外边，指针变为旋转图标，拖曳鼠标将图像旋转至适当的位置，按 Enter 键确定操作，效果如图 8-252 所示。

图 8-251

图 8-252

步骤 8 按住 Alt 键的同时将鼠标指针放在“人物 2”图层和“矩形 2”图层的中间，指针变为，单击鼠标，为“人物 2”图层创建剪贴蒙版，如图 8-253 所示，图像效果如图 8-254 所示。单击“小图”图层组左边的三角形图标，将“小图”图层组中的图层隐藏。

图 8-253

图 8-254

步骤 9 按 Ctrl+O 组合键，打开光盘中的“Ch08 > 素材 > 童话故事 > 04”文件，选择“移动”工具，将人物图片拖曳到图像窗口中的右侧，如图 8-255 所示，在“图层”控制面板中生成新的图层并将其命名为“人物 3”，如图 8-256 所示。

图 8-255

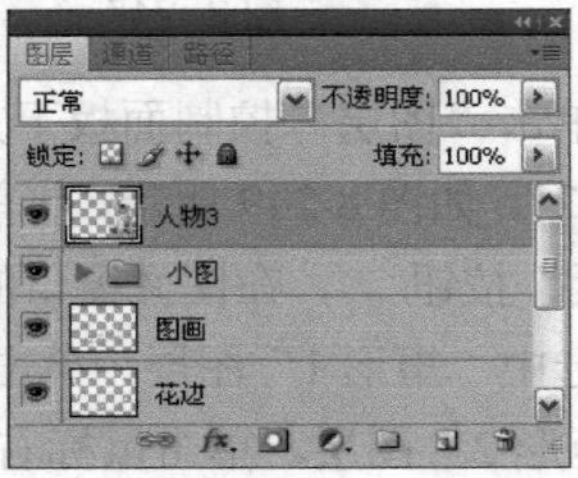

图 8-256

步骤 10 单击“图层”控制面板下方的“添加图层蒙版”按钮，为“人物3”图层添加蒙版，如图8-257所示。将前景色设为黑色。选择“画笔”工具，在属性栏中单击“画笔”选项右侧的按钮，弹出画笔选择面板，选择需要的画笔，如图8-258所示。拖曳鼠标，在图片的左下方擦除图像，效果如图8-259所示。

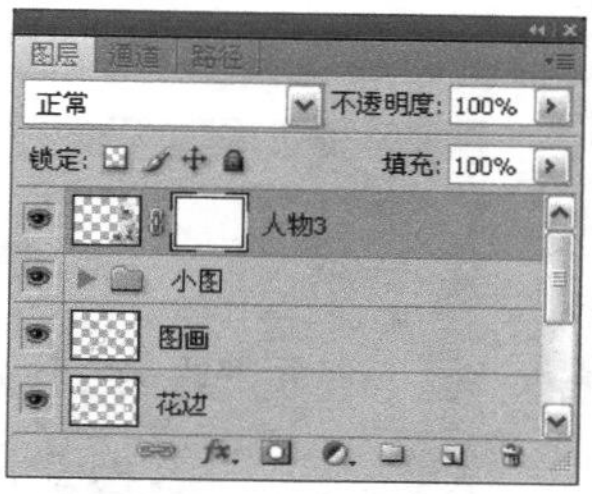

图8-257

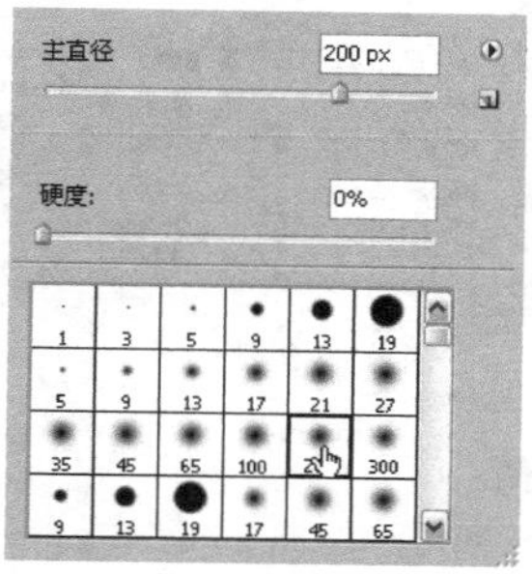

图8-258

图8-259

步骤 11 单击“图层”控制面板下方的“添加图层样式”按钮，在弹出的菜单中选择“投影”命令，在弹出的对话框中进行设置，如图8-260所示，单击“确定”按钮，效果如图8-261所示。

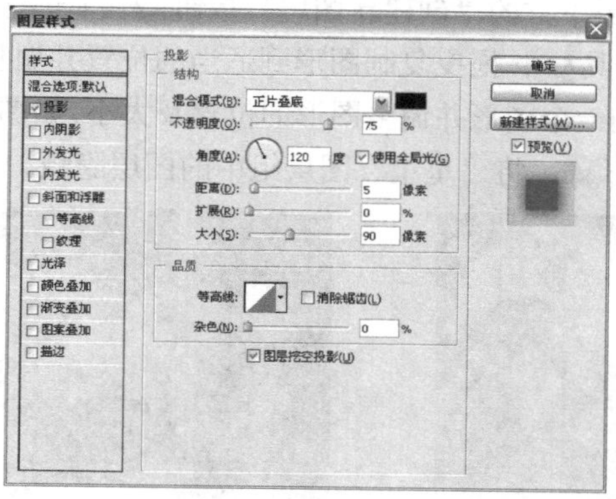

图8-260

图8-261

3. 添加装饰图片

步骤 1 单击“图层”控制面板下方的“创建新组”按钮，生成新的图层组并将其命名为“星星”。新建图层并将其命名为“星星”，如图8-262所示。将前景色设为白色。选择“多边形”工具，单击属性栏中的“几何选项”按钮，在弹出的面板中进行设置，如图8-263所示。

图8-262

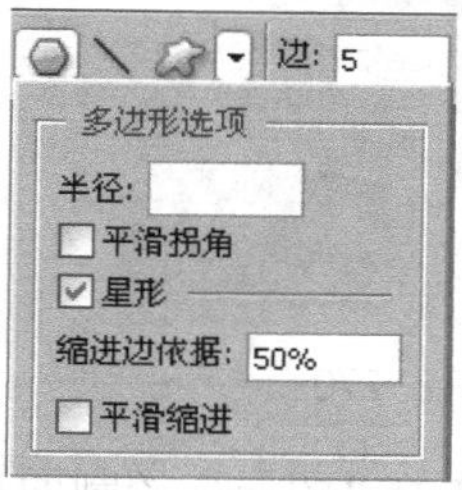

图8-263

步骤 2 选中属性栏中的“填充像素”按钮，在图像窗口中的左上方绘制星形，如图8-264

所示。单击“图层”控制面板下方的“添加图层样式”按钮 ，在弹出的菜单中选择“投影”命令，在弹出的对话框中进行设置，如图 8-265 所示，单击“确定”按钮，效果如图 8-266 所示。

图 8-264

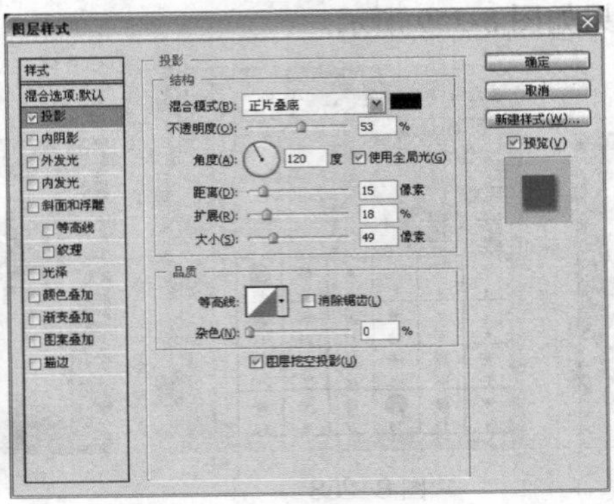

图 8-265

图 8-266

步骤 3 在“图层”控制面板上方，将“填充”选项设为 0%，如图 8-267 所示，效果如图 8-268 所示。

步骤 4 将“星星”图层拖曳到“图层”控制面板下方的“创建新图层”按钮 上进行复制，生成新的图层“星星 副本”。选择“移动”工具 ，拖曳复制图形到适当的位置并调整图形的大小，如图 8-269 所示。用相同的方法再复制一个图形并调整图形的位置及大小，如图 8-270 所示。单击“星星”图层组左边的三角形图标 ，将“星星”图层组中的图层隐藏。

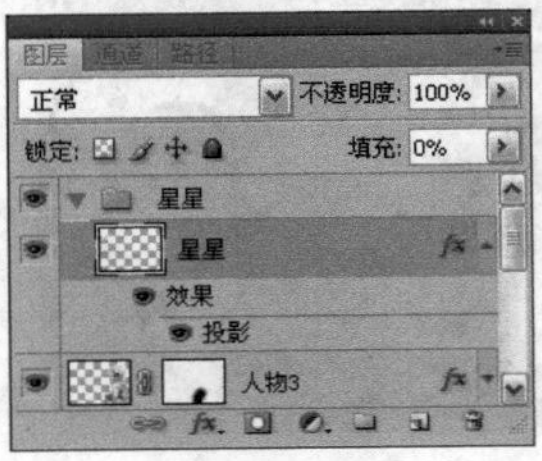

图 8-267

图 8-268

图 8-269

步骤 5 按 Ctrl+O 组合键，打开光盘中的“Ch08 > 素材 > 童话故事 > 05”文件，选择“移动”工具 ，将人物图片拖曳到图像窗口中的左侧，如图 8-271 所示，在“图层”控制面板中生成新的图层并将其命名为“花朵”，如图 8-272 所示。

图 8-270

图 8-271

图 8-272

步骤 6 单击“图层”控制面板下方的“添加图层样式”按钮 ，在弹出的菜单中选择“投影”命令，在弹出的对话框中进行设置，如图 8-273 所示，单击“确定”按钮，效果如图 8-274 所示。

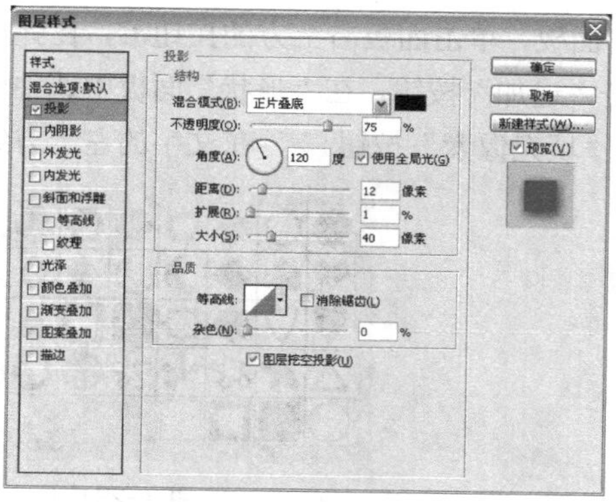

图 8-273

图 8-274

4. 添加特殊文字效果

步骤 1 单击“图层”控制面板下方的“创建新组”按钮，生成新的图层组并将其命名为“文字”。将前景色设为棕色（其 R、G、B 的值分别为 163、111、11）。选择“横排文字”工具T，在属性栏中选择合适的字体并设置文字大小，在图像窗口中输入需要的文字，如图 8-275 所示。选取文字，单击属性栏中的“创建文字变形”按钮，弹出“变形文字”对话框，在对话框中进行设置，如图 8-276 所示，单击“确定”按钮，效果如图 8-277 所示。

图 8-275

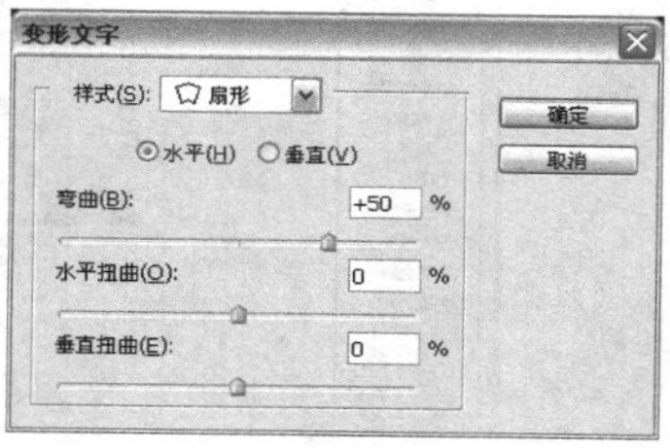

图 8-276

图 8-277

步骤 2 单击“图层”控制面板下方的“添加图层样式”按钮fx，在弹出的菜单中选择“投影”命令，在弹出的对话框中进行设置，如图 8-278 所示；选择“描边”选项，弹出“描边”面板，将描边颜色设为白色，其他选项的设置如图 8-279 所示，单击“确定”按钮，效果如图 8-280 所示。

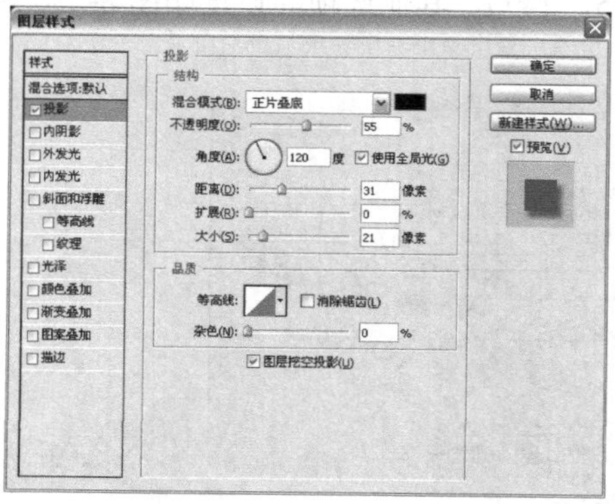

图 8-278

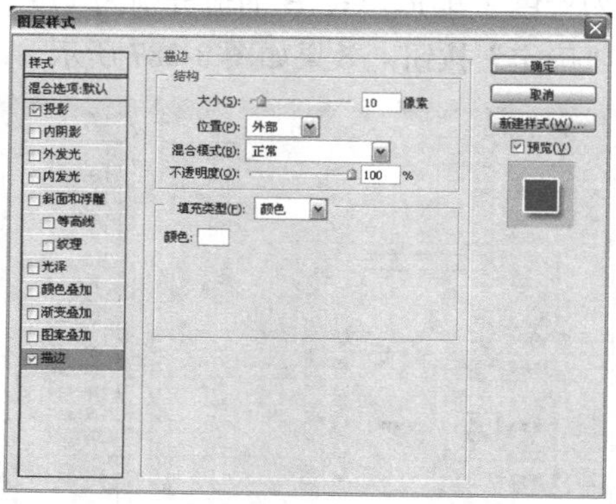

图 8-279

步骤 3 新建图层并将其命名为“桃心”。将前景色设为白色。选择“自定形状”工具，单击属性栏中的“形状”选项，弹出“形状”面板，单击面板右上方的按钮，在弹出的菜单中选择“形状”选项，弹出提示对话框，单击“追加”按钮，在“形状”面板中选中图形“红心形卡”，如图 8-281 所示。选中属性栏中的“填充像素”按钮，在文字的左上方绘制图形。

图 8-280

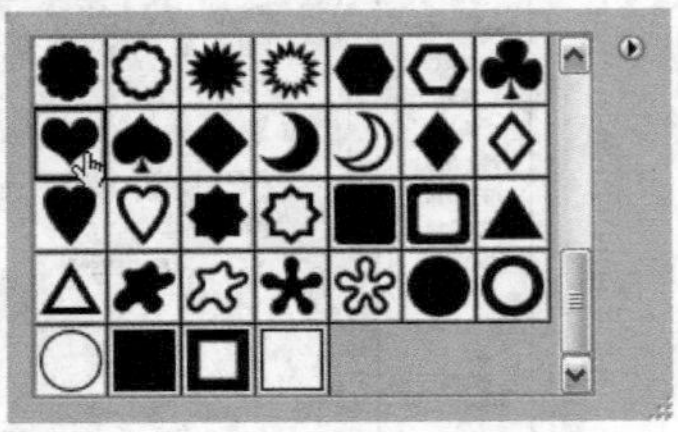

图 8-281

步骤 4 单击“图层”控制面板下方的“添加图层样式”按钮 fx，在弹出的菜单中选择“投影”命令，在弹出的对话框中，将阴影颜色设为棕色（其 R、G、B 的值分别为 143、105、12），其他选项的设置如图 8-282 所示；选择“内阴影”选项，弹出“内阴影”面板，将阴影颜色设为棕色（其 R、G、B 的值分别为 152、87、48），其他选项的设置如图 8-283 所示，单击“确定”按钮，效果如图 8-284 所示。

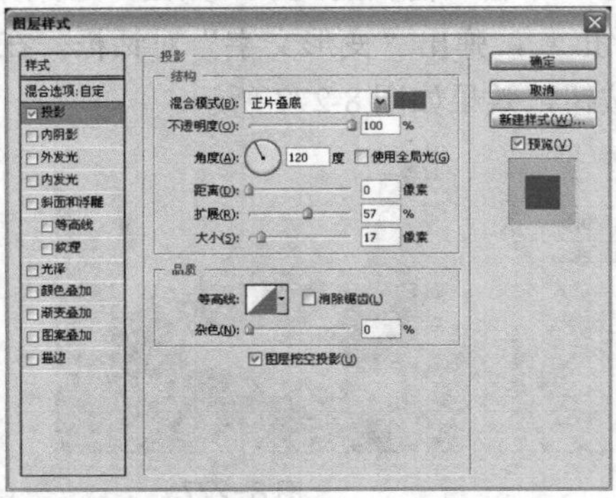

图 8-282

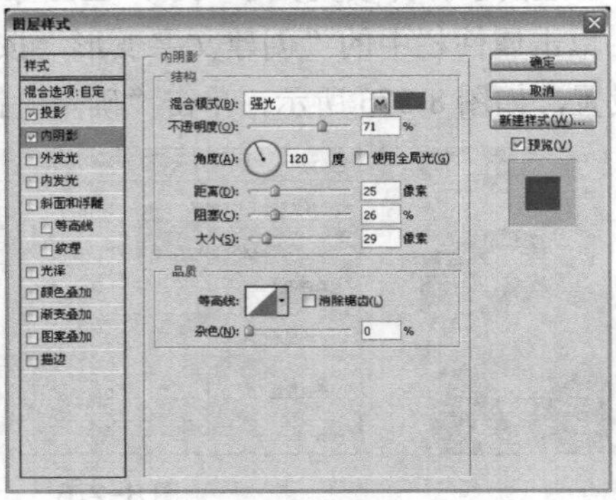

图 8-283

图 8-284

步骤 5 单击“图层”控制面板下方的“添加图层样式”按钮 fx，在弹出的菜单中选择“外发光”命令，弹出对话框，将发光颜色设为黄色（其 R、G、B 的值分别为 252、255、31），其他选项的设置如图 8-285 所示；选择“内发光”选项，弹出“内发光”面板，将发光颜色设为青色（其 R、G、B 的值分别为 179、255、249），其他选项的设置如图 8-286 所示，单击“确定”按钮，效果如图 8-287 所示。

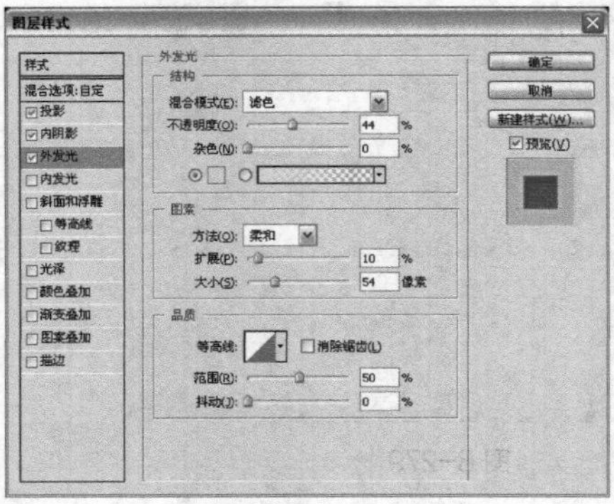

图 8-285

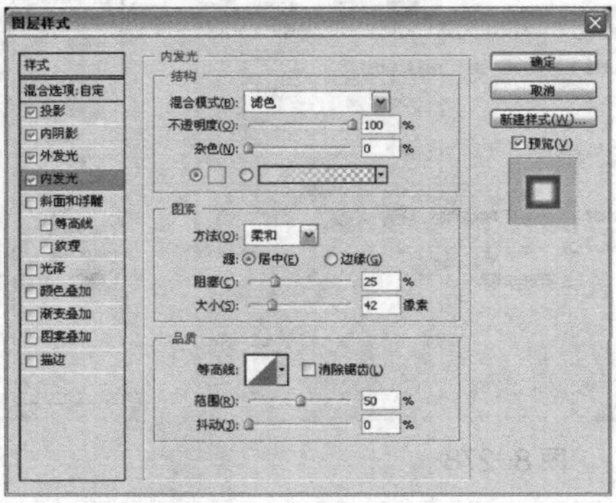

图 8-286

图 8-287

步骤 6 单击“图层”控制面板下方的“添加图层样式”按钮 fx.，在弹出的菜单中选择“斜面和浮雕”命令，弹出“图层样式”对话框，单击“光泽等高线”按钮，弹出“等高线编辑器”对话框，在曲线上单击鼠标添加控制点，将“输入”选项设为 69，“输出”选项设为 0。再次单击鼠标添加控制点，将“输入”选项设为 87，“输出”选项设为 84，如图 8-288 所示。单击“确定”按钮，返回“图层样式”对话框中，将高光颜色设为浅蓝色（其 R、G、B 的值分别为 230、241、255），阴影颜色设为深红色（其 R、G、B 的值分别为 83、14、14），其他选项的设置如图 8-289 所示。

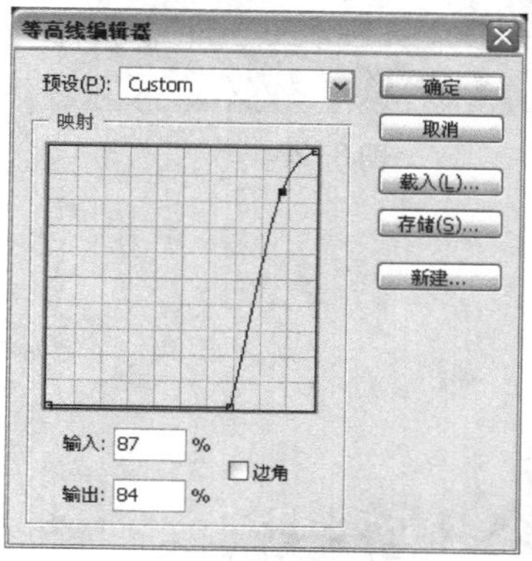

图 8-288

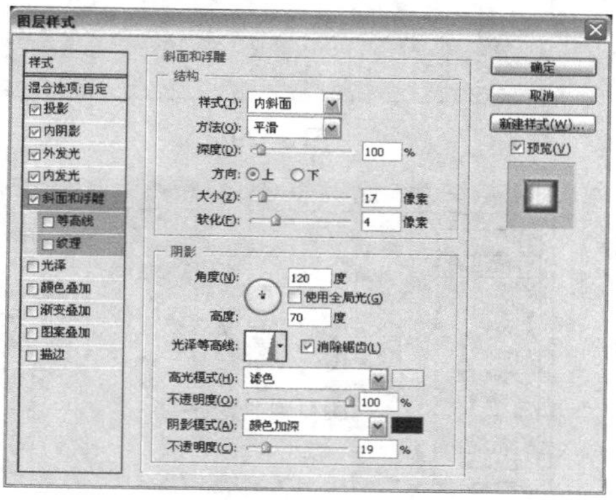

图 8-289

步骤 7 勾选“等高线”选项，弹出“等高线”面板，单击“等高线”按钮，弹出“等高线编辑器”对话框，在曲线上单击鼠标添加控制点，将“输入”选项设为 27，“输出”选项设为 3；再次单击鼠标添加控制点，将“输入”选项设为 59，“输出”选项设为 56，如图 8-290 所示。单击“确定”按钮，返回到“等高线”面板中进行设置，如图 8-291 所示，单击“确定”按钮，效果如图 8-292 所示。

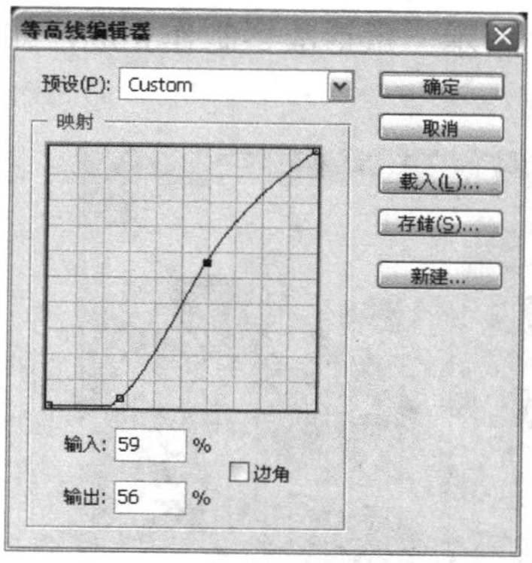

图 8-290

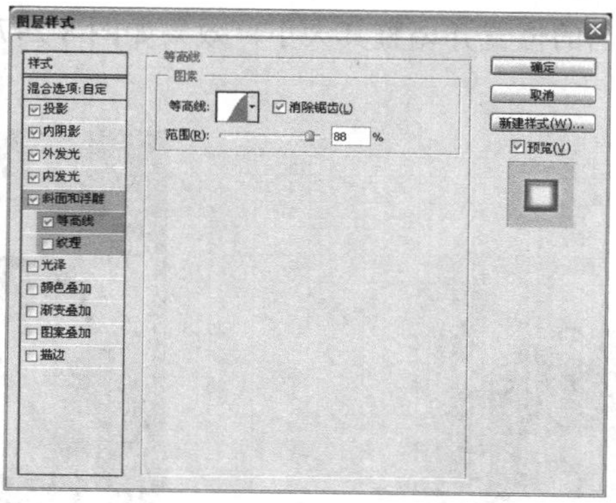

图 8-291

图 8-292

步骤 8 单击“图层”控制面板下方的“添加图层样式”按钮 fx.，在弹出的菜单中选择“颜色叠加”命令，弹出对话框，将叠加颜色设为黄色（其 R、G、B 的值分别为 252、243、99），其他选项的设置如图 8-293 所示，单击“确定”按钮，效果如图 8-294 所示。

步骤 9 单击“图层”控制面板下方的“添加图层样式”按钮 fx.，在弹出的菜单中选择“光泽”命令，弹出对话框，将效果颜色设为暗紫色（其 R、G、B 的值分别为 73、23、55），其他选项的设置如图 8-295 所示，单击“确定”按钮，效果如图 8-296 所示。

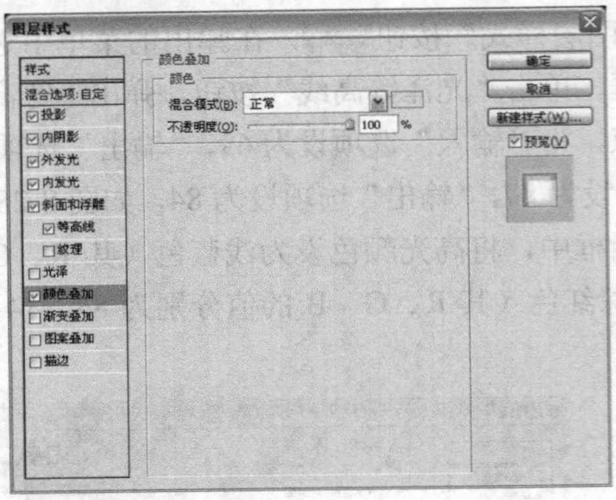

图 8-293

图 8-294

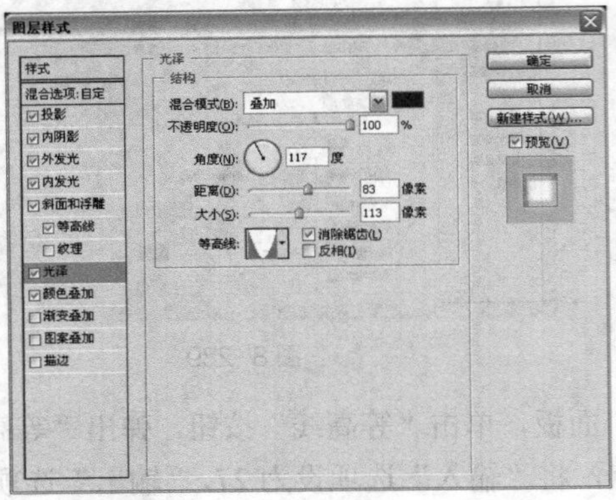

图 8-295

图 8-296

步骤 10 将“桃心”图层拖曳到“图层”控制面板下方的“创建新图层”按钮上进行复制，在“图层”控制面板生成新的图层“桃心 副本”。选择“移动”工具，将复制的图形拖曳到图像窗口中的适当的位置并调整其大小，效果如图 8-297 所示。童话故事制作完成，如图 8-298 所示。

图 8-297

图 8-298

8.5 可爱宝宝

	素材文件	素材 ＞Ch08＞ 可爱宝宝 ＞01、02、03、04、05、06
	最终效果	效果 ＞Ch08＞ 可爱宝宝

8.5.1 案例分析

本例将儿童的照片进行艺术处理，重点突出了儿童的天真与活泼。充满趣味的卡通绘画与明朗的色彩展示出了儿童天真无邪的特点。

8.5.2 知识要点

使用“画笔”工具绘制星星；使用“钢笔”工具绘制图形；使用“自定形状”工具绘制心形；使用“定义画笔预设”命令制作出透明心形效果；使用“高斯模糊”滤镜命令添加图形的模糊效果；使用“添加图层样式”按钮制作星星发光效果；使用“文字变形”命令将文字变形。

8.5.3 操作步骤

1. 绘制背景效果

步骤 1 按 Ctrl＋N 组合键，新建一个文件：宽度为 30 厘米，高度为 21 厘米，分辨率为 200 像素/英寸，颜色模式为 RGB，背景内容为白色，单击“确定”按钮。

步骤 2 选择“渐变”工具，单击属性栏中的“点按可编辑渐变”按钮，弹出“渐变编辑器”对话框，将渐变色设为从蓝色（其 R、G、B 的值分别为 4、162、226）到浅蓝色（其 R、G、B 的值分别为 227、242、247），单击“确定”按钮。在属性栏中单击“线性渐变”按扭，按住 Shift 键的同时在图像窗口中从上至下拖曳渐变色，效果如图 8-299 所示。

步骤 3 按 Ctrl＋O 组合键，打开光盘中的“Ch08＞素材 ＞ 可爱宝宝 ＞01”文件，将孩子图片拖曳到图像窗口中，生成新的图层并将其命名为“孩子”。按 Ctrl+T 组合键，图像的周围出现控制手柄，调整图像的大小，按 Enter 键确定操作，效果如图 8-300 所示。在“图层”控制面板上方，将“孩子”图层的“混合模式”设为“颜色加深”，图像效果如图 8-301 所示。

图 8-299

图 8-300

图 8-301

步骤 4 新建一个图层并将其命名为“曲线”。选择“钢笔”工具，选中属性栏中的“路径”按钮，绘制一个路径，按 Ctrl+Enter 组合键，将路径转化为选区。将前景色设为白色，按 Alt+Delete 组合键，用前景色填充选区，按 Ctrl+D 组合键，取消选区，效果如图 8-302 所示。

在“图层”控制面板上方，将“曲线”图层的“不透明度”选项设为 20%，如图 8-303 所示，图像效果如图 8-304 所示。

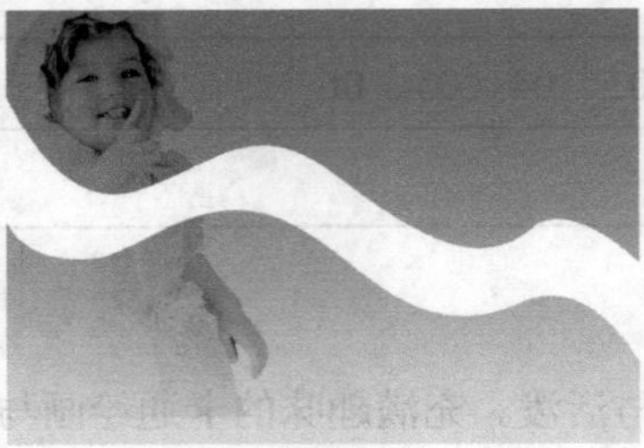

图 8-302

图 8-303

图 8-304

2. 绘制星形和草地

步骤 1 新建一个图层并将其命名为“星星”。选择“画笔”工具，按 F5 键，弹出“画笔”控制面板，单击右上方的图标，在弹出的菜单中选择“混合画笔”选项，弹出提示对话框，单击“追加”按钮，在面板中选择“交叉排线 1”画笔，其他选项的设置如图 8-305 所示。在图像窗口中单击鼠标，绘制图形，效果如图 8-306 所示。再选择“喷枪柔边圆形”画笔，如图 8-307 所示，在图像窗口中单击，绘制出的效果如图 8-308 所示。用相同的方法在“画笔”控制面板中选择需要的画笔形状和大小，并适当地调整画笔的不透明度，在图像窗口中绘制图形，效果如图 8-309 所示。

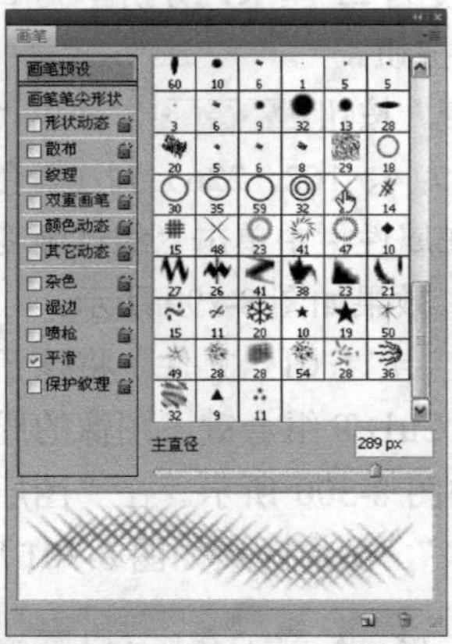

图 8-305

图 8-306

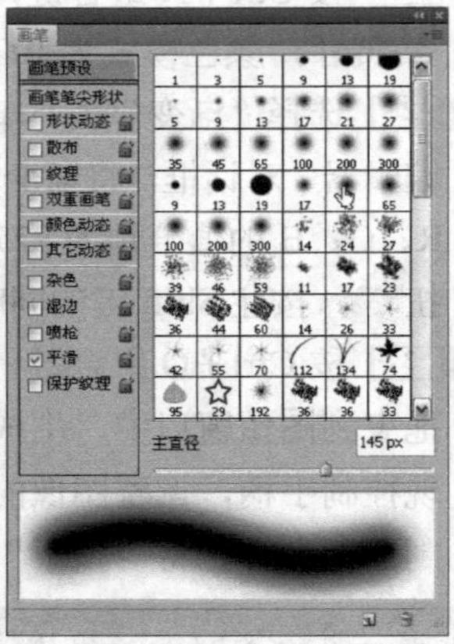

图 8-307

图 8-308

图 8-309

步骤 2 新建图层并将其命名为“草地”。选择“钢笔”工具，绘制一个路径，按 Ctrl+Enter

组合键，将路径转化为选区，如图 8-310 所示。选择“渐变”工具，将渐变色设为从深绿色（其 R、G、B 的值分别为 126、186、39）到绿色（其 R、G、B 的值分别为 174、205、11），按住 Shift 键的同时在选区中从左至右拖曳渐变色，按 Ctrl+D 组合键，取消选区，效果如图 8-311 所示。

图 8-310

图 8-311

步骤 3 新建图层并将其命名为“小路”。选择“钢笔”工具，绘制一个路径，按 Ctrl+Enter 组合键，将路径转化为选区，用前景色填充选区，如图 8-312 所示，按 Ctrl+D 组合键，取消选区。新建图层并将其命名为“草地 2”。选择“钢笔”工具，绘制一个路径，按 Ctrl+Enter 组合键，将路径转化为选区，如图 8-313 所示。选择“渐变”工具，在选区中从左下方至右上方拖曳渐变色，按 Ctrl+D 组合键，取消选区，效果如图 8-314 所示。

图 8-312

图 8-313

图 8-314

3. 绘制花朵图形

步骤 1 单击“图层”控制面板下方的“创建新组”按钮，生成新的图层组并将其命名为“花朵”。单击控制面板下方的“创建新图层”按钮，生成新的图层并将其命名为“花杆”，如图 8-315 所示。将前景色设为绿色（其 R、G、B 的值分别为 97、164、54）。选择“钢笔”工具，绘制一个路径，效果如图 8-316 所示。按 Ctrl+Enter 组合键，将路径转化为选区。按 Alt+Delete 组合键，用前景色填充选区，按 Ctrl+D 组合键，取消选区，效果如图 8-317 所示。

图 8-315

图 8-316

图 8-317

步骤 2 新建图层并将其命名为“花叶”。选择“钢笔”工具，绘制一个路径，按 Ctrl+Enter 组合键，将路径转化为选区，按 Alt+Delete 组合键，用前景色填充选区，如图 8-318 所示，按 Ctrl+D 组合键，取消选区。新建图层并将其命名为“花叶 2”。再次绘制花叶图形，效果如图 8-319 所示。

步骤 3 新建一个图层并将其命名为“花瓣”。选择“钢笔”工具，绘制花瓣的路径，按 Ctrl+Enter 组合键，将路径转化为选区，如图 8-320 所示。选择“渐变”工具，将渐变色设为从黄色（其 R、G、B 的值分别为 251、227、13）到深黄色（其 R、G、B 的值分别为 246、186、10）。在属性栏中选中“径向渐变”按钮，勾选“反向”选项，在选区中从中部向下拖曳渐变色，效果如图 8-321 所示，按 Ctrl+D 组合键，取消选区。

图 8-318

图 8-319

图 8-320

图 8-321

步骤 4 新建一个图层并将其命名为“花心”。选择“椭圆选框”工具，按 Shift 键的同时在花瓣上绘制一个圆形选区。选择“渐变”工具，单击属性栏中的“点按可编辑渐变”按钮，弹出“渐变编辑器”对话框，在“位置”选项中分别输入 0、35、67、100 四个位置点，分别设置 4 个位置点颜色的 RGB 值为：0（169、106、31），35（210、155、23），67（228、197、20），100（212、148、19），如图 8-322 所示，单击“确定”按钮。在选区中从中部向下拖曳渐变色，效果如图 8-323 所示，按 Ctrl+D 组合键，取消选区。

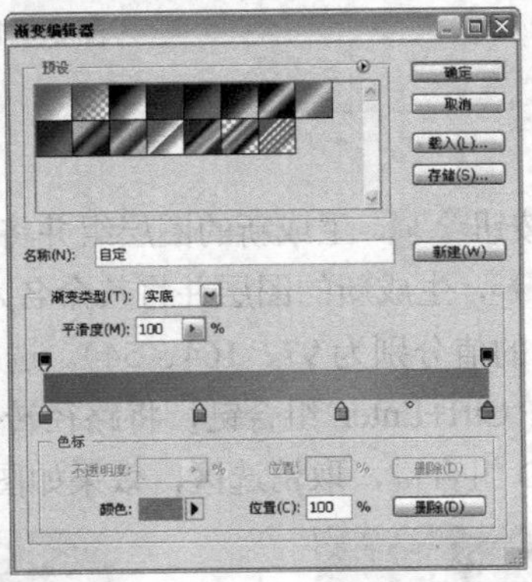

图 8-322

图 8-323

步骤 5 按住 Shift 键的同时在“图层”控制面板中同时选中“花心”图层和“花瓣”图层，按 Ctrl+E 组合键，合并图层，如图 8-324 所示。按住 Shift 键的同时单击“花杆”图层，选中两个图层之间的所有图层，如图 8-325 所示，将选中的图层拖曳到控制面板下方的“创建新图层”按钮上进行复制，生成新的图层副本。选择“移动”工具，在图像窗口中拖曳复制的图像到适当的位置并调整图像的大小。用相同的方法复制多个花朵并调整其大小，效果如图 8-326 所示。

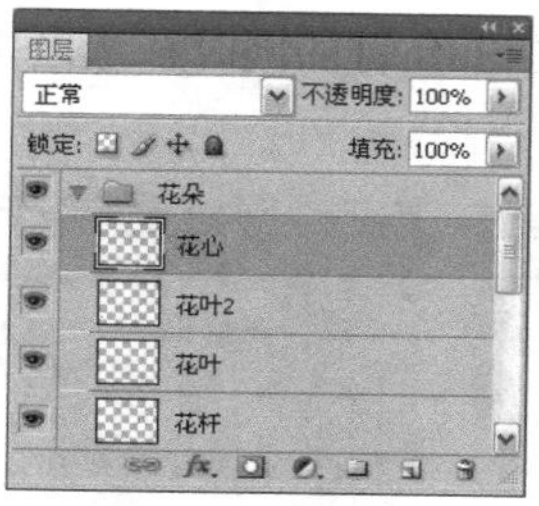

图 8-324

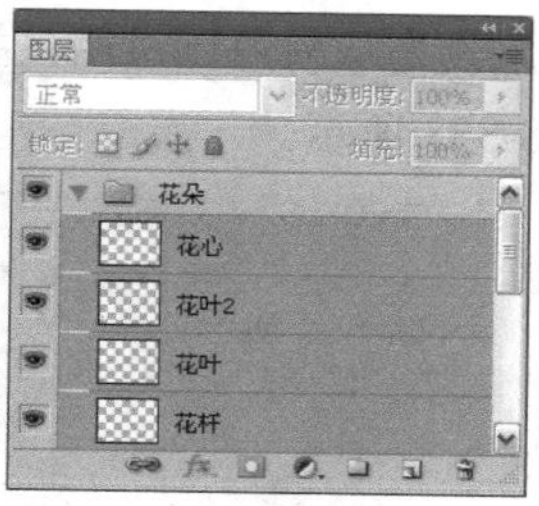

图 8-325

图 8-326

步骤 6 单击“图层”控制面板下方的“创建新组”按钮，生成新的图层组并将其命名为“花”。选取“花朵”图层组中的“花心”图层，拖曳到控制面板下方的“创建新图层”按钮上进行复制，将复制出的副本图层拖曳到“花”图层组中并将其命名为“花心”，如图 8-327 所示。选择“移动”工具，拖曳复制的花心到适当的位置并调整大小。用相同的方法分别复制多个花心图像，效果如图 8-328 所示。

图 8-327

图 8-328

步骤 7 单击“图层”控制面板下方的“创建新的填充或调整图层”按钮，在弹出的菜单中选择“色彩平衡”命令，在“图层”控制面板中生成“色彩平衡 1”图层，同时在弹出的“色彩平衡”面板中进行设置，如图 8-329 所示，图像效果如图 8-330 所示。

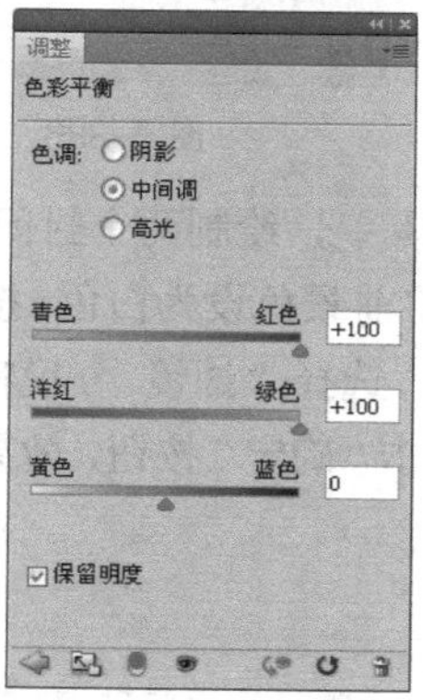

图 8-329

图 8-330

4. 绘制心形画笔效果

步骤 1 新建一个图层并将其命名为“心形”。选择“自定形状”工具，在属性栏中单击“形状”选项右侧的按钮，弹出“形状”面板，选择需要的图形，如图 8-331 所示，选中属性栏中的“路径”按钮，在图像窗口中绘制一个心形路径，按 Ctrl+Enter 组合键，将路径转化为选区，如图 8-332 所示。将前景色设为粉色（其 R、G、B 的值分别为 245、174、174），选择“渐变”工具，将渐变色设为从粉色到透明，按住 Shift 键的同时在选区中部从上向下拖曳渐变色，图像效果如图 8-333 所示。

图 8-331

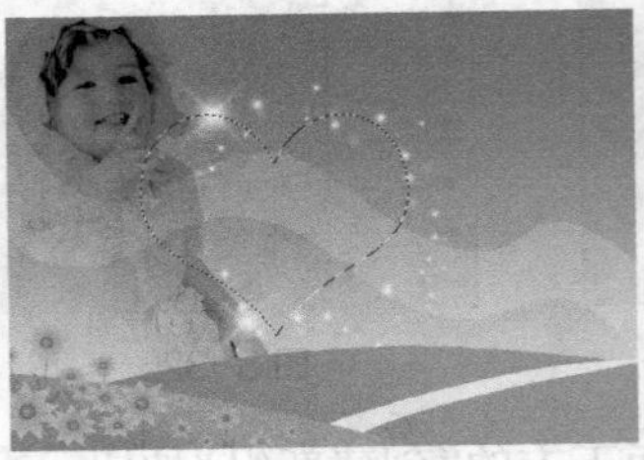

图 8-332

图 8-333

步骤 2 选择“减淡”工具和“加深”工具，在选区中进行减淡和加深操作，效果如图 8-334 所示。选择“编辑 > 定义画笔预设”命令，弹出“画笔名称”对话框，单击“确定”按钮。按 Ctrl+D 组合键，取消选区。将“心形”图层拖曳到“图层”控制面板下方的“删除图层”按钮上进行删除。新建一个图层并将其命名为“心形画笔”。将前景色设为白色，选择“画笔”工具，按 F5 键，弹出“画笔”控制面板，在面板中选择刚定义好的画笔，其他选项的设置如图 8-335 所示，在图像窗口中单击鼠标，添加画笔图形，效果如图 8-336 所示。

图 8-334

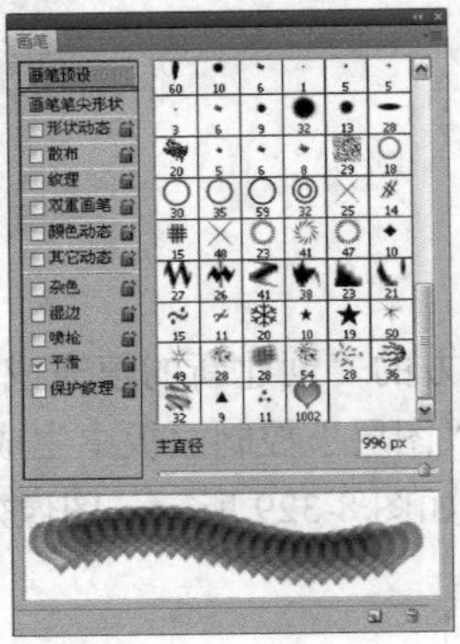

图 8-335

图 8-336

步骤 3 新建一个图层并将其命名为“高光”。选择“钢笔”工具，绘制两个封闭路径，效果如图 8-337 所示。按 Ctrl+Enter 组合键，将路径转化为选区。将前景色设为白色，按 Alt+Delete 组合键，用前景色填充选区，按 Ctrl+D 组合键，取消选区。选择“滤镜 > 模糊 > 高斯模糊”命令，在弹出的对话框中进行设置，如图 8-338 所示，单击“确定”按钮，效果如图 8-339 所示。

图 8-337

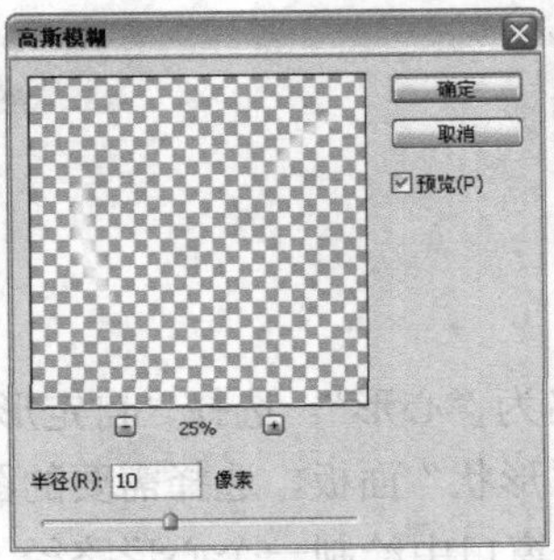

图 8-338

图 8-339

5. 绘制树和云彩图形

步骤 1 新建一个图层并将其命名为“树”。将前景色设为绿色（其 R、G、B 的值分别为 0、155、65），选择“钢笔”工具，绘制一个树的路径，如图 8-340 所示，按 Ctrl+Enter 组合键，将路径转化为选区，按 Alt+Delete 组合键，用前景色填充选区，按 Ctrl+D 组合键，取消选区，图像效果如图 8-341 所示。将前景色设为褐色（其 R、G、B 的值分别为 237、170、90），选择“钢笔”工具，绘制一个路径，按 Ctrl+Enter 组合键，将路径转化为选区，按 Alt+Delete 组合键，用前景色填充选区，如图 8-342 所示，按 Ctrl+D 组合键，取消选区。

步骤 2 将“树”图层拖曳到“图层”控制面板下方的“创建新图层”按钮上进行复制，生成新的图层“树 副本”。选择“移动”工具，在图像窗口中拖曳复制出的树图形到适当的位置并调整其大小，效果如图 8-343 所示。

图 8-340

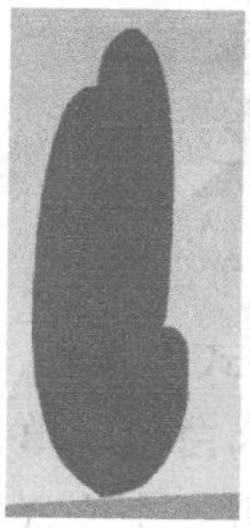

图 8-341

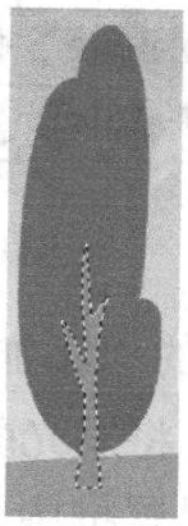

图 8-342

图 8-343

步骤 3 单击“图层”控制面板下方的“创建新组”按钮，生成新的图层组并将其命名为“白云”。单击控制面板下方的“创建新图层”按钮，生成新的图层并将其命名为“白云”。选择“椭圆选框”工具，选中属性栏中的“添加到选区”按钮，绘制多个椭圆形选区，选区被相加到一起，如图 8-344 所示，填充选区为白色并取消选区。

图 8-344

步骤 4 在“图层”控制面板上方将“白云”图层的“不透明度”选项设为70%，如图 8-345 所示，图像效果如图 8-346 所示。选择“移动”工具，按住 Alt 键的同时拖曳白云图形到适当的位置，复制一个白云图形，并调整其大小。用相同的方法复制多个白云图形，图像效果如图 8-347 所示。

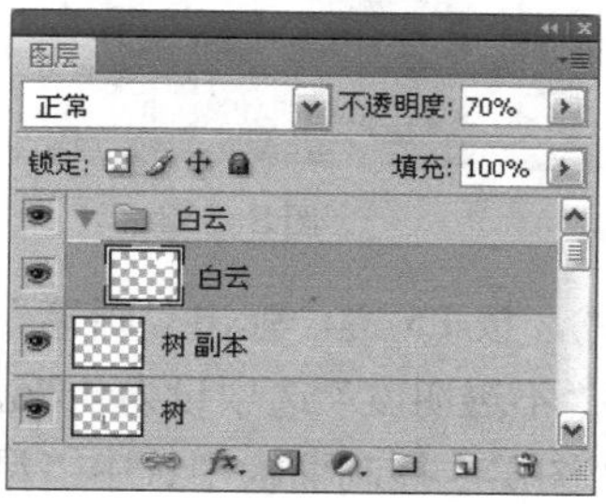

图 8-345

图 8-346

图 8-347

6. 制作星星图形

步骤 1 按 Ctrl＋O 组合键，打开光盘中的“Ch08 > 素材 > 可爱宝宝 > 02、03”文件，将蝴蝶图片分别拖曳到图像窗口中，在“图层”控制面板中生成新的图层并将其命名为“蝴蝶”、“蝴蝶 2”。调整蝴蝶图像的角度及大小，效果如图 8-348 所示。

步骤 2 单击“图层”控制面板下方的“创建新组”按钮，生成新的图层组并将其命名为“发光星星”。单击控制面板下方的“创建新图层”按钮，生成新的图层并将其命名为“星星”。选择“自定形状”工具，在属性栏中单击“形状”选项右侧的按钮，弹出“形状”面板，选择需要的图形，如图 8-349 所示。选中属性栏中的“填充像素”按钮，在图像窗口中绘制一个星星图形并将其旋转至适当的角度，效果如图 8-350 所示。

图 8-348

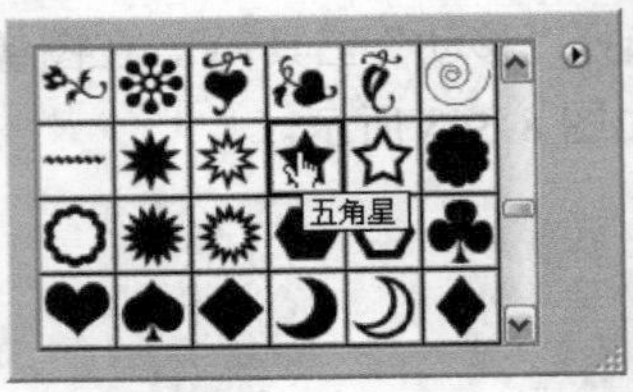

图 8-349

图 8-350

步骤 3 单击“图层”控制面板下方的“添加图层样式”按钮，在弹出的菜单中选择“外发光”命令，在弹出的对话框中，将发光颜色设为白色，单击“等高线”选项，弹出“等高线编辑器”对话框，在“映射”设置框中分别设置 5 个光泽点，将第 1 个光泽点设为 0、0，不勾选“边角”选项；第 2 个光泽点设为 27、51，勾选“边角”选项；第 3 个光泽点设为 50、0，勾选“边角”选项；第 4 个光泽点设为 75、49，勾选“边角”选项；第 5 个光泽点设为 100、0，不勾选“边角”选项，如图 8-351 所示，单击“确定”按钮，返回到“图层样式”对话框，其他选项的设置如图 8-352 所示，单击“确定”按钮，效果如图 8-353 所示。

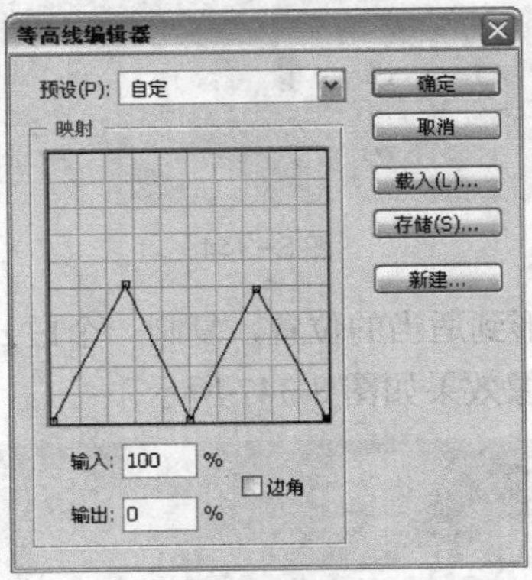

图 8-351

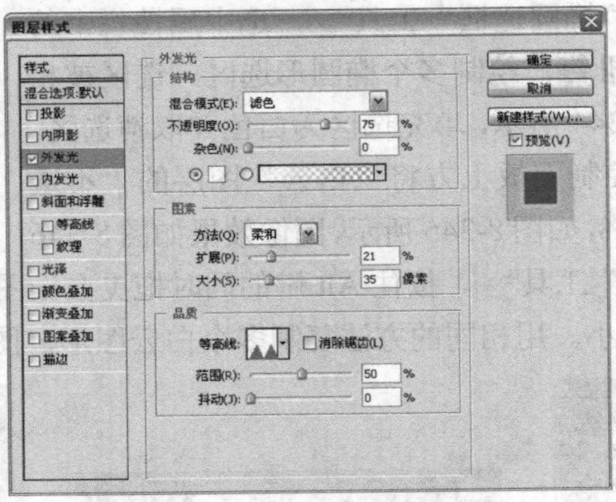

图 8-352

图 8-353

步骤 4 新建一个图层并将其命名为“发光”。选择“画笔”工具，按 F5 键，弹出“画笔”控制面板，在面板中进行设置，如图 8-354 所示，在属性栏中将“不透明度”选项设为 45%，在图像窗口中绘制星星外侧的图形，效果如图 8-355 所示。在“图层”控制面板中选中“星星”图层和“发光”图层，按 Ctrl+E 组合键，合并图层。选择“移动”工具，按住 Alt 键的同时拖曳星星图像到适当的位置，复制一个星星，并调整其大小。用相同的方法复制多个星星图像，效果如图 8-356 所示。

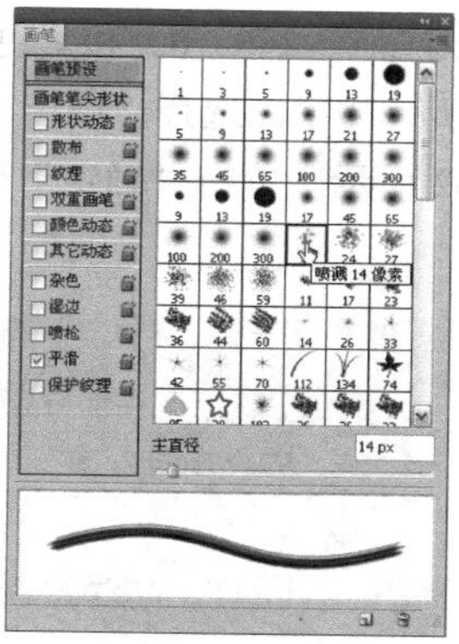

图 8-354

图 8-355

图 8-356

步骤 5 按 Ctrl+O 组合键，打开光盘中的“Ch08 > 素材 > 可爱宝宝 > 04、05”文件，将房子和人物图片分别拖曳到图像窗口中，在“图层”控制面板中生成新的图层并分别将其命名为“房屋和人物”、“孩子 2”。调整图像的大小，效果如图 8-357 所示。

步骤 6 单击“图层”控制面板下方的“添加图层蒙版”按钮，为“孩子 2”图层添加蒙版。将前景色设为黑色，选择“画笔”工具，擦除人物图像中不需要的部分，效果如图 8-358 所示。单击“图层”控制面板下方的“添加图层样式”按钮，在弹出的菜单中选择“外发光”命令，在弹出的对话框中进行设置，如图 8-359 所示，单击“确定”按钮，效果如图 8-360 所示。

图 8-357

图 8-358

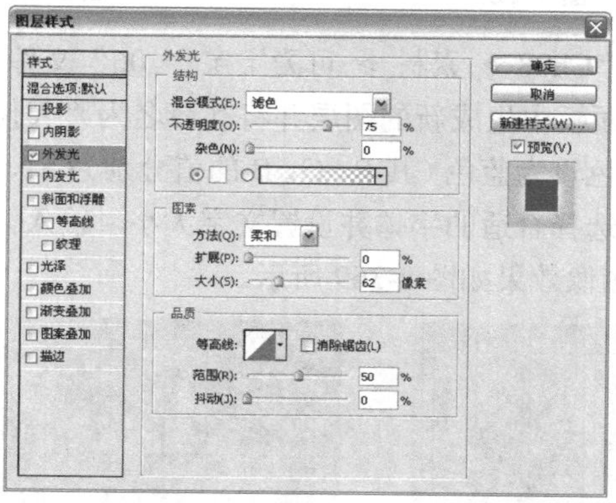

图 8-359

图 8-360

7. 制作文字效果

步骤 1 选择“横排文字”工具，在属性栏中选择合适的字体并设置文字大小，输入文字。

分别选取需要的文字，分别设置为黄色（其 R、G、B 的值分别为 255、246、0）和紫色（其 R、G、B 的值分别为 160、52、180），如图 8-361 所示。选中所有文字，选择“图层 > 文字 > 文字变形”命令，在弹出的对话框中进行设置，如图 8-362 所示，单击“确定”按钮，效果如图 8-363 所示。

图 8-361

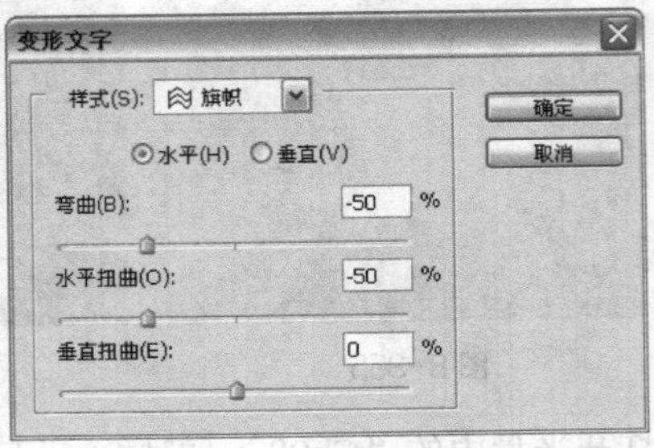

图 8-362

图 8-363

步骤 2 单击“图层”控制面板下方的“添加图层样式”按钮 fx.，在弹出的菜单中选择“投影”命令，在弹出的对话框中进行设置，如图 8-364 所示；单击左侧的“描边”选项，弹出相应的面板，将描边颜色设为白色，其他选项的设置如图 8-365 所示，单击“确定”按钮，效果如图 8-366 所示。

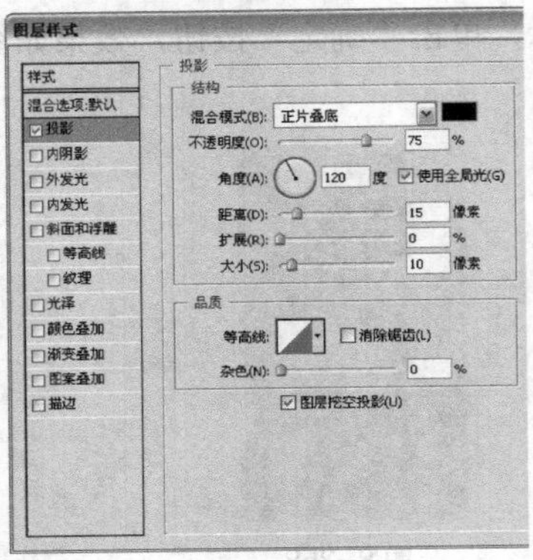

图 8-364

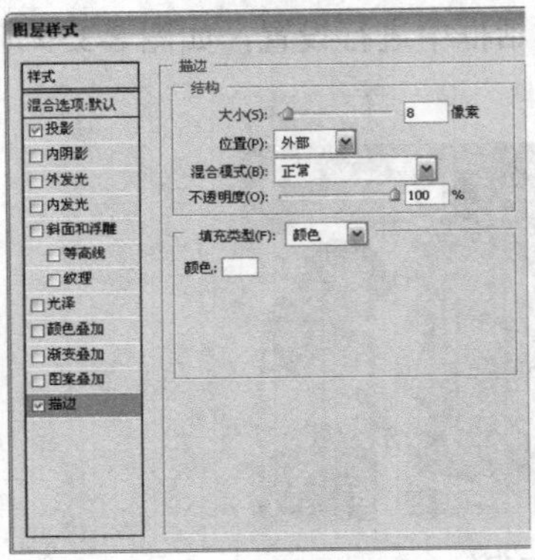

图 8-365

图 8-366

步骤 3 按 Ctrl+O 组合键，打开光盘中的“Ch08 > 素材 > 可爱宝宝 > 06”文件，将天使图片拖曳到图像窗口中，在“图层”控制面板中生成新的图层并将其命名为“天使”。调整图像的大小，效果如图 8-367 所示。将前景色设为蓝色（其 R、G、B 的值分别为 51、102、153），选择“横排文字”工具 T，在属性栏中选择合适的字体并设置文字大小，输入需要的文字，如图 8-368 所示。可爱宝宝制作完成，图像效果如图 8-369 所示。

图 8-367

图 8-368

图 8-369

8.6 快乐伙伴

	素材文件	素材 > Ch08 > 快乐伙伴 > 01、02、03
	最终效果	效果 > Ch08 > 快乐伙伴

8.6.1 案例分析

本例为表现快乐童年的艺术照片，通过对儿童照片进行艺术处理，烘托出活泼的气氛。在设计中要突出儿童的灵秀和美丽，同时搭配充满趣味的卡通图形，制作出赏心悦目的艺术效果。

8.6.2 知识要点

使用“画笔”工具为路径添加描边效果；使用“色相/饱和度”命令为图形调整颜色；使用“渐变”工具为图形添加渐变效果；使用“自定形状”工具绘制装饰图形；使用“定义图案”命令定义需要的图案；使用“横排文字”工具和“添加图层样式”按钮为文字制作特殊效果。

8.6.3 操作步骤

1. 制作背景并添加人物图片

步骤 1 按 Ctrl+N 组合键，新建一个文件：宽度为 29.7 厘米，高度为 21 厘米，分辨率为 200 像素/英寸，颜色模式为 RGB，背景内容为白色，单击“确定”按钮。将前景色设为褐色（其 R、G、B 的值分别为 132、84、36），按 Alt+Delete 组合键，用前景色填充“背景”图层。

步骤 2 单击“图层”控制面板下方的“创建新图层”按钮，生成新的图层并将其命名为“黄色花边”。将前景色设为乳黄色（其 R、G、B 的值分别为 245、236、207）。选择“钢笔”工具，选中属性栏中的“路径”按钮，在图像窗口的上方绘制路径，如图 8-370 所示。按 Ctrl+Enter 组合键，将路径转化为选区。按 Alt+Delete 组合键，用前景色填充选区。按 Ctrl+D 组合键，取消选区，效果如图 8-371 所示。

图 8-370

图 8-371

步骤 3 新建图层并将其命名为“粉色花边”。将前景色设为粉色（其 R、G、B 的值分别为 209、159、212）。选择“钢笔”工具，绘制花边路径。按 Ctrl+Enter 组合键，将路径转化为选区。按 Alt+Delete 组合键，用前景色填充选区。按 Ctrl+D 组合键，取消选区，效果如图 8-372 所示。

步骤 4 新建图层并将其命名为“画笔 1”。按住 Ctrl 键的同时单击“粉色花边”图层的缩览图，生成选区。选择“选择 > 修改 > 收缩”命令，在弹出的对话框中进行设置，如图 8-373 所示，单击“确定”按钮。选择“椭圆选框”工具，在选区中单击鼠标右键，在弹出的菜单中选择“建立工作路径”命令，弹出对话框，将“差值”选项设为 2，单击“确定”按钮，效果如图 8-374 所示。

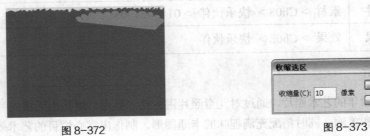

图 8-372

图 8-373

步骤 5 将前景色设为白色。选择“画笔”工具，单击属性栏中的“切换画笔面板”按钮，弹出“画笔”控制面板，单击面板右上方的图标，在弹出的菜单中选择“方头画笔”选项，弹出提示对话框，单击“追加”按钮，选择“画笔笔尖形状”选项，切换到相应的面板，选项的设置如图 8-375 所示。选择“路径选择”工具，选取路径，单击鼠标右键，在弹出的菜单中选择“描边路径”命令，弹出对话框，单击“确定”按钮，描边路径。将路径删除，图像效果如图 8-376 所示。

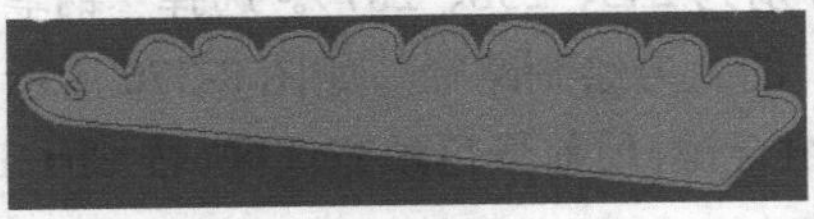

图 8-374

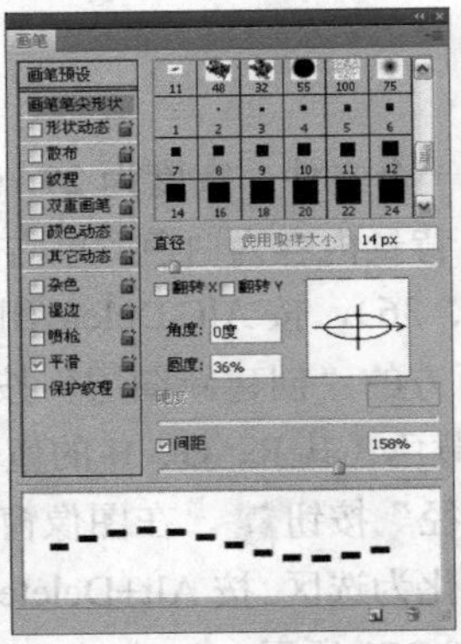

图 8-375

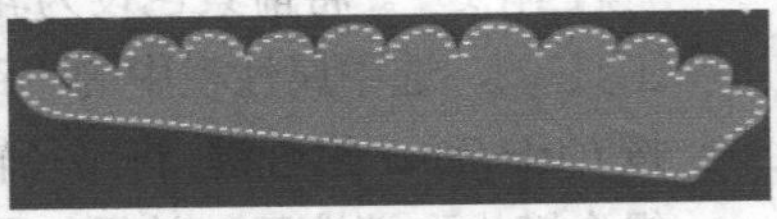

图 8-376

步骤 6 单击“图层”控制面板下方的“添加图层样式”按钮，在弹出的菜单中选择“投影”命令，弹出对话框，选项的设置如图 8-377 所示，单击“确定”按钮，图像效果如图 8-378 所示。

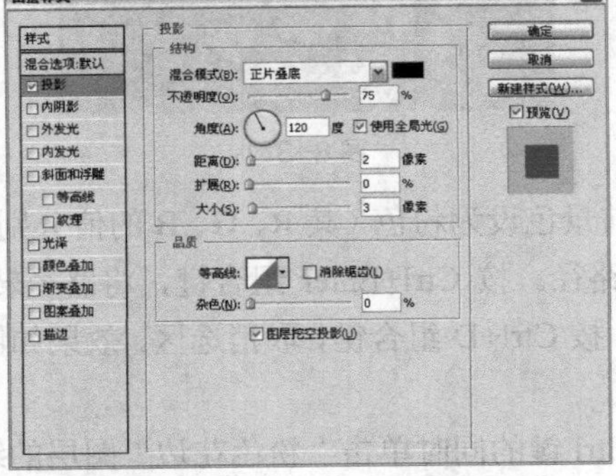

图 8-377

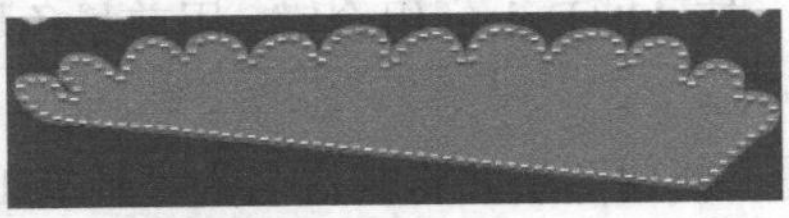

图 8-378

步骤 7 新建图层并将其命名为“圆角底图”。将前景色设为土黄色（其 R、G、B 的值分别为 239、215、188）。选择“圆角矩形”工具，选中属性栏中的“路径”按钮和“添加到路径区域（+）”按钮，将“半径”选项设为 315px，绘制路径；将“半径”选项设为 137px，再绘制一个路径，效果如图 8-379 所示。

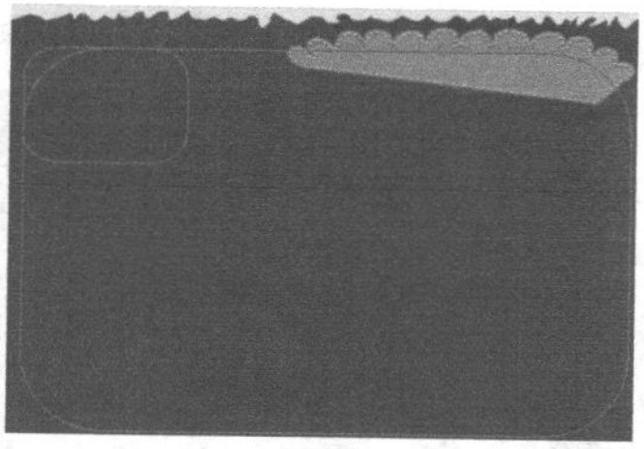

图 8-379

步骤 8 按 Ctrl+Enter 组合键，将路径转化为选区。按 Alt+Delete 组合键，用前景色填充选区，按 Ctrl+D 组合键，取消选区，效果如图 8-380 所示。

步骤 9 选择“加深”工具，在属性栏中单击“画笔”选项右侧的按钮，弹出画笔选择面板，选择需要的画笔形状，如图 8-381 所示，将“主直径”选项设为 300px，“硬度”选项设为 0%，在圆角矩形的边缘处拖曳鼠标指针。选择“减淡”工具，在圆角矩形的中心拖曳鼠标指针，效果如图 8-382 所示。

图 8-380

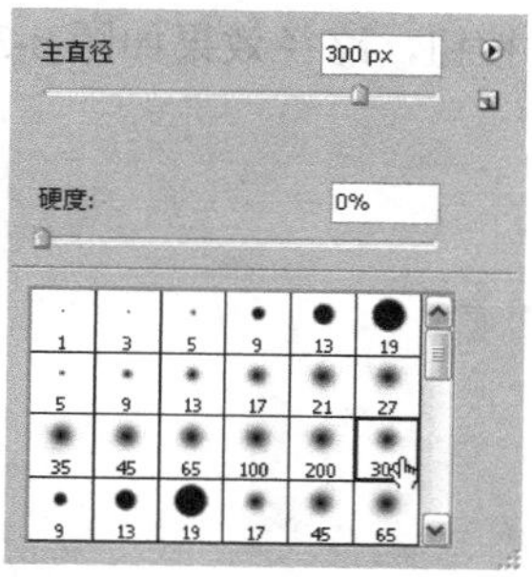

图 8-381

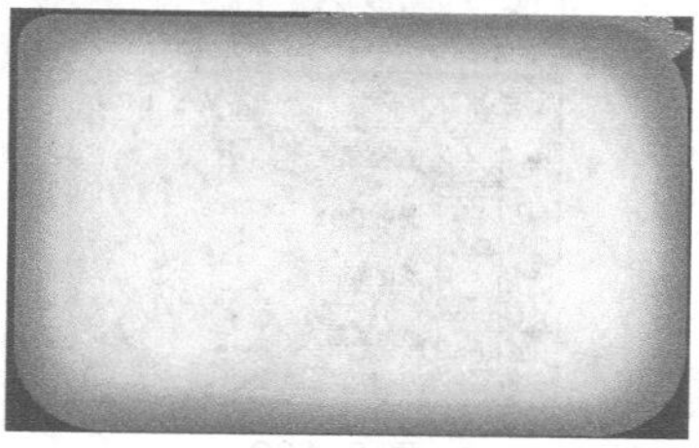

图 8-382

步骤 10 单击“图层”控制面板下方的“添加图层样式”按钮，在弹出的菜单中选择“投影”命令，弹出对话框，将发光颜色设为黑色，其他选项的设置如图 8-383 所示，单击“确定”按钮，效果如图 8-384 所示。

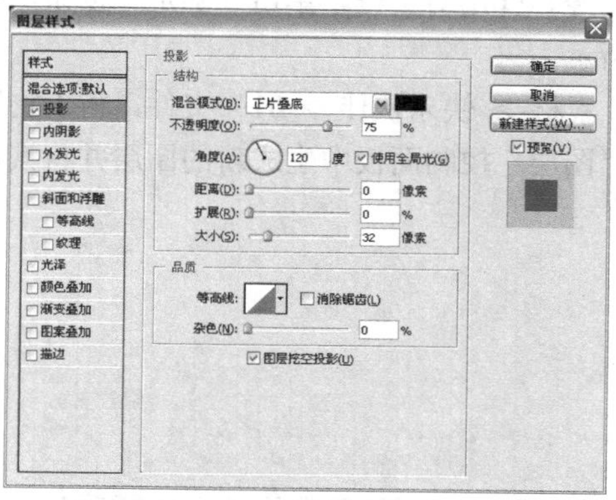

图 8-383

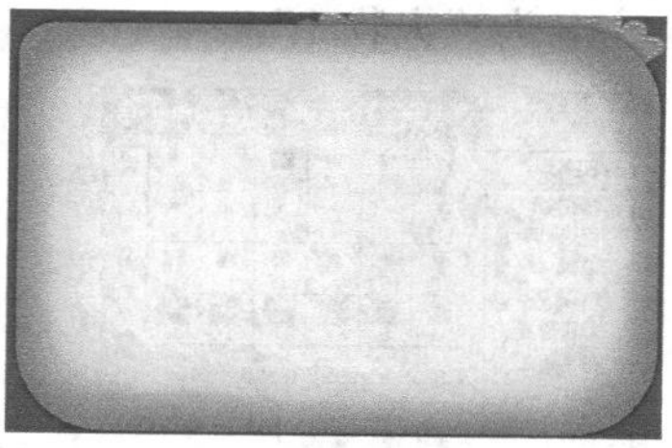

图 8-384

步骤 11 新建图层并将其命名为“羽化图形 1”。将前景色设为橘黄色（其 R、G、B 的值分别为 253、182、102）。选择“椭圆选框”工具，绘制选区，如图 8-385 所示。按 Ctrl+Alt+D 组合键，弹出“羽化选区”对话框，将“羽化半径”选项设为 200，单击“确定”按钮。按 Alt+Delete 组合键，用前景色填充选区。按 Ctrl+D 组合键，取消选区，效果如图 8-386 所示。

步骤 12 新建图层并将其命名为“羽化图形 2”。将前景色设为淡红色（其 R、G、B 的值分别为

252、142、114）。用相同的方法制作出另一个羽化图形，效果如图 8-387 所示。

图 8-385

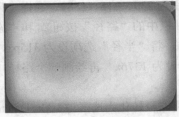

图 8-386

图 8-387

步骤 13 新建图层并将其命名为“画笔 2”。按住 Ctrl 键的同时在“图层”控制面板中单击“圆角底图”图层的缩览图，如图 8-388 所示，生成选区。选择“选择 > 修改 > 收缩”命令，弹出对话框，将“收缩量”选项设为 40，单击“确定”按钮。选择“椭圆选框”工具，在选区中单击鼠标右键，在弹出的菜单中选择“建立工作路径”命令，弹出对话框，将“差值”选项设为 2，单击“确定”按钮，路径效果如图 8-389 所示。

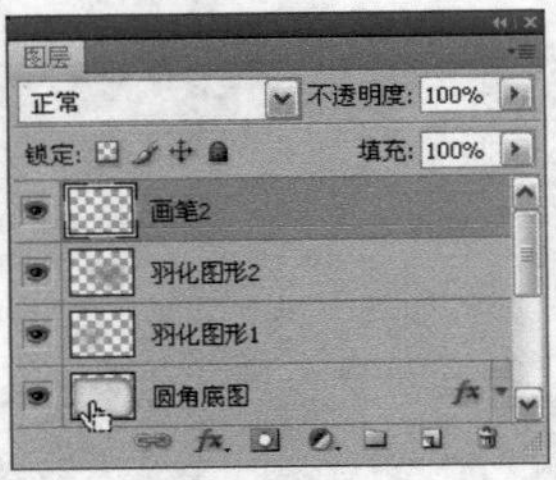

图 8-388

图 8-389

步骤 14 将前景色设为褐色（其 R、G、B 的值分别为 107、0、0）。选择“画笔”工具，单击属性栏中的“切换画笔面板”按钮，弹出“画笔”控制面板，选择“画笔笔尖形状”选项，切换到相应的面板，设置如图 8-390 所示。选择“路径选择”工具，选取路径，单击鼠标右键，在弹出的菜单中选择“描边路径”命令，弹出对话框，单击“确定”按钮，将路径描边。将路径删除后，图像效果如图 8-391 所示。

步骤 15 按 Ctrl+O 组合键，打开光盘中的“Ch08 > 素材 > 快乐伙伴 > 01”文件，将人物图片拖曳到图像窗口中，效果如图 8-392 所示，在“图层”控制面板中生成新的图层并将其命名为“人物 1”。

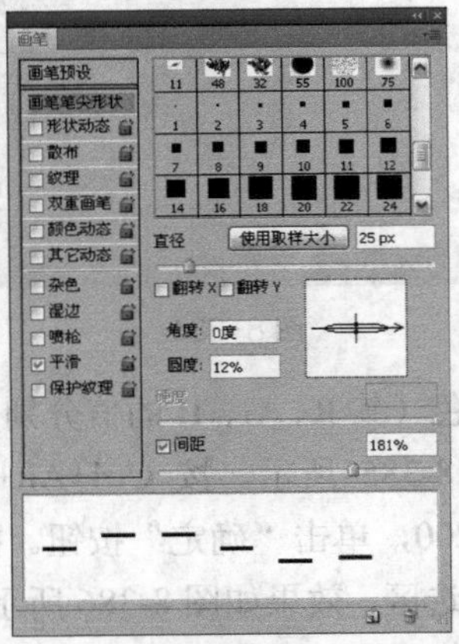

图 8-390

图 8-391

图 8-392

2. 绘制装饰图形

步骤 1 新建图层并将其命名为“粉红矩形”。选择“圆角矩形”工具，选中属性栏中的“路径”按钮，将“半径”选项设为 25px，按住 Shift 键的同时在图像窗口的左上方绘制路径，如图 8-393 所示。

步骤 2 按 Ctrl+Enter 组合键，将路径转化为选区。选择“渐变”工具，单击属性栏中的“点按可编辑渐变”按钮，弹出“渐变编辑器”对话框，将渐变色设为从红色（其 R、G、B 的值分别为 208、84、71）到白色，单击“确定”按钮。选中属性栏中的“径向渐变”按钮，在选区中从外部向中心拖曳渐变色，按 Ctrl+D 组合键，取消选区，效果如图 8-394 所示。

步骤 3 单击“图层”控制面板下方的“添加图层样式”按钮，在弹出的菜单中选择“投影”命令，弹出对话框，将发光颜色设为黑色，其他选项的设置如图 8-395 所示，单击“确定”按钮。在“图层”控制面板上方，将该图层的“填充”选项设为 80%，图像效果如图 8-396 所示。

图 8-393

图 8-394

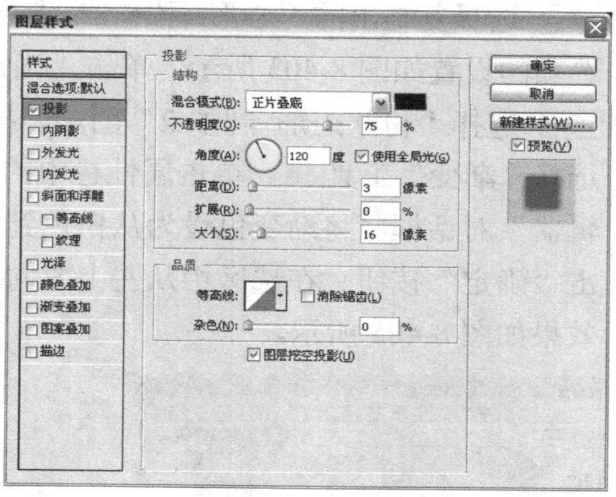

图 8-395

步骤 4 新建图层并将其命名为“心形”。将前景色设为橙色（其 R、G、B 的值分别为 255、150、0）。选择“自定形状”工具，单击属性栏中的“形状”选项，弹出“形状”面板，单击右上方的按钮，在弹出的菜单中选择“形状”选项，弹出提示对话框，单击“确定”按钮，在“形状”面板中选中“红心”图形，如图 8-397 所示。选中属性栏中的“填充像素”按钮，绘制图形，效果如图 8-398 所示。

步骤 5 在“粉红矩形”图层上单击鼠标右键，在弹出的菜单中选择“拷贝图层样式”命令；在“心形”图层上单击鼠标右键，在弹出的菜单中选择“粘贴图层样式”命令，图像效果如图 8-399 所示。

图 8-396

图 8-397

图 8-398

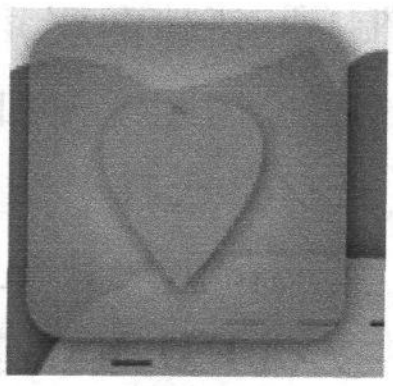

图 8-399

步骤 6 将“心形”图层和“粉红矩形”图层同时选取，3 次拖曳到控制面板下方的“创建新图层”按钮上进行复制，生成 3 个副本图层。选择“移动”工具，将复制的图形分别拖曳到适当的位置并调整其大小，效果如图 8-400 所示。分别选择复制出的“心形 副本 3”和“心形 副本”图层，按 Ctrl+U 组合键，弹出“色相/饱和度”对话框，选项的设置如图 8-401 所示，单击“确定”按钮，效果如图 8-402 所示。

图 8-400

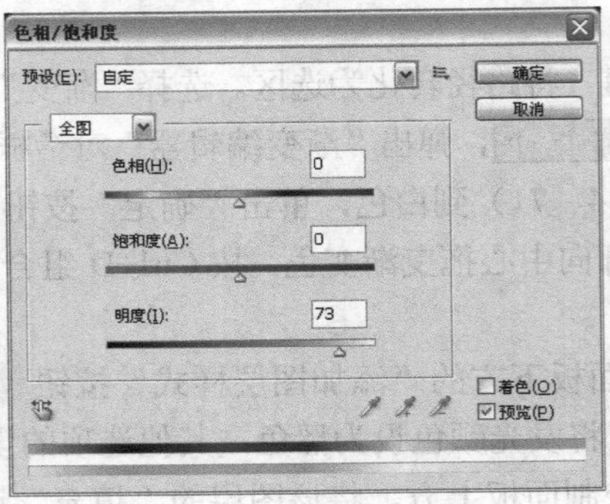

图 8-401

图 8-402

步骤 7 选择复制出的“心形 副本 2”图层。按 Ctrl+U 组合键，弹出“色相/饱和度”对话框，选项的设置如图 8-403 所示，单击“确定”按钮，效果如图 8-404 所示。

步骤 8 选择“粉红矩形 副本 2”图层。按住 Ctrl 键的同时单击该图层的缩览图，生成选区。选择“渐变”工具，单击属性栏中的“点按可编辑渐变”按钮，弹出“渐变编辑器”对话框，将渐变色设为从白色到粉色（其 R、G、B 的值分别为 226、133、151），单击“确定”按钮。在选区中从左上方向右下方拖曳渐变色，按 Ctrl+D 组合键，取消选区，效果如图 8-405 所示。

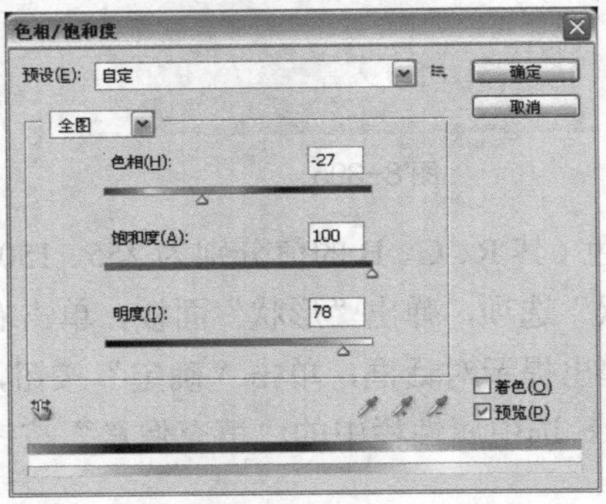

图 8-403

图 8-404

图 8-405

3. 绘制帽子

步骤 1 新建图层并将其命名为“帽子”。选择“钢笔”工具，选中属性栏中的“路径”按钮，在图像窗口的右下方绘制路径，如图 8-406 所示。按 Ctrl+Enter 组合键，将路径转化为选区。选择“渐变”工具，将渐变色设为从褐色（其 R、G、B 的值分别为 188、37、15）到橘黄色（其 R、G、B 的值分别为 240、168、71），在选区中从外部向中心拖曳渐变色。按 Ctrl+D 组合键，取消选区。

步骤 2 选择“加深”工具，在帽子图形的边缘处拖曳鼠标指针，将颜色加深，效果如图 8-407 所示。新建图层并将其命名为“粉边”。选择“钢笔”工具，在帽子的下方绘制路径，如

图 8-408 所示。按 Ctrl+Enter 组合键，将路径转化为选区。

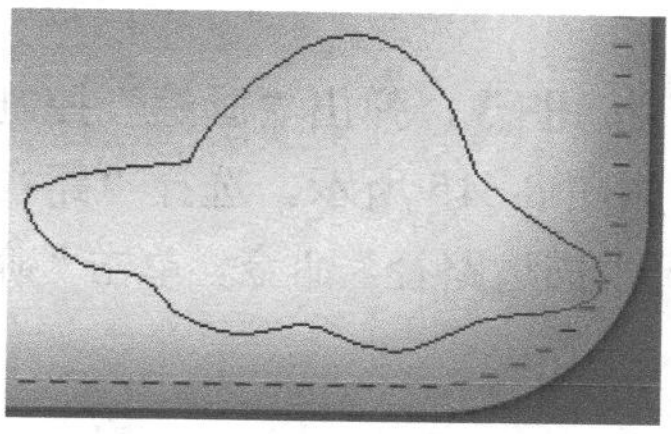

图 8-406

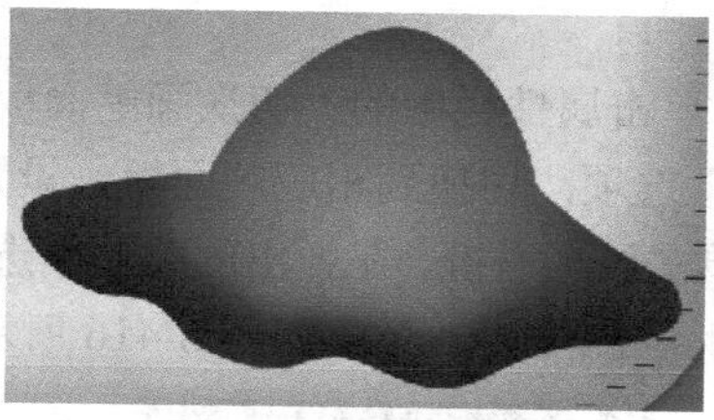

图 8-407

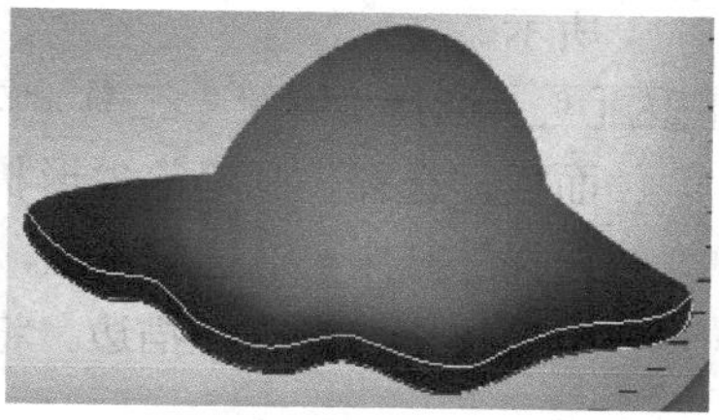

图 8-408

步骤 3 将前景色设为粉色（其 R、G、B 的值分别为 249、193、202），背景色设为白色，按 Ctrl＋Delete 组合键，用背景色填充选区，如图 8-409 所示。选择“画笔”工具，在属性栏中单击“画笔”选项右侧的按钮，弹出画笔选择面板，选择需要的画笔形状，如图 8-410 所示，在选区中垂直拖曳鼠标指针，按[键或]键改变画笔的直径，绘制出的效果如图 8-411 所示。按 Ctrl+D 组合键，取消选区。

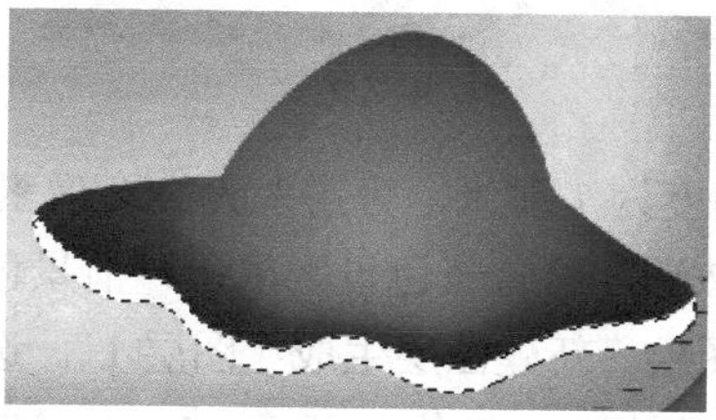

图 8-409

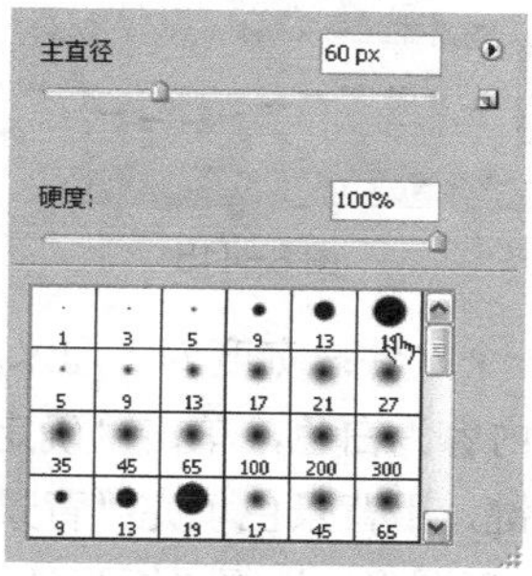

图 8-410

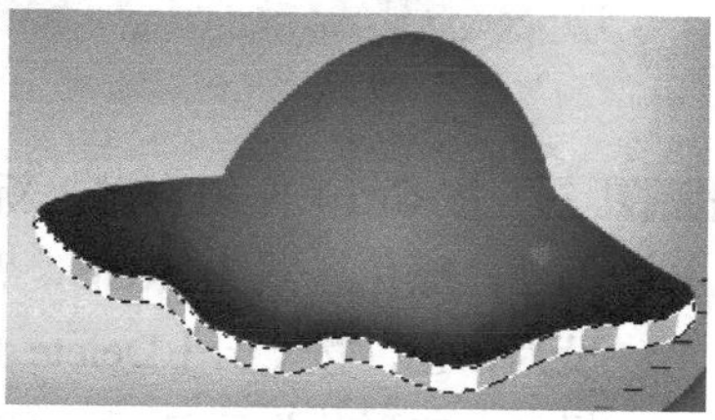

图 8-411

步骤 4 单击“图层”控制面板下方的“添加图层样式”按钮，在弹出的菜单中选择“投影”命令，弹出对话框，将发光颜色设为黑色，其他选项的设置如图 8-412 所示，单击“确定”按钮，图像效果如图 8-413 所示。

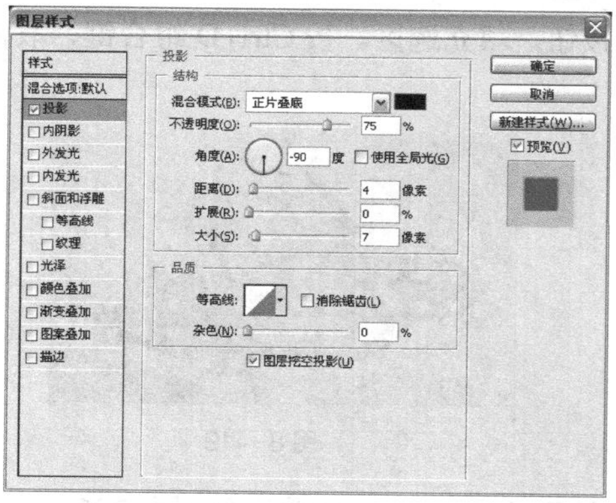

图 8-412

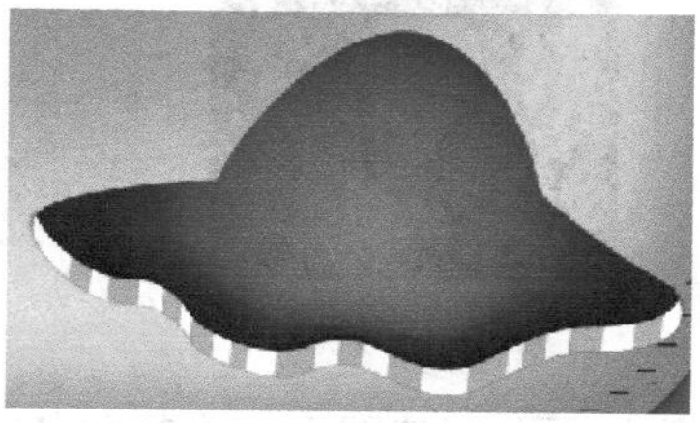

图 8-413

步骤 5 新建图层并将其命名为“画笔 3”。将前景色设为褐色（其 R、G、B 的值分别为 125、13、0）。按住 Ctrl 键的同时在“图层”控制面板中单击“帽子”图层的缩览图，生成选区。选择“选择 > 修改 > 扩展”命令，在弹出的对话框中将“扩展量”选项设为 18，单击“确定”按钮。选择“椭圆选框”工具，在选区中单击鼠标右键，在弹出的菜单中选择“建立工作路径”命令，弹出对话框，将“差值”选项设为2，单击“确定”按钮，效果如图 8-414 所示。

步骤 6 选择“画笔”工具，单击属性栏中的“切换画笔面板”按钮，弹出“画笔”控制面板，选择“画笔笔尖形状”选项，切换到相应的面板，设置如图 8-415 所示。选择“路径选择”工具，选取路径，单击鼠标右键，在弹出的菜单中选择“描边路径”命令，单击“确定”按钮，为路径描边。将路径删除后，效果如图 8-416 所示。

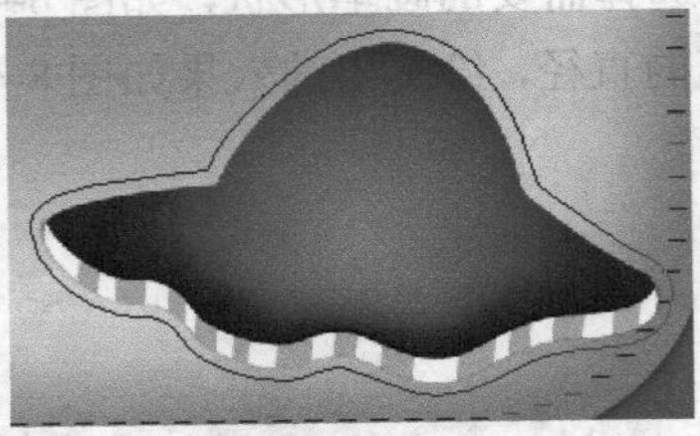

图 8-414

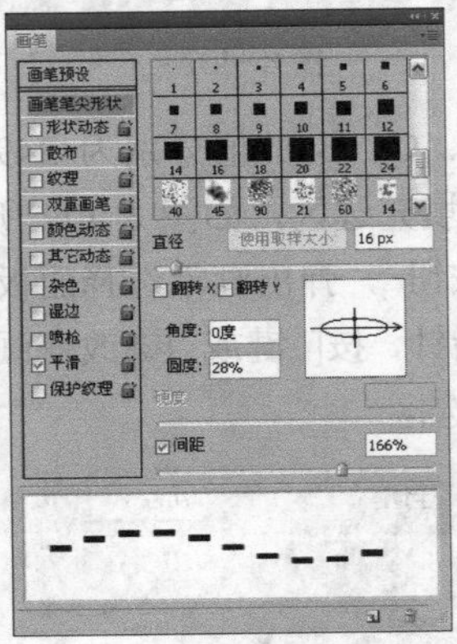

图 8-415

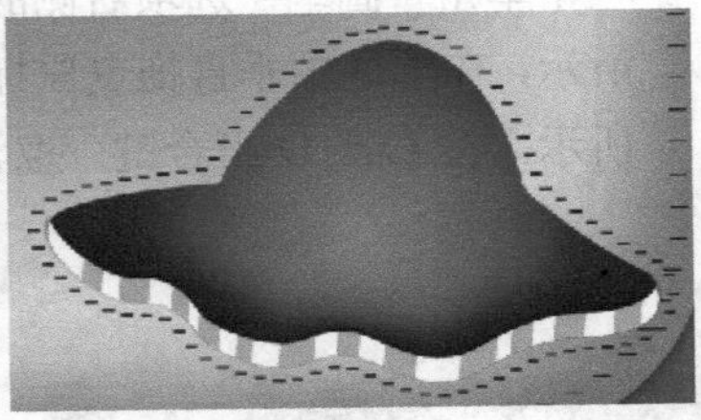

图 8-416

步骤 7 按 Ctrl+N 组合键，新建一个文件：宽度为 1 厘米，高度为 1 厘米，分辨率为 200 像素/英寸，颜色模式为 RGB，背景内容为白色，单击“确定”按钮。将背景色设为黑色，前景色设为白色，按 Ctrl+Delete 组合键，用背景色填充“背景”图层。新建图层生成“图层 1”。选择“自定形状”工具，绘制心形图形。选择“矩形选框”工具，按住 Shift 键的同时绘制选区，如图 8-417 所示。隐藏“背景”图层。选择“编辑 > 定义图案”命令，弹出“图案名称”对话框，单击“确定”按钮。

步骤 8 在原图像窗口中新建图层并将其命名为“图案填充”。按住 Ctrl 键的同时在“图层”控制面板中单击“帽子”图层的缩览图，生成选区。选择“编辑 > 填充”命令，在弹出的对话框中进行设置，如图 8-418 所示，单击“确定”按钮，填充选区。按 Ctrl+D 组合键，取消选区，效果如图 8-419 所示。

图 8-417

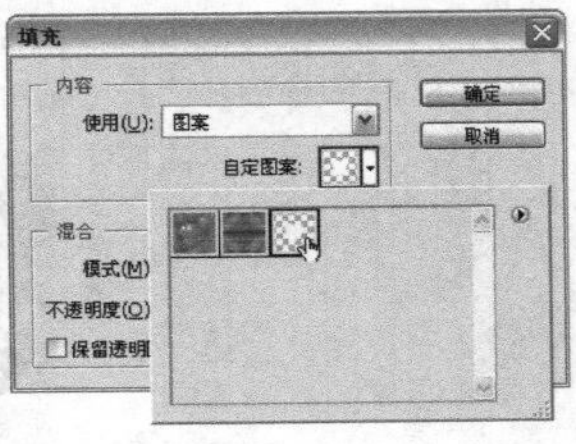

图 8-418

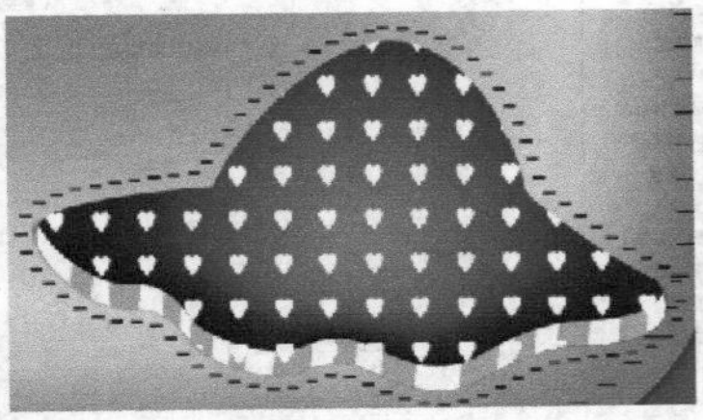

图 8-419

步骤 9 新建图层并将其命名为“线”。将前景色设为黄色（其 R、G、B 的值分别为 255、188、5）。选择“钢笔”工具，绘制路径，如图 8-420 所示。选择“画笔”工具，单击属性栏中的“切换画笔面板”按钮，弹出“画笔”控制面板，选择“画笔笔尖形状”选项，切换到相应的面板，设置如图 8-421 所示。选择“路径选择”工具，选择路径，单击鼠标右键，在弹出的菜单中选择“描边路径”命令，单击“确定”按钮，为路径描边。将路径删除后，效果如图 8-422 所示。

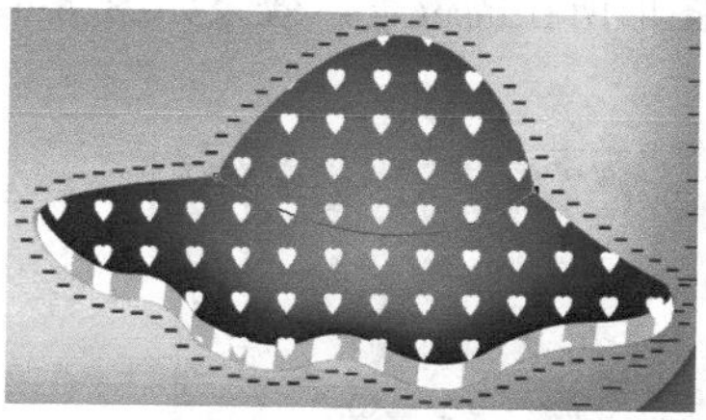

图 8-420

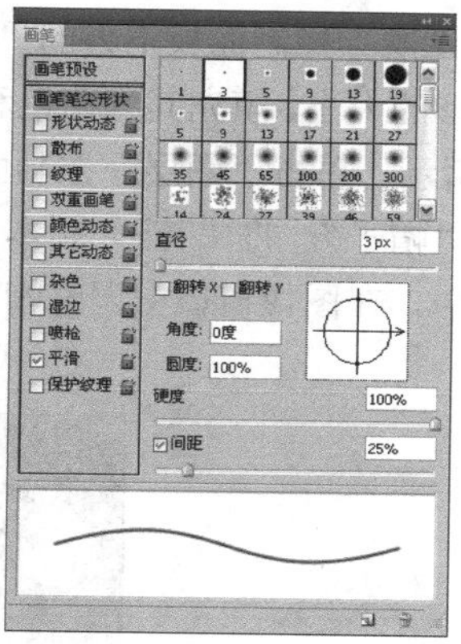

图 8-421

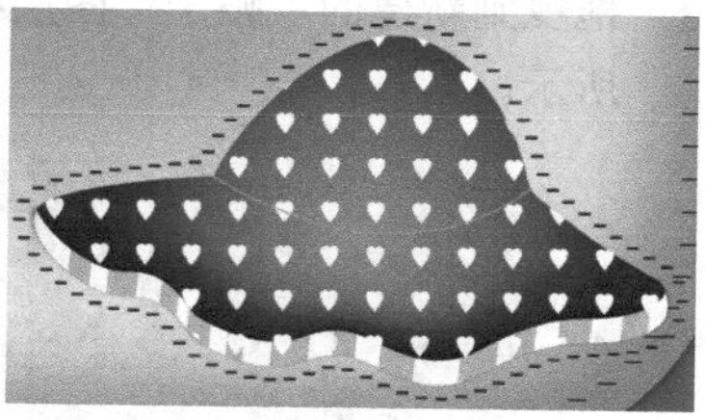

图 8-422

步骤 10 单击“图层”控制面板下方的“添加图层样式”按钮，在弹出的菜单中选择“投影”命令，弹出对话框，将发光颜色设为黑色，其他选项的设置如图 8-423 所示，单击“确定”按钮，图像效果如图 8-424 所示。

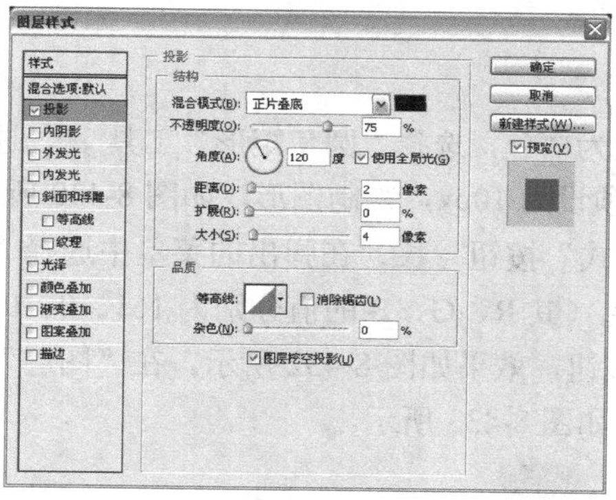

图 8-423

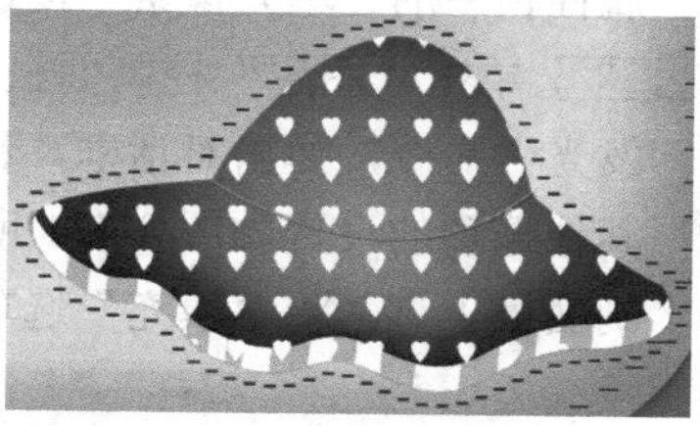

图 8-424

步骤 11 新建图层并将其命名为“花形”。将前景色设为紫色（其 R、G、B 的值分别为 255、101、192）。选择“自定形状”工具，单击属性栏中的“形状”选项，弹出“形状”面板，单击右上方的按钮，在弹出的菜单中选择“装饰”选项，弹出提示对话框，单击“确定”按钮。在面板中选取图形“花形装饰 2”，选中属性栏中的“路径”按钮，绘制路径，效果如图 8-425 所示。

步骤 12 选择“直接选择”工具，选取不需要的节点，按 Delete 键，将其删除。选择“路径选择”工具，选取剩余的路径，改变其位置和角度，效果如图 8-426 所示。按 Ctrl+Enter 组合键，将路径转化为选区。按 Alt+Delete 组合键，用前景色填充选区。按 Ctrl+D 组合键，取消选区，效果如图 8-427 所示。

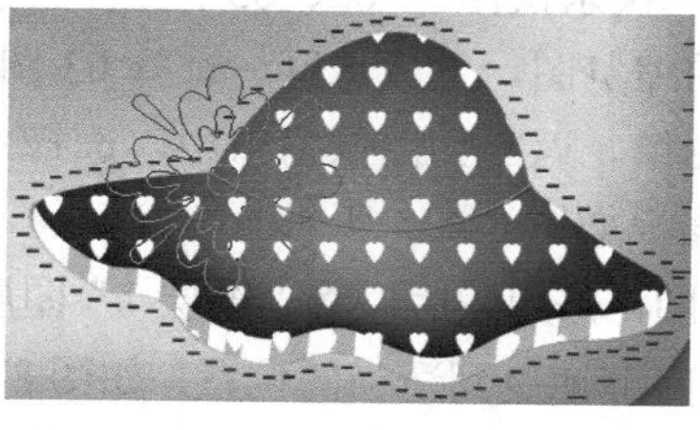

图 8-425

图 8-426

图 8-427

步骤 13 将“花形”图层拖曳到“图层”控制面板下方的“创建新图层”按钮上复制两次。在图像窗口中分别调整复制图形的大小，填充其为白色和粉色（其 R、G、B 的值分别为 255、187、227），效果如图 8-428 所示。单击“图层”控制面板下方的“创建新组”按钮，生成新的图层组并将其命名为“帽子”，将“花形 副本 2”和“帽子”图层之间的所有图层拖曳到新建的“帽子”图层组中。在图像窗口中调整帽子图形所在的位置，效果如图 8-429 所示。

图 8-428

图 8-429

4. 添加人物照片

步骤 1 新建图层并将其命名为“边框”。将前景色设为白色，选择“圆角矩形”工具，选中属性栏中的“填充像素”按钮，将“半径”选项设为 10px，绘制图形，如图 8-430 所示。

步骤 2 单击“图层”控制面板下方的“添加图层样式”按钮，在弹出的菜单中选择“外发光”命令，弹出对话框，将发光颜色设为暗红色（其 R、G、B 的值分别为 161、0、0），其他选项的设置如图 8-431 所示，单击“确定”按钮，效果如图 8-432 所示。在“图层”控制面板上方，将“填充”选项设为 0%，图像效果如图 8-433 所示。

图 8-430

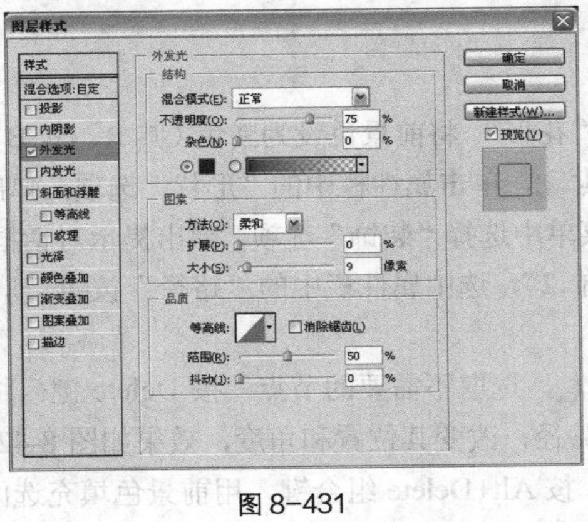

图 8-431

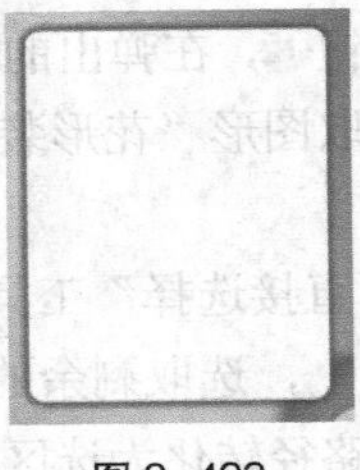
图 8-432

图 8-433

步骤 3 按 Ctrl+O 组合键，打开光盘中的“Ch8 > 素材 > 快乐伙伴 > 02、03”文件。按住 Ctrl 键的同时在“图层”控制面板中单击“边框”图层的缩览图，生成选区。选择 03 图片，按 Ctrl+A 组合键，全选图像，按 Ctrl+C 组合键，复制图像。返回到图像窗口中，选择“编辑 > 贴入”命令，效果如图 8-434 所示，“图层”控制面板如图 8-435 所示。

步骤 4 按住 Shift 键的同时单击“图层 1”图层的蒙版缩览图，停用蒙版。将“图层 1”图层拖曳到“边框”图层的下方，选择“移动”工具，将图片向下拖曳到适当的位置，如图 8-436 所示。选择“多边形套索”工具，在人物图片的下半部分绘制选区，如图 8-437 所示。

图 8-434

图 8-435

图 8-436

图 8-437

步骤 5 在“图层 1”图层的蒙版缩览图上单击鼠标右键，在弹出的菜单中选择“启用图层蒙版”命令。按 Alt+Delete 组合键，用前景色填充选区。将“图层 1”图层拖曳到“边框”图层的上方，并将其重命名为“人物 2”，图像效果如图 8-438 所示。用相同的方法制作出图 8-439 所示的效果，“图层”控制面板如图 8-440 所示。

图 8-438

图 8-439

图 8-440

5. 制作特殊文字效果

步骤 1 新建图层并将其命名为“方框”。选择“自定形状”工具，单击属性栏中的“形状”选项，弹出“形状”面板，单击右上方的按钮，在弹出的菜单中选择“形状”选项，弹出提示对话框，单击“确定”按钮。在“形状”面板中选取图形“窄边方形边框”，选中属性栏中的“填充像素”按钮，按住 Shift 键的同时绘制两个图形，效果如图 8-441 所示。

步骤 2 选择“横排文字”工具，在属性栏中选择合适的字体并设置文字大小，在方框的右侧输入白色文字，效果如图 8-442 所示。

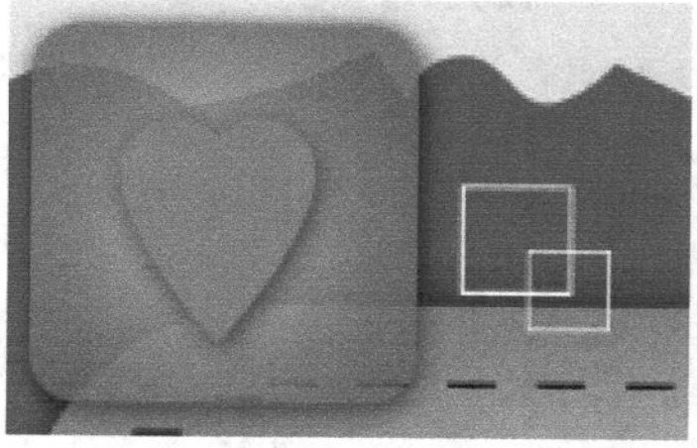

图 8-441

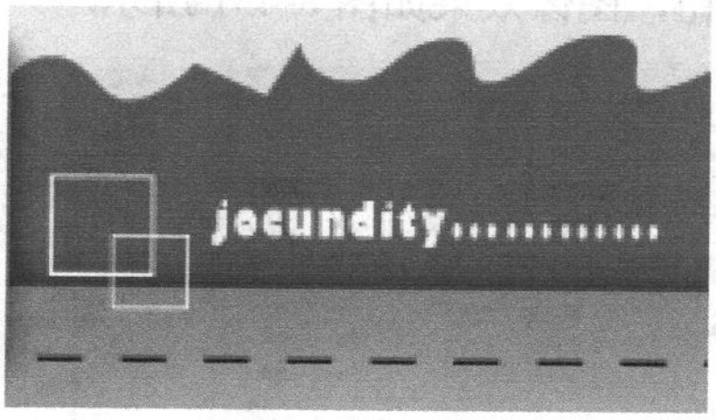

图 8-442

步骤 3 将前景色设为深红色（其 R、G、B 的值分别为 169、0、0）。选择“横排文字”工具，在属性栏中选择合适的字体并设置文字大小，在图像窗口中分别输入文字，效果如图 8-443 所示，在“图层”控制面板中分别生成新的文字图层。

步骤 4 选择“的”图层，单击鼠标右键，在弹出的菜单中选择“栅格化文字”命令，将图层转化为普通图层。选择“椭圆选框”工具，在图像窗口绘制选区，如图 8-444 所示，按 Delete 键，将选区中的图像删除。用相同的方法删除其他文字中不需要的笔画，如图 8-445 所示。

图 8-443

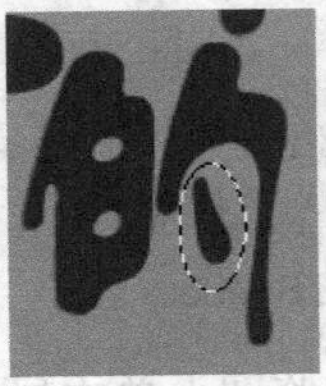

图 8-444

图 8-445

步骤 5 新建“图层 1”。选择“自定形状”工具，单击属性栏中的“形状”选项，弹出“形状”面板，选取“红心”图形，选中属性栏中的“填充像素”按钮，绘制图形，并将其旋转至适当的角度，效果如图 8-446 所示。

步骤 6 选择“钢笔”工具，选中属性栏中的“路径”按钮，绘制路径，如图 8-447 所示。按 Ctrl+Enter 组合键，将路径转化为选区，按 Alt+Delete 组合键，用前景色填充选区，按 Ctrl+D 组合键，取消选区。用相同的方法绘制出其他图形，效果如图 8-448 所示。

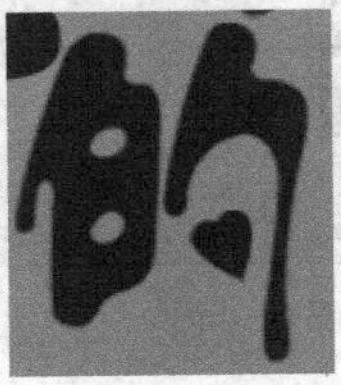

图 8-446

图 8-447

图 8-448

步骤 7 在“图层”控制面板中，按住 Shift 键的同时单击“童”图层和“图层 1”图层，选中两个图层之间的所有图层，按 Ctrl+E 组合键，合并图层并将其命名为“文字”。单击“图层”控制面板下方的“添加图层样式”按钮，在弹出的菜单中选择“投影”命令，弹出对话框，选项的设置如图 8-449 所示，单击“确定”按钮。单击“图层”控制面板下方的“添加图层样式”按钮，在弹出的菜单中选择“内阴影”命令，弹出对话框，将发光颜色设为灰色（其 R、G、B 的值分别为 97、97、97），其他选项的设置如图 8-450 所示，单击“确定”按钮，图像效果如图 8-451 所示。

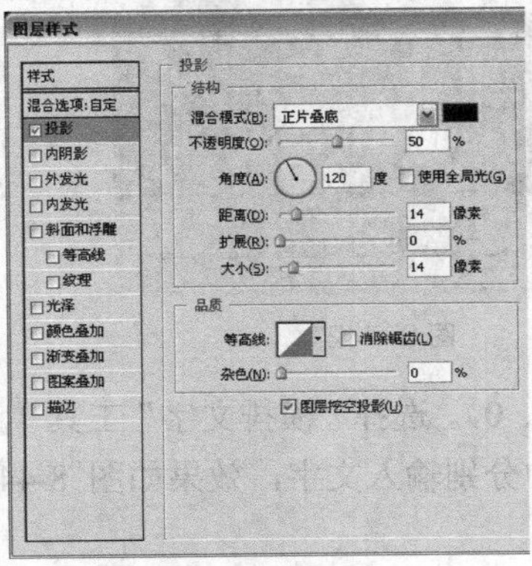

图 8-449

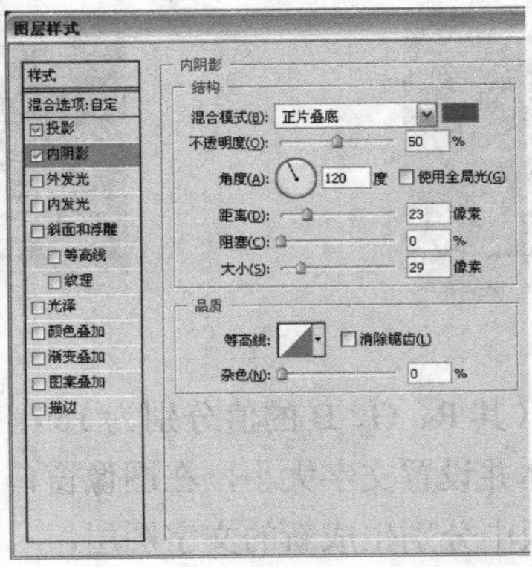

图 8-450

图 8-451

步骤 8 单击“图层”控制面板下方的“添加图层样式”按钮 fx.，在弹出的菜单中选择“内发光”命令，弹出对话框，将发光颜色设为灰色（其 R、G、B 的值分别为 103、103、103），其他选项的设置如图 8-452 所示，单击“确定”按钮，效果如图 8-453 所示。

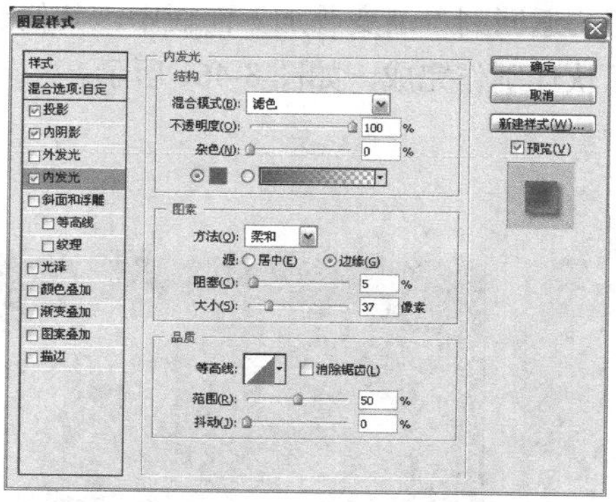

图 8-452

图 8-453

步骤 9 单击“图层”控制面板下方的“添加图层样式”按钮 fx.，从弹出的菜单中选择“斜面和浮雕”命令，弹出对话框，单击“光泽等高线”选项右侧的按钮，从弹出的面板中选择预设的等高线，如图 8-454 所示，返回到“斜面和浮雕”面板，其他选项的设置如图 8-455 所示。单击左侧的“等高线”选项，弹出相应的面板，单击“等高线”选项，在弹出的对话框中进行设置，如图 8-456 所示，单击“确定”按钮，返回到“等高线”面板，其他选项的设置如图 8-457 所示，单击“确定”按钮，效果如图 8-458 所示。

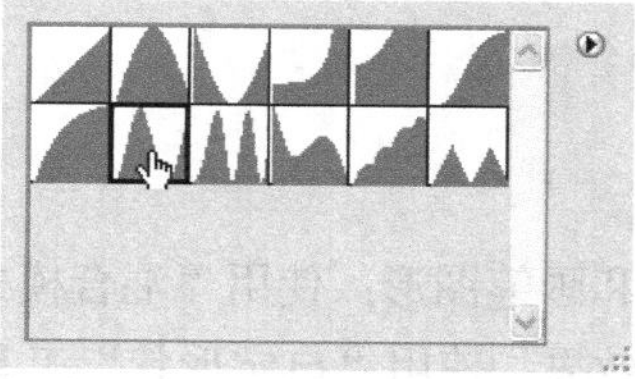

图 8-454

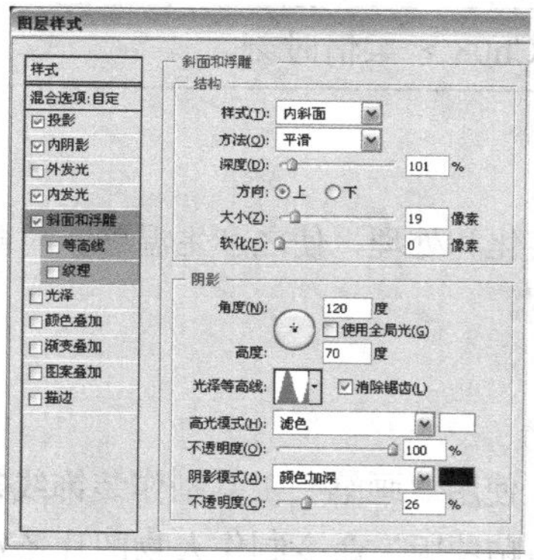

图 8-455

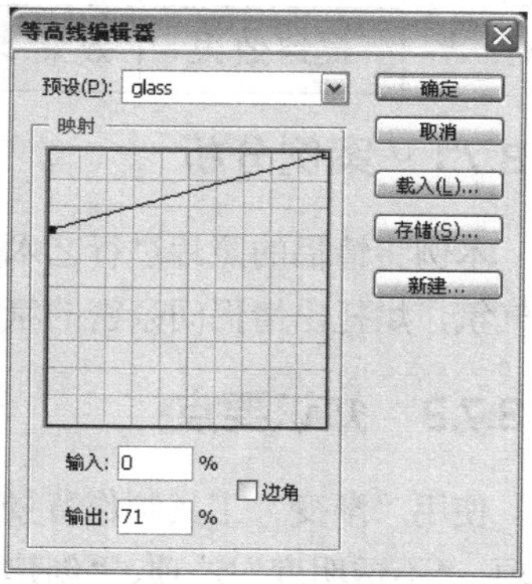

图 8-456

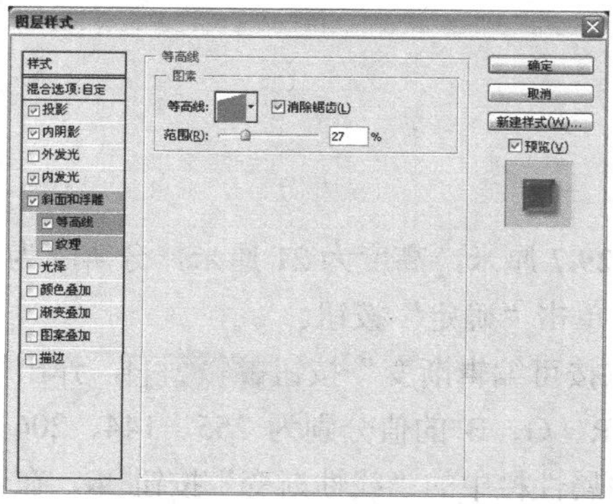

图 8-457

图 8-458

步骤 10 单击“图层”控制面板下方的“添加图层样式”按钮，从弹出的菜单中选择“渐变叠加”命令，弹出对话框，单击“渐变”选项右侧的“点按可编辑渐变”按钮，弹出“渐变编辑器”对话框，将渐变色设为从白色到粉色（其 R、G、B 的值分别为 249、102、171），如图 8-459 所示，单击“确定”按钮，返回到“渐变叠加”面板中，其他选项的设置如图 8-460 所示，单击“确定”按钮。快乐伙伴制作完成，如图 8-461 所示。

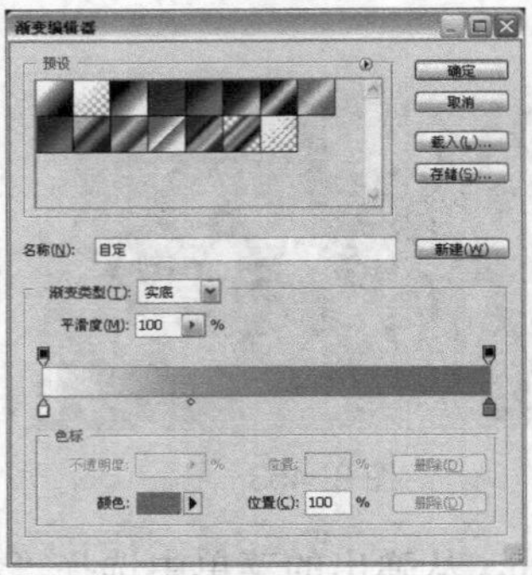

图 8-459

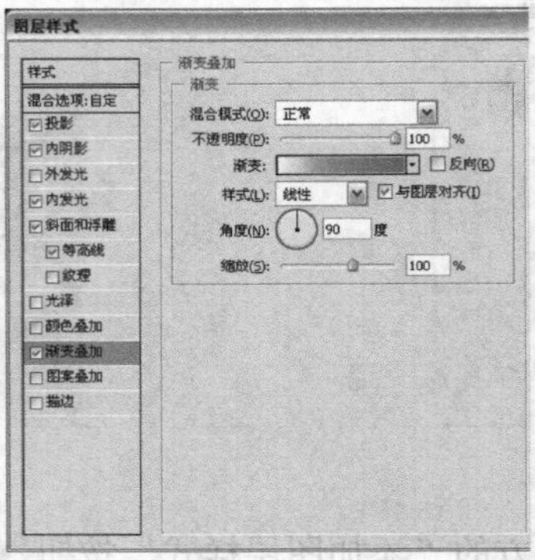

图 8-460

图 8-461

8.7 柔情时刻

	素材文件	素材 > Ch08 > 柔情时刻 > 01、02、03、04
	最终效果	效果 > Ch08 > 柔情时刻

8.7.1 案例分析

本例将情侣的照片进行艺术美化和处理，使之产生温馨、甜蜜的感觉。柔和的粉色增添了浪漫的气氛，烘托出情侣间亲密的氛围。

8.7.2 知识要点

使用“渐变”工具制作背景；使用“画笔”工具制作装饰线条和画笔图形；使用“混合模式”选项、“不透明度”选项、“创建剪贴蒙版”命令制作人物图片特殊效果；使用“自定形状”工具制作心形。

8.7.3 操作步骤

1. 绘制背景

步骤 1 按 Ctrl+N 组合键，新建一个文件：宽度为 29.7 厘米，高度为 21 厘米，分辨率为 200 像素/英寸，颜色模式为 RGB，背景内容为白色，单击“确定”按钮。

步骤 2 选择“渐变”工具，单击属性栏中的“点按可编辑渐变”按钮，弹出“渐变编辑器”对话框，将渐变色设为从粉红色（其 R、G、B 的值分别为 255、144、206）到白色，如图 8-462 所示，单击“确定”按钮。选中属性栏中的“线性渐变”按钮，在图像窗口中由上至下拖曳渐变，效果如图 8-463 所示。

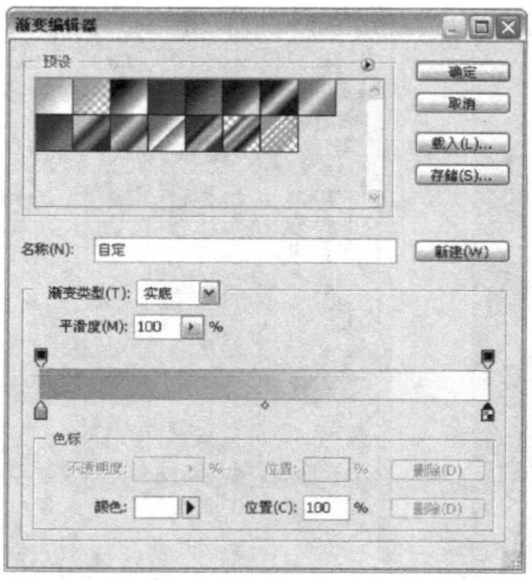

图 8-462

图 8-463

步骤 3 新建图层并将其命名为“线条”。选择“画笔”工具，在属性栏中单击“画笔”选项右侧的按钮，弹出画笔选择面板，在画笔选择面板中选择需要的画笔形状，如图 8-464 所示。在图像窗口拖曳鼠标指针绘制线条，效果如图 8-465 所示。

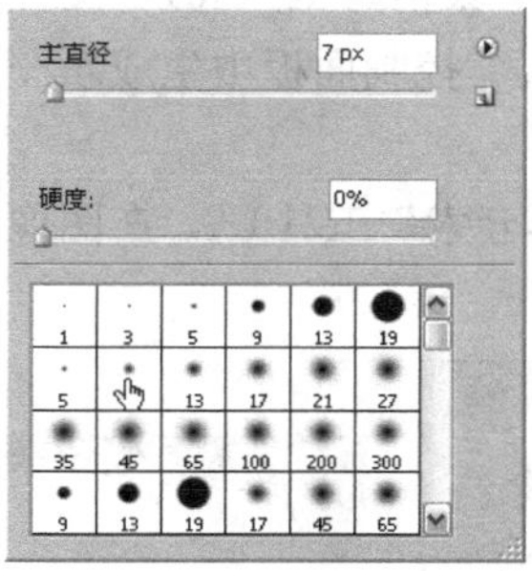

图 8-464

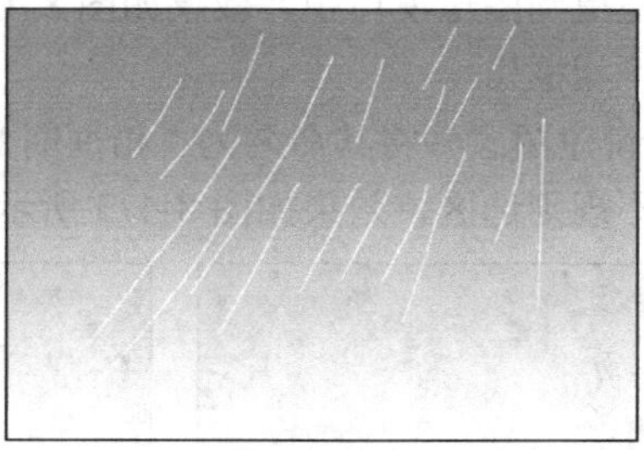

图 8-465

步骤 4 在“图层”控制面板上方，将“线条”图层的“不透明度”选项设为 20%，如图 8-466 所示，图像效果如图 8-467 所示。

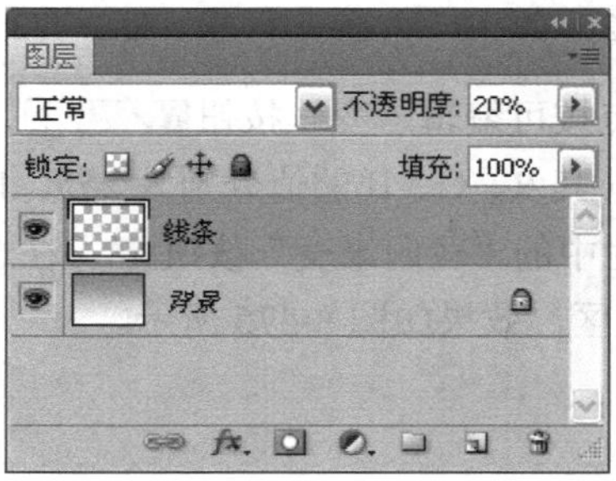

图 8-466

图 8-467

步骤 5 新建图层并将其命名为“绘画画笔”。将前景色设为白色。选择“画笔”工具，单击属性栏中的“切换画笔面板”按钮，弹出“画笔”控制面板，选择“画笔笔尖形状”选项，弹出“画笔笔尖形状”面板，选择需要的画笔形状，其他选项的设置如图 8-468 所示；选择“形状动态”选项，在相应的面板中进行设置，如图 8-469 所示；选择“散布”选项，在相应的面板中进行设置，如图 8-470 所示。在图像窗口中拖曳鼠标指针绘制图形，效果如图 8-471 所示。

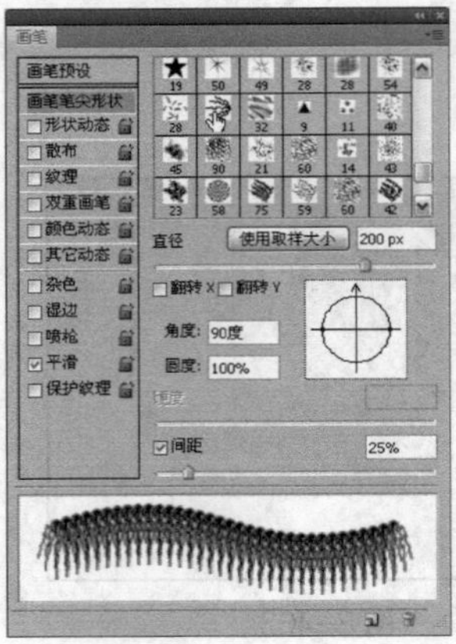
图 8-468

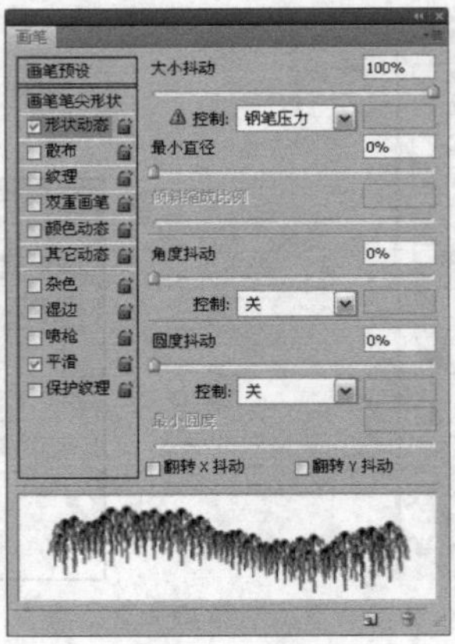
图 8-469

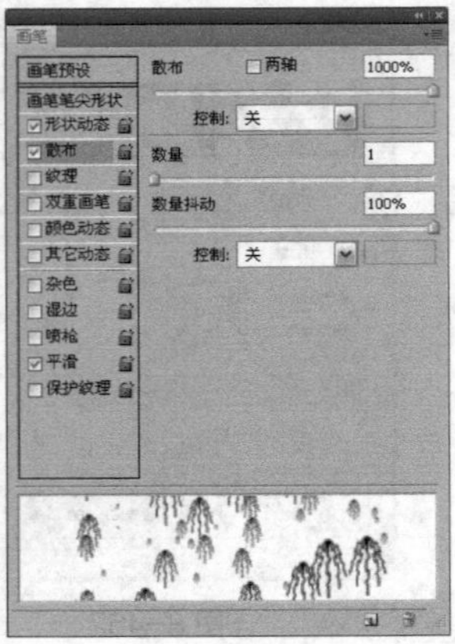
图 8-470

2. 制作图片剪贴蒙版效果

步骤 1 按 Ctrl+O 组合键，打开光盘中的“Ch08 > 素材 > 柔情时刻 > 01”文件，将不规则图形拖曳到图像窗口中，效果如图 8-472 所示，在“图层”控制面板中生成新图层并将其命名为“相框”。

步骤 2 新建图层并将其命名为“相框渐变”。选择“多边形套索”工具，在图像窗口中绘制一个不规则选区，效果如图 8-473 所示。

图 8-471

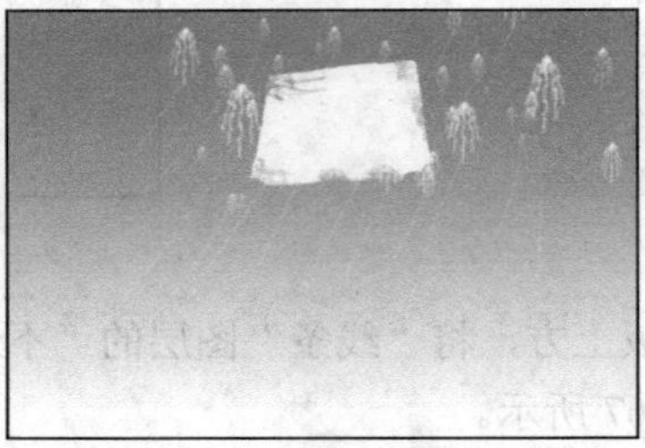
图 8-472

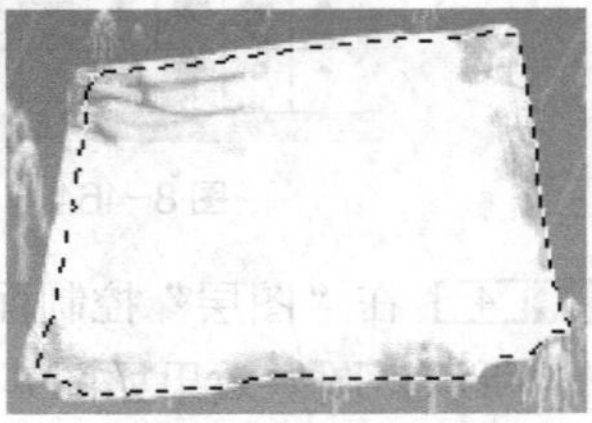
图 8-473

步骤 3 选择“渐变”工具，单击属性栏中的“点按可编辑渐变”按钮，弹出“渐变编辑器”对话框，将渐变色设为从白色到粉色（其 R、G、B 的值分别为 255、120、196），如图 8-474 所示，单击“确定”按钮。选中属性栏中的“径向渐变”按钮，在选区中由中心至右下方拖曳渐变，按 Ctrl+D 组合键，取消选区，效果如图 8-475 所示。

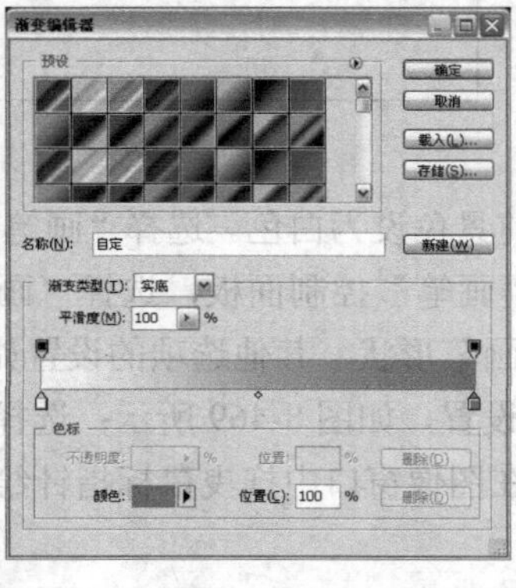
图 8-474

图 8-475

步骤 4 按 Ctrl+O 组合键，打开光盘中的“Ch08 > 素材 > 柔情时刻 > 02”文件，将人物图片拖曳到图像窗口的中心位置，效果如图 8-476 所示，在“图层”控制面板中生成新的图层并将其命名为“人物”。将“人物”图层的“混合模式”设为“明度”，效果如图 8-477 所示。

图 8-476

图 8-477

步骤 5 在“人物”图层上单击鼠标右键，在弹出的菜单中选择“创建剪贴蒙版”命令，如图 8-478 所示，图像效果如图 8-479 所示。

图 8-478

图 8-479

步骤 6 新建图层并将其命名为“透明渐变”。选择“渐变”工具，单击属性栏中的“点按可编辑渐变”按钮，弹出“渐变编辑器”对话框，将渐变色设为从白色到白色，在色带上方选取左侧的不透明度色标，将“不透明度”选项设为 0，如图 8-480 所示，单击“确定”按钮。按住 Shift 键的同时由中心至右下方拖曳渐变，效果如图 8-481 所示。

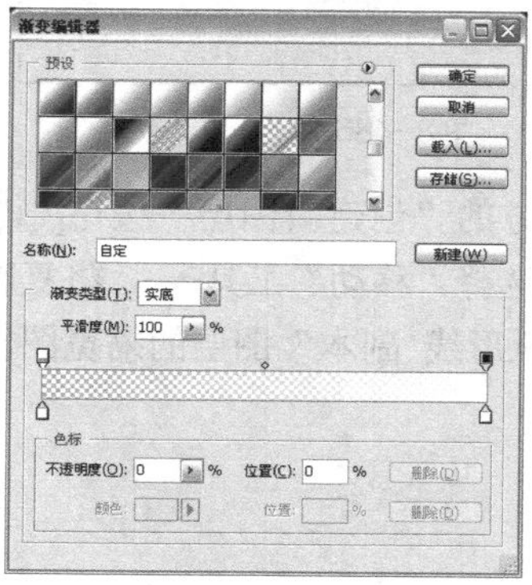

图 8-480

图 8-481

步骤 7 单击“图层”控制面板下方的“添加图层蒙版”按钮，为“透明渐变”图层添加蒙版。将前景色设为黑色。选择“画笔”工具，在属性栏中单击“画笔”选项右侧的按钮，弹出画笔选择面板，在画笔选择面板中选择需要的画笔形状，如图 8-482 所示。在图像窗口中人物图片周围涂抹，使图片更清晰，效果如图 8-483 所示。

3. 绘制装饰图形

步骤 1 新建图层并将其命名为“弧形线”。选择“钢笔”工具，选中属性栏中的“路径”按钮，在图像窗口中绘制路径，效果如图 8-484 所示。

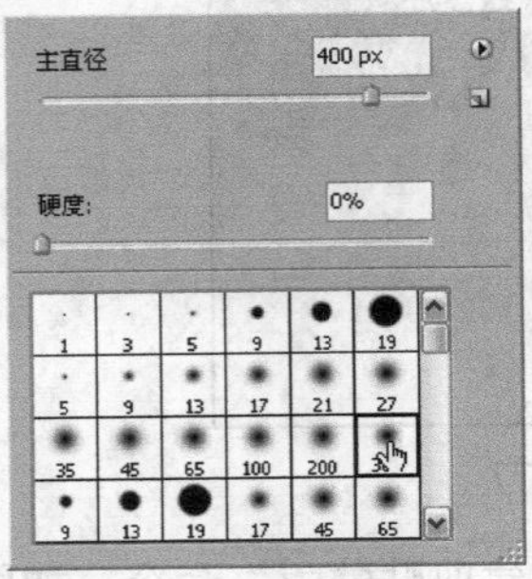

图 8-482

图 8-483

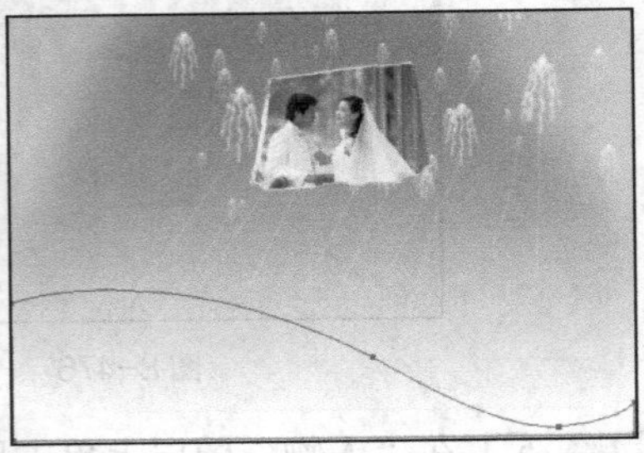

图 8-484

步骤 2 按 Ctrl+Enter 组合键，将路径转换为选区。选择“渐变”工具，单击属性栏中的“点按可编辑渐变”按钮，弹出“渐变编辑器”对话框，将渐变色设为从粉色（其 R、G、B 的值分别为 243、157、210）到白色，如图 8-485 所示，单击“确定”按钮。选中属性栏中的“线性渐变”按钮，按住 Shift 键的同时在选区中由上至下拖曳渐变，按 Ctrl+D 组合键，取消选区，图像效果如图 8-486 所示。

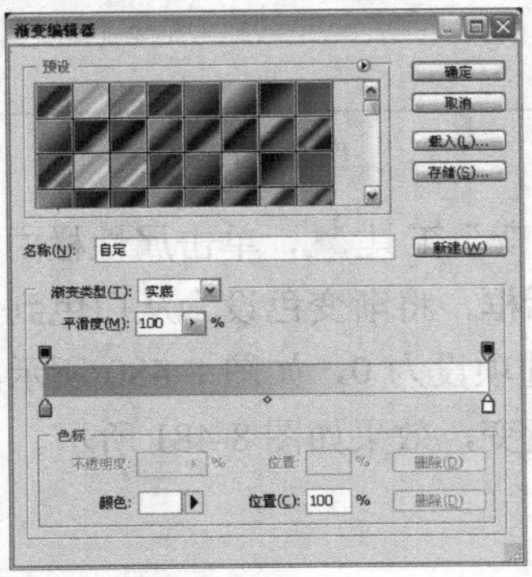

图 8-485

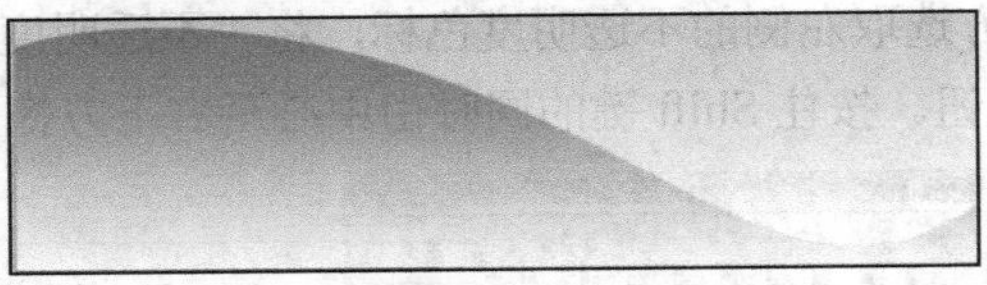

图 8-486

步骤 3 将“弧形线”图层拖曳到“图层”控制面板下方的“创建新图层”按钮上进行复制，生成新图层“弧形线 副本”，如图 8-487 所示。选择“移动”工具，将复制出的图形向下拖曳到适当的位置。按住 Ctrl 键的同时单击“弧形线 副本”图层的缩览图，图形周围生成选区，如图 8-488 所示。

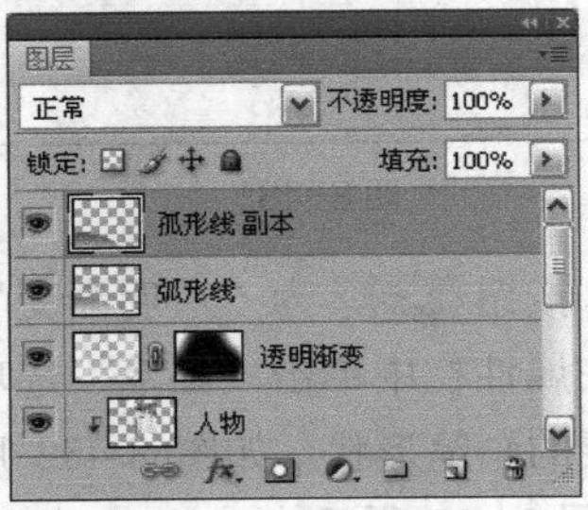

图 8-487

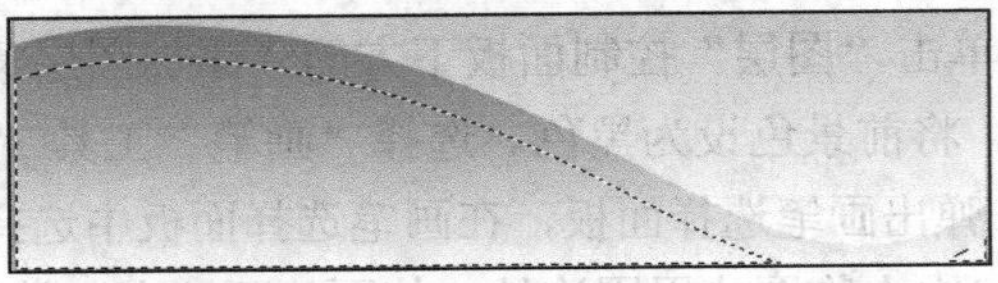

图 8-488

步骤 4 选择“渐变”工具，单击属性栏中的“点按可编辑渐变”按钮，弹出“渐变编辑器”对话框，将渐变色设为从粉色（其 R、G、B 的值分别为 232、69、169）到白色，如图 8-489 所示，单击“确定”按钮。按住 Shift 键的同时在选区中由上至下拖曳渐变色，按 Ctrl+D 组合键，取消选区，图像效果如图 8-490 所示。

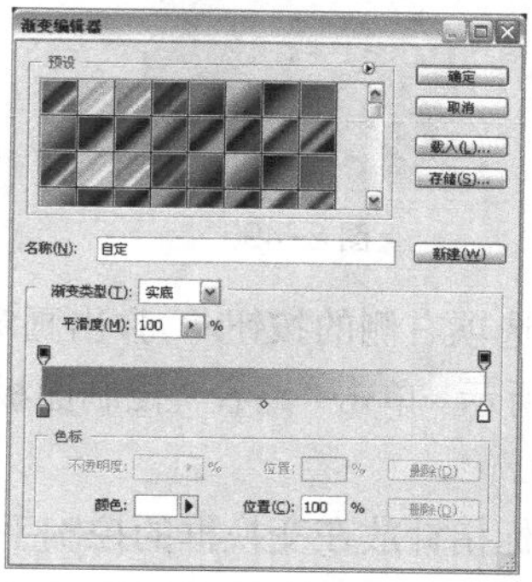

图 8-489

图 8-490

步骤 5 将“弧形线”图层拖曳到“图层”控制面板下方的“创建新图层”按钮上进行复制，生成新图层并将其命名为“弧形线条”，如图 8-491 所示。选择“移动”工具，将复制出的图形向上拖曳到适当的位置。按住 Ctrl 键的同时单击“弧形线条”图层的缩览图，图形周围生成选区，如图 8-492 所示。

图 8-491

图 8-492

步骤 6 按 Delete 键，删除选区中的内容。选择“编辑 > 描边”命令，弹出“描边”对话框，将描边颜色设为白色，其他选项的设置如图 8-493 所示，单击“确定”按钮。按 Ctrl+D 组合键，取消选区，效果如图 8-494 所示。

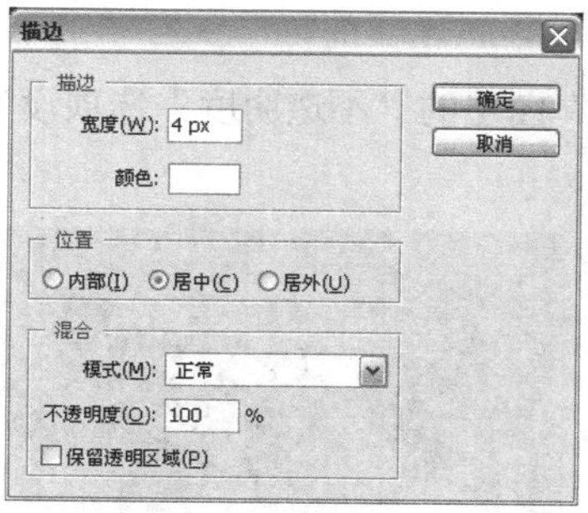

图 8-493

图 8-494

步骤 7 新建图层并将其命名为“白色心形”。将前景色设为白色。选择“自定形状”工具，单击属性栏中的“形状”选项，弹出“形状”面板，单击右上方的按钮，在弹出的菜单中选择“全部”选项，弹出提示对话框，单击“追加”按钮。在“形状”面板中选中“红心形卡”，如图 8-495 所示。选中属性栏中的“路径”按钮，拖曳鼠标绘制路径，如图 8-496 所示。

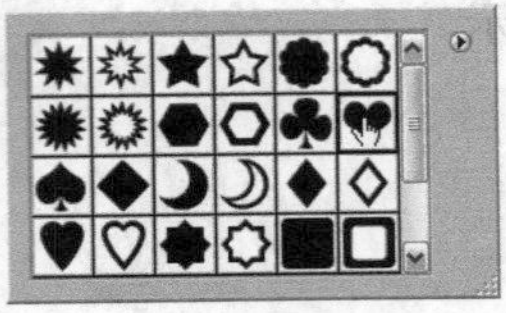
图 8-495

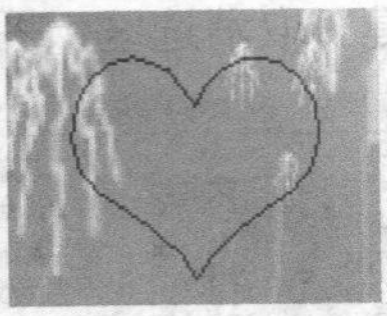
图 8-496

步骤 8 选择“画笔”工具，在属性栏中单击“画笔”选项右侧的按钮，弹出画笔选择面板，在画笔选择面板中选择需要的画笔形状，如图 8-497 所示。单击“路径”控制面板下方的“用画笔描边路径”按钮，路径被描边，并隐藏路径。

步骤 9 按 Ctrl+T 组合键，图形周围出现变换框，将鼠标指针放在变换框的控制手柄外边，指针变为旋转图标，拖曳鼠标将图形旋转到适当的角度，按 Enter 键确定操作，效果如图 8-498 所示。在“图层”控制面板上方，将“白色心形”图层的“不透明度”选项设为 80%，如图 8-499 所示。

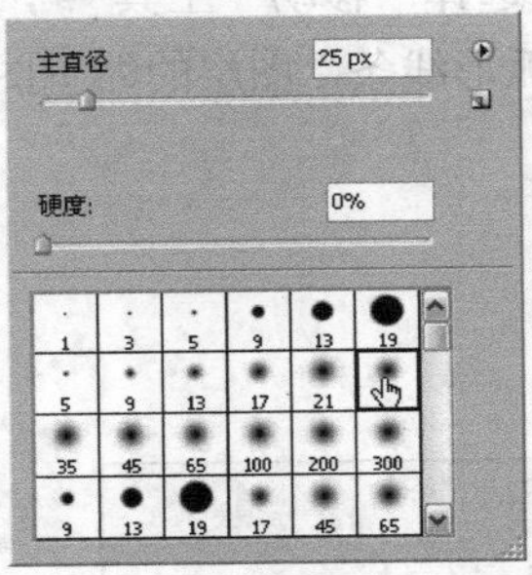

图 8-497

图 8-498

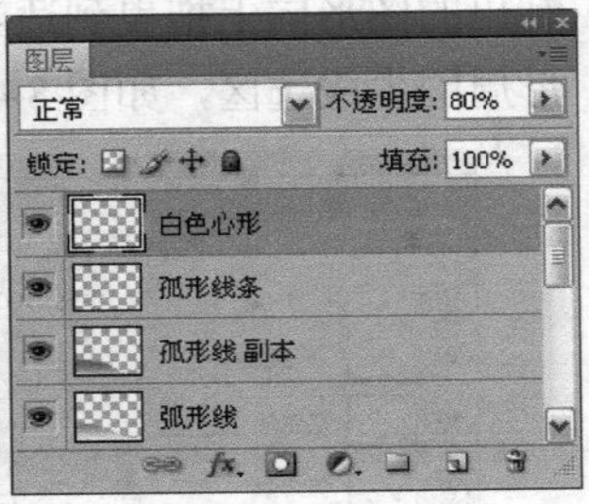

图 8-499

步骤 10 新建图层并将其命名为“颜色心形”。将前景色设为紫色（其 R、G、B 的值分别为 216、126、179）。用上述方法制作图 8-500 所示的效果。

步骤 11 在“图层”控制面板中，按住 Shift 键的同时选中“白色心形”图层和“颜色心形”图层，将选中的图层拖曳到控制面板下方的“创建新图层”按钮上进行复制，生成新的副本图层，如图 8-501 所示。选择“移动”工具，将复制出的副本图形拖曳到适当的位置，调整其大小并旋转到适当的角度。

步骤 12 在“图层”控制面板上方，将“白色心形 副本”图层的“不透明度”选项设为 100%，效果如图 8-502 所示。

图 8-500

图 8-501

图 8-502

步骤 13 新建图层并将其命名为“外边框”。将前景色设为深粉色（其 R、G、B 的值分别为 229、100、145）。选择“画笔”工具，在属性栏中单击“画笔”选项右侧的按钮，弹出画笔选择面板，在画笔选择面板中选择需要的画笔形状，如图 8-503 所示。在图像窗口中拖曳鼠标指针绘制线条。

步骤 14 将前景色分别设为淡粉色（其 R、G、B 的值分别为 247、130、177）、红色（其 R、G、B 的值分别为 222、65、117），分别拖曳鼠标绘制不规则线条边框，效果如图 8-504 所示。

4. 为人物添加蒙版效果

步骤 1 按 Ctrl＋O 组合键，打开光盘中的“Ch08 > 素材 > 柔情时刻 > 03”文件，将人物图片拖曳到图像窗口中的右下方，效果如图 8-505 所示，在“图层”控制面板中生成新图层并将其命名为“形状图片”。单击“图层”控制面板下方的“添加图层蒙版”按钮，为“形状图片”图层添加蒙版。

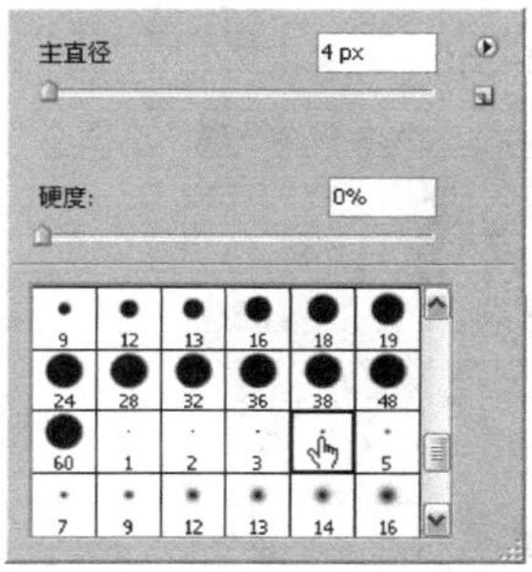

图 8-503

图 8-504

图 8-505

步骤 2 选择“自定形状”工具，单击属性栏中的“形状”选项，弹出“形状”面板，在“形状”面板中选中图形“三叶草”，如图 8-506 所示。选中“路径”按钮，按住 Shift 键的同时在图像窗口中绘制路径，效果如图 8-507 所示。

步骤 3 按 Ctrl+Enter 组合键，将路径转换为选区。按 Ctrl+Shift+I 组合键，将选区反选，用黑色填充选区，按 Ctrl+D 组合键，取消选区，效果如图 8-508 所示。

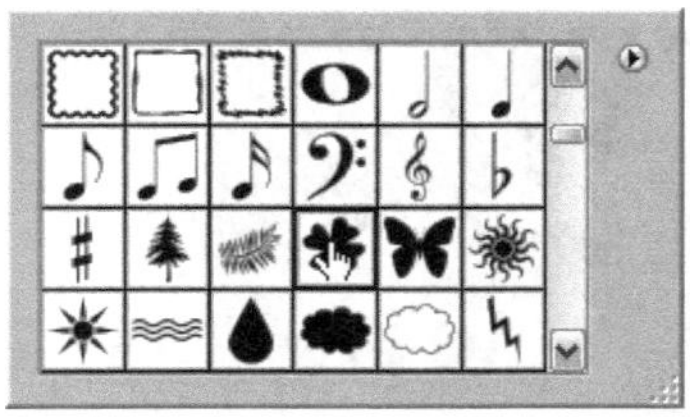

图 8-506

图 8-507

图 8-508

步骤 4 单击“图层”控制面板下方的“添加图层样式”按钮，在弹出的菜单中选择“投影”命令，弹出对话框，进行设置，如图 8-509 所示，单击“确定”按钮。在“图层”控制面板上方，将“形状图片”图层的“混合模式”选项设为“明度”，“不透明度”选项设为 30%，如图 8-510 所示，效果如图 8-511 所示。

步骤 5 按 Ctrl＋O 组合键，打开光盘中的“Ch08 > 素材 > 柔情时刻 > 04”文件，将人物图片拖曳到图像窗口中的左方位置，效果如图 8-512 所示，在“图层”控制面板中生成新的图层并将其命名为“人物 1”。单击“图层”控制面板下方的“添加图层蒙版”按钮，为“人物 1”图层添加蒙版。

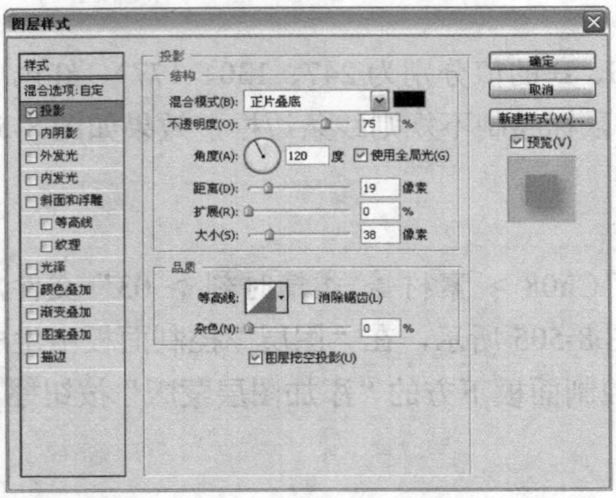

图 8-509

图 8-510

图 8-511

图 8-512

步骤 6 选择“渐变”工具，单击属性栏中的“点按可编辑渐变”按钮，弹出“渐变编辑器”对话框，将渐变色设为从白色到黑色，单击“确定”按钮。按住 Shift 键的同时在图像窗口中由左至右拖曳渐变。

步骤 7 选择“画笔”工具，在属性栏中单击“画笔”选项右侧的按钮，弹出画笔选择面板，在画笔选择面板中选择需要的画笔形状，如图 8-513 所示，并在属性栏中将“不透明度”选项设为 20%，在图像窗口中人物的边缘及下方进行涂抹，效果如图 8-514 所示。

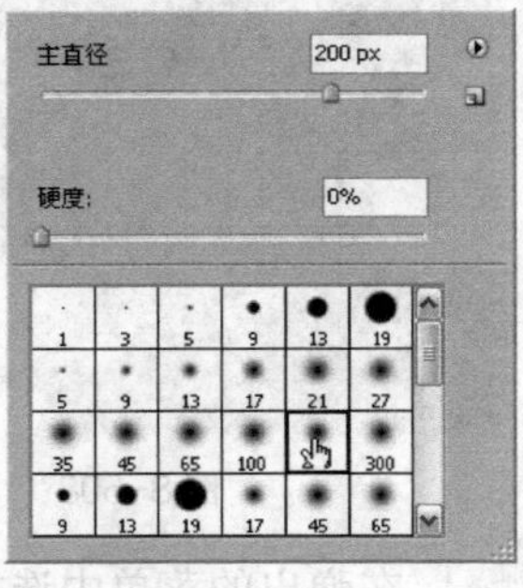

图 8-513

图 8-514

5. 添加装饰星形及文字

步骤 1 新建图层并将其命名为“外边框”。将前景色设为白色。选择“画笔”工具，在属性栏中单击“画笔”选项右侧的按钮，弹出画笔选择面板，在画笔选择面板中选择需要的画笔形状，如图 8-515 所示。适当地调整画笔笔触的大小，在图像窗口中拖曳鼠标指针绘制星星图形，效果如图 8-516 所示。

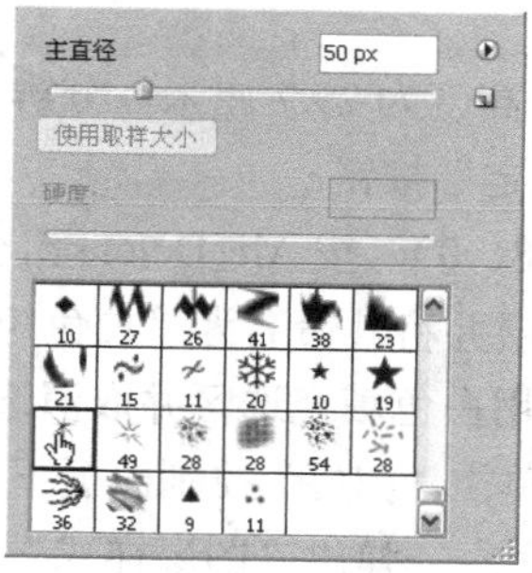

图 8-515

图 8-516

步骤 2 单击“图层”控制面板下方的“创建新组”按钮，生成新的图层组并将其命名为“文字”。选择“横排文字”工具T，分别在属性栏中选择合适的字体并设置大小，分别输入需要的文字，填充文字适当的颜色，如图 8-517 所示，在“图层”控制面板中分别生成新的文字图层，如图 8-518 所示。柔情时刻制作完成，效果如图 8-519 所示。

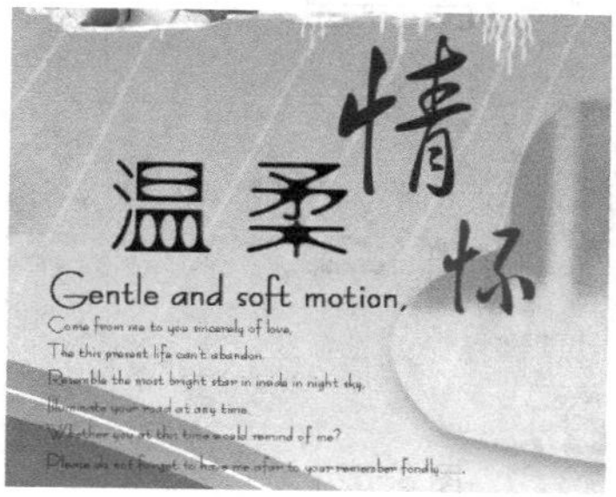

图 8-517

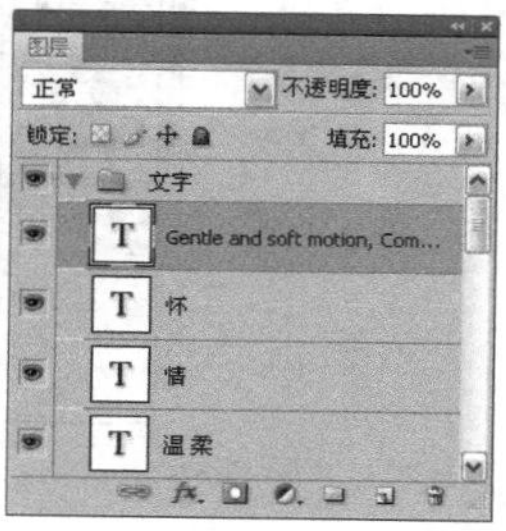

图 8-518

图 8-519

8.8 时代节奏

	素材文件	素材 ＞Ch08＞ 时代节奏 ＞01、02、03
	最终效果	效果 ＞Ch08＞时代节奏

8.8.1 案例分析

本例选用多张照片来展示美丽的新娘和亲密的情侣关系，表现出情侣间浪漫温馨的气氛，同时衬托出新娘的温柔与娴静。

8.8.2 知识要点

使用“自由变换”命令使图形变形；使用“不透明度”选项制作图像的透明效果；使用“添加图层样式”按钮为图像添加投影和描边效果；使用“画笔”工具绘制虚线；使用“添加图层蒙版”按钮为人物图片添加蒙版，制作人物图片渐隐效果。

8.8.3 操作步骤

1. 制作背景

步骤 1 按 Ctrl＋N 组合键，新建一个文件：宽度为 21 厘米，高度为 29.7 厘米，分辨率为 300 像素/英寸，颜色模式为 RGB，背景内容为白色，单击“确定”按钮。

步骤 2 将前景色设为黄色（其 R、G、B 值分别设为 255、228、0），按 Alt+Delete 组合键，用前景色填充“背景”图层，效果如图 8-520 所示。新建图层并将其命名为“白色矩形”。选择“矩形选框”工具，在图像窗口右侧绘制矩形选区，用白色填充选区并取消选区。

步骤 3 在“图层”控制面板上方，将“填充”选项设为 0%。单击“图层”控制面板下方的“添加图层样式”按钮 fx，在弹出的菜单中选择“内发光”命令，弹出“图层样式”对话框，将发光颜色设为黄色（其 R、G、B 值分别设为 252、255、0），其他选项的设置如图 8-521 所示，单击“确定”按钮。按 Ctrl+D 组合键，取消选区，图像效果如图 8-522 所示。

图 8-520

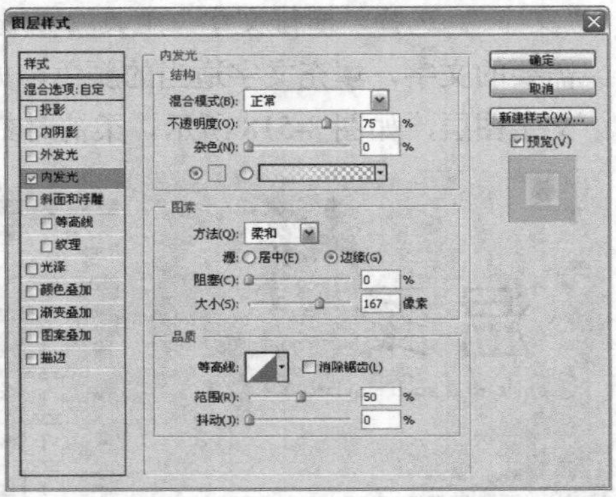

图 8-521

2. 添加人物图片并绘制装饰图形

步骤 1 按 Ctrl＋O 组合键，打开光盘中的“Ch08 >素材 > 时代节奏 > 01”文件，如图 8-523 所示。选择“移动”工具，将人物图片拖曳到图像窗口的左上方，在“图层”控制面板中生成新的图层并将其命名为“图片”。单击“图层”控制面板下方的“添加图层蒙版”按钮，为“图片”图层添加图层蒙版。将前景色设为黑色。选择“画笔”工具，在属性栏中将画笔大小设为 100px，“不透明度”选项设为 100%，“流量”选项设为 100%，用鼠标在图像中涂抹，图像效果如图 8-524 所示。

图 8-522

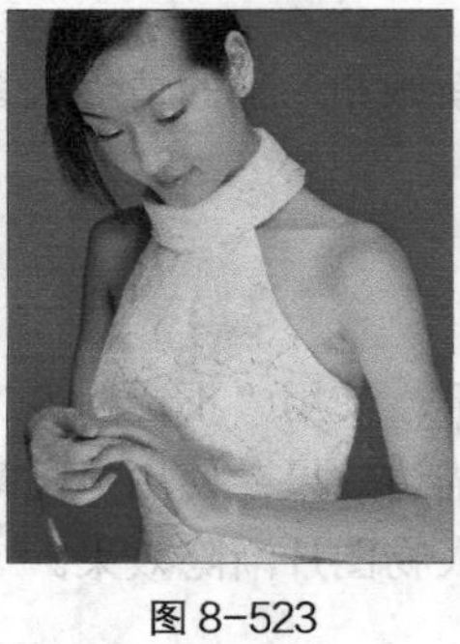

图 8-523

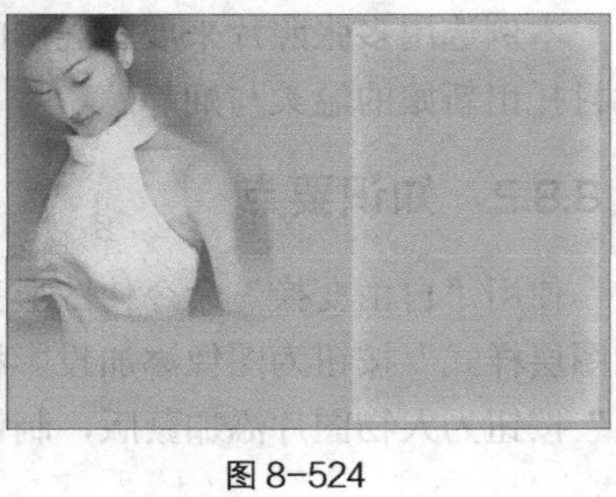

图 8-524

步骤 2 将“白色矩形”图层拖曳到“图层”控制面板下方的“创建新图层”按钮上进行复制，生成新的图层“白色矩形 副本”。将“白色矩形 副本”图层拖曳到“图片”图层的上方。按 Ctrl+T 组合键，图形周围出现变换框，调整图形的大小并旋转到适当的角度，按 Enter 键确定操作，效果如图 8-525 所示。

步骤 3 将“白色矩形 副本”图层拖曳到“图层”控制面板下方的“创建新图层”按钮上进行复制，生成新的图层“白色矩形 副本 2”。按 Ctrl+T 组合键，图形周围出现变换框，调整图形的大小并旋转到适当的角度，按 Enter 键确定操作，效果如图 8-526 所示。

图 8-525

图 8-526

步骤 4 按 Ctrl+O 组合键，打开光盘中的“Ch08 >素材 > 时代节奏 > 02”文件，如图 8-527 所示。选择“移动”工具，将人物图片拖曳到图像窗口的左上方，在“图层”控制面板中生成新的图层并将其命名为“图片 2”。单击“图层”控制面板下方的“添加图层蒙版”按钮，为“图片 2”图层添加图层蒙版。将前景色设为黑色。选择“画笔”工具，在属性栏中将画笔大小设为 100px，用鼠标在图像中涂抹图像，效果如图 8-528 所示。

步骤 5 将“白色矩形 副本 2”图层拖曳到“图层”控制面板下方的“创建新图层”按钮上进行复制，生成新的图层“白色矩形 副本 3”。将“白色矩形 副本 3”图层拖曳到“图片 2”图层的上方。按 Ctrl+T 组合键，图形周围出现变换框，调整图形的大小并旋转到适当的角度，按 Enter 键确定操作，效果如图 8-529 所示。

图 8-527

图 8-528

图 8-529

3. 制作裁切图像效果

步骤 1 新建图层并将其命名为“白色矩形”。选择“矩形选框”工具，在图像窗口右侧绘制矩形选区，单击鼠标右键，在弹出的菜单中选择“自由变换”命令，选区周围出现变换框，将鼠标指针放在变换框的控制手柄外边，指针变为旋转图标，拖曳鼠标将选区旋转到适当的角度，按 Enter 键确定操作。用白色填充选区并取消选区，效果如图 8-530 所示。

步骤 2 单击“图层”控制面板下方的“添加图层样式”按钮，在弹出的菜单中选择“投影”命令，在弹出的对话框中进行设置，如图 8-531 所示；选择“描边”选项，弹出“描边”

面板，将描边颜色设为白色，其他选项的设置如图 8-532 所示，单击“确定”按钮，图像效果如图 8-533 所示。

图 8-530

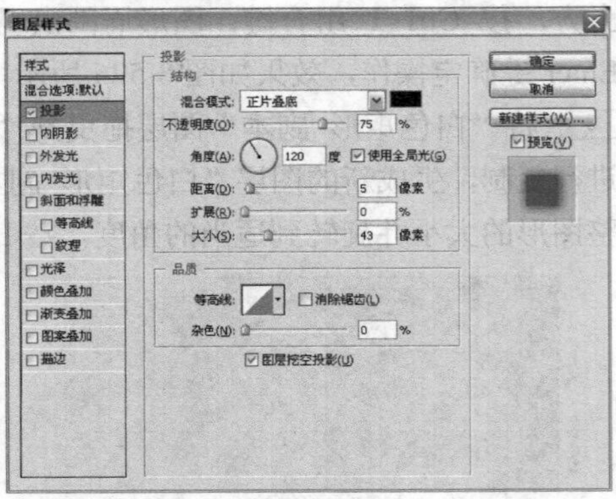

图 8-531

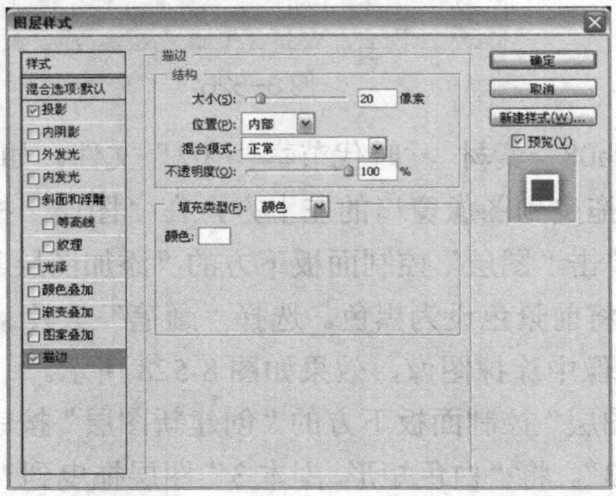

图 8-532

图 8-533

步骤 3 按 Ctrl+O 组合键，打开光盘中的“Ch08 > 素材 > 时代节奏 > 03”文件，选择“移动”工具，将人物图片拖曳到图像窗口的左下方，效果如图 8-534 所示，在“图层”控制面板中生成新的图层并将其命名为“图片 3”。

步骤 4 在“图层”控制面板中，按住 Alt 键的同时将鼠标指针放在“白色矩形”图层和“图片 3”图层的中间，鼠标指针变为，单击鼠标，创建剪贴蒙版，如图 8-535 所示，图像效果如图 8-536 所示。

图 8-534

图 8-535

图 8-536

4. 绘制装饰花图形

步骤 1 新建图层并将其命名为“花”。将前景色设为白色。选择“自定形状”工具，单击属性栏中的“形状”选项，弹出“形状”面板，在“形状”面板中选中图形“花 1”，如图 8-537 所示，在属性栏中选择“填充像素”按钮，在图像窗口中绘制图形，效果如图 8-538 所示。

图 8-537

图 8-538

步骤 2 按 Ctrl+T 组合键，图形周围出现变换框，将鼠标指针放在变换框的控制手柄外边，指针变为旋转图标，拖曳鼠标将图形旋转到适当的角度，按 Enter 键确定操作，效果如图 8-539 所示。在“图层”控制面板上方，将“不透明度”选项设为 50%，效果如图 8-540 所示。

图 8-539

图 8-540

步骤 3 将“花”图层拖曳到“图层”控制面板下方的“创建新图层”按钮上进行复制，生成新的“花 副本”图层。按 Ctrl+T 组合键，图形周围出现控制手柄，调整图形的大小，按 Enter 键确定操作，效果如图 8-541 所示。

步骤 4 将“花 副本”图层拖曳到“图层”控制面板下方的“创建新图层”按钮上进行复制，生成新的“花 副本 2”图层，如图 8-542 所示。选择“移动”工具，拖曳复制的图形到适当的位置并调整大小，效果如图 8-543 所示。

图 8-541

图 8-542

图 8-543

5. 绘制虚线和箭头

步骤 1 新建图层并将其命名为“虚线”。将前景色设为白色。选择“画笔”工具，单击属性栏中的“切换画笔面板”按钮，弹出“画笔”控制面板，选择“画笔笔尖形状”选项，切换到相应的面板，选择需要的画笔形状，其他选项的设置如图 8-544 所示。按住 Shift 键的同时在图像窗口由左向右水平拖动鼠标指针绘制虚线，图像效果如图 8-545 所示。

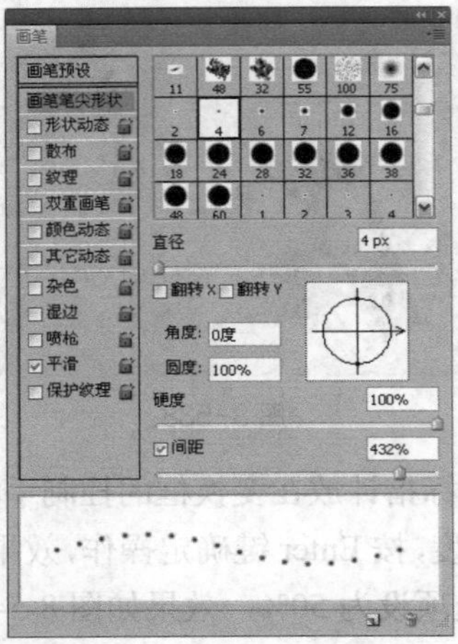

图 8-544

图 8-545

步骤 2 新建图层并将其命名为“箭头”。选择“自定形状”工具，单击属性栏中的“形状”选项，弹出“形状”面板，在“形状”对话框中选中图形“箭头 2”，如图 8-546 所示，在属性栏中选择“路径”按钮，在图像窗口绘制多个路径，效果如图 8-547 所示。

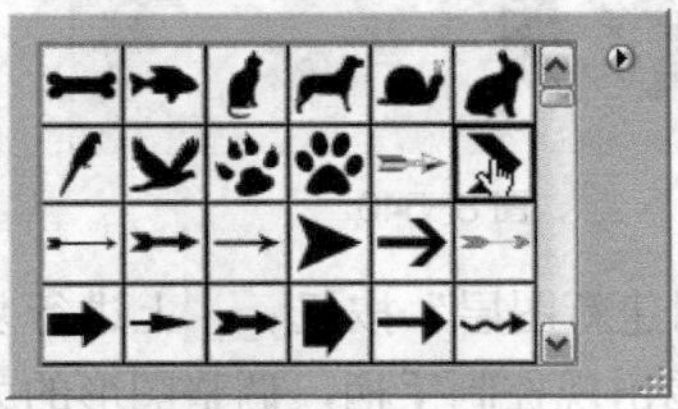

图 8-546

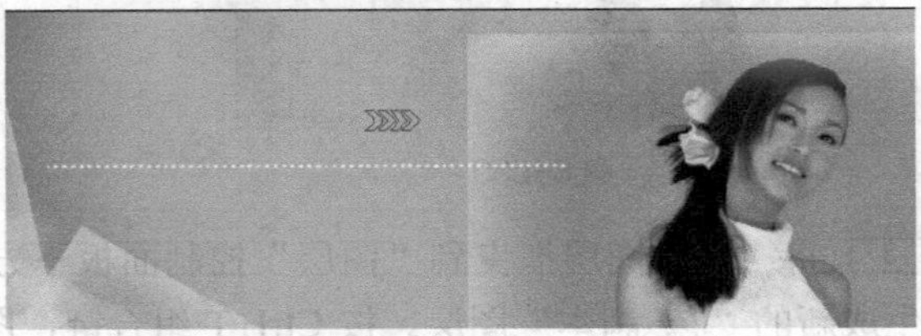

图 8-547

步骤 3 按 Ctrl+Enter 组合键，将路径转换为选区。按 Alt+Delete 组合键，用前景色填充选区，按 Ctrl+D 组合键，取消选区，效果如图 8-548 所示。将“箭头”图层拖曳到“图层”控制面板下方的“创建新图层”按钮上进行复制，生成新的图层“箭头 副本”。选择“移动”工具，调整复制图形的位置，图像效果如图 8-549 所示。

图 8-548

图 8-549

步骤 4 将“箭头 副本”图层拖曳到“图层”控制面板下方的“创建新图层”按钮上进行复制，生成新的图层“箭头 副本 2”。选择“移动”工具，调整复制图形的位置，图像效果如图 8-550 所示。按 Ctrl+T 组合键，图形周围出现变换框，在变换框中单击鼠标右键，在弹出的菜单中选择“水平翻转”命令，按 Enter 键确定操作，效果如图 8-551 所示。

图 8-550

图 8-551

6. 添加文字

步骤 1 选择“横排文字”工具 T，在属性栏中选择合适的字体并设置文字大小，输入需要的白色文字，效果如图 8-552 所示，在“图层”控制面板中生成新的文字图层。

步骤 2 将前景色设为蓝色（其 R、G、B 值分别为 42、0、255）。选择“横排文字”工具 T，在属性栏中选择合适的字体并设置文字大小，输入需要的文字，效果如图 8-553 所示，在“图层”控制面板中生成新的文字图层。

图 8-552

图 8-553

步骤 3 将前景色设为蓝紫色（其 R、G、B 值分别为 120、0、255）。选择“横排文字”工具 T，在属性栏中选择合适的字体并设置文字大小，输入需要的文字，效果如图 8-554 所示，在“图层”控制面板中生成新的文字图层。

步骤 4 选择“横排文字”工具 T，在属性栏中选择合适的字体并设置文字大小，输入需要的白色文字，效果如图 8-555 所示，在“图层”控制面板中生成新的文字图层。将“LOVING”文字图层的“填充”选项设为 0%。

图 8-554

图 8-555

步骤 5 单击“图层”控制面板下方的“添加图层样式”按钮 fx，在弹出的菜单中选择“描边”命令，弹出“图层样式”对话框，将描边颜色设为蓝绿色（其 R、G、B 的值分别为 110、158、167），其他选项的设置如图 8-556 所示，单击“确定”按钮，效果如图 8-557 所示。时代节奏制作完成。

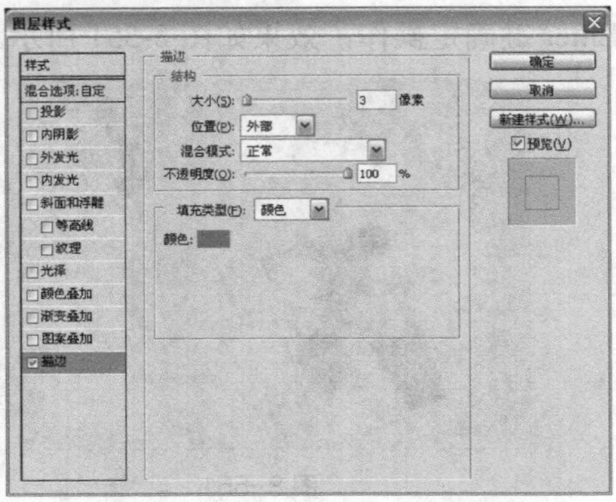

图 8-556

图 8-557

8.9 雅致新娘

	素材文件	素材 > Ch08 > 雅致新娘 > 01、02、03
	最终效果	效果 > Ch08 > 雅致新娘

8.9.1 案例分析

本例采用绘画风格来展示新娘的照片，表现出新娘的美丽与优雅；使用拼贴的方式来展示照片，为画面增添了新意。

8.9.2 知识要点

使用“色相/饱和度”命令、“混合模式”选项以及“高斯模糊”滤镜命令制作背景图片的效果；使用“以快速蒙版模式编辑”按钮勾选人物图像；使用“高斯模糊”滤镜命令、“照亮边缘”滤镜命令以及“反相”命令制作人物的淡彩钢笔画效果。

8.9.3 操作步骤

1. 制作背景

步骤 1 按 Ctrl+O 组合键，打开光盘中的“Ch08 > 素材 > 雅致新娘 > 01”文件，图像效果如图 8-558 所示。

步骤 2 选择“图像 > 调整 > 色相/饱和度”命令，在弹出的对话框中进行设置，如图 8-559 所示，单击“确定”按钮，图像效果如图 8-560 所示。

图 8-558

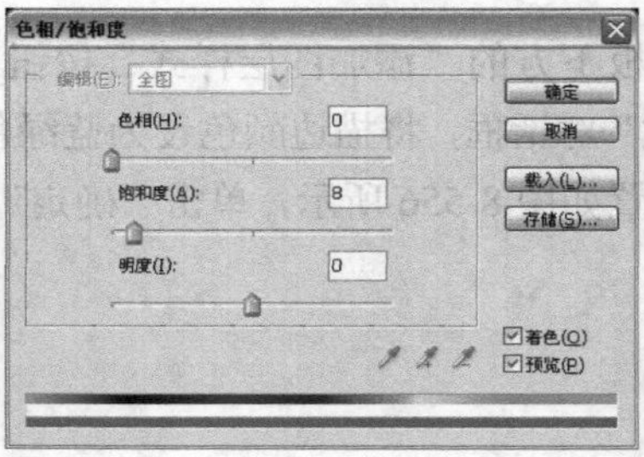

图 8-559

图 8-560

步骤 3 将“背景”图层拖曳到“图层”控制面板下方的“创建新图层”按钮上进行复制，生成新的图层“背景 副本”。在“图层”控制面板上方，将“背景 副本”图层的“混合模式”选项设为“变暗”，如图 8-561 所示。按 Ctrl+Shift+U 组合键，将图像去色，效果如图 8-562 所示。

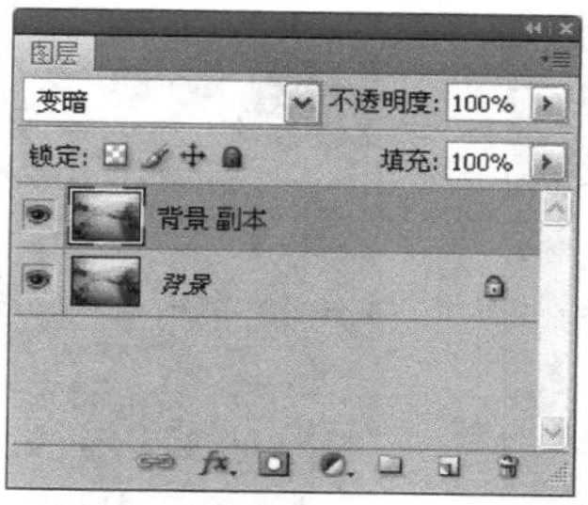

图 8-561

图 8-562

步骤 4 将“背景 副本”图层拖曳到“图层”控制面板下方的“创建新图层”按钮上进行复制，生成新图层“背景 副本 2”。将“背景 副本 2”图层的“混合模式”选项设为“颜色减淡”，如图 8-563 所示。按 Ctrl+I 组合键，将图像反相，效果如图 8-564 所示。

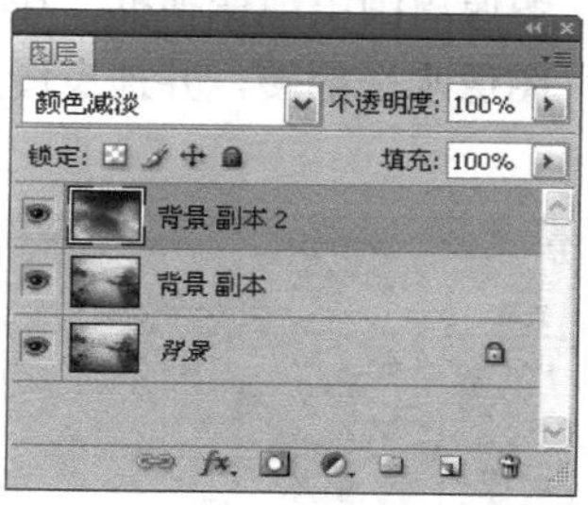

图 8-563

图 8-564

步骤 5 选择“滤镜 > 模糊 > 高斯模糊”命令，弹出对话框，进行设置，如图 8-565 所示，单击“确定”按钮，图像效果如图 8-566 所示。

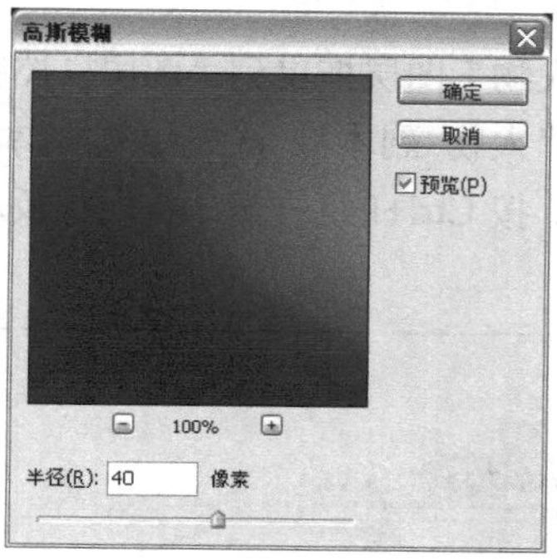

图 8-565

图 8-566

2. 添加图像和文字

步骤 1 按 Ctrl＋O 组合键，打开光盘中的“Ch08 > 素材 > 雅致新娘 > 02”文件，图像效果如图 8-567 所示。单击工具箱下方的“以快速蒙版模式编辑”按钮，进入快速蒙版编辑状态。选择“画笔”工具，在属性栏中单击“画笔”选项右侧的按钮，弹出画笔选择面板，在画笔选择面板中选择需要的画笔形状，如图 8-568 所示。

步骤 2 在图像窗口中拖曳鼠标指针涂抹人物及花束的边缘，被涂抹的区域变为红色。单击工具箱下方的“以标准模式编辑”按钮，返回标准模式编辑状态，图像周围生成选区，效果如图 8-569 所示。

图 8-567

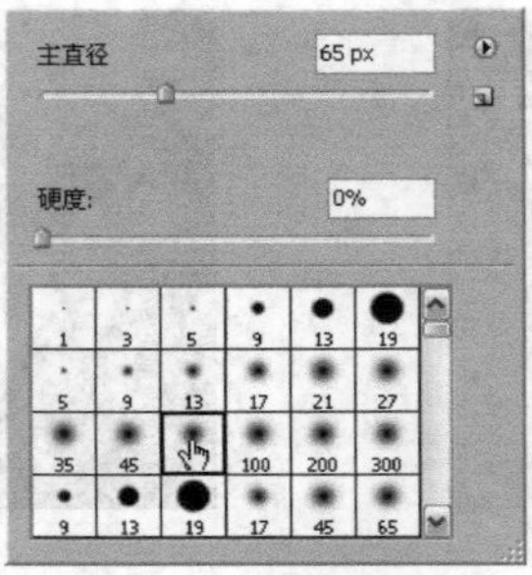

图 8-568

图 8-569

步骤 3 按 Ctrl+Shift+I 组合键，将选区反选。选择“移动”工具，将选区中的图像拖曳到图像窗口中的适当位置，效果如图 8-570 所示，在“图层”控制面板中生成新的图层并将其命名为“人物”，如图 8-571 所示。按 Ctrl+T 组合键，图像周围出现变换框，在变换框中单击鼠标右键，在弹出的菜单中选择“水平翻转”命令，图像水平翻转，并拖曳图片到适当的位置，按 Enter 键确定操作。

图 8-570

图 8-571

步骤 4 按 Ctrl+Shift+U 组合键，将图像去色。将“人物”图层拖曳到“图层”控制面板下方的“创建新图层”按钮上进行复制，生成新图层“人物 副本”。将“人物 副本”图层的“混合模式”选项设为“颜色减淡”，如图 8-572 所示。按 Ctrl+I 组合键，将图像反相。适当地调整人物位置，效果如图 8-573 所示。

图 8-572

图 8-573

步骤 5 选择“滤镜 > 模糊 > 高斯模糊”命令，弹出对话框，进行设置，如图 8-574 所示，单击“确定”按钮，图像效果如图 8-575 所示。

图 8-574

图 8-575

步骤 6 选择打开的 02 文件，选择“移动”工具，将选区中的图像拖曳到图像窗口中的适当位置，在“图层”控制面板中生成新图层并将其命名为“人物 副本 2”，将其进行水平翻转、移动操作，效果如图 8-576 所示。

步骤 7 将“人物 副本 2”图层拖曳到“图层”控制面板下方的“创建新图层”按钮上进行复制，生成新图层“人物 副本 2 副本”。隐藏复制的图层。选中“人物 副本 2”图层，将“混合模式”选项设为“颜色减淡”。按 Ctrl+Shift+U 组合键，将图像去色，效果如图 8-577 所示。

图 8-576

图 8-577

步骤 8 选择“滤镜 > 风格化 > 照亮边缘”命令，弹出对话框，设置如图 8-578 所示，单击“确定”按钮，图像效果如图 8-579 所示。

图 8-578

图 8-579

步骤 9 按 Ctrl+I 组合键，将图像反相。适当地调整人物位置，如图 8-580 所示。显示“人物 副本 2 副本”图层。在控制面板上方，将图层的“混合模式”选项设为“叠加”，图像效果如图 8-581 所示。

图 8-580

图 8-581

步骤 10 按住 Shift 键的同时选中“人物 副本 2”、“人物 副本 2 副本”图层，按 Ctrl+E 组合键，合并图层并将其命名为“人物 副本 2”。单击“图层”控制面板下方的“添加图层蒙版”按钮，为“人物 副本 2”图层添加蒙版，用黑色填充蒙版区域，如图 8-582 所示。

步骤 11 将前景色设为白色。选择“画笔”工具，在属性栏中单击“画笔”选项右侧的按钮，弹出画笔选择面板，适当地调整画笔的不透明度，在图像窗口的人物部分进行涂抹，效果如图 8-583 所示。

图 8-582

图 8-583

3. 制作装饰图形并添加人物

步骤 1 单击“图层”控制面板下方的“创建新组”按钮，生成新的图层组并将其命名为“相框”。新建图层并将其命名为“图形 1”。将前景色设为浅黄色（其 R、G、B 的值分别为 235、229、177）。选择“矩形”工具，选中属性栏中的“填充像素”按钮，在图像窗口中绘制图形。

步骤 2 按 Ctrl+T 组合键，图形周围出现变换框，将鼠标指针放在变换框的控制手柄外边，指针变为旋转图标，拖曳鼠标将图形旋转到适当的角度，按 Enter 键确定操作，效果如图 8-584 所示。在“图层”控制面板上方，将“图形 1”图层的“不透明度”选项设为 54%，效果如图 8-585 所示。

图 8-584

图 8-585.

步骤 3 新建图层并将其命名为“图形 2”。选择“矩形”工具，在图像窗口中绘制图形。按 Ctrl+T 组合键，图形周围出现变换框，在变换框中单击鼠标右键，在弹出的菜单中选择“变形”命令，分别拖曳各个控制点到适当的位置，扭曲变形图形，按 Enter 键确定操作，图像效果如图 8-586 所示。

图 8-586

图 8-587

步骤 4 在“图层”控制面板上方，将“图形 2”图层的“不透明度”选项设为 50%，效果如图 8-587 所示。

步骤 5 新建图层并将其命名为“图形 3”。选择“矩形”工具，在图像窗口中绘制图形并旋转适当的角度，效果如图 8-588 所示。在“图层”控制面板上方，将“图形 3”图层的“不透明度”选项设为 56%，效果如图 8-589 所示。

步骤 6 按 Ctrl+O 组合键，打开光盘中的“Ch08 > 素材 > 雅致新娘 > 03”文件，将人物图片拖曳到图像窗口中的左侧位置，效果如图 8-590 所示，在“图层”控制面板中生成新的图层并将其命名为“人物 2”。

图 8-588

图 8-589

图 8-590

步骤 7 单击“图层”控制面板下方的“添加图层样式”按钮，在弹出的菜单中选择“外发光”命令，弹出对话框，设置如图 8-591 所示，单击“确定”按钮，效果如图 8-592 所示。将“人物 2”图层拖曳到“图层”控制面板下方的“创建新图层”按钮上进行复制，生成新图层“人物 2 副本”，效果如图 8-593 所示。

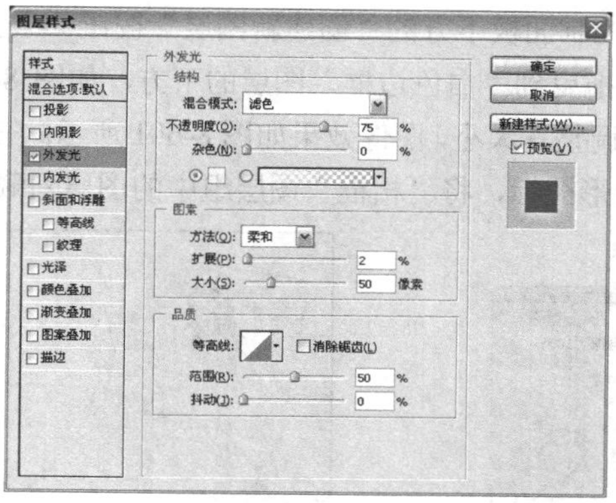

图 8-591

图 8-592

图 8-593

步骤 8 新建图层并将其命名为“白色边框”。将前景色设为白色。选择“矩形选框”工具，选中属性栏中的“添加到选区”按钮，在图像窗口中绘制选区，如图 8-594 所示。选中属性栏中的“从选区减去”按钮，绘制选区，如图 8-595 所示。

步骤 9 按 Alt+Delete 组合键，用白色填充选区，按 Ctrl+D 组合键，取消选区。按 Ctrl+T 组合键，图形周围出现变换框，将鼠标指针放在变换框的控制手柄外边，指针变为旋转图标，拖曳鼠标将图形旋转到适当的角度，按 Enter 键确定操作，效果如图 8-596 所示。

图 8-594

图 8-595

图 8-596

步骤 10 单击“图层”控制面板下方的“添加图层样式”按钮，在弹出的菜单中选择“投影”命令，弹出对话框，设置如图 8-597 所示，单击“确定”按钮，图像效果如图 8-598 所示。

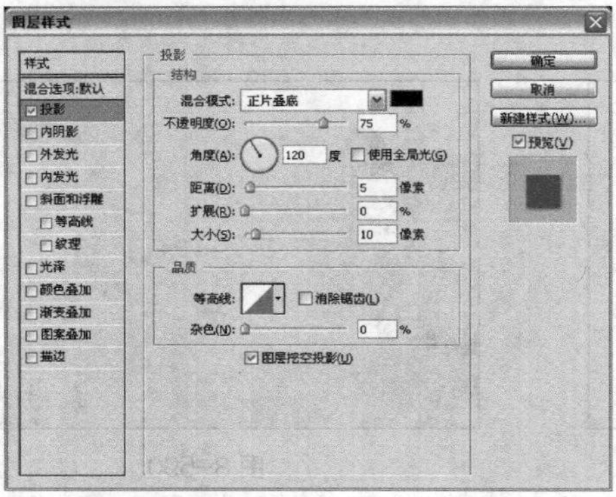

图 8-597

图 8-598

步骤 11 将“白色边框”图层拖曳到“图层”控制面板下方的“创建新图层”按钮上进行复制，生成新图层“白色边框 副本”。将复制出的副本图形拖曳到适当的位置并调整其大小，图像效果如图 8-599 所示。

步骤 12 将“白色边框 副本”图层拖曳到“图层”控制面板下方的“创建新图层”按钮上进行复制，生成新图层“白色边框 副本 2”，将其拖曳到“白色边框”图层的下方，如图 8-600 所示。将复制出的副本图形拖曳到适当的位置并调整其大小，图像效果如图 8-601 所示。在“图层”控制面板中单击“相框”图层组前面的三角形图标，将“相框”图层组中的图层隐藏。

图 8-599

图 8-600

图 8-601

步骤 13 选择“横排文字”工具T，分别在属性栏中选择合适的字体并设置大小，分别输入需要的黑色文字，如图 8-602 所示，在“图层”控制面板中分别生成新的文字图层。雅致新娘制作完成，效果如图 8-603 所示。

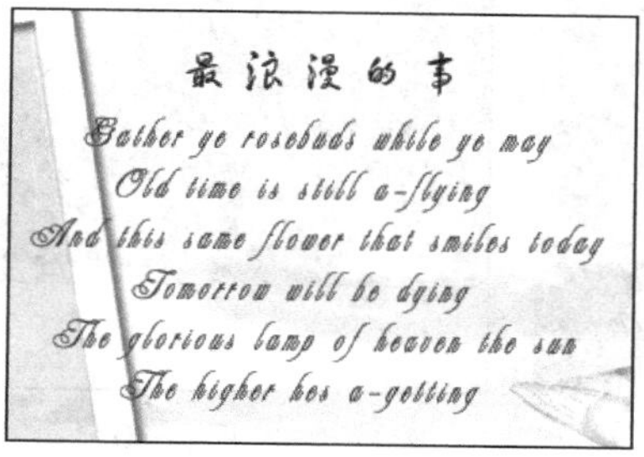

图 8-602

图 8-603

8.10 幸福岁月

	素材文件	素材 > Ch08 > 幸福岁月 > 01、02、03、04、05、06
	最终效果	效果 > Ch08 > 幸福岁月

8.10.1 案例分析

本例为表现老年生活的照片，重点突出相濡以沫的生活气息，画面中穿插多张家庭照片，展示了老年生活的和谐与美满。

8.10.2 知识要点

使用“色彩平衡”命令调整图片颜色；使用“画笔”工具绘制虚线；使用“投影”命令添加人物投影效果；使用“圆角矩形”工具和“橡皮擦”工具绘制邮票图形；使用“横排文字”工具和“添加图层样式”按钮制作文字特效。

8.10.3 操作步骤

1. 制作背景效果

步骤 1 按 Ctrl+O 组合键，打开光盘中的“Ch08 > 素材 > 幸福岁月 > 01”文件，图像效果如图 8-604 所示。

图 8-604

步骤 2 单击“图层”控制面板下方的“创建新的填充或调整图层”按钮，从弹出的菜单中选择“色彩平衡”命令，在“图层”控制面板中生成“色彩平衡 1”图层，同时弹出“色彩平衡”面板，选项的设置如图 8-605 所示，图像窗口中的效果如图 8-606 所示。

步骤 3 新建图层并将其命名为“白色矩形”。将前景色设为白色。选择“矩形”工具，选中属性栏中的“填充像素”按钮，在图像窗口中绘制图形，图像效果如图 8-607 所示。

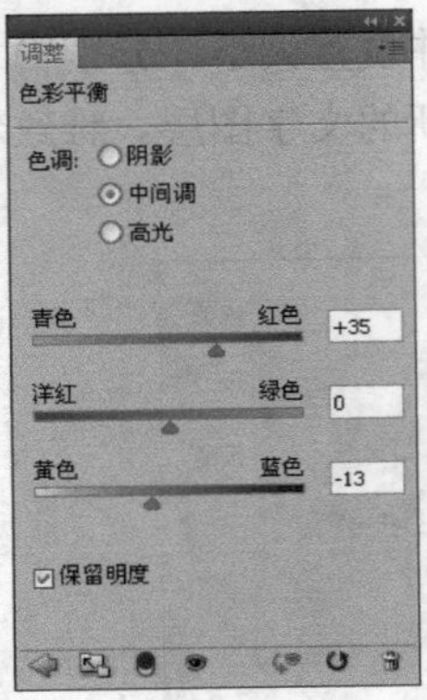

图 8-605

图 8-606

图 8-607

步骤 4 新建图层并将其命名为“虚线”。将前景色设为棕色（其 R、G、B 的值分别为 178、157、39）。选择“画笔”工具，单击属性栏中的“切换画笔面板”按钮，弹出“画笔”控制面板，单击控制面板右上方的图标，在弹出的菜单中选择“方头画笔”选项，弹出提示对话框，单击“追加”按钮。选择“画笔笔尖形状”选项，弹出“画笔笔尖形状”面板，在面板中选择需要的画笔形状，其他选项的设置如图 8-608 所示。按住 Shift 键的同时拖曳鼠标绘制虚线，效果如图 8-609 所示。

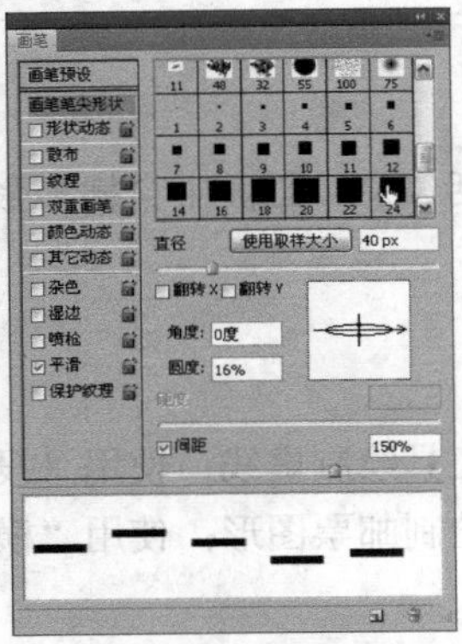

图 8-608

图 8-609

步骤 5 选择“横排文字”工具，在属性栏中选择合适的字体并设置大小，输入需要的绿色（其 R、G、B 的值分别为 175、180、42）文字并选取文字，按 Ctrl+T 组合键，弹出“字符”控制面板，选项的设置如图 8-610 所示，文字效果如图 8-611 所示。

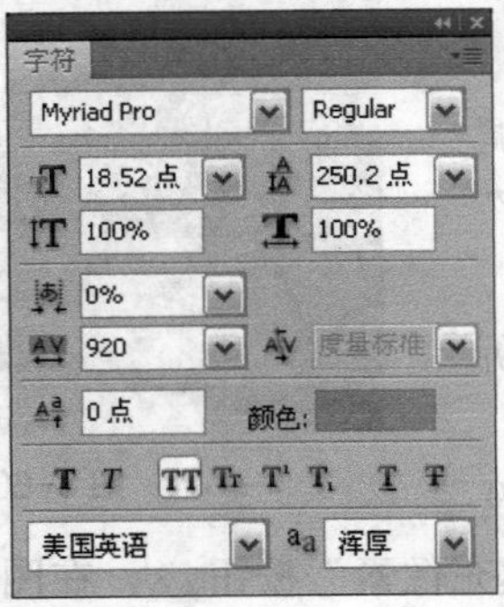

图 8-610

图 8-611

2. 添加并编辑人物图片

步骤 1 按 Ctrl+O 组合键，打开光盘中的“Ch08 > 素材 > 幸福岁月> 02”文件，选择“移动”工具，将人物图片拖曳到图像窗口中的左侧，如图 8-612 所示，在“图层”控制面板中生成新的图层并将其命名为“人物”。

图 8-612

步骤 2 单击“图层”控制面板下方的“添加图层样式”按钮，在弹出的菜单中选择“投影”命令，弹出对话框，选项的设置如图 8-613 所示，单击“确定”按钮，效果如图 8-614 所示。

步骤 3 按 Ctrl+O 组合键，打开光盘中的“Ch08 > 素材 > 幸福岁月> 03”文件，将人物图片拖曳到图像窗口中的右侧，如图 8-615 所示，在“图层”控制面板中生成新的图层并将其命名为“球”。

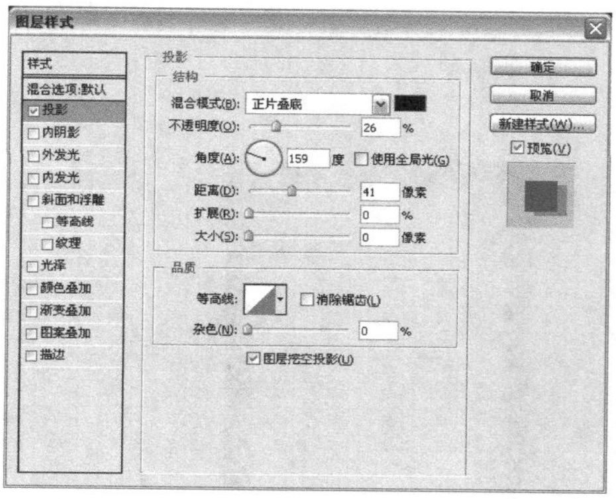

图 8-613

图 8-614

图 8-615

3. 绘制邮票

步骤 1 单击“图层”控制面板下方的“创建新组”按钮，生成新的图层组并将其命名为“图片编辑”。选择“横排文字”工具，分别在属性栏中选择合适的字体并设置大小，分别输入需要的黑色文字并选取文字，调整文字适当的间距，在“图层”控制面板中分别生成新的文字图层，如图 8-616 所示。分别旋转文字到适当的角度，效果如图 8-617 所示。选中“with the wonder of your love”文字图层，将“不透明度”选项设为 20%，图像效果如图 8-618 所示。

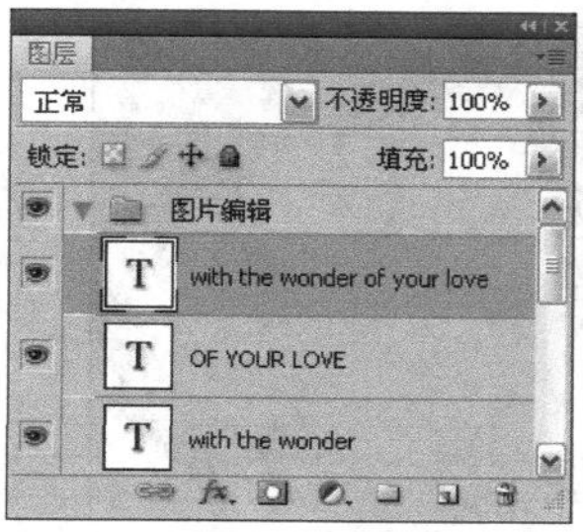

图 8-616

图 8-617

图 8-618

步骤 2 新建图层并将其命名为“邮票形状”，如图 8-619 所示。将前景色设为白色。选择“矩形”工具，选中属性栏中的“填充像素”按钮，在图像窗口中绘制矩形，图像效果如图 8-620 所示。

图 8-619

图 8-620

步骤 3 选择“橡皮擦”工具，单击属性栏中的“切换画笔面板”按钮，弹出“画笔”控制面板，选择“画笔笔尖形状”选项，弹出“画笔笔尖形状”面板，在面板中选择需要的画笔形状，其他选项的设置如图 8-621 所示。按住 Shift 键的同时拖曳鼠标涂抹图像，效果如图 8-622 所示。

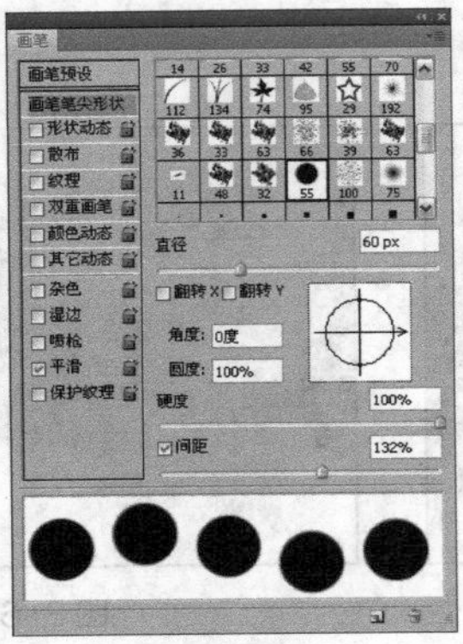

图 8-621

图 8-622

步骤 4 单击“图层”控制面板下方的“添加图层样式”按钮，在弹出的菜单中选择“投影”命令，弹出对话框，选项的设置如图 8-623 所示，单击“确定”按钮，图像效果如图 8-624 所示。按 Ctrl+T 组合键，图形周围出现变换框，将鼠标指针放在变换框的控制手柄外边，指针变为旋转图标，拖曳鼠标将图形旋转到适当的角度，按 Enter 键确定操作，如图 8-625 所示。

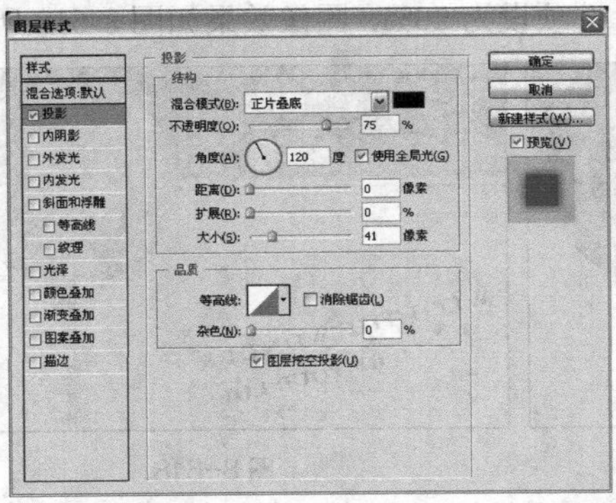

图 8-623

图 8-624

图 8-625

步骤 5 新建图层并将其命名为“圆角矩形”。将前景色设为橙黄色（其 R、G、B 的值分别为 222、144、64）。选择“圆角矩形”工具，选中属性栏中的“填充像素”按钮，将“半径”选项设为 40px，在图像窗口中绘制圆角矩形，如图 8-626 所示。

步骤 6 按 Ctrl+T 组合键，图形周围出变换框，将鼠标指针放在变换框的控制手柄外边，指针变为旋转图标，拖曳鼠标将图形旋转到适当的角度，按 Enter 键确定操作，效果如图 8-627 所示。

步骤 7 按 Ctrl+O 组合键，打开光盘中的“Ch08 > 素材 > 幸福岁月 > 04”文件，选择“移动”工具，将人物图片拖曳到图像窗口中的右下方，在“图层”控制面板中生成新图层并将其命名为“图片 1”。按 Ctrl+T 组合键，图片周围出现变换框，将鼠标指针放在变换框的控制手柄外边，指针变为旋转图标，拖曳鼠标将图像旋转到适当的角度，按 Enter 键确定操作，效果如图 8-628 所示。

图 8-626

图 8-627

图 8-628

步骤 8 按住 Alt 键的同时将鼠标指针放在“圆角矩形”图层和“图片 1”图层的中间，鼠标指针变为，单击鼠标，创建剪贴蒙版，图像效果如图 8-629 所示。

步骤 9 按住 Shift 键的同时选中“邮票形状”、“圆角矩形”图层，将其拖曳到“图层”控制面板下方的“创建新图层”按钮上进行复制，生成新的副本图层，并将副本图层拖曳到“图片 1”图层的上方，如图 8-630 所示。

步骤 10 将复制出的副本图层拖曳到图像窗口中的适当位置。按 Ctrl+T 组合键，图像周围出现控制手柄，向内拖曳控制手柄，将图像缩小并将其旋转到适当的角度，按 Enter 键确定操作，效果如图 8-631 所示。

图 8-629

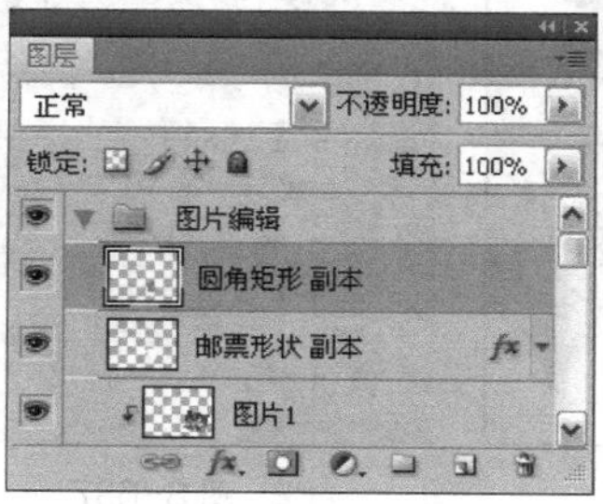

图 8-630

图 8-631

步骤 11 用上述方法选中“邮票形状 副本”、“圆角矩形 副本”图层，将其拖曳到控制面板下方的“创建新图层”按钮上进行复制，生成新的副本图层。单击“邮票形状 副本 2”、“圆角矩形 副本 2”图层左边的眼睛图标，隐藏图层。选中“圆角矩形 副本”图层，如图 8-632 所示。

步骤 12 按 Ctrl＋O 组合键，打开光盘中的“Ch08 > 素材 > 幸福岁月 > 05”文件，选择“移动”工具，将人物图片拖曳到图像窗口中的右下方，在“图层”控制面板中生成新的图层并将其命名为“图片 2”。

步骤 13 按 Ctrl+T 键，将鼠标指针放在变换框的控制手柄外边，指针变为旋转图标，拖曳鼠标将图像旋转到适当的角度，按 Enter 键确定操作，效果如图 8-633 所示。按住 Alt 键的同时将鼠标指针放在“圆角矩形”图层和“图片 1”图层的中间，鼠标指针变为，单击鼠标，创建剪贴蒙版，图像效果如图 8-634 所示。

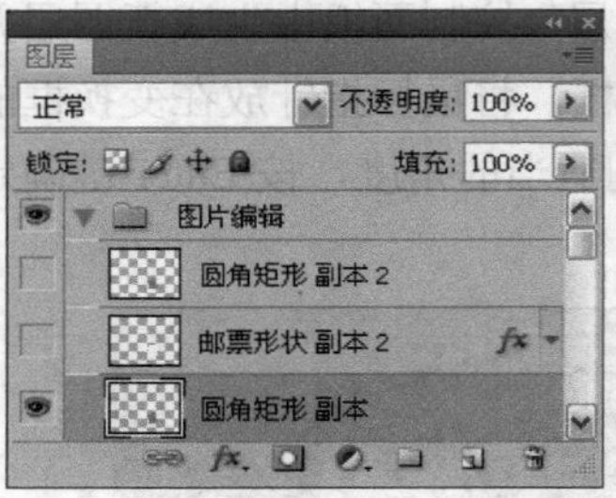

图 8-632

图 8-633

图 8-634

步骤 14 单击“邮票形状 副本 2”、“圆角矩形 副本 2”图层左边的空白图标，显示图层。在图像窗口中将副本图形拖曳到适当的位置并调整其大小，效果如图 8-635 所示。

步骤 15 按 Ctrl＋O 组合键，打开光盘中的“Ch08 > 素材 > 幸福岁月 > 06”文件，选择“移动”工具，将人物图片拖曳到图像窗口中的右上方并将其旋转到适当的位置，在“图层”控制面板中生成新的图层并将其命名为“图片 3”。按 Ctrl＋Alt+G 组合键，为“图片 3”图层创建剪贴蒙版，图像效果如图 8-636 所示。

步骤 16 在“图层”控制面板中，按住 Shift 键的同时选中图 8-637 所示的文字图层，将其拖曳到控制面板下方的“创建新图层”按钮上进行复制，生成新的副本图层，并将复制出的副本图层拖曳到“图片 3”图层的上方。将复制出的副本文字拖曳到图像窗口中适当的位置并旋转适当的角度，效果如图 8-638 所示。在“图层”控制面板中单击“图片编辑”图层组前面的三角形图标，将“图片编辑”图层组中的图层隐藏。

图 8-635

图 8-636

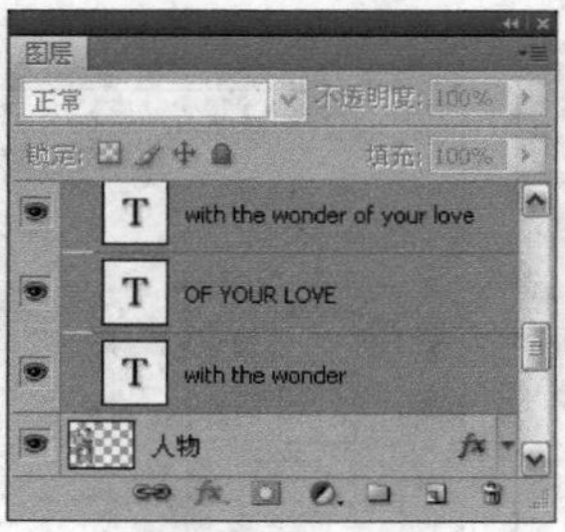

图 8-637

图 8-638

4. 制作文字特殊效果

步骤 1 选择“横排文字”工具，分别在属性栏中选择合适的字体并设置大小，分别输入需要的白色文字和黑色文字，在“图层”控制面板中分别生成新的文字图层，如图 8-639 所示，图像效果如图 8-640 所示。

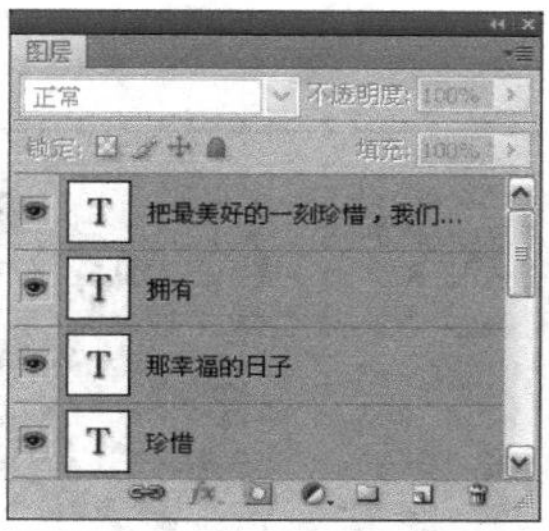

图 8-639

图 8-640

步骤 2 选中“珍惜”文字图层。单击“图层”控制面板下方的“添加图层样式”按钮 fx，在弹出的菜单中选择“投影”命令，弹出对话框，选项的设置如图 8-641 所示，单击“确定”按钮，效果如图 8-642 所示。

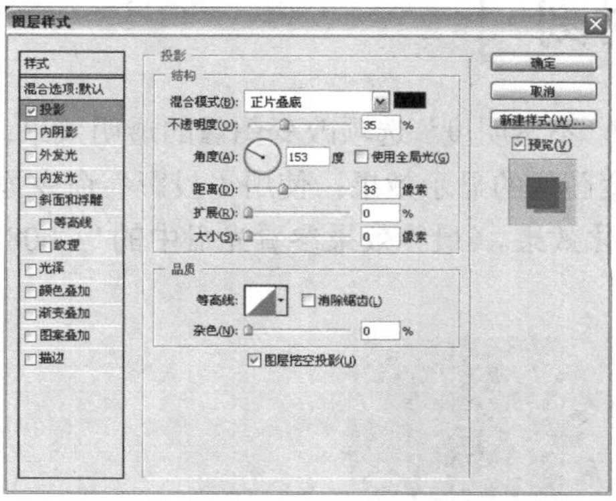

图 8-641

图 8-642

步骤 3 单击“图层”控制面板下方的“添加图层样式”按钮 fx，在弹出的菜单中选择“描边”命令，弹出对话框，将描边颜色设为暗红色（其 R、G、B 的值分别为 85、0、0），其他选项的设置如图 8-643 所示，单击“确定”按钮，效果如图 8-644 所示。

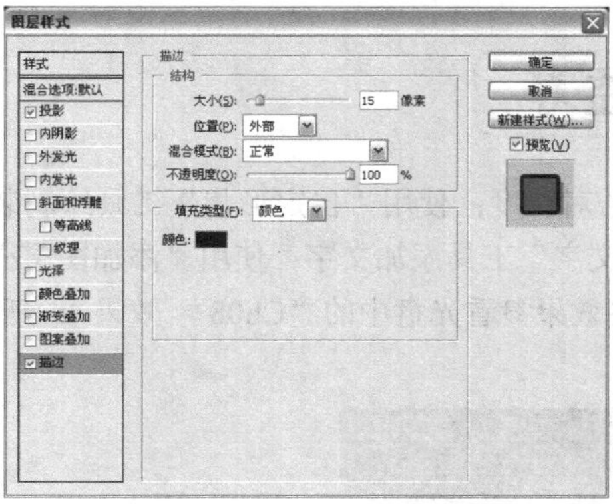

图 8-643

图 8-644

步骤 4 选中“那幸福的日子”文字图层。单击“图层”控制面板下方的“添加图层样式”按钮 fx，在弹出的菜单中选择“描边”命令，弹出对话框，将描边颜色设为暗红色（其 R、G、B 的值分别为 85、0、0），其他选项的设置如图 8-645 所示，单击“确定”按钮，效果如图 8-646 所示。幸福岁月制作完成。

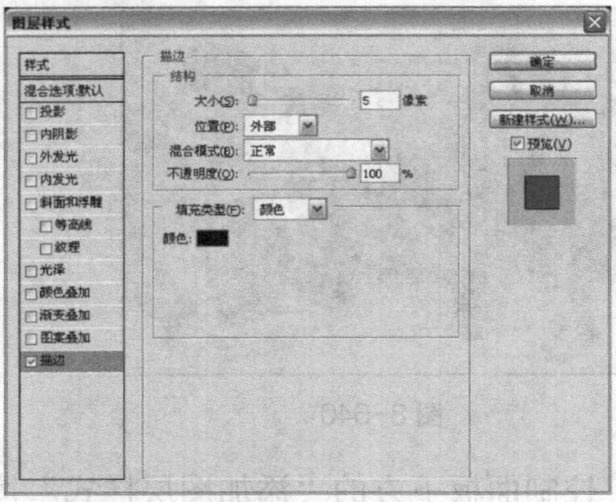

图 8-645

图 8-646

8.11 课后习题——温馨时刻

使用“色彩平衡”命令调整图像颜色；使用“不透明度”选项改变图像的透明效果；使用“钢笔”工具绘制路径；使用“混合模式”选项改变图像的显示效果；使用“投影”命令添加白色矩形黑色投影效果；使用“羽化”命令制作选区羽化效果。（最终效果参看光盘中的“Ch08 > 效果 > 温馨时刻”，如图 8-647 所示。）

图 8-647

8.12 课后习题——延年益寿

使用“亮度/对比度”命令调整图像的亮度/对比度；使用“自定形状”工具绘制装饰星星；使用“椭圆选框”工具绘制选区；使用“横排文字”工具添加文字；使用“添加图层样式”按钮和“文字变形”命令制作文字特殊效果。（最终效果参看光盘中的“Ch08 > 效果 > 延年益寿”，如图 8-648 所示。）

图 8-648